工业和信息化部“十四五”规划教材

电磁兼容性理论与技术

李猛猛　丁大志　王　贵　项道才　编著

科学出版社
北　京

内 容 简 介

本书从电磁兼容基本概念和发展趋势切入，分别介绍：电磁兼容性分析的必要性，电磁计算方法在电磁兼容分析与设计领域的发展趋势；电磁兼容分析中的基础理论知识；传导发射与传导抗扰度基本概念；线缆耦合电磁兼容分析，包括电磁计算方法对场-线-路耦合等典型电磁兼容问题的分析；辐射发射与电磁兼容分析的计算电磁学方法；系统级电磁兼容分析的方法和流程；电磁兼容测量中的基本概念与方法；电磁兼容防护的措施和机理分析。

本书涵盖基本理论与概念、解析与全波电磁计算方法、电磁兼容测量与防护等知识，可作为高等院校电子信息等专业高年级本科生和研究生的教材，也可以为从事电磁兼容研究的技术人员提供参考。

图书在版编目(CIP)数据

电磁兼容性理论与技术 / 李猛猛等编著. —北京：科学出版社，2023.6

工业和信息化部“十四五”规划教材

ISBN 978-7-03-075823-1

Ⅰ. ①电… Ⅱ. ①李… Ⅲ. ①电磁兼容性－高等学校－教材 Ⅳ. ①TN03

中国国家版本馆 CIP 数据核字（2023）第 105427 号

责任编辑：潘斯斯 / 责任校对：杨 然
责任印制：张 伟 / 封面设计：马晓敏

科 学 出 版 社 出版
北京东黄城根北街 16 号
邮政编码：100717
http://www.sciencep.com
北京建宏印刷有限公司 印刷
科学出版社发行 各地新华书店经销
*
2023 年 6 月第 一 版 开本：787×1092 1/16
2023 年 6 月第一次印刷 印张：16 3/4
字数：426 000

定价：98.00 元
（如有印装质量问题，我社负责调换）

前　言

随着电子信息技术的发展，电子设备与系统工作的电磁环境越来越复杂，电磁兼容作为一门交叉学科，近些年越来越重要。电磁兼容性理论与技术同电子科学与技术、信息与通信工程、集成电路科学与工程、计算机科学与技术等学科相互融合发展，电磁兼容的内涵越来越丰富，研究的必要性越来越凸显。

本书注重基础和概念，突出电磁分析和测试方法，形成系统级电磁兼容性分析的一般流程。本书编写团队在电磁计算方法和计算电磁学领域有 20 余年的研究积累，也通过团队自主编写的计算代码与软件完成了典型的电磁兼容机理分析与验证。

第 1 章介绍电磁兼容基本概念及国内外发展现状；第 2 章主要介绍电磁兼容分析相关的基础理论知识，包括电磁场基本理论和天线与电磁辐射基本理论等内容；第 3 章介绍传导发射与传导抗扰度的基本概念；第 4 章介绍线缆耦合电磁兼容分析，包括电磁计算方法对封装互连、场-线-路耦合等典型电磁兼容问题的分析；第 5 章介绍辐射发射与电磁兼容分析，包括电磁计算方法对平台及天线一体化分析，平台内部的电磁兼容分析；第 6 章介绍系统级电磁兼容分析的方法和流程；第 7 章介绍电磁兼容测量中的基本概念与方法；第 8 章介绍电磁兼容防护的措施，包括限幅器、能量选择表面等防护手段的机理分析。全书内容由易至难，由基础理论到先进电磁计算方法在电磁兼容性机理分析中的应用。

本书编写团队既包括高校教师，也包括工业部门中从事电磁兼容测量的专业人员。李翰祥、赖瑞鑫、张晋伟、吴杰、侯永新、曾董、陈凌宇等多位研究生对本书文字与图表进行了校对。本书入选工业和信息化部“十四五”规划教材。同时，书中相关研究获得国家自然科学基金项目（61890541、61522108、61871228、62025109、62222108）的资助。作者在此一并表示衷心感谢。

由于作者水平有限，书中难免存在疏漏之处，望读者批评指正并提出宝贵意见，以便本书再版时进行补充及修订。邮箱：limengmeng@njust.edu.cn。

作　者

2022 年 12 月于南京理工大学

目　录

第 1 章　电磁兼容概述

1.1　电磁兼容的概念

电磁兼容性（Electromagnetic Compatibility，EMC）是指设备或系统在其电磁环境中符合要求运行并不对其环境中的任何设备产生无法忍受的电磁干扰的能力，即该设备不会由于受到处于同一电磁环境中其他设备的电磁发射而导致工作异常，也不会因其发射导致同一电磁环境中其他设备产生不允许的工作异常。它是电子、电气设备或系统的一种重要的技术性能。

随着工作频率的提高，电磁环境变得越发复杂，设备或系统的电磁兼容性设计的研究变得越来越重要。电磁兼容学科包含的内容十分广泛，是一门实用性很强的综合性学科。电磁兼容学科涉及的理论基础包括电磁场、天线与电波传播、电路、信号分析、通信原理、数值计算方法等。

电磁兼容研究均是围绕电磁干扰源、耦合通道、敏感设备的电磁兼容三要素展开研究的，包括采取措施消除或抑制源的发射、破坏耦合通道使之无效、减弱或消除接收器对干扰的敏感性。电磁干扰源指产生电磁干扰的元件、器件、设备或者自然现象，本书第 2 章将会介绍几种电磁干扰源。耦合主要有传导耦合和辐射耦合。传导耦合包括电路性耦合、电容性耦合、电感性耦合，辐射耦合包括天线对天线耦合、场线耦合、孔缝耦合等。本书第 3 章和第 5 章会分别介绍这两种耦合。第 5 章也分析了电磁干扰源对敏感设备的影响。

1.2　电磁兼容研究现状与发展趋势

在历史上发生过多起由电磁不兼容导致的严重事故，例如，1967 年 7 月，美国航空母舰“福莱斯特”的一枚机载火箭弹受电源浪涌的影响而发射，引发了一系列爆炸，造成 134 人丧生、27 架飞机被毁。在英国和阿根廷马尔维纳斯群岛战争（简称马岛战争）中，“谢菲尔德”号导弹驱逐舰存在卫星通信和雷达系统的电磁兼容问题，卫星通信与警戒雷达两个系统不能同时工作，该舰在与上级进行卫星通信时关闭了雷达系统，这导致装有先进雷达系统的“谢菲尔德”号未能及时发现来袭的阿根廷战机及其发射的“飞鱼”导弹而被击沉。由于电磁兼容的重要性，国内外对其开展了广泛的研究，如图 1-1 所示，可以发现，近十年关于电磁兼容主题的研究论文数量较多，与电磁兼容主题相关的学术会议和交流整体也呈增加趋势。

实验测试是电磁兼容研究的重要手段，尤其在早期缺乏高效的电磁兼容建模与仿真技术的情况下。1985 年，Ma 等通过开放式站点、横电磁波室、电磁混响室和电波暗室，测试辐射发射和敏感性[1]。开放式站点可以直接测试被测设备的电磁干扰性能，它可以测量发射源和接收端之间的插入损耗，并且这个损耗与频率、天线间距以及天线和地面间的高度有关。横电磁波室的内、外导体板间能产生横向均匀分布的电磁波，其场强可以准确算出，因此它可以非常方便地用于计量、测试、检测等场合。电磁混响室在金属电磁封闭腔体上配置一个或多个搅拌器，发射源在腔体中发射电磁场形成稳定的场分布，如果搅拌器不停地在电磁混响室内搅拌，就会破坏场分布的稳定性，在一定条件下可以形成统计均匀的电磁场分布，电磁混响室在测试不易旋转的设备方面具有显著优势。电波暗室主要用于测试室内的电磁兼容和干扰设备及进行天线校准。

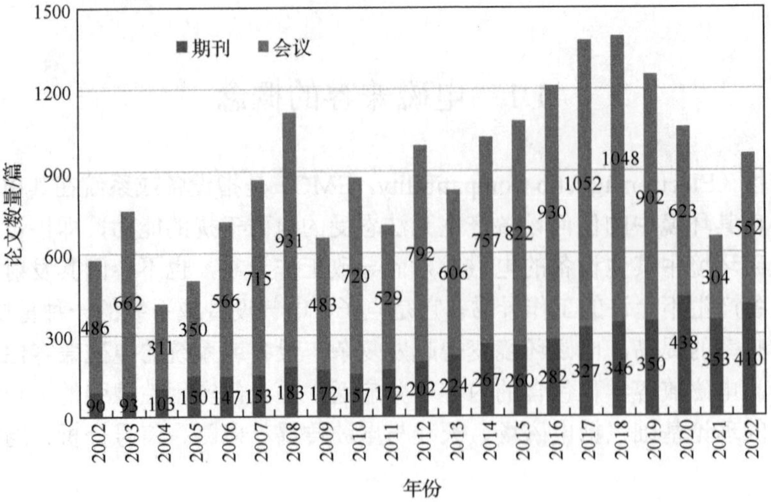

图 1-1　IEEE Xplore 论文检索情况，检索时间为 2022 年 9 月

电磁计算与仿真是实验测试研究的重要补充，电磁计算方法主要有解析方法[2]和数值分析方法[3]。随着工程中电磁兼容问题越来越复杂，数值分析方法逐渐成为电磁兼容性分析的有效工具。常用的数值分析方法有矩量法（Method of Moments，MoM）[4]、时域有限差分（Finite-Difference Time-Domain，FDTD）方法[5]、有限元方法[6]等。矩量法有表面积分方程和体积分方程，表面积分方程适用于金属和均匀介质问题，体积分方程适用于非均匀介质问题[7]。矩量法方程通过基函数展开，离散为矩阵方程，可以利用迭代方法或者直接解法求解。矩量法的存储复杂度为$O(N^2)$，计算复杂度为$O(N^3)$，N 为计算未知量。通过多层快速多极子方法[8,9]、低秩分解方法[10]或者快速傅里叶变换（Fast Fourier Transform，FFT）方法加速计算[11-14]，降低计算复杂度。多层快速多极子方法可以实现$O(N\log N)$的计算复杂度，低秩分解方法在中低频时计算复杂度为$O(N)$[15]，高频时计算复杂度为$O(N\log N)$[16,17]。时域有限差分方法基于体离散，随着数值稳定性、正确性、色散效应[18,19]，吸收边界条件[20,21]，总场与散射场边界[22,23]，近场-远场变换[24]，与热、电路级求解、半导体器件等方程耦合[25,26]等技术的发展与完善，逐渐成为有效的电磁兼容分析工具。但是当分析的问题主要涉及求解区域为开放边界、出现高 Q 值的谐振、具有精细结构时，计算效率会降低。有限元方法也是通过体离散求解微分方程，通过引入基于棱边的向量基函数，解决了点基函数导致的求解中面临的伪模问题[27]。除此之外，部分元等效电路（Partial Element Equivalent Circuit，PEEC）法[28]被广泛应用于互连和封装结构分析中。随着工作频率提高，封装结构、印制电路板以及硅穿孔等新型互连结构的电磁兼容分析也逐渐受到关注[29,30]。近来，无线传感器的电磁兼容性问题在工程应用中也得到广泛研究[31]。

对于暴露于高强度辐射场（High-Intensity RF，HIRF）环境下的目标耦合场，如卫星平台遥测、跟踪和控制（Telemetry，Tracking & Control，TT & C）天线与阵列天线之间的耦合，舰船平台上的复杂电磁环境对装备的威胁等，电磁仿真过程要求非常精确可靠的建模，需要包含所有的计算模型细节。在具体的实例中，这意味着飞机内部的座椅、装备，甚至线缆，舰船上的安装设备，卫星平台上 TT & C 天线和天线阵列都包含在电磁仿真中。通常，这些载体平台在关心频率范围内都是电大尺寸的，进一步给电磁兼容仿真带来巨大挑战。正因为这些电磁兼容问题的重要性，欧盟专门资助了总额高达两千六百余万欧元的 HIRF SE[32]研究计划，欧盟的高校、研究机构和飞行器制造公司共 40 多个共同参加，完成复杂电磁环境下电磁防护、仿真、测试和设计基本方法，从而建立起一套开放和自适应进化的框架，实现对空中飞行器整个使用周期内的一体化分析、测试与验证。项目的研究成果也以特刊的形式发表在 *IEEE Transactions on Electromagnetic Compatibility* 上[33]。当前主流的电磁仿真软件如 Ansys HFSS、FEKO、CST 等均有电磁兼容分析的功能模块。

我国也有非常完善的电磁兼容学术组织，中国电子学会建有电磁兼容分会，也建有电磁兼容与防护相关的专业组，满足电磁兼容技术研制需求。学术交流方面，亚太电磁兼容国际会议暨展览会、静电防护与标准化国际研讨会、中国国际信息化装备复杂电磁环境效应测控技术大会、《安全与电磁兼容》编辑委员会会议等构成了中国电磁兼容周，推动领域内学术交流和技术发展。北京航空航天大学、国防科技大学、中国人民解放军陆军工程大学、东南大学、电子科技大学、西安电子科技大学、北京理工大学、南京理工大学以及西北核技术研究所等院校及工业部门，对电磁兼容分析方法、毁伤机理、防护与加固设计、系统级试验与验证等开展了深入研究。

1.2.1　场–线–路耦合电磁兼容分析方法进展

在电子设备或系统的电磁干扰分析中，系统包含集成电路模块、多种连接线缆、各类屏蔽结构。直接对整个系统进行电磁兼容分析，虽然可以精确地获取器件内部的电磁响应，但是计算资源消耗巨大，是无法忍受的。为了提高电磁兼容分析效率，需要结合实际的电磁场结构、传输线结构以及电路结构的情况，建立场-线-路耦合模型，发展高效的混合求解算法。由于绝大部分的设备器件中都含有二极管、三极管等非线性电路元件，因此需要求解非线性方程以获得宽频带的响应。

FDTD 方法是场-线-路耦合问题时域仿真的常用方法之一。复杂的场-线-路耦合问题，涉及的物理量和方程多、求解复杂，FDTD 相比于时域有限元等其他的微分类数值方法更加简单。Paletta 等提出了将三维 FDTD 与线缆分析方法相结合的方法[34]，分析系统级电磁兼容问题。Feliziani 等采用 FDTD 方法与传输线方程相结合的方法分析了同轴线结构在外场作用下的电磁耦合特性[35]；黄聪顺等使用频域 BLT（Baum-Liu-Tesche）方程模拟了高空电磁脉冲作用下的地面电缆屏蔽层感应电流，分析了其随入射场波形、电缆长度、电缆屏蔽层两端接地状态的变化规律[36]。Tesches 等利用时域 BLT 方程计算了集总电压源激励下的多导体传输线以及同轴线缆接负载时的瞬态响应[37,38]。覃宇建使用时域 BLT 方程对传输线之间的串扰问题进行了分析研究[39]。王为等使用 FDTD 方法和 BLT 方程分析了非均匀线缆结构的瞬态响应[40]。谢海燕采用 FDTD 与集成电路仿真程序（Simulation Program with Integrated Circuit Emphasis，SPICE）模型相结合[41]，分析了外场辐照下，腔体内带编织层屏蔽的线缆瞬态响应问题。刘其凤利用 FDTD 方法和节点电压分析方法，研究了电磁脉冲耦合到带孔缝的金属腔体结构内部的传输线缆的电磁干扰问题[42]。场-线-路耦合问题的 FDTD 方法的求解中，需要对电磁场结构和传输线结构分别进行网格离散。由于传输线结构的尺寸相比于电磁场结构的尺寸要小很多，如果整体电磁结构采用统一的网格剖分和 FDTD 求解，那么计算的资源消耗非常巨大，所以一般对于传输线结构采用时域 BLT 方程计算，同时忽略传输线结构对电磁空间的辐射作用，这样会显著节省计算未知量与时间。

另一种常用于分析场-线-路耦合的方法是时域积分方程（Time Domain Integral Equation，TDIE)方法。为了提高 TDIE 方法的电磁计算效率，Ergin 等提出了时域平面波(Plane Wave Time Domain，PWTD)算法，该算法成功地加速了波动方程时域求解[43]。Abboud 等提出了时域 Galerkin 测试的 TDIE 方法，它是将时间求导直接作用于时间基函数，代替了时间差分近似，抑制了 TDIE 方法的晚时不稳定[44]。为了提高分析电大尺度结构的效率，Yilmaz 等提出时域自适应积分方法（Time Domain Adaptive Integration Method，TD-AIM），并成功地用于加速 TDIE 方法的计算[45]；Boag 等提出时域笛卡儿非均匀网格算法（Cartesian None-uniform Grid Time Domain Algorithm，CNGTDA），用于加速 TDIE 方法[46]。随着 TDIE 方法的数值稳定性的提高和快速求解技术的发展，TDIE 方法逐渐被应用于场-线-路混合求解。Ruehli 等利用 PEEC 方法分析了时频域的场-路相互作用模型[47]。Aygün 等采用并行 PWTD 加速 EMC 问题[48]。Bağci 等将 TDIE 方法用于场-线-路耦合问题的时域分析[49]，该方法利用 TDIE 求解电磁场结构，传输线和电路结构用改进的节点分析（Modified Nodal Analysis，MNA）法计算，实现对复杂的飞机结构内部传输线的电磁耦合和干扰分析[49,50]。南京理工大学陈士涛与丁大志等基于时域体面积分方程分析了非线性微波电路的宽带响应[51-54]。

在场-线-路耦合问题的 TDIE 方法求解中，传输线结构采用传输线方程的 TDIE 求解，计算未知量及时间步长要比 FDTD 方法有明显的优势，并且相比于 FDTD 方法，TDIE 方法自动满足边界条件的设置，不需要对求解空间进行离散。

1.2.2 强电磁脉冲耦合效应分析方法进展

由于强电磁脉冲强度高、破坏范围广、攻击时间短，从 20 世纪 60 年代，国际上就开始研究电磁干扰对武器系统的危害，并从早期研究强电磁干扰对电子元器件的损伤发展到研究武器系统的电磁效应。目前，研究较多的电磁脉冲形式主要有高功率微波、高空核爆脉冲、超宽带电磁脉冲和雷电电磁脉冲等。

我国从 20 世纪 80 年代将电磁武器列入兵器概念，之后开始逐步组织开展系统研究，先后颁布了设计要求等一些国家标准、试验方法和国家军用标准，研制和引进了自动测试设备，并对强电磁脉冲保护方法进行了研究。中国人民解放军陆军工程大学（原中国人民解放军军械工程学院）的南秀华等通过蒙特卡罗仿真建模研究了电磁干扰对装甲车的攻击能力和通信能力的影响[55]。西安电子科技大学的王强等利用混合的时域积分方程方法和高频近似方法研究了粗糙海面与船舰复合的瞬态电磁散射[56]。中国人民解放军陆军工程大学的杜宝舟等分析了电磁脉冲通过无人机接收天线耦合到内部元器件的机理[57]。西北核技术研究所的吴刚等研究了高功率微波，对某型短波接收天线前端设备进行了高功率微波注入试验，评估了高空核电磁脉冲对天线系统的威胁[58]。

在电磁辐射对桥丝式电火工品的影响方面，中国人民解放军陆军工程大学（原中国人民解放军军械工程学院）的杨培杰等通过建立平行双线式传输线模型，分析了外界电磁场对电火工品的影响[59]。西北核技术研究所的相辉等通过商用电磁仿真软件计算了核爆电磁脉冲下影响电火工品感应电流的因素[60]。在利用孔缝模型研究后门耦合方面，Konefal 等基于传输线理论，将孔等效成一个电阻[61]。Nie 等提出了一种基于准静态假设的改进 Robinson 等效电路模型，他们用一个电容和电感隔板来代替孔，将数值仿真结果与试验结果进行了对比来证明准确性[62]。Paul 等用传输线矩阵法建模了一些尺寸较小的耦合通道，计算了腔体上孔阵的屏蔽效能[63]。Zou 等将 PCB 上的细缝用耦合传输线来代替，用集总电路来代替缝隙两边的耦合，并且验证了方法与全波仿真和实验测试的一致性[64]。因为时域有限差分方法可以对非均匀或任意形状的模型进行建模，所以它在缝隙等效模型的分析中应用比较广泛[65-67]。对于强电磁脉冲干扰的仿真分析，大多数情况都只考虑了电磁场结构或者接收系统部分，不能有效地解决电磁场结构和接收系统电尺寸差距大的问题。南京理工大学的潘涛基于 TDIE 方法研究了电火工品、炮车、无人机等复杂系统的强电磁脉冲耦合效应[68]。

1.2.3 高功率电磁脉冲防护机理分析方法进展

大功率电磁脉冲通过前门、后门耦合路径进入接收机系统，导致内部的敏感器件受干扰甚至损坏，工程中通过加固防护来减小进入接收机系统内部的能量。针对前门耦合，可通过滤波器和限幅器对大功率微波信号进行反射和衰减，达到保护后端敏感器件的目的。限幅器包括整流二极管限幅器、变容二极管限幅器和 PIN 二极管限幅器[69]。

高功率微波毁伤与防护机理研究以实验手段为主，包括辐照法和注入法两类。辐照法是利用高功率微波模拟源产生高峰值场强并对敏感设备进行辐照，可以分析系统整体和各分系统，实验环境通常为电波暗室、开阔外场、电磁混响室和 GTEM（Giga Hertz Transverse Electromagnetic）小室等；注入法是将微波源信号直接注入接收机接收端口，所需功率较小，适用于器件级和电路部件级效应研究，如雷达接收机天线前门耦合效应[70,71]。

在 PIN 二极管限幅器电路仿真与分析方法方面，Orvis 对一维 PIN 二极管进行了数值模拟，给出了 PIN 二极管数值模型中各参数的经验公式，并且仿真了 PIN 二极管在高功率微波下的热损伤效应[72]。Wunsch 等研究了电磁脉冲作用下半导体器件的失效阈值[73]。余稳等利用 FDTD 方法对 PIN 二极管进行了稳态和瞬态的模拟，并采用电热耦合方法仿真了高功率电磁脉冲对 PIN 二极管的毁伤机理[74]。清华大学的周怀安等分析了不同上升沿的电磁脉冲作用下 PIN 二极管的电流过冲效应[75]。

PIN 二极管限幅电路，在仿真中一般采用等效电路模型或者物理模型。等效电路模型的仿真方法具有计算效率高的优势，但是其难以准确表征半导体内部的参数分布。电子科技大学的汪海洋等也利用等效电路模型对 PIN 二极管限幅电路的瞬态电特性做了深入的研究[76]。物理模型仿真通常联合求解半导体漂移-扩散方程和热传导方程，在仿真电路的同时得到器件内部的物理特性，但是求解速度较慢，内存消耗也较大，器件内部各参数相互影响，表征复杂。Ward 等通过数值和实验分析了 PIN 二极管物理模型二次击穿效应[77]。北京应用物理与计算数学研究所的赵振国等则对微波脉冲下的 PIN 二极管限幅器的电热特性进行了一系列的模拟[78,79]。南京理工大学团队采用时域谱元法结合 PIN 二极管的等效模型和物理模型，分析了其瞬态电热特性[80,81]。

为实现有效的前门防护，国防科技大学的刘培国等提出了能量选择表面的防护技术，能量选择表面通过空间场强改变表面的阻抗特性，实现了高强度电磁场阻断、弱强度电磁场透过的自适应防护[82-86]。新加坡国立大学的王朝甫等提出了高效率能量选择表面设计方法与试验验证[87]，南洋理工大学的沈忠祥教授等提出了基于双谐振的高效率能量选择表面[88]。南京理工大学团队基于时域电磁计算方法研究了能量选择表面的防护机理[89]。

本书首先介绍了电磁兼容理论基础；然后以作者所在团队的计算电磁学理论和方法研究成果为基础，研究了基于时域积分方程方法的场-线-路耦合分析方法、多天线与平台一体化分析方法等；接着介绍了系统级电磁兼容分析和电磁兼容测量技术；最后研究了几种典型的电磁兼容毁伤机理及防护技术[90]。

参考文献

[1] MA M T, KANDA M, CRAWFORD M L, et al. A review of electromagnetic compatibility/interference measurement methodologies[J]. Proceedings of the IEEE, 1985, 73(3): 388-411.

[2] PAUL C R. Introduction to electromagnetic compatibility[M]. New Jersey: John Wiley & Sons, 2006.

[3] BRUNS H D, SCHUSTER C, SINGER H. Numerical electromagnetic field analysis for EMC problems[J]. IEEE transactions on electromagnetic compatibility, 2007, 49(2): 253-262.

[4] HARRINGTON R F. Field computation by moment methods[M]. NewYork: Macmillan, 1968.

[5] TAFLOVE A, HAGNESS S C, PIKET-MAY M. Computational electromagnetics: the finite-difference time-domain method[J]. The electrical engineering handbook, 2005, 3: 629-670.

[6] JIN J M. The finite element method in electromagnetics[M]. New Jersey: John Wiley & Sons, 2015.

[7] LU C C. A fast algorithm based on volume integral equation for analysis of arbitrarily shaped dielectric radomes[J]. IEEE transactions on antennas and propagation, 2003, 51(3): 606-612.

[8] CHEW W C, JIN J M, MICHIELSSEN E, et al. Fast and efficient algorithms in computational electromagnetics[M]. Norwood: Artech House, 2001.

[9] SONG J, LU C C, CHEW W C. Multilevel fast multipole algorithm for electromagnetic scattering by large complex objects[J]. IEEE transactions on antennas and propagation, 1997, 45(10): 1488-1493.

[10] LI M, DING D Z, HELDRING A, et al. Low-rank matrix factorization method for multiscale simulations: a review[J]. IEEE open journal of antennas and propagation, 2021, 2: 286-301.

[11] PHILLIPS J R , WHITE J K. A precorrected-FFT method for electrostatic analysis of complicated 3-D structures[J]. IEEE transactions on computer-aided design of integrated circuits and systems, 1997, 16(10): 1059-1072.

[12] BLESZYNSKI E, BLESZYNSKI M, JAROSZEWICZ T. AIM: adaptive integral method for solving large-scale electromagnetic scattering and radiation problems[J]. Radio science, 1996, 31(5): 1225-1251.

[13] SEO S M, LEE J F. A fast IE-FFT algorithm for solving PEC scattering problems[J]. IEEE transactions on magnetics, 2005, 41: 1476-1479.

[14] LI M M, CHEN R S, WANG H X, et al. A multilevel FFT method for the 3-D capacitance extraction[J]. IEEE transactions on computer-aided design of integrated circuits and systems, 2013, 2(2): 318-322.

[15] LI M, FRANCAVILLA A M, VIPIANA F, et al. Nested equivalent source approximation for the modeling of multiscale structures[J]. IEEE transactions on antennas and propagation, 2014, 62(7): 3664-3678.

[16] LI M, FRANCAVILLA A M, DING D Z, et al. Mixed-form nested approximation for wideband multiscale simulations[J]. IEEE transactions on antennas and propagation, 2018, 66(11): 6128-6136.

[17] LI M, FRANCAVILLA A M, CHEN R S, et al. Wideband fast kernel-independent modeling of large multiscale structures via nested equivalent source approximation[J]. IEEE transactions on antennas and propagation, 2015, 63(5): 2122-2134.

[18] TAFLOVE A, BRODWIN M W. Numerical solution of steady-state electromagnetic scattering problems using the time-dependent Maxwell's equations[J]. IEEE transactions on microwave theory and techniques, 1975, MTT-23(8): 623-630.

[19] WAGNER C L, SCHNEIDER J B. Divergent fields, charge, and capacitance in FDTD simulations[J]. IEEE transactions on microwave theory and techniques, 1998, 46(12): 2131-2136.

[20] SACKS Z S, KINGSLAND D M, LEE R, et al. A perfectly matched anisotropic absorber for use as an absorbing boundary condition[J]. IEEE transactions on antennas and propagation, 1995, 43(12): 1460-1463.

[21] GEDNEY S D. An anisotropic perfectly matched layer absorbing media for the truncation of FDTD lattices[J]. IEEE transactions on antennas and propagation, 1996, 44(12): 1630-1639.

[22] UMASHANKAR K R, TAFLOVE A. A novel method to analyze electromagnetic scattering of complex objects[J]. IEEE transactions on electromagnetic compatibility, 1982, 24(4): 397-405.

[23] TAFLOVE A, UMASHANKAR K R. Radar cross section of general three dimensional structures[J]. IEEE transactions on electromagnetic compatibility, 1983, EMC-25(4): 433-440.
[24] LUEBBERS R J, KUNZ K S, SCHNEIDER M, et al. A finite difference time-domain near zone to far zone transformation[J]. IEEE transactions on antennas and propagation, 1991, 39(4): 429-433.
[25] PIKET-MAY M J, TAFLOVE A, BARON J. FD-TD modeling of digital signal propagation in 3-D circuits with passive and active loads[J]. IEEE transactions on microwave theory and techniques, 1994, 42(8): 1514-1523.
[26] WITZIG A, SCHUSTER C, REGLI P, et al. Global modeling of microwave applications by combining the FDTD method and a general semiconductor device and circuit simulator[J]. IEEE transactions on microwave theory and techniques, 1999, 47(6): 919-928.
[27] NEDELEC J C. Mixed finite elements in R3[J]. Numerische mathematik, 1980, 35: 315-341.
[28] RUEHLI A. Equivalent circuit models for three-dimensional multiconductor systems[J]. IEEE transactions on microwave theory and techniques, 1974, MTT-22(3): 216-221.
[29] LI E P, WEI X C, CANGELLARIS A C, et al. Progress review of electromagnetic compatibility analysis technologies for packages, printed circuit boards, and novel interconnects[J]. IEEE transactions on electromagnetic compatibility, 2010, 52(2): 248-265.
[30] RAMDANI M, SICARD E, BOYER A, et al. The electromagnetic compatibility of integrated circuits—Past, present, and future[J]. IEEE transactions on electromagnetic compatibility, 2009, 51(1): 78-100.
[31] WU J, QI Y, GONG G, et al. Review of the EMC aspects of internet of things[J]. IEEE transactions on electromagnetic compatibility, 2019, 62(6): 2604-2612.
[32] BOZZETTI M, GIRARD C, HOQUE A, et al.HIRF synthetic environment: an innovative approach for hirf design, analysis and certification of aircraft and rotorcraft[C]. International Symposium on Electromagnetic Compatibility-EMC EUROPE. Rome, 2012:1-4.
[33] DUFFY A, ORLANDI A, ARCHAMBEAULT B, et al. Special issue on validation of computational electromagnetics[J]. IEEE transactions on electromagnetic compatibility, 2014, 56(4): 746-749.
[34] PALETTA L, PARMANTIER J P, ISSAC F, et al. Susceptibility analysis of wiring in a complex system combining a 3-D solver and a transmission-line network simulation[J]. IEEE transactions on electromagnetic compatibility, 2002, 44(2): 309-317.
[35] FELIZIANI M, MARADEI F. Full wave analysis of shielded cable configurations by the FDTD method[J]. IEEE transactions on magnetics, 2002, 38(2): 761-764.
[36] 黄聪顺, 周启明. 高空电磁脉冲作用下地面电缆屏蔽层感应电流的数值模拟[J]. 强激光与粒子束, 2003, 15(9): 905-908.
[37] TESCHE F M. On the analysis of a transmission line with nonlinear terminations using the time-dependent BLT equation[J]. IEEE transactions on electromagnetic compatibility, 2007, 49(2): 427-433.
[38] XIE L, LEI Y. Transient response of a multiconductor transmission line with nonlinear terminations excited by an electric dipole[J]. IEEE transactions on electromagnetic compatibility, 2009, 51(3): 805-810.
[39] 覃宇建. 复杂系统电磁兼容性分析方法研究[D]. 长沙: 国防科技大学, 2009.
[40] 王为, 刘培国, 覃宇建. BLT-FDTD 时频结合分析传输线瞬态响应[J]. 微波学报, 2010（S2）: 25-28.
[41] 谢海燕. 瞬态电磁拓扑理论及其在电子系统电磁脉冲效应中的应用[D]. 北京: 清华大学, 2010.
[42] 刘其凤. 通信系统中电磁脉冲效应的混合仿真方法和作用机理研究[D]. 上海: 上海交通大学, 2010.
[43] ERGIN A A, SHANKER B, MICHIELSSEN E. Fast evaluation of three-dimensional transient wave field using diagonal translation operators[J]. Journal of computational physics, 1998, 45: 157-180.
[44] ABBOUD T, NEDELEC J C, VOLAKIS J. Stable solution of the retarded potential equations[C]. Applied computational electromagnetics society conference, Monterey, 2001: 146-151.
[45] YILMAZ A E, WEILE D S, JIN J M, et al. A hierarchical FFT algorithm (HIL-FFT) for the fast analysis of transient electromagnetic scattering phenomena[J]. IEEE transactions on antennas and propagation, 2002, 50(7): 971-982.
[46] BOAG A, LOMAKIN V, MICHIELSSEN E. Nonuniform grid time domain (NGTD) algorithm for fast evaluation of transient wave fields[J]. IEEE transactions on antennas and propagation, 2006, 54(7): 1943-1951.
[47] RUEHLI A E, ANTONINI G, ESCH J, et al. Nonorthogonal PEEC formulation for time and frequency domain EM and circuit modeling[J]. IEEE transactions on electromagnetic compatibility, 2003, 45(2): 167-176.
[48] AYGÜN K, LU M, LIU N, et al. A parallel PWTD accelerated time marching scheme for analysis of EMC/EMI problems[C]. IEEE international symposium on electromagnetic compatibility, 2003, 2: 863-866.

[49] BAĞCI H, YILMAZ A E, JIN J M, et al. Fast and rigorous analysis of EMC/EMI phenomena on electrically large and complex cable-loaded structures[J]. IEEE transactions on electromagnetic compatibility, 2007, 49(2): 361-381.

[50] BAĞCI H, YILMAZ A E, MICHIELSSEN E. An FFT-accelerated time-domain multiconductor transmission line simulator[J]. IEEE transactions on electromagnetic compatibility, 2010, 52(1): 199-214.

[51] CHEN S T, DING D Z, FAN Z H, et al. Nonlinear analysis of microwave limiter using field-circuit coupling algorithm based on time-domain volume-surface integral method[J]. IEEE microwave & wireless components letters, 2017, 27: 864-866.

[52] CHEN S T, DING D Z, CHEN R S. A hybrid volume-surface integral-element time-domain method for nonlinear analysis of microwave circuit[J]. IEEE antennas & wireless propagation letters, 2017, 16: 3034-3037.

[53] CHEN S T, DING D Z, FAN Z H, et al. Time-domain impulse response with the TD-VSIE field-circuit coupling algorithm for nonlinear analysis of microwave amplifier[J]. IEEE microwave & wireless components letters, 2018, 28: 431-433.

[54] 陈士涛. 非线性半导体器件及微波电路的时域分析方法研究[D]. 南京：南京理工大学, 2018.

[55] 南秀华, 杨志刚. 电磁环境与现代战争[J]. 现代物理知识, 1999, 11(3): 24-25.

[56] 王强, 郭立新. 时域混合算法在一维海面与舰船目标复合电磁散射中的应用[J]. 物理学报, 2017, 66(18): 180301.

[57] 杜宝舟, 张冬晓, 程二威. 超宽带电磁脉冲对无人机辐照耦合仿真研究[J]. 计算机仿真, 2018, 35(4): 29-32.

[58] 吴刚, 乐波, 杨雨枫, 等. 短波接收天线系统核电磁脉冲注入试验[J]. 强激光与粒子束, 2019, 31(9): 093205-1-093205-9.

[59] 杨培杰, 谭志良, 王阵. 平行双线式电火工品感应电流仿真研究[J]. 军械工程学院学报, 2012, 24(2): 36-39.

[60] 相辉, 孙东阳, 韩军. 电磁脉冲作用下电火工品感应电流的仿真研究[C]//第22届全国电磁兼容学术会议论文选. 西安：西北核技术研究所, 2012.

[61] KONEFAL T, DAWSON J F, MARVIN A C, et al. A fast multiple mode intermediate level circuit model for the prediction of shielding effectiveness of a rectangular box containing a rectangular aperture[J]. IEEE transactions on electromagnetic compatibility, 2005, 47(4): 678-691.

[62] NIE B L, DU P A. An efficient and reliable circuit model for the shielding effectiveness prediction of an enclosure with an aperture[J]. IEEE transactions on electromagnetic compatibility, 2015, 57(3): 357-364.

[63] PAUL J, PODLOZNY V, CHRISTOPOULOS C. The use of digital filtering techniques for the simulation of fine features in EMC problems solved in the time domain[J]. IEEE transactions on electromagnetic compatibility, 2003, 45(2): 238-244.

[64] ZOU G P, LI E P, WEI X C, et al. A new hybrid field-circuit approach to model the power-ground planes with narrow slots[J]. IEEE transactions on electromagnetic compatibility, 2010, 52(2): 340-345.

[65] EDELVIK F, WEILAND T. Stable modeling of arbitrarily oriented thin slots in the FDTD method[J]. IEEE transactions on electromagnetic compatibility, 2005, 47(3): 440-446.

[66] MA K P, LI M, DREWNIAK J L, et al. Comparison of FDTD algorithms for subcellular modeling of slots in shielding enclosures[J]. IEEE transactions on electromagnetic compatibility, 1997, 39(2): 147-155.

[67] 石峥, 杜平安, 刘建涛. 缝隙结构电磁屏蔽特性数值仿真建模方法研究[J]. 系统仿真学报, 2009, 21(24): 7732-7737.

[68] 潘涛. 复杂系统的强电磁脉冲耦合效应分析[D]. 南京：南京理工大学, 2020.

[69] 王波, 黄卡玛. 大功率 PIN 二极管限幅器对电磁脉冲后沿响应的分析[J]. 强激光与粒子束, 2008(7): 1177-1181.

[70] 周璧华, 石立华, 王建宝. 电磁脉冲及其工程防护[M]. 2 版. 北京：国防工业出版社, 2019.

[71] 乔登江. 高功率电磁脉冲、强电磁效应、电磁兼容、电磁易损性及评估概论[J]. 现代应用物理, 2013, 4(3): 219-224.

[72] ORVIS W J. Modeling and testing for second breakdown phenomena[C]//Electrical overstress/electrostatic discharge symposiums proceedings. NASA STI/Recon Technical Report N, 1983: 108-117.

[73] WUNSCH D C, BELL R R. Determination of threshold failure levels of semiconductor diodes and transistors due to pulse voltages[J]. IEEE transactions on nuclear science, 1968, 15(6): 244 - 259.

[74] 余稳, 黄文华. 电磁脉冲对半导体器件的电流模式破坏[J]. 强激光与粒子束, 1999(3): 355-358.

[75] 周怀安, 杜正伟, 龚克. 快上升沿电磁脉冲作用下 PIN 二极管中的电流过冲现象[J]. 强激光与粒子束, 2005(5): 783-787.

[76] 汪海洋, 李家胤, 周翼鸿, 等. PIN 限幅器 PSpice 模拟与实验研究[J]. 强激光与粒子束, 2006(1): 88-92.

[77] WARD A L, TAN R J, KAUL R. Spike leakage of thin Si PIN limiters[J]. IEEE transactions on microwave theory and techniques, 1994, 42: 1879-1885.

[78] 赵振国, 马弘舸, 赵刚, 等. PIN 限幅器微波脉冲热损伤温度特性[J]. 强激光与粒子束, 2013, 25(7): 1741-1746.

[79] 赵振国, 周海京, 马弘舸, 等. PIN 限幅器电磁脉冲效应数值模拟与验证[J]. 强激光与粒子束, 2014, 26(6): 87-91.

[80] 陆凡. PIN 二极管限幅器的瞬态电热耦合分析[D]. 南京：南京理工大学, 2015.
[81] 程笑林. 场效应管瞬态电热特性的谱元法分析[D]. 南京：南京理工大学, 2015.
[82] YANG C, LIU P G, HUANG X J. A novel method of energy selective surface for adaptive HPM/EMP protection[J]. IEEE antennas & wireless propagation letters, 2013, 12(1): 112-115.
[83] 杨成. 能量选择表面仿真、测试与防护应用研究[D]. 长沙：国防科学技术大学, 2016.
[84] 杨成, 刘培国, 刘继斌, 等. 能量选择表面的瞬态响应[J]. 强激光与粒子束, 2013, 25(4): 1045-1049.
[85] HU N, ZHA S, TIAN T, et al. Design and analysis of multiband energy selective surface based on semiconductors[J]. IEEE transactions on electromagnetic compatibility, 2021, 63(1): 198-205.
[86] HU N, ZHAO Y, ZHANG J, et al. High performance energy selective surface based on equivalent circuit design approach[J]. IEEE transactions on antennas and propagation, 2022, 7(6): 4526-4528.
[87] ZHAO C, WANG C F, ADITYA S. Power-dependent frequency selective surface: concept, design, and experiment[J]. IEEE transactions on antennas and propagation, 2019, 67(5): 3215-3220.
[88] ZHOU L, LIU L, SHEN Z. High-performance energy selective surface based on the double-resonance concept[J]. IEEE transactions on antennas and propagation, 2021, 69(11): 7658-7666.
[89] 李翰祥. 射频接收前端强电磁脉冲防护问题的时域分析方法研究[D]. 南京：南京理工大学, 2020.
[90] CHEN S T, DING D Z, YU M, et al. Electro-thermal analysis of microwave limiter based on the time-domain impulse response method combined with physical-model-based semiconductor solver[J]. IEEE transactions on microwave theory and techniques, 2020, 68(7): 2579-2589.

第 2 章　电磁兼容理论基础

本章主要介绍电磁场理论、天线与电磁辐射、传导耦合及常见瞬态场等电磁兼容理论基础。电磁场理论内容包括麦克斯韦方程、边界条件、唯一性定理、矢量叠加原理、等效原理、互易定理以及电磁波在理想导体表面的反射。天线与电磁辐射内容包括电偶极子与磁偶极子的辐射、天线的近场与远场区域特点、天线的性能指标参数。传导耦合是指通过传输线传输的电磁干扰，内容包括电阻性、电容性和电感性等典型的耦合方式。瞬态场内容包括电快速瞬变脉冲群、雷击浪涌、核爆脉冲以及静电放电。

2.1　电磁场基本理论

电磁兼容分析涉及很多电磁理论，这些理论深刻地揭示了电磁场与波的特性和规律，有利于提高分析和解决电磁兼容性问题的能力。

2.1.1　麦克斯韦方程

麦克斯韦方程的基础是电磁学三大实验定律，即库仑定律、毕奥-萨伐尔定律和法拉第电磁感应定律。这三个实验定律是在各自的特定条件下总结出来的，这些从实验结果总结出来的规律为麦克斯韦方程的理论概括提供了不可缺少的基础。

麦克斯韦方程引入了两个重要的定义：第一个是位移电流，即变化的电场也形成一种电流，称为位移电流，也可以产生磁场，揭示了时变电场产生磁场；第二个是有旋电场，即变化的磁场要产生感应电场，这个感应电场也像库仑电场一样对电荷有力的作用，但移动电荷回到原点所做的功不为 0，因而它是有旋场，揭示了时变磁场产生电场的原理。另外，在麦克斯韦方程中，由库仑定律直接得出的高斯定理在时变条件下也是成立的；由毕奥-萨伐尔定律得出的磁通连续性原理在时变条件下也是成立的[1]。

1. *麦克斯韦方程的积分形式*

麦克斯韦方程的积分形式描述的是一个大范围内场与场源相互之间的关系。

安培环路定理：

$$\oint_C \boldsymbol{H}\cdot \mathrm{d}\boldsymbol{l}=\int_S \boldsymbol{J}\cdot \mathrm{d}\boldsymbol{S}+\int_S \frac{\partial \boldsymbol{D}}{\partial t}\cdot \mathrm{d}\boldsymbol{S} \tag{2-1}$$

其含义是磁场强度沿任意闭合曲线的环量等于穿过以该闭合曲线为周界的任意曲面的传导电流与位移电流之和。

法拉第电磁感应定律：

$$\oint_C \boldsymbol{E}\cdot \mathrm{d}\boldsymbol{l}=-\int_S \frac{\partial \boldsymbol{B}}{\partial t}\cdot \mathrm{d}\boldsymbol{S} \tag{2-2}$$

其含义是电场强度沿任意闭合曲线的环量等于穿过以该闭合曲线为周界的任一曲面的磁通量变化率的负值。

磁通连续性：

$$\oint_S \boldsymbol{B}\cdot \mathrm{d}\boldsymbol{S}=0 \tag{2-3}$$

其含义是穿过任意闭合曲面的磁感应强度的通量恒等于 0。

高斯定理：

$$\oint_S \boldsymbol{D}\cdot \mathrm{d}\boldsymbol{S}=\int_V \rho \mathrm{d}V \tag{2-4}$$

其含义是穿过任意闭合曲面的电位移的通量等于该闭合面所包围的自由电荷的代数和。

2. 麦克斯韦方程的微分形式

麦克斯韦方程的微分形式，又称为点函数形式，描述的是空间任意一点场的变化规律。按对应的积分方程的顺序依次为

$$\nabla\times\boldsymbol{H}=\boldsymbol{J}+\frac{\partial \boldsymbol{D}}{\partial t} \tag{2-5}$$

$$\nabla\times\boldsymbol{E}=-\frac{\partial \boldsymbol{B}}{\partial t} \tag{2-6}$$

$$\nabla\cdot\boldsymbol{B}=0 \tag{2-7}$$

$$\nabla\cdot\boldsymbol{D}=\rho \tag{2-8}$$

式（2-5）表明，时变磁场不仅由传导电流产生，也由位移电流产生。位移电流代表电位移矢量的变化率，揭示的是时变电场可以产生时变磁场。

式（2-6）表明，时变磁场可以产生时变电场。

式（2-7）表明，磁通永远是连续的，磁场是无散度场，磁感应线是闭合曲线。

式（2-8）表明，电荷要产生电场，是电场的散度源。

麦克斯韦对宏观电磁理论的重大贡献是预言了电磁波的存在。这个伟大的预言后来被著名的“赫兹实验”证实，从而为麦克斯韦宏观电磁理论的正确性提供了有力的证据。

3. 介质的本构关系

当有介质存在时，式（2-8）尚不够完备，因此需补充描述介质特性的方程。对于线性和各向同性的均匀介质，这些方程是

$$\boldsymbol{D}=\varepsilon\boldsymbol{E} \tag{2-9}$$

$$\boldsymbol{B}=\mu\boldsymbol{H} \tag{2-10}$$

$$\boldsymbol{J}=\sigma\boldsymbol{E} \tag{2-11}$$

式（2-9）～式（2-11）称为介质的本构关系，也称为电磁场的辅助方程。

将式（2-9）～式（2-11）代入式（2-5）～式（2-8），可得到用场矢量 $\boldsymbol{E}$ 、 $\boldsymbol{H}$ 表示的方程组：

$$\nabla\times\boldsymbol{H}=\sigma\boldsymbol{E}+\varepsilon\frac{\partial \boldsymbol{E}}{\partial t} \tag{2-12}$$

$$\nabla \times \boldsymbol{E} = -\mu \frac{\partial \boldsymbol{H}}{\partial t} \tag{2-13}$$

$$\nabla \cdot \boldsymbol{H} = 0 \tag{2-14}$$

$$\nabla \cdot \boldsymbol{E} = \frac{\rho}{\varepsilon} \tag{2-15}$$

式（2-12）～式（2-15）称为麦克斯韦方程的限定形式，它适用于线性和各向同性的均匀介质。

利用麦克斯韦方程，再加上辅助方程，原则上就可以求解各种宏观电磁场问题，麦克斯韦方程与热方程、薛定谔方程等结合，可以揭示多物理场耦合时的变化规律。

2.1.2　边界条件

由亥姆霍兹定理可知，已知场量的散度和旋度，还无法唯一确定该场量，因此，还需要进一步确定区域的边界条件。在解决实际工程中的电磁场问题时，当电磁场所在的区域中包含几种介质时，在不同介质形成的边界上，介质的电磁参数发生突变，导致场量发生改变。对于有限空间的电磁场问题，为了保证麦克斯韦方程的解在边界上的连续性，以使合成的全区域解处处成立且唯一，必须获悉场量通过边界时的变化规律。在不同介质分界面上两侧的电磁场量之间满足的关系称为电磁场的边界条件。边界条件在求解电磁场过程中占据非常重要的地位，因为只有确定了给定区域的边界条件，区域内的场量才是唯一的，这个场量才有实际意义。

对于场量不连续的边界区域，利用麦克斯韦方程的积分形式，可以导出各个场量满足的边界条件。通常，将边界上的场量分解为平行于边界的切向分量和垂直于边界的法向分量，下面分别给出两种分量的变化关系[1]。

1. 切向分量边界条件

如图 2-1 所示，作一个包含边界上场点的矩形闭合曲线，利用式（2-1）及式（2-2）可以分别求得边界上磁场强度和电场强度切向分量应该满足的条件为

$$\boldsymbol{e}_n \times (\boldsymbol{H}_2 - \boldsymbol{H}_1) = \boldsymbol{J}_S \tag{2-16}$$

$$\boldsymbol{e}_n \times (\boldsymbol{E}_2 - \boldsymbol{E}_1) = 0 \tag{2-17}$$

式中，$\boldsymbol{e}_n$ 表示由介质①指向介质②且垂直于边界的法向单位矢量；$\boldsymbol{J}_S$ 为表面电流密度。

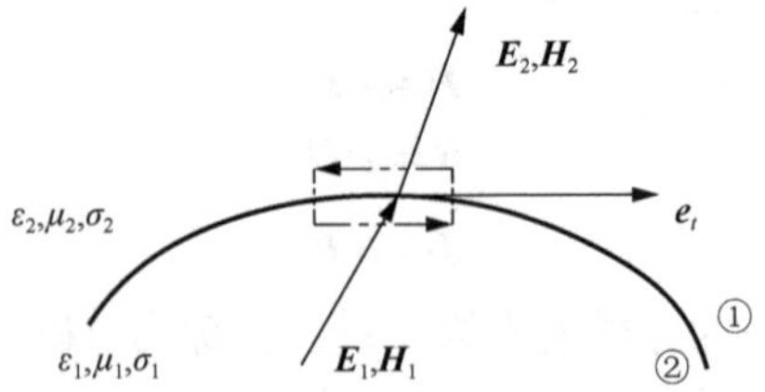

图 2-1　切向分量边界条件

注意，式（2-16）中表面电流密度 $\boldsymbol{J}_S$ 的方向规定与矩形回路方向构成右旋关系。由于表面电流实际上仅存在于理想导电体表面，因此，可以认为在一般非理想导电体表面上，磁场强度和电场强度的切向分量都是连续的。

2. 法向分量边界条件

若在边界上作一个封闭的圆柱表面，如图 2-2 所示，利用式（2-3）及式（2-4）可以导出边界上磁感应强度和电位移矢量的法向分量应该满足的边界条件为

$$\boldsymbol{e}_n \cdot (\boldsymbol{B}_2 - \boldsymbol{B}_1) = 0 \tag{2-18}$$

$$\boldsymbol{e}_n \cdot (\boldsymbol{D}_2 - \boldsymbol{D}_1) = \rho_S \tag{2-19}$$

式中，$\boldsymbol{e}_n$ 表示由介质①指向介质②且垂直于边界的法向单位矢量；ρ_S 为表面电荷密度。

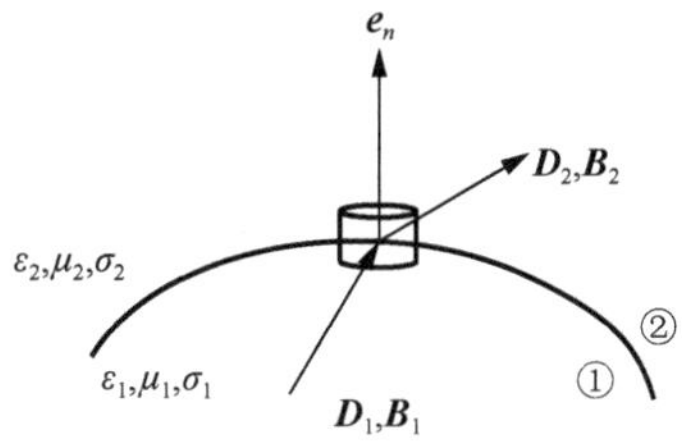

图 2-2　法向分量边界条件

由于表面电荷实际上仅存在于导电体表面，因此可以认为在一般非导电介质边界上，磁感应强度和电位移矢量的法向分量总是连续的。

3. 理想导电体的边界条件

已知理想导电体内部不可能存在时变电磁场，因此，理想导电体表面具有的边界条件为

$$\boldsymbol{e}_n \times \boldsymbol{H} = \boldsymbol{J}_S \tag{2-20}$$

$$\boldsymbol{e}_n \times \boldsymbol{E} = 0 \tag{2-21}$$

$$\boldsymbol{e}_n \cdot \boldsymbol{B} = 0 \tag{2-22}$$

$$\boldsymbol{e}_n \cdot \boldsymbol{D} = \rho_S \tag{2-23}$$

式中各矢量的方向如图 2-3 所示。

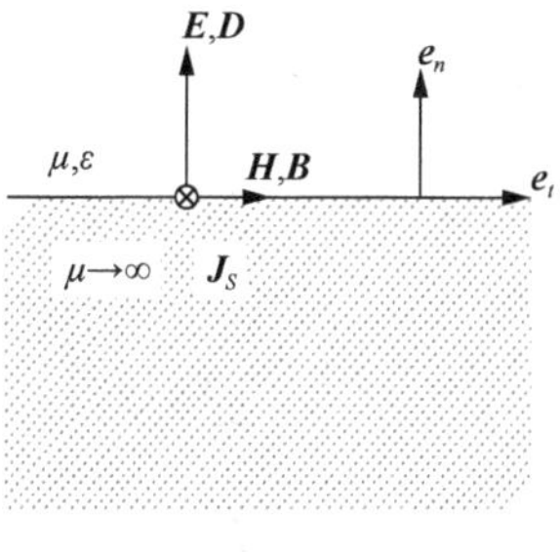

图 2-3　理想导电体边界条件

由此可见，在理想导电体表面上，仅可存在切向磁场分量和法向电场分量。

2.1.3　唯一性定理

从数学观点来看，微分方程解的存在、稳定及唯一均需加以严格证明，否则，该微分方程的成立存疑。麦克斯韦方程是一种数学物理方程，它是物理实验结果的数学描述，因此，

其解的存在和稳定是毋庸置疑的，这也是数学物理方程的共性。但是解的唯一性必须给予证明。顺便指出，对于数学物理方程来说，由于任何物理实验条件都不可能每次完全相同，因此，解的稳定性十分重要。

时变电磁场的唯一性定理表明，在闭合面 S 包围的区域 V 中，当 t=0 时刻的电场强度 $\boldsymbol{E}$ 及磁场强度 $\boldsymbol{H}$ 的初始值给定，又在 t>0 的时间内，边界面 S 上的电场强度的切向分量 $\boldsymbol{E}_t$ 或者磁场强度的切向分量 $\boldsymbol{H}_t$ 给定时，在 t>0 的任何时刻，体积 V 中任一点的电磁场由麦克斯韦方程唯一地确定。

为了证明唯一性定理，直接基于由麦克斯韦方程导出的能量定理式（2-24），采用反证法进行证明。

$$\oint_S (\boldsymbol{E}\times\boldsymbol{H})\cdot \mathrm{d}\boldsymbol{S} + \int_V \sigma \boldsymbol{E}^2 \mathrm{d}V = -\frac{\partial}{\partial t}\int_V \frac{1}{2}(\varepsilon \boldsymbol{E}^2 + \mu \boldsymbol{H}^2)\mathrm{d}V \tag{2-24}$$

设有两组解 $\boldsymbol{E}_1(\boldsymbol{r},t)$，$\boldsymbol{H}_1(\boldsymbol{r},t)$ 及 $\boldsymbol{E}_2(\boldsymbol{r},t)$，$\boldsymbol{H}_2(\boldsymbol{r},t)$ 均满足麦克斯韦方程，由于该方程是线性的，因此差场 $\delta\boldsymbol{E}=\boldsymbol{E}_1-\boldsymbol{E}_2$ 及 $\delta\boldsymbol{H}=\boldsymbol{H}_1-\boldsymbol{H}_2$ 也满足麦克斯韦方程及能量定理。将差场 $\delta\boldsymbol{E}$ 及 $\delta\boldsymbol{H}$ 代入式（2-24）中，得

$$\begin{aligned}&-\frac{\partial}{\partial t}\int_V\left[\frac{1}{2}\varepsilon|\delta\boldsymbol{E}|^2+\frac{1}{2}\mu|\delta\boldsymbol{H}|^2\right]\mathrm{d}V\\&=\oint_S(\delta\boldsymbol{E}\times\delta\boldsymbol{H})\cdot\mathrm{d}\boldsymbol{S}+\int_V\sigma|\delta\boldsymbol{E}|^2\mathrm{d}V\end{aligned} \tag{2-25}$$

式中

$$\delta\boldsymbol{E}\times\delta\boldsymbol{H}=(\delta\boldsymbol{E}_t\times\delta\boldsymbol{H}_t)+(\delta\boldsymbol{E}_t\times\delta\boldsymbol{H}_n)+(\delta\boldsymbol{E}_n\times\delta\boldsymbol{H}_t)+(\delta\boldsymbol{E}_n\times\delta\boldsymbol{H}_n) \tag{2-26}$$

当边界上的电场强度的切向分量 $\boldsymbol{E}_t$ 或磁场强度的切向分量 $\boldsymbol{H}_t$ 给定时，边界上的差场的切向分量应为零，即 $\delta\boldsymbol{E}_t=0$ 或 $\delta\boldsymbol{H}_t=0$。此外，矢积 $\boldsymbol{e}_t\times\boldsymbol{e}_n$ 及 $\boldsymbol{e}_n\times\boldsymbol{e}_t$ 垂直于单位矢量 $\boldsymbol{e}_n$，又 $\boldsymbol{e}_n\times\boldsymbol{e}_n=0$，因此，式（2-25）中面积分 $\oint_S\to 0$，那么

$$\frac{\partial}{\partial t}\int_V\left[\frac{1}{2}\varepsilon|\delta\boldsymbol{E}|^2+\frac{1}{2}\mu|\delta\boldsymbol{H}|^2\right]\mathrm{d}V=-\int_V\sigma|\delta\boldsymbol{E}|^2\mathrm{d}V \tag{2-27}$$

由于式（2-27）右端被积函数只可能大于或等于零，即

$$-\int_V\sigma|\delta\boldsymbol{E}|^2\mathrm{d}V\leqslant 0 \tag{2-28}$$

得

$$\frac{\partial}{\partial t}\int_V\left[\frac{1}{2}\varepsilon|\delta\boldsymbol{E}|^2+\frac{1}{2}\mu|\delta\boldsymbol{H}|^2\right]\mathrm{d}V\leqslant 0 \tag{2-29}$$

根据初始条件，t=0 时刻的场强 $\boldsymbol{E}(\boldsymbol{r},0)$ 及 $\boldsymbol{H}(\boldsymbol{r},0)$ 是给定的，那么 t=0 时刻的差场 $\delta\boldsymbol{E}(\boldsymbol{r},0)=\delta\boldsymbol{H}(\boldsymbol{r},0)=0$，即

$$\int_V\left[\frac{1}{2}\varepsilon|\delta\boldsymbol{E}(\boldsymbol{r},0)|^2+\frac{1}{2}\mu|\delta\boldsymbol{H}(\boldsymbol{r},0)|^2\right]\mathrm{d}V=0 \tag{2-30}$$

但是式（2-29）的时间导数表明，该积分值随着时间增加而减少或与时间无关。因此，上述积分值只可能小于零或等于零，即

$$\int_V \left[\frac{1}{2}\varepsilon \left| \delta \boldsymbol{E}(\boldsymbol{r},t) \right|^2 + \frac{1}{2}\mu \left| \delta \boldsymbol{H}(\boldsymbol{r},t) \right|^2 \right] \mathrm{d}V \leqslant 0 \tag{2-31}$$

另外，从物理意义上来看，式（2-31）的积分代表电磁场能量，它只可能大于零或等于零。因此，该积分只能为零。由此得知，差场等于零，$\delta \boldsymbol{E}(\boldsymbol{r},t) = \delta \boldsymbol{H}(\boldsymbol{r},t) = 0$，即 $\boldsymbol{E}_1(\boldsymbol{r},t) = \boldsymbol{E}_2(\boldsymbol{r},t)$，$\boldsymbol{H}_1(\boldsymbol{r},t) = \boldsymbol{H}_2(\boldsymbol{r},t)$，唯一性定理获证成立。

唯一性定理指出了唯一解所必须满足的条件，为电磁场问题的求解提供了理论依据，具有非常重要的意义和广泛的应用。

2.1.4　矢量叠加原理

麦克斯韦方程为线性方程，当空间介质为线性介质时，源和场满足矢量叠加，即如果

$$\boldsymbol{J} = \sum_{k=1}^{N} \boldsymbol{J}_k \tag{2-32}$$

则有

$$\boldsymbol{E} = \sum_{k=1}^{N} \boldsymbol{E}_k \tag{2-33}$$

式中，$\boldsymbol{E}_k$ 为 $\boldsymbol{J}_k$ 单独存在时的场。

叠加原理虽然简单，却极为重要。由于复杂电磁系统都是由许多源组成的，因而只要每个源产生的电磁场已经求得，把它们相加就可得到复杂的总场，而不必每次均从基本公式开始计算。

2.1.5　等效原理

对于某些电磁场问题，通常源的分布特性未知或非常复杂。此时，为了求解某一区域中的电磁场，可以引入等效源代替真实源，真实源的边界问题的解可以用等效源的边界问题的解来代替，这就是电磁场的等效原理。

等效的概念是这样表述的：在区域 V 外具有不同的源分布和介质分布，但在区域 V 内具有相同的源分布和介质分布的一些电磁场问题，如果它们在区域 V 内具有相同的场分布，则对区域 V 内而言，这些电磁场问题是等效的。

考虑如图 2-4（a）所示的场问题。闭合曲面 S 将区域分成两部分 V_1 和 V_2。原问题在 S 上满足：

$$\begin{cases} \boldsymbol{e}_n \times \left(\boldsymbol{H}_a - \boldsymbol{H}_a \right) = 0 \\ \boldsymbol{e}_n \times \left(\boldsymbol{E}_a - \boldsymbol{E}_a \right) = 0 \end{cases} \tag{2-34}$$

式中，$\boldsymbol{e}_n$ 为闭合面 S 的外法线方向上的单位矢量；$\boldsymbol{E}_a$ 和 $\boldsymbol{H}_a$ 为空间中的原有场。

如果人为地令区域 V_1 中的场为 $\boldsymbol{E}_b$ 和 $\boldsymbol{H}_b$，而 V_2 中源、介质和场分布保持不变，如图 2-4（b）所示。那么，显然由于 S 内部电磁场已被人为改变，在 S 面上场量不再连续。为了保持这种场量不连续性的边界条件，S 面上必须存在表面电流密度 $\boldsymbol{J}_S$ 和表面磁流密度 $\boldsymbol{M}_S$。根据边界条件可知表面电流密度 $\boldsymbol{J}_S$ 和表面磁流密度 $\boldsymbol{M}_S$ 与边界两侧场量的关系为

$$\begin{cases} \boldsymbol{J}_S = \boldsymbol{e}_n \times (\boldsymbol{H}_a - \boldsymbol{H}_b) \\ \boldsymbol{M}_S = \boldsymbol{e}_n \times (\boldsymbol{E}_a - \boldsymbol{E}_b) \end{cases} \tag{2-35}$$

式中，$\boldsymbol{E}_a$ 和 $\boldsymbol{H}_a$ 为闭合面 S 的外侧场；$\boldsymbol{E}_b$ 和 $\boldsymbol{H}_b$ 为闭合面 S 的内侧场。实际上，$\boldsymbol{J}_S$ 和 $\boldsymbol{M}_S$ 的作用是，它们在 V_2 中产生的场恰好抵消了 V_1 中场的变化，使 V_2 中的场保持不变。这样，表面电流密度 $\boldsymbol{J}_S$ 及表面磁流密度 $\boldsymbol{M}_S$ 在闭合面 S 内产生的场为 $\boldsymbol{E}_b$ 和 $\boldsymbol{H}_b$，在闭合面 S 外产生的场为 $\boldsymbol{E}_a$ 和 $\boldsymbol{H}_a$，因此这种表面电流密度 $\boldsymbol{J}_S$ 及表面磁流密度 $\boldsymbol{M}_S$ 称为外部空间的等效源。对于区域 V_2 来说，图 2-4（b）与图 2-4（a）的问题等效。

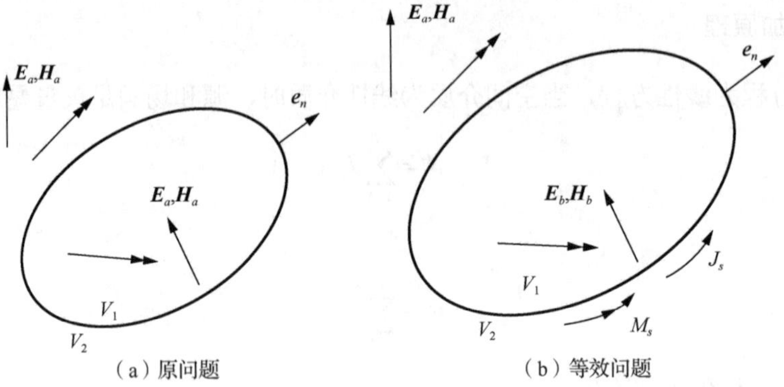

图 2-4 等效原理

由于闭合面 S 内的电磁场是任意假定的，不妨令其为零，如图 2-5 所示。那么式（2-35）所定义的等效源变为

$$\begin{cases} \boldsymbol{J}_S = \boldsymbol{e}_n \times \boldsymbol{H}_a \\ \boldsymbol{M}_S = -\boldsymbol{e}_n \times \boldsymbol{E}_a \end{cases} \tag{2-36}$$

这种等效形式称为电磁场的 Love 等效原理，这种等效源又称为零场等效源。

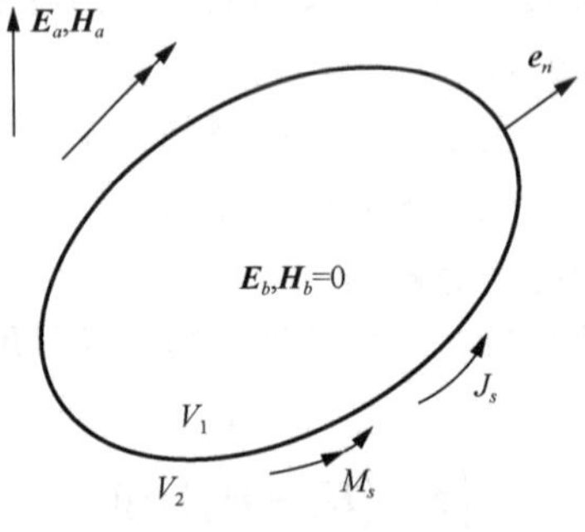

图 2-5 Love 等效原理

值得提出的是，既然零场等效源在闭合曲面 S 内部不产生任何电磁场，那么，区域 V_1 中可以填充任何物质，对于整个空间的电磁场分布均不会产生任何影响。

而区域 V_1 中的介质分布一般有三种情况。

1. 设 V_1 中介质分布与 V_2 中相同

由 Love 等效原理，对于计算 V_2 内的场来说，这就是在均匀空间中存在如式（2-36）所示的表面电流密度 $\boldsymbol{J}_S$ 及表面磁流密度 $\boldsymbol{M}_S$ 的情况，可根据源辐射问题来求解。

2. 设 V_1 中填充理想导电体

Love 等效原理同时应用了 S 面上电场和磁场的切向分量，但根据唯一性定理，只需要两者之一的切向分量就可以唯一确定场，也就是说，场的等效源可以仅用 S 面上的表面电流或表面磁流表示。

需要注意的是：S 面既不属于 V_1 也不属于 V_2，是无限靠近两区域的，所以这时 $\boldsymbol{J}_S$ 和 $\boldsymbol{M}_S$ 是无限靠近理想导电体的。根据互易定理（2.1.6 节介绍），这时 $\boldsymbol{J}_S$ 是不产生电磁场的，所以 S 面上起作用的只有表面磁流密度 $\boldsymbol{M}_S = -\boldsymbol{e}_n \times \boldsymbol{E}_a$。

3. 设 V_1 中填充理想导磁体

此时，位于理想导磁体附近的 $\boldsymbol{M}_S$ 不产生电磁场，仅需在 S 面上放置表面电流密度 $\boldsymbol{J}_S = \boldsymbol{e}_n \times \boldsymbol{H}_a$。

上述两种分别填充理想导电体和理想导磁体的等效形式，被称为 Schelkunoff 等效原理。

2.1.6　互易定理

电磁场互易原理又称为互易定理，在电磁学理论中处于极其重要的地位，获得广泛的应用。该定理具有多种数学描述，本节先介绍最基本的微分形式和积分形式，再介绍其他应用更为广泛的定量关系。

1. 微分形式和积分形式

设区域 V 内充满各向同性的线性介质，其中两组同频源 $\boldsymbol{J}_a$、$\boldsymbol{J}_a^m$ 及 $\boldsymbol{J}_b$、$\boldsymbol{J}_b^m$ 分别位于有限区域 V_a 及 V_b 内，如图 2-6 所示。

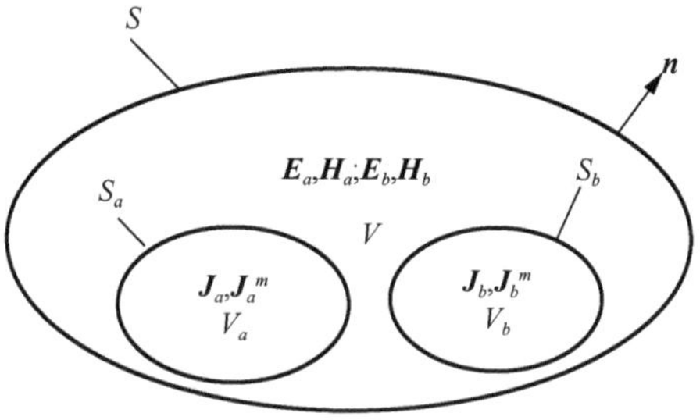

图 2-6　互易定理

那么，两组同频源产生的电磁场分别为

$$\nabla \times \boldsymbol{H}_a = \boldsymbol{J}_a + \mathrm{j}\omega\varepsilon \boldsymbol{E}_a \tag{2-37}$$

$$\nabla \times \boldsymbol{E}_a = -\boldsymbol{J}_a^m - \mathrm{j}\omega\mu \boldsymbol{H}_a \tag{2-38}$$

及

$$\nabla \times \boldsymbol{H}_b = \boldsymbol{J}_b + \mathrm{j}\omega\varepsilon \boldsymbol{E}_b \tag{2-39}$$

$$\nabla \times \boldsymbol{E}_b = -\boldsymbol{J}_b^m - \mathrm{j}\omega\mu \boldsymbol{H}_b \tag{2-40}$$

利用矢量恒等式 $\nabla \cdot (\boldsymbol{A} \times \boldsymbol{B}) = \boldsymbol{B} \cdot \nabla \times \boldsymbol{A} - \boldsymbol{A} \cdot \nabla \times \boldsymbol{B}$，将上述结果代入，得

$$\nabla \cdot (\boldsymbol{E}_a \times \boldsymbol{H}_b) = -\mathrm{j}\omega(\mu \boldsymbol{H}_a \cdot \boldsymbol{H}_b + \varepsilon \boldsymbol{E}_a \cdot \boldsymbol{E}_b) - \boldsymbol{E}_a \cdot \boldsymbol{J}_b - \boldsymbol{H}_b \cdot \boldsymbol{J}_a^m \tag{2-41}$$

$$\nabla\cdot\left(\boldsymbol{E}_b\times\boldsymbol{H}_a\right)=-\mathrm{j}\omega\left(\mu\boldsymbol{H}_b\cdot\boldsymbol{H}_a+\varepsilon\boldsymbol{E}_b\cdot\boldsymbol{E}_a\right)-\boldsymbol{E}_b\cdot\boldsymbol{J}_a-\boldsymbol{H}_a\cdot\boldsymbol{J}_b^m \tag{2-42}$$

用式（2-41）减去式（2-42），得

$$\nabla\cdot\left[\left(\boldsymbol{E}_a\times\boldsymbol{H}_b\right)-\left(\boldsymbol{E}_b\times\boldsymbol{H}_a\right)\right]=\boldsymbol{E}_b\cdot\boldsymbol{J}_a-\boldsymbol{E}_a\cdot\boldsymbol{J}_b+\boldsymbol{H}_a\cdot\boldsymbol{J}_b^m-\boldsymbol{H}_b\cdot\boldsymbol{J}_a^m \tag{2-43}$$

再将式（2-43）两边对S包围的体积V求积分，由散度定理求得

$$\oint_S\left[\left(\boldsymbol{E}_a\times\boldsymbol{H}_b\right)-\left(\boldsymbol{E}_b\times\boldsymbol{H}_a\right)\right]\cdot\mathrm{d}\boldsymbol{S}=\int_V\left[\boldsymbol{E}_b\cdot\boldsymbol{J}_a-\boldsymbol{E}_a\cdot\boldsymbol{J}_b+\boldsymbol{H}_a\cdot\boldsymbol{J}_b^m-\boldsymbol{H}_b\cdot\boldsymbol{J}_a^m\right]\mathrm{d}V \tag{2-44}$$

式（2-43）和式（2-44）分别称为互易定理的微分形式和积分形式。由此可见，互易定理描述了两组同频源及其产生的电磁场之间应满足的关系。因此，如果已知一组源及其产生的电磁场，那么利用互易定理即可求出另一组源及其产生的电磁场之间的关系。

2. *洛伦兹互易定理*

若式（2-43）仅对有源区V_a或V_b求积分，那么闭合曲面S仅包围源a或源b，即$S=S_a$或S_b，则分别得到下列结果：

$$\oint_{S_a}\left[\left(\boldsymbol{E}_a\times\boldsymbol{H}_b\right)-\left(\boldsymbol{E}_b\times\boldsymbol{H}_a\right)\right]\cdot\mathrm{d}\boldsymbol{S}=\int_{V_a}\left(\boldsymbol{E}_b\cdot\boldsymbol{J}_a-\boldsymbol{H}_b\cdot\boldsymbol{J}_a^m\right)\cdot\mathrm{d}V \tag{2-45}$$

$$\oint_{S_b}\left[\left(\boldsymbol{E}_a\times\boldsymbol{H}_b\right)-\left(\boldsymbol{E}_b\times\boldsymbol{H}_a\right)\right]\cdot\mathrm{d}\boldsymbol{S}=\int_{V_b}\left(\boldsymbol{H}_a\cdot\boldsymbol{J}_b^m-\boldsymbol{E}_a\cdot\boldsymbol{J}_b\right)\cdot\mathrm{d}V \tag{2-46}$$

若式（2-46）仅对无源区求积分，那么闭合面S不包括任何源，因此上述面积分为零，即

$$\oint_S\left[\left(\boldsymbol{E}_a\times\boldsymbol{H}_b\right)-\left(\boldsymbol{E}_b\times\boldsymbol{H}_a\right)\right]\cdot\mathrm{d}\boldsymbol{S}=0 \tag{2-47}$$

式（2-47）称为洛伦兹互易定理。

3. Carson *互易定理*

当式（2-47）成立时，由式（2-44）求得

$$\int_V\left(\boldsymbol{E}_b\cdot\boldsymbol{J}_a-\boldsymbol{E}_a\cdot\boldsymbol{J}_b+\boldsymbol{H}_a\cdot\boldsymbol{J}_b^m-\boldsymbol{H}_b\cdot\boldsymbol{J}_a^m\right)\mathrm{d}V=0 \tag{2-48}$$

考虑到源a仅存在于V_a中，源b仅存在于V_b中，式（2-48）又可以写为

$$\int_{V_a}\left(\boldsymbol{E}_b\cdot\boldsymbol{J}_a-\boldsymbol{H}_b\cdot\boldsymbol{J}_a^m\right)\cdot\mathrm{d}V=\int_{V_b}\left(\boldsymbol{E}_a\cdot\boldsymbol{J}_b-\boldsymbol{H}_a\cdot\boldsymbol{J}_b^m\right)\cdot\mathrm{d}V \tag{2-49}$$

式（2-49）称为 Carson 互易定理。它是互易定理获得最广泛应用的一种关系式。

2.1.7　电磁波的反射

电磁波在传播过程中会经常遇到不同介质的分界面，这时部分电磁能量被分界面反射，形成反射波；而另一部分电磁能量将通过分界面继续传播，形成透射波。均匀平面波对理想导体表面垂直入射时，只存在电磁波的反射，只需研究反射波与入射波的关系。

如图 2-7 所示，介质 1 为理想介质，其电导率$\sigma_1=0$；介质 2 为理想导体，其电导率$\sigma_2=\infty$。此时，入射波可以表示为

$$\boldsymbol{E}_i\left(z\right)=\boldsymbol{e}_x E_{\mathrm{im}}\mathrm{e}^{-\mathrm{j}\beta_1 z} \tag{2-50}$$

$$\boldsymbol{H}_i\left(z\right)=\boldsymbol{e}_y\frac{1}{\eta_1}E_{\mathrm{im}}\mathrm{e}^{-\mathrm{j}\beta_1 z} \tag{2-51}$$

式中，$\beta_1=\omega\sqrt{\mu_1\varepsilon_1}$；$\eta_1=\sqrt{\mu_1/\varepsilon_1}$。

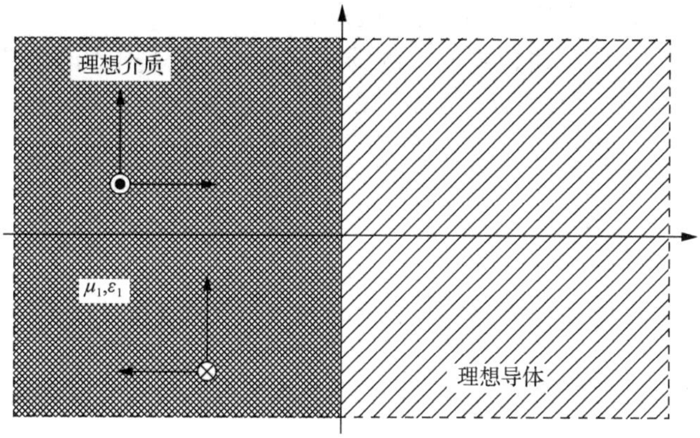

图 2-7　平面波对理想导体平面的垂直入射

反射波的电场和磁场分别为

$$\boldsymbol{E}_r(z) = -\boldsymbol{e}_x E_{\text{im}} \mathrm{e}^{\mathrm{j}\beta_1 z} \tag{2-52}$$

$$\boldsymbol{H}_r(z) = \boldsymbol{e}_y \frac{1}{\eta_1} E_{\text{im}} \mathrm{e}^{\mathrm{j}\beta_1 z} \tag{2-53}$$

故介质 1 中的合成波的电场和磁场分别为

$$\boldsymbol{E}_1(z) = \boldsymbol{e}_x E_{\text{im}}\left(\mathrm{e}^{-\mathrm{j}\beta_1 z} - \mathrm{e}^{\mathrm{j}\beta_1 z}\right) = -\boldsymbol{e}_x \mathrm{j}2E_{\text{im}} \sin(\beta_1 z) \tag{2-54}$$

$$\boldsymbol{H}_1(z) = \boldsymbol{e}_y \frac{1}{\eta_1} E_{\text{im}}\left(\mathrm{e}^{-\mathrm{j}\beta_1 z} + \mathrm{e}^{\mathrm{j}\beta_1 z}\right) = \boldsymbol{e}_y \frac{2}{\eta_1} E_{\text{im}} \cos(\beta_1 z) \tag{2-55}$$

合成波的电场和磁场的瞬时值分别表示为

$$\boldsymbol{E}_1(z,t) = \mathrm{Re}\left[\boldsymbol{E}_1(z)\mathrm{e}^{\mathrm{j}\omega t}\right] = \boldsymbol{e}_x 2E_{\text{im}} \sin(\beta_1 z)\sin(\omega t) \tag{2-56}$$

$$\boldsymbol{H}_1(z,t) = \mathrm{Re}\left[\boldsymbol{H}_1(z)\mathrm{e}^{\mathrm{j}\omega t}\right] = \boldsymbol{e}_y \frac{2}{\eta_1} E_{\text{im}} \cos(\beta_1 z)\cos(\omega t) \tag{2-57}$$

由此可见，介质 1 中的合成波的相位仅与时间有关，这就意味着空间各点合成波的相位相同。空间各点的电场强度的振幅随位置 z 按正弦函数变化，即

$$\left|\boldsymbol{E}_1(z)\right| = 2E_{\text{im}}\left|\sin(\beta_1 z)\right| \tag{2-58}$$

磁场强度的振幅随位置 z 按余弦函数变化，即

$$\left|\boldsymbol{H}_1(z)\right| = \frac{2}{\eta_1} E_{\text{im}}\left|\cos(\beta_1 z)\right| \tag{2-59}$$

可见，合成波在空间中没有移动，只是在原来的位置振动，故称这种波为驻波。

由式（2-58）可知，在 $\beta_1 z = -n\pi$，即

$$z = -\frac{n\lambda_1}{2},\quad n = 0,1,2,3,\cdots \tag{2-60}$$

处，电场的振幅始终为零，故这些点为电场的波节点。而在 $\beta_1 z = -(2n+1)\pi$，即

$$z = -\frac{(2n+1)\lambda_1}{4},\quad n = 0,1,2,3,\cdots \tag{2-61}$$

处，电场的振幅最大，故这些点为电场的波腹点。

由式（2-58）和式（2-59）可以看出，磁场的波节点恰好是电场的波腹点，而磁场的波腹点恰好是电场的波节点。由式（2-56）和式（2-57）可以看出，$\boldsymbol{E}_1(z,t)$ 和 $\boldsymbol{H}_1(z,t)$ 的驻波不仅在空间位置上错开 $\frac{\lambda_1}{4}$，在时间上也有 $\frac{\pi}{2}$ 的相移。

介质 1 中合成波的平均坡印亭矢量为

$$\boldsymbol{S}_{1\text{av}}=\frac{1}{2}\text{Re}\left[\boldsymbol{E}_1(z)\times\boldsymbol{H}_1^*(z)\right]=\frac{1}{2}\text{Re}\left[-\boldsymbol{e}_z\text{j}\frac{4E_{\text{im}}^2}{\eta_1}\sin(\beta_1 z)\cos(\beta_1 z)\right]=0 \tag{2-62}$$

因此，驻波不发生电磁能量的传输，仅在两个波节点间进行电场能量和磁场能量的交换。

2.2　天线与电磁辐射基本理论

2.2.1　电偶极子的辐射

在几何长度远小于波长的线元上载有等幅同相的电流，这就是电偶极子。关于电偶极子产生的电磁场的分析计算是线型天线工程计算的基础。

设线元上的电流以角频率 ω 随时间呈时谐变化，表示为

$$i(t)=I\cos(\omega t)=\text{Re}\left[I\text{e}^{\text{j}\omega t}\right] \tag{2-63}$$

如图 2-8 所示，电偶极子沿 z 轴放置，中心在坐标原点。线元长度为 l，横截面积为 ΔS。

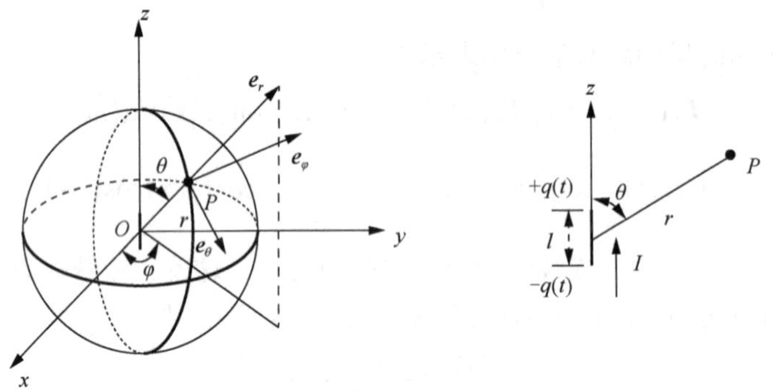

图 2-8　电偶极子

故有

$$\boldsymbol{J}\text{d}V'=\boldsymbol{e}_z\frac{I}{\Delta S'}\Delta S'\text{d}z'=\boldsymbol{e}_z I\text{d}z' \tag{2-64}$$

用 $\boldsymbol{e}_z I\text{d}z'$ 替换 $\boldsymbol{J}\text{d}V'$，得载流线元在点 P 产生的矢量位为

$$\boldsymbol{A}(\boldsymbol{r})=\frac{\mu_0}{4\pi}\int_l\frac{\boldsymbol{e}_z I}{|\boldsymbol{r}-\boldsymbol{r}'|}\text{e}^{-\text{j}k|\boldsymbol{r}-\boldsymbol{r}'|}\text{d}z' \tag{2-65}$$

考虑到 $l\ll r$，故式（2-65）可近似为

$$\boldsymbol{A}(\boldsymbol{r})=\boldsymbol{e}_z\frac{\mu_0 Il}{4\pi}\text{e}^{-\text{j}kr} \tag{2-66}$$

它在球坐标系中的三个坐标分量为

$$\begin{cases} A_r = A_z\cos\theta = \dfrac{\mu_0 Il}{4\pi}\cos\theta \mathrm{e}^{-\mathrm{j}kr} \\ A_\theta = -A_x\sin\theta = -\dfrac{\mu_0 Il}{4\pi}\sin\theta \mathrm{e}^{-\mathrm{j}kr} \\ A_\varphi = 0 \end{cases} \tag{2-67}$$

点 P 的磁场强度为

$$\boldsymbol{H} = \frac{1}{\mu_0}\nabla\times\boldsymbol{A} = \frac{1}{\mu_0}\begin{vmatrix} \dfrac{\boldsymbol{e}_r}{r^2\sin\theta} & \dfrac{\boldsymbol{e}_\theta}{r\sin\theta} & \dfrac{\boldsymbol{e}_\varphi}{r} \\ \dfrac{\partial}{\partial r} & \dfrac{\partial}{\partial\theta} & \dfrac{\partial}{\partial\varphi} \\ A_r & rA_\theta & r\sin\theta A_\varphi \end{vmatrix} \tag{2-68}$$

将式（2-67）代入式（2-68），得

$$\begin{cases} H_r = 0 \\ H_\theta = 0 \\ H_\varphi = \dfrac{k^2 Il\sin\theta}{4\pi}\left(\dfrac{\mathrm{j}}{kr} + \dfrac{1}{k^2r^2}\right)\mathrm{e}^{-\mathrm{j}kr} \end{cases} \tag{2-69}$$

根据麦克斯韦方程，P 点的电场强度为

$$\boldsymbol{E} = \frac{1}{\mathrm{j}\omega\varepsilon_0}\nabla\times\boldsymbol{H} = \begin{vmatrix} \dfrac{\boldsymbol{e}_r}{r^2\sin\theta} & \dfrac{\boldsymbol{e}_\theta}{r\sin\theta} & \dfrac{\boldsymbol{e}_\varphi}{r} \\ \dfrac{\partial}{\partial r} & \dfrac{\partial}{\partial\theta} & \dfrac{\partial}{\partial\varphi} \\ H_r & rH_\theta & r\sin\theta H_\varphi \end{vmatrix} \tag{2-70}$$

将式（2-69）代入式（2-70），得

$$\begin{cases} E_r = \dfrac{Ilk^3\cos\theta}{2\pi\omega\varepsilon_0}\left(\dfrac{1}{k^2r^2} - \dfrac{\mathrm{j}}{k^3r^3}\right)\mathrm{e}^{-\mathrm{j}kr} \\ E_\theta = \dfrac{Ilk^3\cos\theta}{4\pi\omega\varepsilon_0}\left(\dfrac{\mathrm{j}}{kr} + \dfrac{1}{k^2r^2} - \dfrac{\mathrm{j}}{k^3r^3}\right)\mathrm{e}^{-\mathrm{j}kr} \\ E_\varphi = 0 \end{cases} \tag{2-71}$$

由式（2-69）和式（2-71）可以看出，在电偶极子产生的电磁场中，磁场强度只有 H_φ 分量，而电场强度有 E_r 和 E_θ 两个分量。每个分量都包含几项，且与距离 r 有着复杂的关系。

在电偶极子中，$r \ll \lambda$ 即 $kr \ll 1$ 的区域称为近场区，在此区域中

$$\frac{1}{kr} \ll \frac{1}{k^2r^2} \ll \frac{1}{k^3r^3} \text{ 且 } \mathrm{e}^{-\mathrm{j}kr} \approx 1$$

故在式（2-69）和式（2-71）中，主要是 $1/kr$ 的高次幂项起作用，其余各项皆可忽略，因此得

$$H_\varphi = \frac{Il\sin\theta}{4\pi r^2} \tag{2-72}$$

$$\begin{cases} E_r = -\dfrac{Il\cos\theta}{2\pi\omega\varepsilon_0}\dfrac{\mathrm{j}}{r^3} \\ E_\theta = \dfrac{Il\sin\theta}{4\pi\omega\varepsilon_0}\dfrac{\mathrm{j}}{r^3} \end{cases} \tag{2-73}$$

考虑到电偶极子两端的电荷与电流的关系 $i(t)=\dfrac{\mathrm{d}q(t)}{\mathrm{d}t}$，即 $I=\mathrm{j}\omega q$，式（2-73）表示为

$$\begin{cases} E_r = \dfrac{ql\cos\theta}{2\pi\varepsilon_0 r^3} = \dfrac{p_e\cos\theta}{2\pi\varepsilon_0 r^3} \\ E_\theta = \dfrac{ql\sin\theta}{4\pi\varepsilon_0 r^3} = \dfrac{p_e\sin\theta}{4\pi\varepsilon_0 r^3} \end{cases} \tag{2-74}$$

式中，$p_e = ql$ 是电偶极矩 $\boldsymbol{p}_e = q\boldsymbol{l}$ 的振幅。

从以上结果可以看出，在近场区内，时变电偶极子的电场表示式与静电偶极子的电场表示式相同；磁场表示式则与静磁场中恒定电流源的磁场表示式相同。因此把时变电偶极子的近场区称为准静态场。

由式（2-72）和式（2-73）可计算出近场区的平均坡印亭矢量：

$$\boldsymbol{S}_{\mathrm{av}} = \frac{1}{2}\mathrm{Re}\left[\boldsymbol{E}\times\boldsymbol{H}^*\right] = 0 \tag{2-75}$$

此结果表明，电偶极子的近场区没有电磁功率向外输出。应该指出，这是忽略了场表达式中的次要因素所导致的结果，而并非近场区真的没有净功率向外输出。

在电偶极子中，$r \gg \lambda$ 即 $kr \gg 1$ 的区域称为远场区，在此区域中

$$\frac{1}{kr} \gg \frac{1}{k^2 r^2} \gg \frac{1}{k^3 r^3} \tag{2-76}$$

在式（2-69）和式（2-71）中，主要是含 $1/kr$ 的项起作用，其余项均可忽略：

$$\begin{cases} E_\theta = \mathrm{j}\dfrac{Ilk^2\sin\theta}{4\pi\omega\varepsilon_0 r}\mathrm{e}^{-\mathrm{j}kr} \\ H_\varphi = \mathrm{j}\dfrac{Ilk\sin\theta}{4\pi r}\mathrm{e}^{-\mathrm{j}kr} \end{cases} \tag{2-77}$$

将 $k=2\pi/\lambda$、$\omega=\dfrac{k}{\sqrt{\mu_0\varepsilon_0}}$ 和 $\eta_0=\sqrt{\mu_0/\varepsilon_0}$ 代入式（2-77），得

$$\begin{cases} E_\theta = \mathrm{j}\dfrac{Il\eta_0}{2\lambda r}\sin\theta\mathrm{e}^{-\mathrm{j}kr} \\ H_\varphi = \mathrm{j}\dfrac{Il}{2\lambda r}\sin\theta\mathrm{e}^{-\mathrm{j}kr} \end{cases} \tag{2-78}$$

可见，远场区与近场区完全不同。

根据式（2-78）对远场区的性质作如下讨论。

（1）远场区是辐射场，电磁波沿径向辐射。远场区的平均坡印亭矢量为

$$\boldsymbol{S}_{\mathrm{av}}=\frac{1}{2}\mathrm{Re}\left[\boldsymbol{E}\times\boldsymbol{H}^{*}\right]=\frac{1}{2}\mathrm{Re}\left[\boldsymbol{e}_{\theta}E_{\theta}\times\boldsymbol{e}_{\varphi}H_{\varphi}^{*}\right]=\boldsymbol{e}_{r}\frac{1}{2}\mathrm{Re}\left[E_{\theta}H_{\varphi}^{*}\right] \tag{2-79}$$

可见，有电磁能量沿径向辐射。

（2）远场区是横电磁波（TEM 波）。远场区的电场和磁场都只有横向分量，$\boldsymbol{E}=\boldsymbol{e}_{\theta}E_{\theta}$，$\boldsymbol{H}=\boldsymbol{e}_{\varphi}H_{\varphi}$，$\boldsymbol{E}$ 与 $\boldsymbol{H}$ 的方向相互垂直，且垂直于传播方向。E_{θ} 和 H_{φ} 的比值为

$$\frac{E_{\theta}}{H_{\varphi}}=\eta_0=120\pi\ \Omega \tag{2-80}$$

（3）远场区是非均匀球面波。相位因子 $\mathrm{e}^{-\mathrm{j}kr}$ 表明波的等相位面是 $r=$ 常数的球面。在该等相位面上，电场（或磁场）的振幅并不处处相等，为非均匀球面波。

（4）场的振幅与 r 成反比，这是由于电偶极子由源点向外辐射，其能量逐渐扩散。

（5）远场区的分布具有方向性。方向因子 $\sin\theta$ 表明在 $r=$ 常数的球面上，θ 取不同数值时，场的振幅是不等的。在电偶极子的轴线方向上（$\theta=0^{\circ}$），场强为零；在垂直于电偶极子轴线的方向上（$\theta=90^{\circ}$），场强最大。通常用方向图来形象地描述这种方向性。

图 2-9 是用极坐标绘制的 E 面（电场矢量 $\boldsymbol{E}$ 所在并包含最大辐射方向的平面）方向图，角度表示方向，矢径表示场强的相对大小。图 2-10 是 H 面（磁场矢量 $\boldsymbol{H}$ 所在并包含最大辐射方向的平面）方向图，由于电偶极子的轴对称性，因此在这个平面上各方向的场强都等于最大值。图 2-11 是根据 $|\sin\theta|$ 绘制的立体方向图。

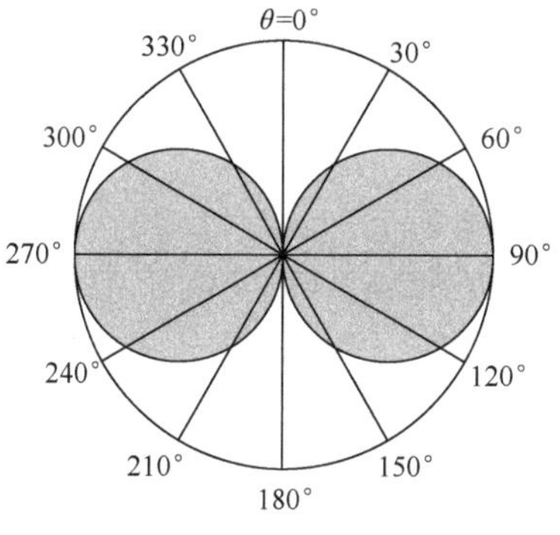

图 2-9　电偶极子的 E 面方向图

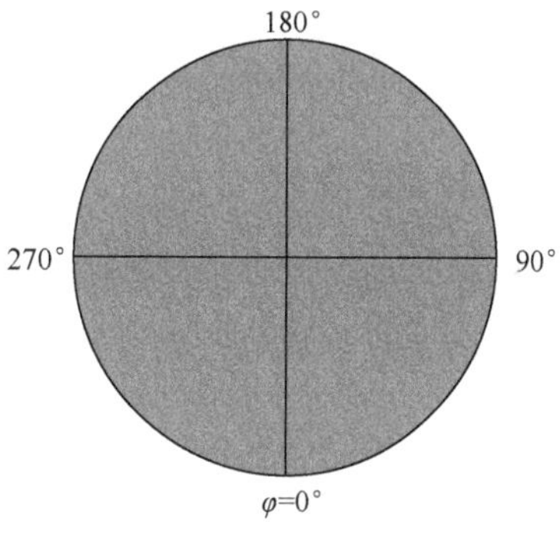

图 2-10　电偶极子的 H 面的方向图

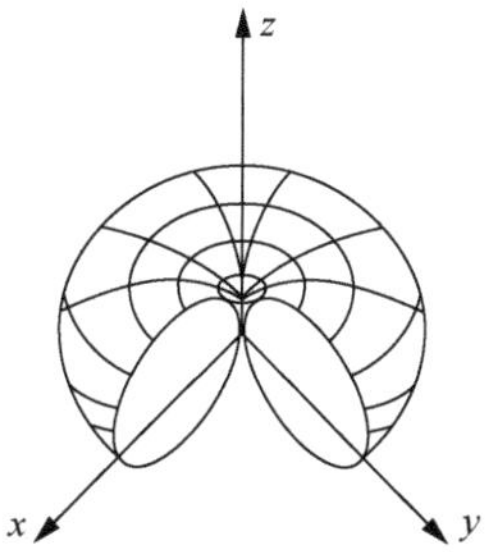

图 2-11　电偶极子的立体方向图

显然，E 面的方向图和 H 面的方向图就是立体方向图分别沿 E 面和 H 面这两个主平面的剖面图。

最后讨论电偶极子的辐射功率，它等于平均坡印亭矢量在任意包围电偶极子的球面上的积分，即

$$
\begin{aligned}
P_r &= \oint_S \boldsymbol{S}_{\mathrm{av}} \cdot \mathrm{d}\boldsymbol{S} = \oint_S \boldsymbol{e}_r \frac{1}{2}\mathrm{Re}\left[E_\theta H_\varphi^*\right] \cdot \mathrm{d}\boldsymbol{S} \\
&= \int_0^{2\pi}\int_0^{\pi} \boldsymbol{e}_r \frac{1}{2}\eta_0 \left(\frac{Il}{2\lambda r}\sin\theta\right)^2 \cdot \boldsymbol{e}_r r^2 \sin\theta \mathrm{d}\theta \mathrm{d}\varphi \\
&= \int_0^{2\pi}\mathrm{d}\varphi \int_0^{\pi} \frac{15\pi(Il)^2}{\lambda^2}\sin^3\theta \mathrm{d}\theta \\
&= 40\pi^2 I^2 \left(\frac{l}{\lambda}\right)^2
\end{aligned}
\tag{2-81}
$$

可见，电偶极子的辐射功率与电长度 l/λ 有关。

辐射功率必须由与电偶极子相接的源供给，为分析方便，可以将辐射出去的功率用在一个电阻上消耗的功率来模拟，此电阻称为辐射电阻。辐射电阻上消耗的功率为

$$
P_r = \frac{1}{2} I^2 R_r \tag{2-82}
$$

将式（2-82）与式（2-81）比较，即得电偶极子的辐射电阻：

$$
R_r = 80\pi^2 \left(\frac{l}{\lambda}\right)^2 \tag{2-83}
$$

辐射电阻的大小可用来衡量天线的辐射能力，是天线的电参数之一。

2.2.2 磁偶极子的辐射

磁偶极子又称磁流元，其实际模型是一个小电流环，如图 2-12（a）所示，它的周长远小于波长，且环上载有的时谐电流处处等幅同相，表示为

$$
i(t) = I\cos(\omega t) = \mathrm{Re}\left[I\mathrm{e}^{\mathrm{j}\omega t}\right] \tag{2-84}
$$

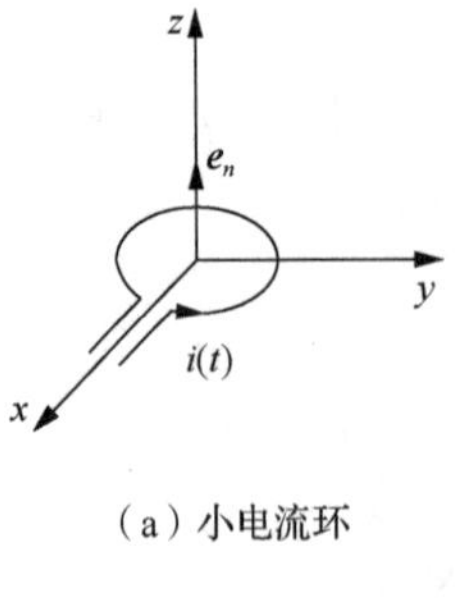

（a）小电流环

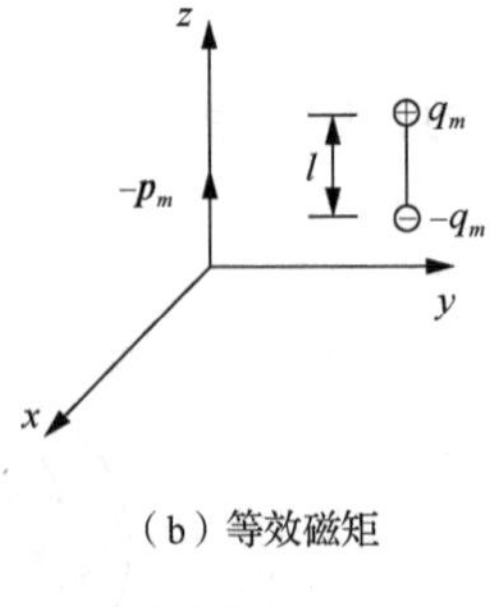

（b）等效磁矩

图 2-12　小电流环及其等效磁矩

磁偶极子产生的电磁场可以用与 2.2.1 节类似的方法求得，也可应用电与磁的对偶性直接由电偶极子的电磁场求得。下面就根据电磁对偶性来导出磁偶极子的远场区辐射场。

磁偶极子的磁偶极矩（简称磁矩）$\boldsymbol{p}_m$ 与小电流环上的电流 i 的关系为

$$\boldsymbol{p}_m = \boldsymbol{S}\mu_0 i \tag{2-85}$$

式中，$\boldsymbol{S} = \boldsymbol{e}_n \pi a^2$ 是小电流环的面积矢量，单位矢量 $\boldsymbol{e}_n$ 的方向与环电流 i 呈右手螺旋关系。

由于只讨论小电流环的远场区，满足 $r \gg a$，故可把小电流环看成一个时变的磁偶极子，磁偶极子上的磁荷分别为 $+q_m$ 和 $-q_m$，二者相距为 l，如图 2-12（b）所示。因此有

$$\boldsymbol{p}_m = q_m \boldsymbol{l} = \boldsymbol{e}_n q_m l \tag{2-86}$$

将式（2-85）与式（2-86）进行比较，得

$$q_m = \frac{\mu_0 i S}{l} \tag{2-87}$$

于是磁荷间的假想磁流为

$$I_m = \frac{\mathrm{d}q_m}{\mathrm{d}t} = \frac{\mu_0 S}{l}\frac{\mathrm{d}i}{\mathrm{d}t} \tag{2-88}$$

表示为复数形式：

$$I_m = \mathrm{j}\frac{\omega\mu_0 S}{l} I \tag{2-89}$$

根据电磁对偶原理，自由空间的磁偶极子与自由空间的电偶极子取如下的对偶关系：

$$\begin{cases} H_\theta\big|_m \leftrightarrow E_\theta\big|_e, & E_\varphi\big|_m \leftrightarrow -H_\varphi\big|_e \\ q_m \leftrightarrow q, & I_m \leftrightarrow I \\ \mu_0 \leftrightarrow \varepsilon_0, & \mu_0 \leftrightarrow \varepsilon_0 \end{cases} \tag{2-90}$$

式中，下标 m 和 e 分别对应于磁源量和电源量。

将式（2-78）表示的电偶极子的远场区写为

$$\begin{cases} E_\theta\big|_e = \mathrm{j}\dfrac{Il}{2\lambda r}\sqrt{\dfrac{\mu_0}{\eta_0}}\sin\theta \mathrm{e}^{-\mathrm{j}kr} \\ H_\varphi\big|_e = \mathrm{j}\dfrac{Il}{2\lambda r}\sin\theta \mathrm{e}^{-\mathrm{j}kr} \end{cases} \tag{2-91}$$

利用式（2-90）的对偶关系得出磁偶极子的远场区为

$$\begin{cases} H_\theta\big|_m = \mathrm{j}\dfrac{I_m l}{2\lambda r}\sqrt{\dfrac{\varepsilon_0}{\mu_0}}\sin\theta \mathrm{e}^{-\mathrm{j}kr} \\ -E_\varphi\big|_m = \mathrm{j}\dfrac{I_m l}{2\lambda r}\sin\theta \mathrm{e}^{-\mathrm{j}kr} \end{cases} \tag{2-92}$$

将式（2-89）代入式（2-92），即得

$$\begin{cases} H_\theta = -\dfrac{\omega\mu_0 SI}{2\lambda r}\sqrt{\dfrac{\varepsilon_0}{\mu_0}}\sin\theta \mathrm{e}^{-\mathrm{j}kr} \\ E_\varphi = \dfrac{\omega\mu_0 SI}{2\lambda r}\sin\theta \mathrm{e}^{-\mathrm{j}kr} \end{cases} \tag{2-93}$$

可见，磁偶极子的远场区辐射场也是非均匀球面波；波阻抗也等于 120Ω，辐射也有方向性。

应当注意，磁偶极子的 E 面方向图与电偶极子的 H 面方向图相同，而磁偶极子的 H 面方向图与电偶极子的 E 面方向图相同。

磁偶极子的总辐射功率为

$$P_r = \oint_S \boldsymbol{S}_{\text{av}} \cdot \mathrm{d}\boldsymbol{S} = \oint_S \frac{1}{2} \mathrm{Re}\left[\boldsymbol{E} \times \boldsymbol{H}^*\right] \cdot \mathrm{d}\boldsymbol{S} \tag{2-94}$$

将式（2-93）代入式（2-94）得

$$P_r = 160\pi^4 I^2 \left(\frac{S}{\lambda^2}\right)^2 \ \text{W} \tag{2-95}$$

辐射电阻为

$$R_r = \frac{2P_r}{I^2} = 320\pi^4 \left(\frac{S}{\lambda^2}\right)^2 \ \Omega \tag{2-96}$$

2.2.3 天线的近场与远场

在 2.2.2 节中介绍了电偶极子的远场区条件是

$$kr \gg 1,\ \text{即} r \gg \frac{2\pi}{\lambda}$$

但是在研究实际天线的时候，仅用这一条件来确定远场区是不够的。事实上，对远场区的严格要求是：对于各源点至场点的射线是平行的，如图 2-13 所示。由天线上的任一点 $A(x,y,z)$ 至场 $P(X,Y,Z)$ 的射线 $\boldsymbol{r}_1$ 与天线中点（坐标原点）至 P 点的矢径 $\boldsymbol{r}$ 是近乎平行的，即 $\boldsymbol{r} // \boldsymbol{r}_1$，从而有

$$r_1 \approx r - z\cos\theta \tag{2-97}$$

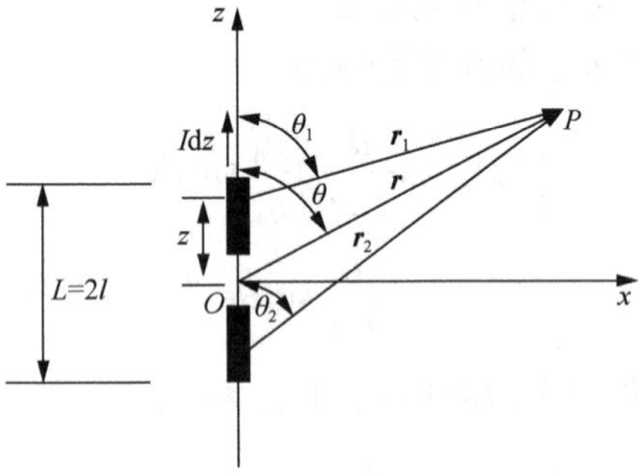

图 2-13　远场区示意图

根据图 2-13，可以计算出 r_1 的精确值为

$$r_1 = \sqrt{(X-x)^2 + (Y-y)^2 + (Z-z)^2} = \sqrt{X^2 + Y^2 + (Z-z)^2} \tag{2-98}$$

式（2-98）中代入 $r^2 = X^2 + Y^2 + Z^2$ 以及 $Z = r\cos\theta$，可化为

$$r_1 = \sqrt{r^2 + \left(z^2 - 2rz\cos\theta\right)} = r\sqrt{1 + \frac{z^2 - 2rz\cos\theta}{r^2}} \tag{2-99}$$

设 $z \leqslant l < r$，利用二项式定理展开式（2-98）：

$$\begin{aligned} r_1 &= r + \frac{1}{2}r^{-1}\left(z^2 - 2rz\cos\theta\right) - \frac{1}{8}r^{-3}\left(z^2 - 2rz\cos\theta\right)^2 + \frac{1}{16}r^{-5}\left(z^2 - 2rz\cos\theta\right)^3 + \cdots \\ &= r - z\cos\theta + \frac{z^2}{2r}\sin^2\theta + \frac{z^3}{2r^2}\cos\theta\sin^2\theta + \cdots \end{aligned} \tag{2-100}$$

将式（2-98）与式（2-99）进行比较，远场区近似取前两项，其最大误差发生于 $z=l=L/2$，$\theta=90°$ 时：

$$\Delta r_{\max}=\frac{l^2}{2r}=\frac{L^2}{8r} \tag{2-101}$$

通常认为，若最大相位误差为 $\pi/8$（$22.5°$），对天线场的叠加效应影响不大。以此为标准，要求：

$$k\Delta r_{\max}=\frac{2\pi}{\lambda}\frac{L^2}{8r}\leqslant\frac{\pi}{8} \tag{2-102}$$

得

$$r\geqslant\frac{2L^2}{\lambda} \tag{2-103}$$

归纳一下，充分的远场区条件应为

$$r\gg L,\ r\gg\frac{\lambda}{2\pi},\ r\geqslant\frac{2L^2}{\lambda} \tag{2-104}$$

在实际情况中，对于 $r\gg L$，一般取 $r>5L$；辐射场条件 $r\gg\dfrac{\lambda}{2\pi}$，在应用中可取 $r>1.6\lambda$。因此最难满足的通常是式（2-103），实用上都简单地以此式作为远场区条件，式中，L 为天线最大尺寸。

对于天线场外的空间，可如图 2-14 所示进行划分。

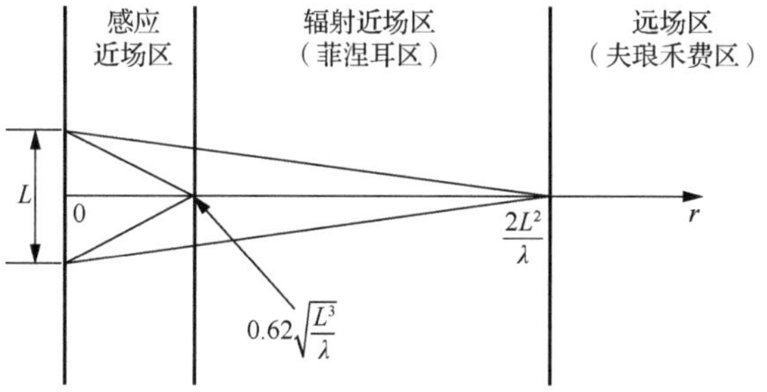

图 2-14　天线外场空间的划分远场区（辐射远场区）

从 $2L^2/\lambda$ 至无穷远，式（2-97）对天线上任意源点至场点的射线都成立。将它们代入任意源点处电流源 $I(z)\mathrm{d}z$ 在场点产生的远场表达式，得

$$\mathrm{d}\boldsymbol{E}_1=\boldsymbol{e}_\theta \mathrm{j}\frac{\eta I(z)\mathrm{d}z}{2\lambda r}\sin\theta \mathrm{e}^{\mathrm{j}kz\cos\theta}\mathrm{e}^{-\mathrm{j}kr} \tag{2-105}$$

设电流源分布于 $-L/2\leqslant z\leqslant L/2$ 区域，则其在场点处的合成场为

$$\boldsymbol{E}_1=\mathrm{j}\frac{\eta}{2\lambda r}\mathrm{e}^{-\mathrm{j}kr}\int_{-L/2}^{L/2}\boldsymbol{e}_\theta\sin\theta \mathrm{e}^{\mathrm{j}kz\cos\theta}I(z)\mathrm{d}z \tag{2-106}$$

此辐射积分号内不含 r 因子，因此其积分结果与 r 无关。这就是说，场的方向函数将与距离无关，即方向图与距离无关，在此区内取不同 r 所求得的方向图是相同的。同时看到，场的振幅随 $1/r$ 单调衰减。

1. 辐射近区

r 为 $0.62\sqrt{L^3/\lambda} \sim 2L^2/\lambda$，此时不能采用式（2-97）近似，而需取展开式（2-100）中的前三项，即

$$r_1 = r - z\cos\theta + \frac{z^2}{2r}\sin^2\theta \tag{2-107}$$

该式计入了源点轴向（径向）坐标的平方项，称为菲涅耳（Fresnel）近似。其最大误差项为式（2-100）中的第四项，但当 $\theta = 90°$ 时，此项为 0，为此，先求产生最大误差的 θ 角，令

$$\frac{\partial}{\partial\theta}\left(\frac{z^3}{2r^2}\cos\theta\sin^2\theta\right) = \frac{z^3}{2r^2}\sin\theta\left(2\cos^2\theta - \sin^2\theta\right) = 0 \tag{2-108}$$

得最大误差角 θ_1 为

$$\theta_1 = \arctan\sqrt{2} \tag{2-109}$$

故最大误差发生于 $z = L/2$，$\theta = \theta_1$ 时；由式（2-100）中的第四项得

$$\Delta r_{\max} = \frac{L^3}{16r^2}\cos\theta_1\sin^2\theta_1 = \frac{L^3}{24\sqrt{3}r^2} \tag{2-110}$$

仍以最大相位误差 $\pi/8$ 为标准，即要求波程差为 $\lambda/16$，则

$$\frac{L^3}{24\sqrt{3}r^2} \leqslant \frac{\lambda}{16} \tag{2-111}$$

得

$$r \geqslant 0.62\sqrt{L^3/\lambda} \tag{2-112}$$

由于式（2-107）中计入了 $z^2\sin^2\theta/2r$ 项，辐射积分将与式（2-106）有所不同，而会出现既与 z 有关，又与 r 有关的因子，这使得积分结果与 r 有关。这就是说，这个区域内场的角度分布（“方向图”形状）是径向距离的函数，如图 2-15 所示。从振幅上看，此时一般仍可近似取 $1/r_1 = 1/r$。这意味着辐射场仍占主导地位，因此该区域称为辐射近区，对应波动光学中的菲涅耳区。

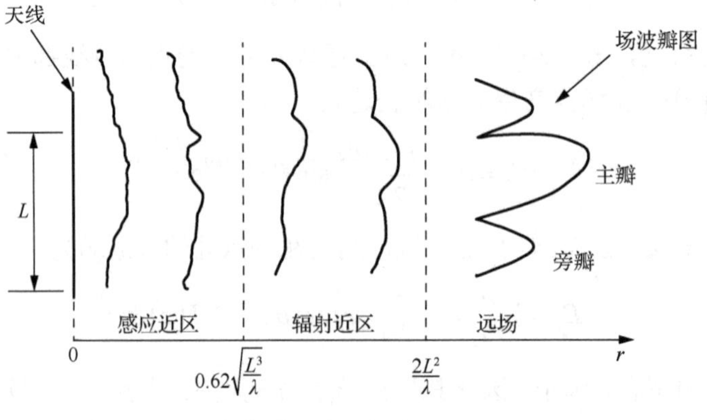

图 2-15　不同场区的场强相对分布

2. 感应近区

$r=0\sim0.62\sqrt{L^3/\lambda}$，这是最靠近天线的区域，此区域中感应场大于辐射场，其中往返振荡的虚功率大于沿径向传播的实功率。

值得说明，以上讨论虽然是基于沿 z 轴的线天线来导出的，但同样适用于其他类型的天线。对于口径天线，L 就是指口径最大尺寸（直径 d）。式（2-97）和式（2-106）中的 z 应代以口径上源点 (ρ,φ,z) 的径向坐标 ρ。同时，这里虽然给出了划分场区的距离条件，但是不应把它们看成严格的界线。实际上，场的特性不是突然变化，而是渐变的。这正是事物由量变到质变的一种反映。

2.2.4　天线的性能指标参数

天线的技术性能是用若干参数来描述的，了解这些参数以便于正确设计或选用天线。通常以发射天线来定义天线的基本参数，这些参数将描述天线把高频电流能量转换成电磁波能量并按要求辐射出去的能力。

1. 方向性函数和方向性图

天线辐射特性与空间坐标之间的函数关系式称为天线的方向性函数。根据方向性函数绘制的图形则称为天线的方向性图。

通常，人们最关心的辐射特性是在半径一定的球面上，随着观察者方位的变化，辐射能量在三维空间分布。因此，可以这样来定义天线的方向性函数：在离开天线一定距离处，描述天线辐射场的相对值与空间方向的函数关系，称为方向性函数，表示为 $f(\theta,\varphi)$。

为便于比较不同天线的方向特性，通常采用归一化方向性函数，定义为

$$F(\theta,\varphi)=\frac{|\boldsymbol{E}(\theta,\varphi)|}{|\boldsymbol{E}_{\max}|}=\frac{f(\theta,\varphi)}{f(\theta,\varphi)|_{\max}} \tag{2-113}$$

式中，$|\boldsymbol{E}(\theta,\varphi)|$ 为指定距离上某方向 (θ,φ) 的电场强度值；$|\boldsymbol{E}_{\max}|$ 为同一距离上的最大电场强度值；$f(\theta,\varphi)|_{\max}$ 为方向性函数的最大值。

例如，电偶极子的归一化方向性函数为 $F(\theta,\varphi)=|\sin\theta|$。

根据归一化方向性函数可以绘制归一化方向性图，如图 2-9～图 2-11 所示的电偶极子的 E 面方向图、H 面方向图和立体方向图。

为了讨论天线的辐射功率的空间分布状况，引入功率方向性函数 $F_p(\theta,\varphi)$，它与场强方向性函数 $F(\theta,\varphi)$ 间的关系为

$$F_p(\theta,\varphi)=F^2(\theta,\varphi) \tag{2-114}$$

实际应用的天线的方向性要比电偶极子的方向性复杂，出现很多波瓣，分别称为主瓣和副瓣，有时还将主瓣正后方的波瓣称为后瓣。图 2-16 所示为某天线的 E 面功率方向图。

在对各种天线的方向图特性进行定量比较时，通常考虑以下几个参数。

1）主瓣宽度

主瓣轴线两侧的两个半功率点（即功率密度下降为最大值的一半或场强下降为最大值的 $1/\sqrt{2}$）的矢径之间的夹角，称为主瓣宽度，表示为 $2\theta_{0.5}$（E 面）或 $2\varphi_{0.5}$（H 面），如图 2-16 所示。主瓣宽度越小，说明天线辐射的能量越集中，定向性越好。电偶极子的主瓣宽度为90°。

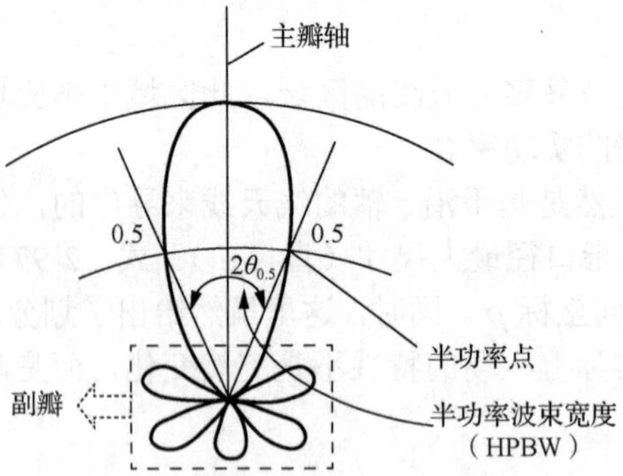

图 2-16　典型的功率方向图

2）副瓣电平

最大副瓣的功率密度 S_1 和主瓣功率密度 S_0 之比的对数值，称为副瓣电平，表示为

$$\mathrm{SLL}=10\lg\left(\frac{S_1}{S_0}\right)\mathrm{dB} \tag{2-115}$$

通常要求副瓣电平尽可能低。

3）前后比

主瓣功率密度 S_0 与后瓣功率密度 S_b 之比的对数值，称为前后比，表示为

$$\mathrm{FB}=10\lg\left(\frac{S_0}{S_\mathrm{b}}\right)\mathrm{dB} \tag{2-116}$$

通常要求前后比尽可能大。

2. 方向性系数

在相等的辐射功率下，受试天线在其最大辐射方向上某点产生的功率密度与理想的无方向性天线在同一点产生的功率密度的比值，定义为受试天线的方向性系数，表示为

$$D=\left.\frac{S_{\max}}{S_0}\right|_{P_r=P_{r_0}}=\left.\frac{E_{\max}^2}{E_0^2}\right|_{P_r=P_{r_0}} \tag{2-117}$$

式中，P_r 和 P_{r_0} 分别为受试天线和理想的无方向性天线的辐射功率。

受试天线的辐射功率为

$$\begin{aligned}P_r&=\oint_S \boldsymbol{S}_{\mathrm{av}}\cdot\mathrm{d}\boldsymbol{S}=\oint_S\frac{1}{2}\frac{E^2(\theta,\varphi)}{\eta_0}\mathrm{d}S\\&=\frac{1}{2\eta_0}\int_0^{2\pi}\int_0^{\pi}\left[E_{\max}F^2(\theta,\varphi)\right]r^2\sin\theta\mathrm{d}\theta\mathrm{d}\varphi\\&=\frac{E_{\max}^2r^2}{240\pi}\int_0^{2\pi}\int_0^{\pi}F^2(\theta,\varphi)\sin\theta\mathrm{d}\theta\mathrm{d}\varphi\end{aligned} \tag{2-118}$$

故

$$E_{\max}^2=\frac{240\pi P_r}{r^2\int_0^{2\pi}\int_0^{\pi}F^2(\theta,\varphi)\sin\theta\mathrm{d}\theta\mathrm{d}\varphi} \tag{2-119}$$

而理想的无方向性天线的辐射功率为

$$P_{r_0}=S_0\times 4\pi r^2=\frac{E_0^2}{2\eta_0}\times 4\pi r^2=\frac{E_0^2r^2}{60} \tag{2-120}$$

故

$$E_0^2=\frac{60P_{r_0}}{r^2} \tag{2-121}$$

则

$$D=\left.\frac{E_{\max}^2}{E_0^2}\right|_{P_r=P_{r_0}}=\frac{4\pi}{\int_0^{2\pi}\int_0^{\pi}F^2(\theta,\varphi)\sin\theta\mathrm{d}\theta\mathrm{d}\varphi} \tag{2-122}$$

式（2-122）为计算天线方向性系数的公式。

根据式（2-117）得

$$E_{\max}^2=DE_0^2=D\times\frac{60P_{r_0}}{r^2} \tag{2-123}$$

即

$$E_{\max}=\left.\frac{\sqrt{60DP_r}}{r}\right|_{P_r=P_{r_0}} \tag{2-124}$$

比较式（2-123）和式（2-124）可看出，受试天线的方向性系数表征该天线在其最大辐射方向上无方向性天线而言将辐射功率增大的倍数。

3. 效率

天线的效率定义为天线的辐射功率 P_r 与输入功率 P_{in} 的比值，表示为

$$\eta_A=\frac{P_r}{P_{\text{in}}}=\frac{P_r}{P_r+P_L} \tag{2-125}$$

式中，P_L 为天线的总损耗功率，通常包括天线导体中的损耗和介质材料中的损耗。

与把天线向外辐射的功率看作被某个电阻吸收的功率一样，把总损耗功率也看作电阻上的损耗功率，该电阻称为损耗电阻 R_L，则有

$$P_r=\frac{1}{2}I^2R_r,\quad P_L=\frac{1}{2}I^2R_L \tag{2-126}$$

故天线效率可表示为

$$\eta_A=\frac{P_r}{P_r+P_L}=\frac{R_r}{R_r+R_L} \tag{2-127}$$

可见，要提高天线的效率，应尽可能增大辐射电阻和减小损耗电阻。

4. 增益系数

在相同的输入功率下，受试天线在其最大辐射方向上某点产生的功率密度与理想的无方向性天线在同一点产生的功率密度的比值，定义为该受试天线的增益系数，表示为

$$G=\left.\frac{S_{\max}}{S_0}\right|_{P_{\text{in}}=P_{\text{in}0}}=\left.\frac{E_{\max}^2}{E_0^2}\right|_{P_{\text{in}}=P_{\text{in}0}} \tag{2-128}$$

式中，P_{in} 和 P_{in0} 分别表示受试天线和理想无方向性天线的输入功率。

考虑天线效率的定义，可得

$$G = \eta_A D \tag{2-129}$$

以及

$$E_{\max} = \frac{\sqrt{60GP_{\text{in}}}}{r} \tag{2-130}$$

对于无方向性天线 $D=1$，若 $\eta_A=1$，$G=1$，则

$$E_{\max} = \frac{\sqrt{60P_{\text{in0}}}}{r} \tag{2-131}$$

例如，为了在空间上一点 M 处产生某特定值的场强，若采用无方向性天线来发射，需输入10W 的功率；但采用增益系数 $G=10$ 的天线发射，则只需输入1W 的功率。

5. 输入阻抗

天线的输入阻抗定义为天线输入端的电压与电流的比值，表示为

$$Z_{\text{in}} = \frac{U_{\text{in}}}{I_{\text{in}}} = R_{\text{in}} + \mathrm{j}X_{\text{in}} \tag{2-132}$$

式中，R_{in} 表示输入电阻；X_{in} 表示输入阻抗。

天线的输入端是指天线通过馈线与发射机（或接收机）相连时，天线与馈线的连接处。天线作为馈线的负载，通常要求达到阻抗匹配。

天线的输入阻抗是天线的一个重要参数，它与天线的几何形状、激励方式、与周围物体的距离等因素有关。只有少数较简单的天线才能准确计算其输入阻抗，多数天线的输入阻抗则需通过实验测定，或进行近似计算。

6. 有效长度

天线的有效长度是衡量天线辐射能力的又一个参数，它的定义：在保持实际天线最大辐射方向上的场强不变的条件下，假设天线上的电流为均匀分布的，电流的大小等于输入端的电流，此假想天线的长度 l_e，即称为实际天线的有效长度，如图 2-17 所示。

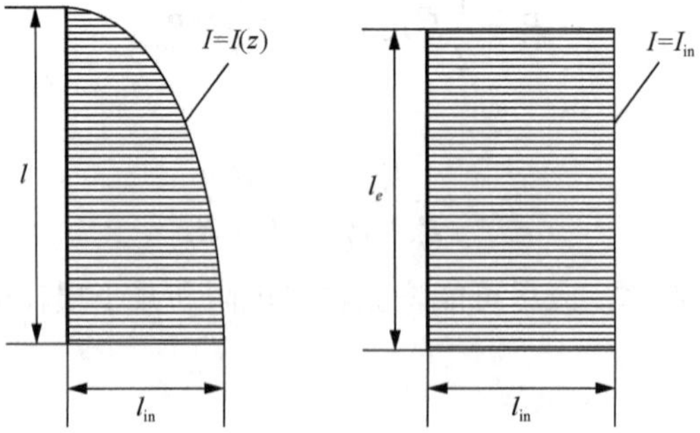

图 2-17　天线的有效长度

7. 极化

天线的极化特性是天线在其最大辐射方向上电场矢量的取向随时间变化的规律。正如在

波的极化中已讨论过的，极化就是在给定空间中电场矢量的端点随时间变化的轨迹，按轨迹形状分为线极化、圆极化和椭圆极化。

线极化天线又分为水平极化和垂直极化天线，水平极化电场方向与地面平行，垂直极化电场方向与地面垂直。圆极化天线又分为右旋圆极化天线和左旋圆极化天线。通常，偏离最大辐射方向时，天线的极化将随之改变。

8. 频带宽度

天线的所有电参数都与工作频率有关，当工作频率偏离设计的中心频率时，往往要引起电参数的变化。例如，工作频率改变时将会引起方向图畸变、增益系数减小、输入阻抗改变等。

天线的频带宽度的一般定义是：当频率改变时，天线的电参数能保持在规定的技术要求范围内，将对应的频率变化范围称为该天线的频带宽度，简称带宽。

由于不同用途的电子设备对天线的各个电参数的要求不同，有时又根据各个电参数来定义天线的带宽，如阻抗带宽、增益带宽等。

2.3 传导耦合

传导耦合是指通过传输线传输的电磁干扰。当敏感设备的尺寸远小于电磁干扰的波长时，利用电路理论建立传导模型；而敏感设备的尺寸远大于电磁干扰的波长时，电磁波的传播效应增强，需采用电磁场理论分析。电路性耦合是最常见、最简单的传导耦合方式，包括直接传导耦合和共阻抗耦合。

2.3.1 电阻性耦合

1. 电阻性耦合的模型

如图 2-18 所示，u_1、z_1、z_{12}组成电路 1，z_2、z_{12}组成电路 2，z_{12}为电路 1 与电路 2 的公共阻抗。当电路 1 有电压u_1作用时，该电压经z_1加到公共阻抗z_{12}上。当电路 2 开路时，电路 1 耦合到电路 2 的电压为

$$u_2 = \frac{z_{12}}{z_1 + z_{12}} u_1 \tag{2-133}$$

当公共阻抗z_{12}中不含电抗元件时，为公共电阻耦合，简称电阻性耦合。

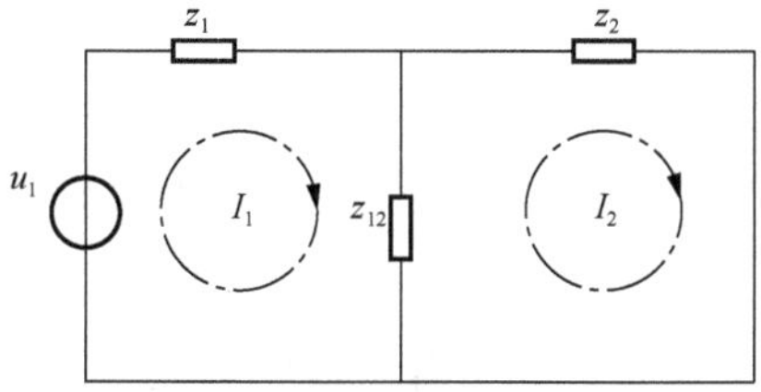

图 2-18　电阻性耦合的一般形式

2. 电阻性耦合的实例

1）直接传导耦合

由式（2-133）可知，若 $z_{12}=\infty$，则 $u_2=u_1$，形成直接传导耦合。骚扰经导线直接耦合至电路是最明显的事实，导线经过存在骚扰的环境时，骚扰能量沿导线传导至电路而对电路造成干扰。

2）共阻抗耦合

当两个电路的电流流经一个公共阻抗时，一个电路的电流在该公共阻抗上形成的电压就会影响另一个电路，这就是共阻抗耦合。图 2-19 为地电流流经公共地线阻抗的耦合，图中地线电流 1 和地线电流 2 均流经公共地线阻抗，电路 2 流经公共地线阻抗的骚扰电流将会影响电路 1 的地电位，所以骚扰信号将由电路 2 经公共地线阻抗耦合至电路 1。一般通过尽量缩短并加粗地线，减小公共地线阻抗，来消除骚扰信号。

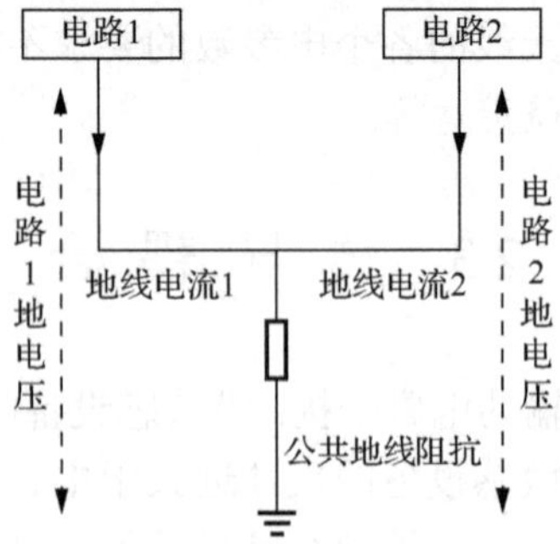

图 2-19　地电流流经公共地线阻抗的耦合

图 2-20 为地线阻抗形成的骚扰阻抗，公共地线上的电流，经由地线阻抗变换成电压。如图 2-20 所示，若耦合产生的电压构成低电平信号放大器输入电路的一部分输入信号，则公共地线上的耦合电压就被放大并成为干扰输出。一般采用一点接地防止这种耦合干扰。

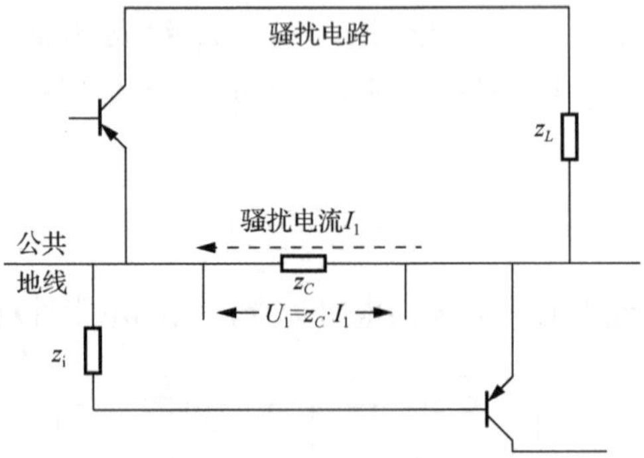

图 2-20　地线阻抗形成的骚扰阻抗

3）电源内阻及公共线路阻抗形成的耦合

图 2-21 中，存在两个公共阻抗，即电源引线和电源内阻分别形成的公共阻抗，因此电路 2 的电源电流的变化会影响电路 1 的电源电压。减小耦合影响的措施是：一方面，将电路 2 的电源引线靠近电源输出端以减小电源引线的公共阻抗耦合；另一方面，采用稳压电源减小电源内阻，从而减小电源内阻的耦合。

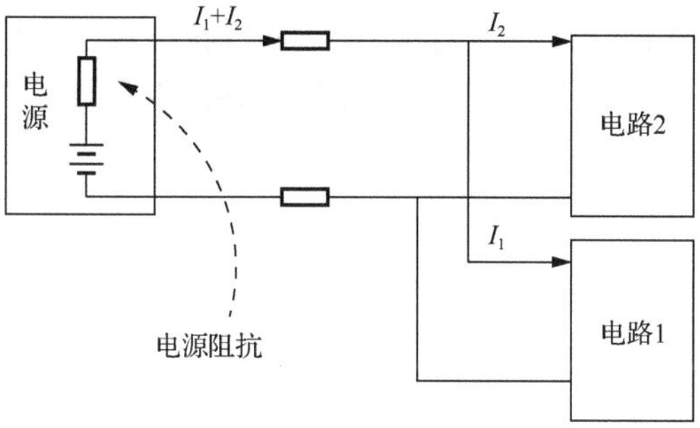

图 2-21　电源内阻及公共线路阻抗形成的耦合

2.3.2　电容性耦合

电容性耦合是由两电路间的电场相互作用所引起的。如图 2-22 所示，由于两个电路间存在寄生电容，两个电路之间存在耦合，图中为平行导线所构成的电容性耦合模型及其等效电路。

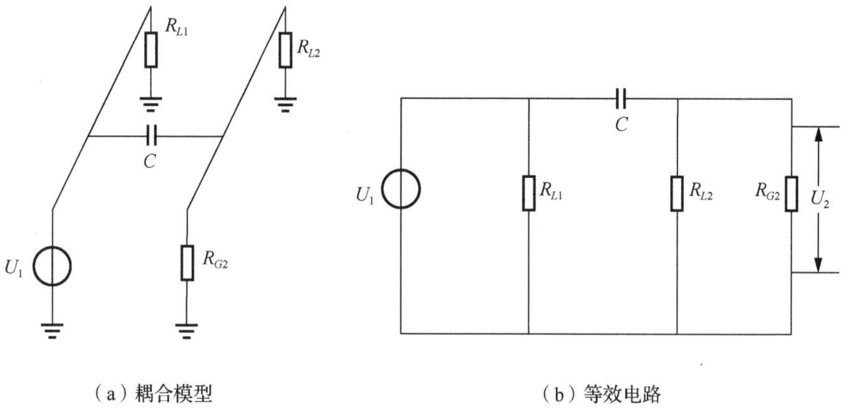

图 2-22　电容性耦合模型及其等效电路

令电路 1 为骚扰源，电路 2 为敏感电路，耦合电容为 C。骚扰源在电路 2 上耦合的骚扰电压为

$$U_2 = \frac{R_2}{R_2 + X_C} U_1 = \frac{\mathrm{j}\omega C R_2}{1 + \mathrm{j}\omega C R_2} U_1 \tag{2-134}$$

$$R_2 = \frac{R_{G2} R_{L2}}{R_{G2} + R_{L2}}, \quad X_C = \frac{1}{\mathrm{j}\omega C} \tag{2-135}$$

当耦合电容比较小，即 $\omega C R_2 \ll 1$ 时，式（2-134）可以化简为

$$U_2 \approx \mathrm{j}\omega C R_2 U_1 \tag{2-136}$$

电容性耦合的感应电压正比于骚扰源的工作频率、敏感电路对地的电阻 R_2、耦合电容 C、骚扰源电压 U_1；频率越高，电容性耦合越明显；电容性耦合的骚扰作用相当于在电路 2 与地之间连接了一个幅度为 $I_n = \mathrm{j}\omega C U_1$ 的电流源。

实际工程中骚扰源的工作频率、敏感电路对地的电阻 R_2、骚扰源电压 U_1 是设计好的，所以减小耦合电容 C 是抑制电容性耦合的有效方法。

下面分析另一种电容性耦合模型。与图 2-22 的区别是，除了考虑两导线间的耦合电容外，还考虑导线与地之间的电容。如图 2-23 所示，C_{12} 是导体 1 与导体 2 之间的耦合电容，C_{1G} 是导体 1 与地之间的电容，C_{2G} 是导体 2 与地之间的电容，R 是导体 2 与地之间的电阻。电阻 R 出自连接到导体 2 的电路。

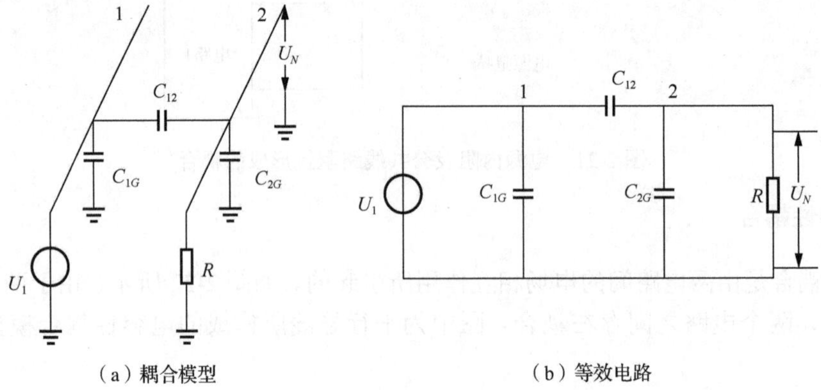

图 2-23　地面上两导线间电容性耦合模型及其等效电路

如图 2-23 所示，令导体 1 的骚扰源电压为 U_1，敏感电路为导体 2，导体 2 与地之间耦合的骚扰电压 U_N 能够表示为

$$U_N = \frac{j\omega C_{12} R}{1 + j\omega R(C_{12} + C_{2G})} U_1 \tag{2-137}$$

如果 R 为低阻抗，且满足

$$R \gg \frac{1}{j\omega(C_{12} + C_{2G})} \tag{2-138}$$

式（2-137）可化简为

$$U_N \approx j\omega C_{12} R U_1 \tag{2-139}$$

电容性耦合的骚扰作用相当于在导体 2 与地之间连接了一个幅度为 $I_n = j\omega C_{12} U_1$ 的电流源。实际工程中，假定骚扰源的电压 U_1 和工作频率 f 不能改变，一般通过减小 C_{12} 和 C_{2G}，减小电容性耦合。可以通过导体合适的取向、屏蔽导体、分隔导体、增加导体间的距离等手段减小耦合电容。

R 为高阻抗，且满足

$$R \gg \frac{1}{j\omega(C_{12} + C_{2G})} \tag{2-140}$$

$$U_N \approx \frac{C_{12}}{C_{12} + C_{2G}} U_1 \tag{2-141}$$

可以发现，在导体 2 与地之间产生的电容性耦合骚扰电压与频率无关，且在数值上大于式（2-139）表示的骚扰电压。

图 2-24 给出了电容性耦合骚扰电压 U_N 的频率响应。它是式（2-137）的骚扰电压 U_N 与频率的关系曲线图。

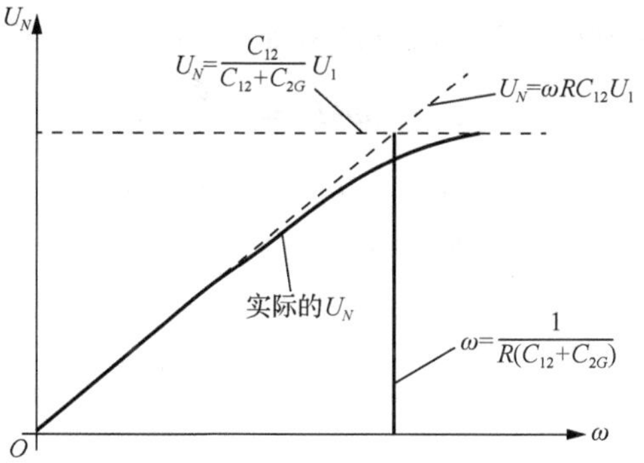

图 2-24　电容性耦合骚扰电压与频率的关系

式（2-141）给出了最大的骚扰电压 U_N。实际情况中，骚扰电压 U_N 可以用式（2-139）表示，频率一般小于式（2-142）所表示的频率：

$$\omega = \frac{1}{R(C_{12}+C_{2G})} \tag{2-142}$$

2.3.3　电感性耦合

电感性耦合是由两电路间的磁场相互作用所引起的，电路间存在互感，骚扰源电流产生的磁场通过互感耦合对邻近信号形成干扰。电感 L 定义为磁链 Φ 与闭合回路电流 I 之比：

$$L = \Phi / I \tag{2-143}$$

电感的大小由电路的几何形状和包含场的介质特性决定。

当一个电路中的电流在另一个电路中产生外磁链时，这两个电路之间就存在互感 M_{12}：

$$M_{12} = \frac{\Phi_{12}}{I_1} \tag{2-144}$$

式中，Φ_{12} 表示电路 1 中的电流 I_1 在电路 2 产生的外磁链。

根据法拉第电磁感应定律，磁感应强度为 $\boldsymbol{B}$ 的磁场在面积为 S 的闭合回路中感应的电动势为

$$U_n = \frac{\mathrm{d}}{\mathrm{d}t}\int_S \boldsymbol{B} \cdot \mathrm{d}\boldsymbol{S} \tag{2-145}$$

如图 2-25 所示，假定磁感应强度为时谐的，闭合回路是静止的，式（2-145）可以写为

$$U_n = \mathrm{j}\omega BS\cos\theta \tag{2-146}$$

式中，S 为闭合回路的面积；θ 是 $\boldsymbol{B}$ 和 $\boldsymbol{S}$ 法向的夹角。

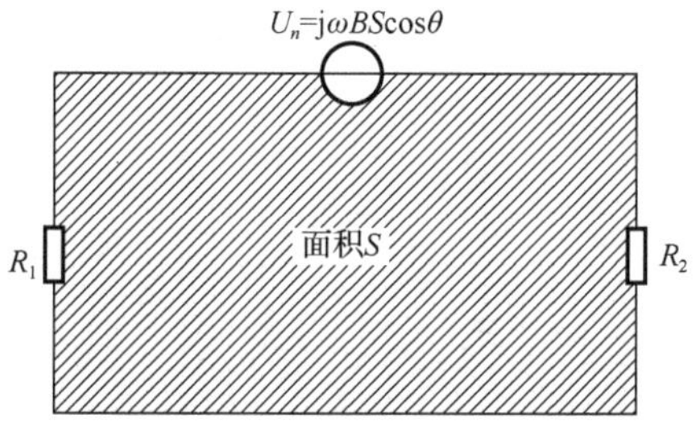

图 2-25　感应电压取决于骚扰电路围成的面积 S

因为$BS\cos\theta$表示耦合到敏感电路的总外磁链，两电路感应电动势可以用互感表示：

$$U_n = \mathrm{j}\omega MI_1 = M\frac{\mathrm{d}i_1}{\mathrm{d}t} \tag{2-147}$$

图2-26表示两电路之间的电感性耦合，I是干扰电路中的电流，M是两电路之间的互感。式（2-146）和式（2-147）表明电感性耦合与频率成正比。可以通过减小B、S、$\cos\theta$，减小感应电动势U_n。设计两电路的物理分隔，可以减小B；把导体靠近地面放置，或把两个导体的距离变小，可以减小回路面积S；调整骚扰源电路与敏感电路的空间取向，可以减小$\cos\theta$。

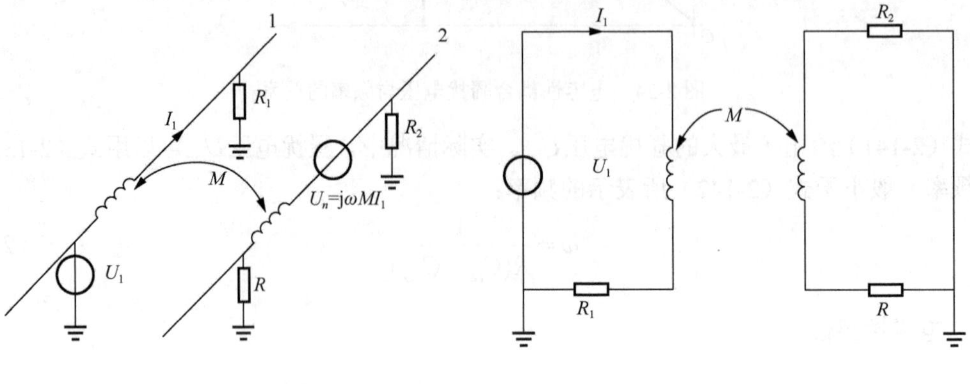

（a）实际电路　　（b）等效电路

图2-26　两电路之间的电感性耦合

由图2-26可知，电路1中的干扰电流I_1在电路2的负载电阻R和R_2上产生的骚扰电压分别为

$$U_{n1} = \mathrm{j}\omega MI_1\frac{R}{R+R_2} \tag{2-148}$$

$$U_{n2} = \mathrm{j}\omega MI_1\frac{R_2}{R+R_2} \tag{2-149}$$

电容性耦合，如图2-27（a）所示，等效为在敏感电路导体2与地之间并联了一个骚扰电流源；然而，如图2-27（b）所示，电感性耦合等效为产生一个与敏感电路导体2串联的骚

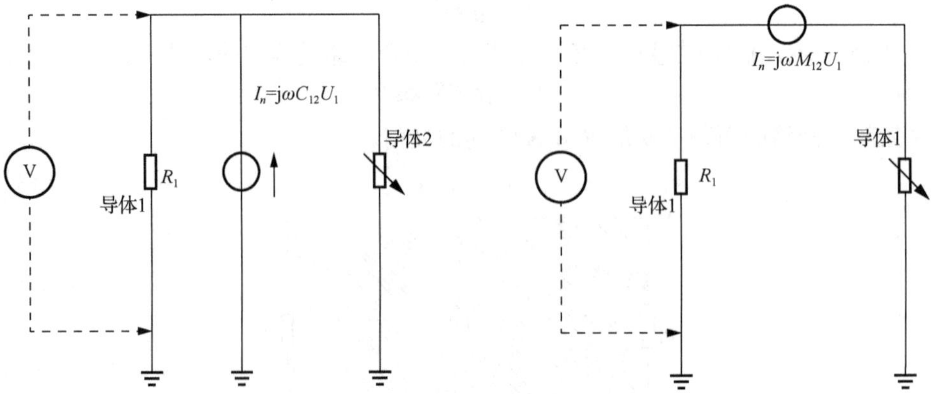

（a）电容性耦合　　（b）电感性耦合

图2-27　电容性与电感性耦合的骚扰等效电路

扰电压。因此，鉴别电容性耦合和电感性耦合的方法是：当减小导体 2 一端的阻抗时，测量跨接于电缆另一端的阻抗上的骚扰电压，如果所测的骚扰电压减小，则为电容性耦合，反之，则为电感性耦合。

2.4 瞬　态　场

常见的瞬态干扰包括电快速瞬变脉冲群（Electrical Fast Transient，EFT）、浪涌（Surge）、核爆脉冲、静电放电（Electrostatic Discharge，ESD）[2,3]等四种形式，参数对比如表 2-1、表 2-2 所示。

表2-1　瞬态干扰比较

瞬态干扰特性	电快速瞬变脉冲群	浪涌	核爆脉冲	静电放电
脉冲上升时间	很快，约 5ns	慢，μs 量级	快，ns 量级	极快，小于 1ns
能量	中等（单个脉冲）	高	高	低
电压（高负载阻抗）	10kV 以下	10kV 以下	100kV	15kV 以上
电流（低负载阻抗）	数十安培	数千安培	数百安培	人体放电数十安培，装置放电达数百安培

表2-2　瞬态干扰的特性

瞬态干扰	时间参数		带宽		最大幅度	
	上升时间 τ_r	半幅脉冲宽度 τ	$\frac{1}{\pi\tau_r}$	$\frac{1}{\pi\tau}$	时域	频域
电快速瞬变脉冲群	5ns	50ns	64MHz	6.4MHz	4kV	400V/MHz
浪涌	1.2μs	50μs	265kHz	6.3kHz	4kV	0.4V/MHz
核爆脉冲	4ns	184ns	80MHz	1.7MHz	50kV	600V/MHz
静电放电	1ns	30ns	320MHz	10MHz	30A	1.8μA/MHz

2.4.1　电快速瞬变脉冲群

电快速瞬变脉冲群由电路中的感性负载断开时产生，它是一连串的脉冲，而不是单个脉冲。一连串的脉冲在敏感电路的输入端产生累积效应，使干扰电平的幅度超过电路的噪声门限，所以对电路的影响较大。脉冲串的周期越短，对电路的影响越大，这是因为连续的脉冲间隔时间小于电路的状态切换时间，例如，电路的输入电容没有足够的时间放电，又开始新的充电，达到较高的电平，最终导致毁伤[2]。

这类干扰一般从系统内部产生，在电气设备中普遍存在，一般由继电器、电动机、变压器等电感元件等产生。

电感负载开关系统断开时，如果开关触点被击穿，会发生辉光放电（气体电离）和弧光放电（金属汽化），电路导通。电路中会形成瞬时的电流，在断开点处产生瞬态骚扰。这种骚扰由大量脉冲组成，这些脉冲电流在电源两端形成了脉冲电压，从而对电源回路中的其他电路造成干扰。EFT 的产生机理是：在电感负载的电路中，当开关断开时，由电感的特性可知，电感上的电流不能突然消失，电感上会产生一个很高的反电动势，当达到一定程度时将触电击穿，形成导电回路，电源回路会形成较大的脉冲电流，负载电感的寄生电容开始放电，电压开始下降，下降到一定程度通路断开，继续重复以上过程。

击穿电压的上升时间一般在纳秒级，所以干扰的带宽可以达到数百兆赫。脉冲群的幅度为百伏至数千伏，脉冲重复频率为 1kHz～1MHz。单个脉冲上升沿在纳秒级，脉冲持续时间为几十纳秒至数毫秒。因此 EFT 骚扰信号的频谱分布非常宽，数字电路对它较为敏感，容易受到骚扰。

通常需要用几种方法配合，才能很好地抑制宽频带、大幅值的 EFT 骚扰，仅用滤波器来抑制难以达到目的。实验表明，EFT 的骚扰能量不像浪涌那样大，一般不会损害元器件，它只会使受试设备工作出现程序混乱、数据丢失等故障，所以电子设备的性能下降或功能丧失，倘若进行人工复位，或数据重新写入，在不加 EFT 的情况下，设备能恢复正常工作。

2.4.2　浪涌

浪涌一般是由雷电在电缆上感应产生的，其特点是能量很大，室内浪涌电压幅度可以达到 10kV，室外一般会超过 10kV。浪涌一旦发生，危害是十分严重的，往往导致电路的损坏。

1. 浪涌的特点

雷击是人们熟知的一种自然现象，是雷电在电缆上电击或感应产生的瞬变电压脉冲，通常从电源线或信号线等途径窜入电气、电子设备并损害设备。国际标准 IEEE-587、IEC-1024 等规定了用于测试防雷器性能的雷电模拟脉冲。如表 2-3 所示，通常把雷电在电缆上的电击或感应产生的瞬态过电压称为浪涌，浪涌也可以由其他因素产生。

表2-3　浪涌类型及其产生原因

<table>
<tr><th colspan="2">类型</th><th>产生浪涌的原因</th></tr>
<tr><td rowspan="3">雷击</td><td>直击雷</td><td>雷击直接击中电源或信号线</td></tr>
<tr><td rowspan="2">感应雷</td><td>静电感应</td></tr>
<tr><td>电磁感应</td></tr>
<tr><td rowspan="7">线路浪涌</td><td rowspan="2">故障浪涌</td><td>相线与地短接引起的过电压</td></tr>
<tr><td>一相开路引起的过电压</td></tr>
<tr><td>系统开关</td><td>无负载时开关</td></tr>
<tr><td rowspan="3">过电压</td><td>切断电流</td></tr>
<tr><td>容性或感性负载开关</td></tr>
<tr><td>整流</td></tr>
<tr><td colspan="2">电磁感应</td><td>使用电吹风、无绳电话等</td></tr>
<tr><td colspan="2">静电感应</td><td>人体静电、摩擦起电等</td></tr>
<tr><td colspan="2">核电磁脉冲</td><td>核爆</td></tr>
</table>

2. 雷击产生干扰的途径

雷击浪涌对电子设备造成损害的主要途径如下。

（1）网络线、有线通信线、供电线等在远端遭受雷击或感应雷击，雷击浪涌通过线缆进入设备。

（2）雷击通过建筑物内部线路感应进入设备。

（3）地电压过高，反击进入设备。

（4）天线遭受雷击，雷击浪涌进入设备。

（5）避雷针产生的闪电电磁脉冲辐射进入设备。

（6）邻近物体遭受雷击产生的闪电电磁脉冲辐射进入设备。

2.4.3　核爆脉冲

核爆脉冲是核爆炸瞬间产生的一种强电磁波，作用半径随爆炸高度升高而增大，核电磁脉冲的影响半径可达几千千米，它能消除计算机内储存的信息，使自动控制系统失灵，使无线通信器和家用电器受到干扰和损坏。核爆炸会产生核电磁脉冲效应。核电磁脉冲为瞬时现象，但它会对半导体器件及微电子设备产生击穿效应，具有极大的杀伤力。

核电磁脉冲的特点如下。

（1）核电磁脉冲幅度大，电场强度在几公里范围内仍可达 $1\sim1\times10^5$V/m，是无线电波电磁场的几百万倍，是大功率雷达波的上千倍。

（2）核电磁脉冲作用时间短，在 0.01～0.03μs 的时间内，电场幅度即可上升到最大值。核电磁脉冲的频谱宽，包含了大部分现代军用电子设备所使用的频段。

（3）核电磁脉冲作用范围广，辐射出来的电磁脉冲信号可以传到很远的地方，尤其高空核爆炸产生的电磁脉冲作用范围更广。

2.4.4　静电放电

静电放电（ESD）干扰是由带不同静电电位的物体直接接触或静电场感应引起的，通常发生在对地短接的物体暴露在静电场时。静电放电会产生强大的尖峰脉冲电流，电流中包含丰富的高频成分。高频分量与空间相对湿度、物体靠近速度、放电物体形状等相关。在高频时，设备电缆甚至印制电路板上的走线，会变成非常有效的接收天线。ESD 一般会产生高电平的噪声，导致典型的模拟或电子设备被严重损害或其操作失常。

ESD 通过两种方式对电路进行干扰：一种是静电放电电流直接流过电路，造成损坏；另一种是静电放电电流产生的电磁场通过耦合路径对电路造成干扰。它的特性主要有：低电压时，脉冲窄且上升沿陡峭；随着电压的升高，脉冲变成具有长拖尾的衰减振荡波。如图 2-28 所示，ESD 电流产生的场可以通过孔洞缝隙、通风孔、输入/输出电缆等耦合到敏感电路。脉冲辐射波长从几厘米到数百米，辐射能量产生的电磁噪声将损坏电子设备或骚扰它们的运行。

ESD 电流产生热量导致设备的热失效，是其形成毁伤的主要机制，或 ESD 感应出高的电压导致击穿效应，这两种毁伤也可能同时发生，如绝缘击穿可能激发大的电流，又会进一步导致热失效。

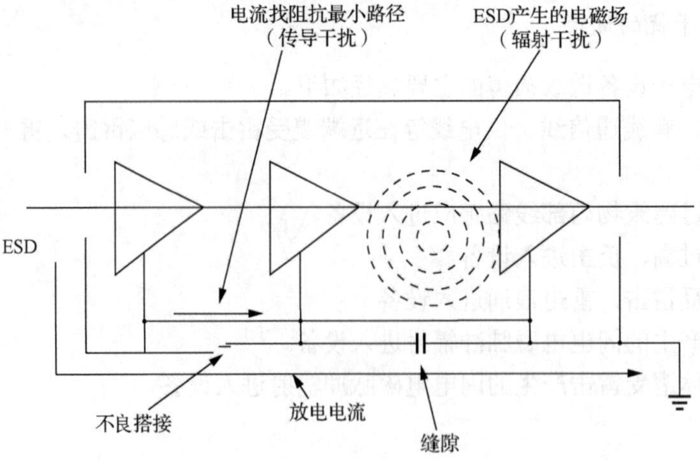

图 2-28　静电放电对电路的干扰

习题与思考题

1. 阐述麦克斯韦方法的物理含义，利用麦克斯韦方程推导边界条件。

2. 证明唯一性定理。

3. 分析电磁波在传播过程中会经常遇到无限大平面导体分界面时的电场和磁场分布，并说明驻波的含义。

4. 说明电偶极子的远场区辐射场的特点。

5. 说明天线有哪些基本参数，是如何定义的。

6. 说明传导耦合有哪几种方式，耦合的机理是什么。

7. 说明瞬态场有哪些典型的形式，各有什么特点。

参 考 文 献

[1] 谢处方, 饶克谨, 杨显清, 等. 电磁场与电磁波[M]. 5 版. 北京: 高等教育出版社, 2019.

[2] 刘培国, 覃宇建, 周东明, 等. 电磁兼容基础[M]. 2 版. 北京: 电子工业出版社, 2015.

[3] 苏东林, 谢树果, 戴飞, 等. 系统级电磁兼容性量化设计理论与方法[M]. 北京: 国防工业出版社, 2015.

第 3 章　传导发射与传导抗扰度

本章主要介绍电磁兼容中的传导发射及传导抗扰度。传导发射指的是存在于产品电源线上的噪声电流。因为电子产品与公用电网相连，所以管理部门规定了强制性的传导发射限值。本章内容包括线性阻抗稳定网络、电源滤波器、电源、电源和滤波器的放置，以及传导抗扰度。线性阻抗稳定网络一方面为传导发射测量提供了一个稳定的阻抗，另一方面可以防止公共电网中的噪声电流干扰测量，内容包括线性阻抗稳定网络的参数、共模和差模电流。电源滤波器用于减小传导发射，内容包括滤波器的基本特性、拓扑结构、对共模和差模电流的影响，以及传导发射中的共模和差模分量。电源是传导发射的主要源头，内容包括线性电源、开关电源，以及电源器件对传导发射的影响。电源和滤波器的放置对于减小传导发射非常重要，本章将介绍如何科学地放置电源和滤波器。公共电网中存在不可避免的噪声，传导抗扰度定义了在这些干扰下产品能够正常工作的能力。

3.1　线性阻抗稳定网络

理解用于验证产品是否符合传导发射规定限值的传导发射测试过程非常重要。美国联邦通信委员会（Federal Communications Commission，FCC）和国际无线电干扰特别委员会（International Special Committee on Radio Interference，CISPR）22 标准中的传导发射限值为 150kHz～30MHz。进行符合性发射测试时，电网插座和被测设备的交流电源线之间需要插入线性阻抗稳定网络（Line Impedance Stabilization Network，LISN）。如图 3-1 所示，产品的交流电源线插入 LISN 输入端，LISN 的输出插入商业电网的插座，交流电经过 LISN 给产品供电。频谱分析仪与 LISN 相连，测量产品的传导发射。

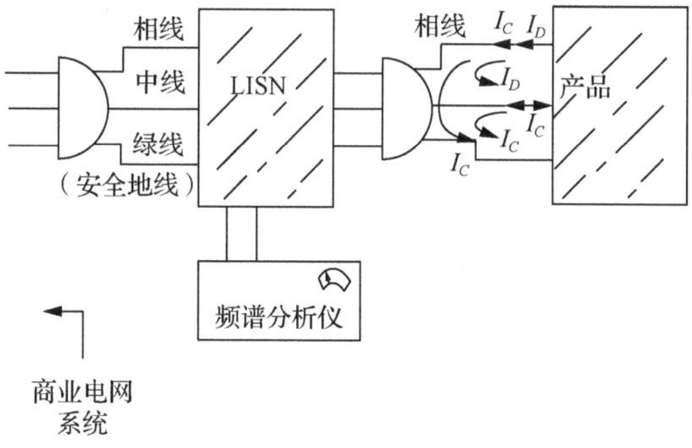

图 3-1　传导发射测量中线性阻抗稳定网络（LISN）的使用

3.1.1　线性阻抗稳定网络参数

传导发射测试的目的是测量电子产品电源线上的噪声电流。这种发射可以简单地用电流探头来测量，然而测试数据对测试场地的一致性要求使得这些简单测量法并不现实。在整个测量频率范围内，对于不同建筑物、不同插座，从交流电源系统的墙面插座看进去的阻抗有很大的变化[1]。这种负载阻抗的变化影响从电源线传导出去的噪声电流的大小。为了保证测试场地之间的一致性，各试验场地从产品电源线看进去的阻抗必须保持稳定。这是加入 LISN 的第一个目的，即在整个传导发射测量频率范围内，给产品电源线提供一个稳定的阻抗。另外，测试场地不同，电源网上存在的噪声大小也不同，“外部”噪声通过电源线进入产品，除非能消除它，否则就会叠加到测量的传导发射上。因为希望测量的只是设备本身的传导发射，所以需要隔离被测设备以外的传导发射而仅测量被测产品的传导发射，这正是插入 LISN 的第二个目的。因此，LISN 的两个目的是：①在相线和安全地线（绿线）之间、中线和安全地线之间提供一个稳定的阻抗（50Ω）；②防止电网上的外部传导噪声干扰测量。当然，这两个目的只需在传导发射测量频段内（150kHz～30MHz）达到即可。对 LISN 的另外一个要求是 LISN 应能提供设备工作需要的 50Hz（或 60Hz）电源。

规定 LISN 用于传导发射的测量，如图 3-2 所示。公用电网上相线和绿线之间、中线和绿线之间的 1μF 电容可以过滤电网上的外部噪声，防止该噪声电流流入测量仪器而干扰测量数据。同样，50μH 电感的作用也是阻隔该噪声。另一个 0.1μF 电容为隔直电容，防止接收机的输入端过载。在 FCC 规定限值的频率范围的低端 150kHz 和高端 30MHz，这些元件的阻抗值如表 3-1 所示。

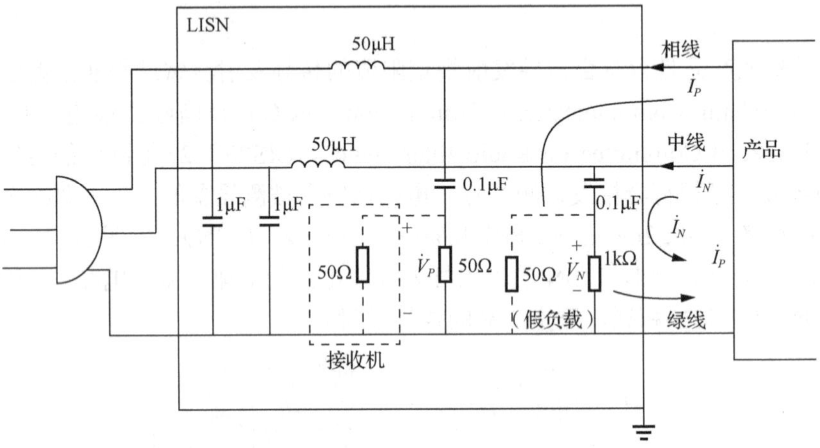

图 3-2　LISN 的电路图

表3-1　频率范围的低端150kHz和高端30MHz元件阻抗值

元件	Z_{150kHz}/Ω	Z_{30MHz}/Ω
50μH 电感	47.1	9424.8
0.1μF 电容	10.61	0.053
1μF 电容	1.06	0.0053

可见，电容在测量频率范围内为低阻抗，而电感表现为高阻抗。在去掉 50Ω电阻的情况下，1kΩ电阻为 0.1μF 电容提供放电通路，50Ω电阻与 1kΩ电阻并联。一个 50Ω的电阻是测量接收机（频谱分析仪）的输入阻抗，而另一个是 50Ω虚拟负载，保证相线和安全地线之间、

中线和安全地线之间的阻抗一直大约为 50Ω。测量电压记作 $\dot{V}_P$ 和 $\dot{V}_N$，分别在相线和安全地线之间、中线和安全地线之间测量。相线电压和中线电压都必须在整个规定传导发射限值的频率范围内测量并且都必须小于传导发射限值。现在来分析为什么传导发射限值以电压的形式来规定，事实上，人们感兴趣的是传导发射电流。相线电流 $\dot{I}_P$ 和中线电流 $\dot{I}_N$ 与测量电压间的关系为

$$\dot{V}_P = 50\dot{I}_P \tag{3-1a}$$

$$\dot{V}_N = 50\dot{I}_N \tag{3-1b}$$

其中，假设在测量频率范围内，LISN 的电容为短路，电感为开路，因此，测量电压与通过相线和中线存在于产品中的噪声电流相关。

本质上，LISN 的电容（电感）在整个传导发射测量频率范围内短路（开路）。因此，如图 3-3 所示，LISN 的等效电路是相线和安全地线、中线和安全地线之间的 50Ω电阻。当电源频率为 50Hz 时，电感的阻抗为 15.7mΩ，1μF 电容的阻抗是 3.2kΩ。因此 50Hz 时，LISN 实际上不起作用，只给产品提供工作交流电源。

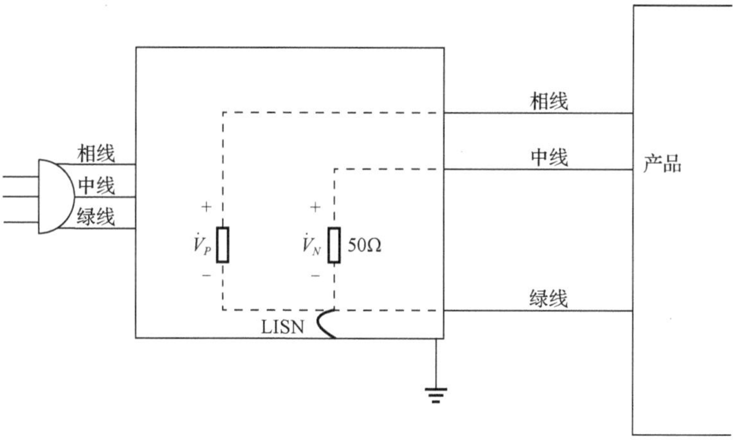

图 3-3 传导发射规定频率范围内的 LISN 等效电路

最后指出，符合性设计的目的就是阻止规定限值频率范围内的干扰电流通过 LISN 的 50Ω 电阻流入。至于规定限值频率范围以外的发射是否符合传导发射限值无关紧要，不过，这些超出限值的发射可能会对其他产品造成干扰，从这方面来说，它们就可能很重要，为了生产合格的产品，在设计过程中也不能完全忽略带外发射。在规定频率范围内，通过 LISN 测量到的存在于产品电源线上的任何干扰电流都会导致产品不符合限值。最常见的例子是电源线上存在的系统晶振的时钟信号谐波。例如，假设系统的时钟频率为 10MHz，如果该信号耦合到交流电源线上，那么 LISN 上就会出现规定频率范围内（10MHz、20MHz 和 30MHz）的信号。虽然电源线不是“有意传输”这些电流的，但它们存在于电源线上时，就会通过 LISN 被测量到，并可能导致产品不符合规定限值[2]。

3.1.2 共模和差模电流

如图 3-3 所示，将 LISN 表示为相线和绿线、中线和绿线之间的 50Ω电阻，根据传导发射限值的频率范围内的理想特性，简化了传导发射的分析。被测电压就是用来验证是否符合规定限值 50Ω电阻两端的电压，记作 $\dot{V}_P$ 和 $\dot{V}_N$。根据式（3-1），这些电压通过欧姆定律与发射电流联系起来。如图 3-4 所示，与辐射发射的情况一样，可以将电流分解成从相线流出从中线返回的差模电流和从相线、中线流出从绿线返回的共模电流：

$$\dot{I}_P = \dot{I}_C + \dot{I}_D \tag{3-2a}$$

$$\dot{I}_N = \dot{I}_C - \dot{I}_D \tag{3-2b}$$

解得

$$\dot{I}_D = 1/2(\dot{I}_P - \dot{I}_N) \tag{3-3a}$$

$$\dot{I}_C = 1/2(\dot{I}_P + \dot{I}_N) \tag{3-3b}$$

被测电压为

$$\dot{V}_P = 50(\dot{I}_C + \dot{I}_D) \tag{3-4a}$$

$$\dot{V}_N = 50(\dot{I}_C - \dot{I}_D) \tag{3-4b}$$

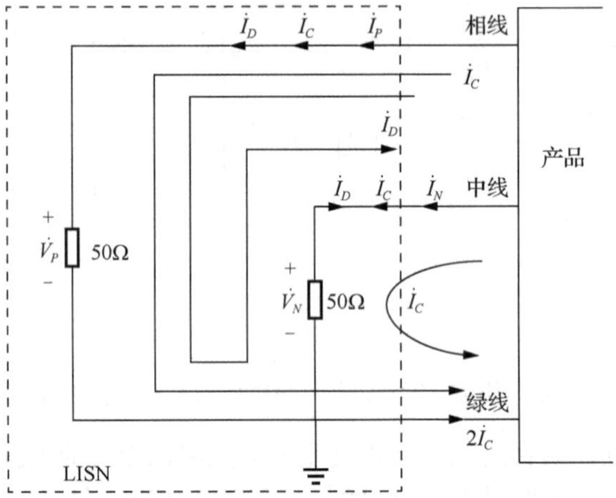

图 3-4　传导发射中差模电流和共模电流的贡献

与辐射发射相反，在传导发射中，共模电流一般大于差模电流，不能假设共模电流对传导发射没有影响。如图 3-4 所示，传导发射符合性测试中的差模电流不是 50Hz 电源线上的工作电流，差模电流从一个 50Ω电阻流入，从另一个 50Ω电阻流出；而共模电流同时从两个 50Ω电阻流入。因此，当共模和差模电流的幅度相等时，相线和中线上的电压不同。若其中一个分量远大于另一个分量，那么相线电压和中线电压的幅度近似相等：

$$\dot{V}_P = 50\dot{I}_C,\quad \dot{I}_C \gg \dot{I}_D \tag{3-5a}$$

$$\dot{V}_N = 50\dot{I}_C,\quad \dot{I}_C \gg \dot{I}_D \tag{3-5b}$$

或者

$$\dot{V}_P = 50\dot{I}_D,\quad \dot{I}_D \gg \dot{I}_C \tag{3-6a}$$

$$\dot{V}_N = -50\dot{I}_D,\quad \dot{I}_D \gg \dot{I}_C \tag{3-6b}$$

在工程实际中，所有产品的电源都包含滤波器，以滤除那些通过电源线进入产品的噪声电流，然后连接 LISN。电源滤波器既能减小差模电流，又能减小共模电流。把总电流分解成差模和共模电流是为了便于滤波器元件的实现，这些元件中只有一种是设计电源滤波器的关键，能有效减小产品的传导发射，使产品符合规定限值。

两种常见的阻断共模电流通路的设计方法如图 3-5 所示。很多电子产品中在绿线上放置电感，如图 3-5（a）中的 L_{GW}。电感在传导发射限值的频率范围内对共模电流呈现高阻抗，但故障电流的通路仍然存在以提供绿线的雷击防护。出于安全原因，不希望在绿线上焊接电感，因为焊点有可能断裂，导致绿线断开而存在潜在的雷击危害。为了避免这种情况发生，把绿线在铁氧体磁环上绕几圈构成电感，该电感适用于传导发射限值的频率范围。这种绿线上的电感的典型值是 0.5mH，在规定限值的低端频率 150kHz 处为 471Ω。

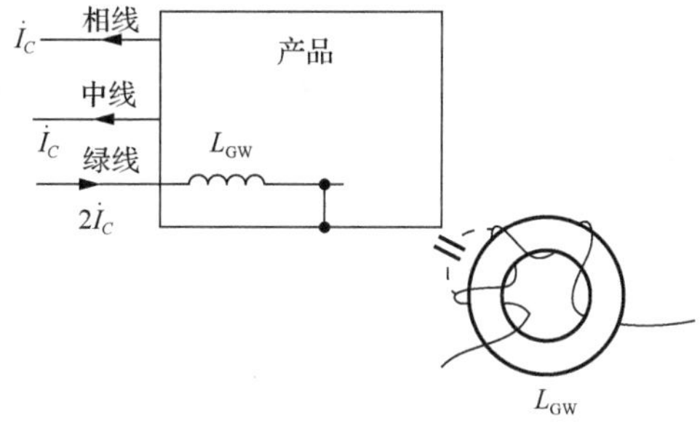

（a）绿线电感

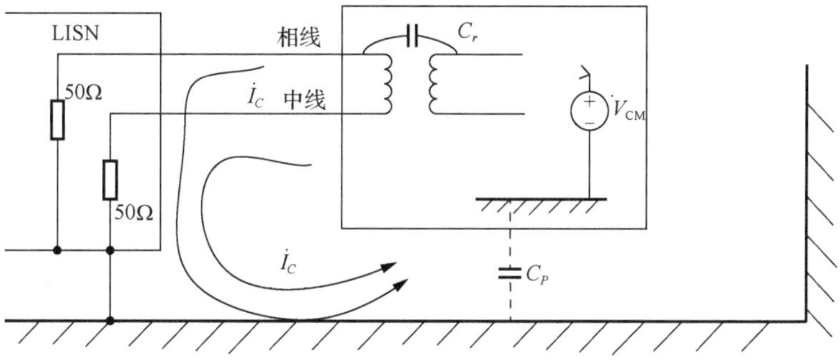

（b）两线制结构

图 3-5　阻断共模电流通路的设计方法

阻断共模电流通路的另一种方法是构造“两线制”，即取消安全地线，电源线中只包含相线和中线。这种电源线配置方式存在潜在的雷击危险，因为电源供电系统的中线直接与大地相连。由于不能保证用户总是把电源线插头插入插座正确的插孔中，所以不可能把中线与机壳相连。如果用户把产品的插头插入电源插座错误的插孔中，就可能发生雷击危险。两线产品解决这个问题的办法是在产品电源入口处使用 50Hz 的变压器，如图 3-5（b）所示。机壳与变压器次级相连而不直接与相线或中线相连。此类产品中把绿线去掉，通常认为能消除共模电流。但由于图 3-5（b）所示的原因，这样做不一定有效。产品机壳与测试场地金属墙面之间的分布电容提供了返回 LISN 的等效绿线。产品电子电路与产品机架之间的任何共模电压都会驱动共模电流流经这条通路。

3.2 电源滤波器

实际上，如果不在产品电源线的出口处插入某种形式的电源滤波器，几乎没有任何电子产品能符合传导发射规定的要求。一些产品可能看上去没有包含滤波器，但实际上存在滤波器。例如，在两线产品中或使用线性电源时，产品在电源入口处使用了 50Hz 的大变压器。变压器的正确设计能提供内在的滤波作用，因此，在某些情况下，可能需要一种"无意"滤波器。本节主要研究无意电源滤波器的设计。

3.2.1 滤波器的基本特性

下面从滤波器的特性开始讨论。电子工程中的所有领域都使用滤波器，如通信、信号处理和自动控制。关于这种类型的滤波器的设计资料有很多。读者要注意的是用来减小传导发射的电源滤波器与这些传统滤波器的设计方法并不一样。不过，它们的基本原理是相通的。

滤波器典型的特性指标是插入损耗（IL），一般用 dB 表示。现在考虑如图 3-6（a）所示的给负载提供信号的问题。为了防止源的某些频率分量到达负载，在源和负载之间插入一个滤波器，如图 3-6（b）所示。未插入滤波器时负载电压用 $\dot{V}_{L,w0}$ 表示，插入滤波器后负载电压用 $\dot{V}_{L,w}$ 表示。滤波器的插入损耗定义为

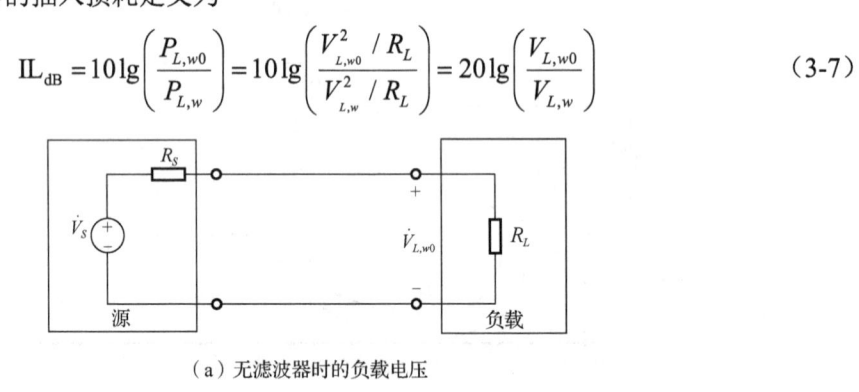

$$\mathrm{IL_{dB}} = 10\lg\left(\frac{P_{L,w0}}{P_{L,w}}\right) = 10\lg\left(\frac{V_{L,w0}^2 / R_L}{V_{L,w}^2 / R_L}\right) = 20\lg\left(\frac{V_{L,w0}}{V_{L,w}}\right) \tag{3-7}$$

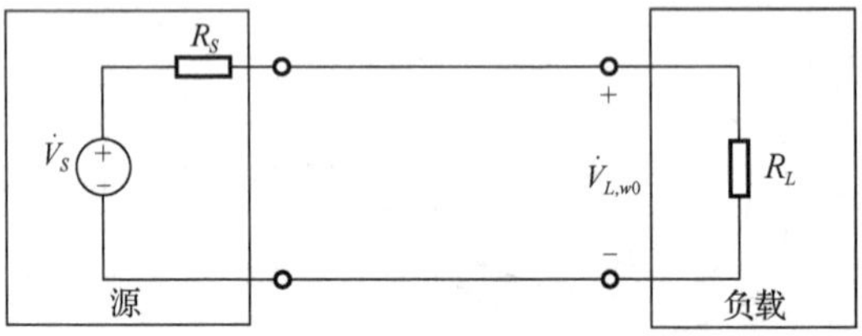

（a）无滤波器时的负载电压

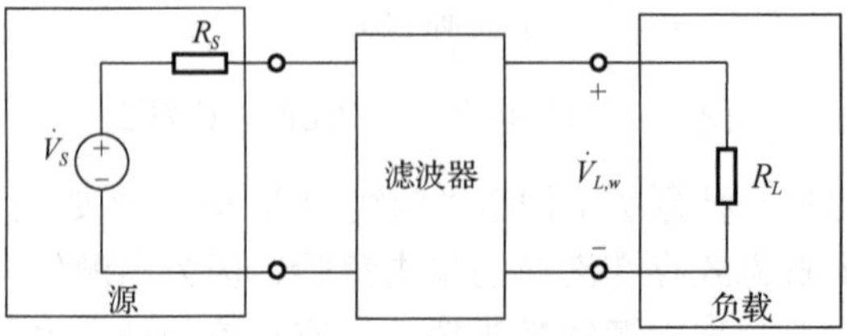

（b）插入滤波器后的负载电压

图 3-6 滤波器插入损耗

注意，该等式中的电压没有用符号（•）表示，因此只表示电压幅度。由于滤波器的插入，负载上某一频率的电压会减小。通常插入损耗表现为频率的函数。

如图 3-7 所示为一些简单的滤波器，可以用滤波器的相关理论进行分析。例如，求解如图 3-7（a）所示的低通滤波器的插入损耗。无滤波器时的负载电压可以很容易地由图 3-6（a）得

$$\dot{V}_{L,w0} = \frac{R_L}{R_S + R_L}\dot{V}_S \tag{3-8}$$

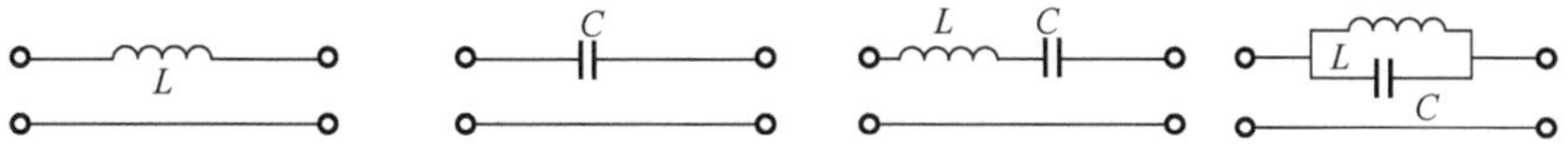

图 3-7　四种简单滤波器

插入滤波器后的负载电压为

$$\dot{V}_{L,w} = \frac{R_L}{R_S + \mathrm{j}\omega L + R_L}\dot{V}_S = \frac{R_L}{R_S + R_L}\frac{1}{1 + \mathrm{j}\omega L/(R_S + R_L)}\dot{V}_S \tag{3-9}$$

插入损耗是式（3-8）与式（3-9）之比：

$$\mathrm{IL} = 20\lg\left|1 + \frac{\mathrm{j}\omega L}{R_S + R_L}\right| = 20\lg\left[\sqrt{1 + (\omega\tau)^2}\right] = 10\lg\left[1 + (\omega\tau)^2\right] \tag{3-10}$$

其中

$$\tau = \frac{L}{R_S + R_L} \tag{3-11}$$

是电路的时间常数。插入损耗从直流的 0dB 到 $\omega_{3\mathrm{dB}} = 1/\tau$ 点的 3dB，以后以 20dB/10 倍频的速率增加。因此，低通滤波器能通过直流到 $\omega_{3\mathrm{dB}}$ 的频率分量，其他较高的频率分量衰减很快。3dB 点以上频率的插入损耗的表达式简化为

$$\mathrm{IL} = 10\lg\left[1 + (\omega\tau)^2\right] \approx 20\lg\omega\tau = 20\lg\left(\frac{\omega L}{R_S + R_L}\right),\quad \omega \gg \frac{1}{\tau} \tag{3-12}$$

其他滤波器的分析类似。

上述例子说明了重要一点：某个滤波器的插入损耗取决于源和负载的阻抗，因此不能独立于终端阻抗而给出。大多数滤波器厂商都提供了滤波器插入损耗的频响曲线，由于插入损耗取决于源和负载的阻抗，那么这些指标中如何设定源和负载的阻抗值呢？答案是假定 $R_S = R_L = 50\Omega$。这里引出了另一个疑问：基于 50Ω源和负载阻抗的与滤波器性能有关的插入损耗指标在传导发射测试中怎样起作用呢？考虑滤波器在测试中的使用，负载阻抗与相线和绿线之间、中线和绿线之间的 LISN 的 50Ω阻抗相对应。然而，在典型的配置中，R_L 是从电网看进去的阻抗，不能保证为 50Ω。那么源阻抗 R_S 是多少呢？答案不得而知，因为源阻抗需要从产品电源输入端看进去，在传导发射测试的频率范围内保持为 50Ω难以满足，所以使用厂家提供的插入损耗数据来评价滤波器在产品中的性能并不能得到理想的结果。

有两种电流必须减小：共模电流和差模电流。滤波器厂家通常分别给出针对不同电流的插入损耗。这些数据的获得见图 3-8。如图 3-8（a）所示，对差模插入损耗进行测量时，绿线不连接，相线和中线构成被测电路，由于差模电流定义为从相线流出，经中线返回，所以绿

线上没有差模电流。对共模电流进行测试时，相线和中线连接在一起，形成如图 3-8（b）所示的带绿线的测试电路。上述测量均假设源和负载阻抗为 50Ω。

（a）差模

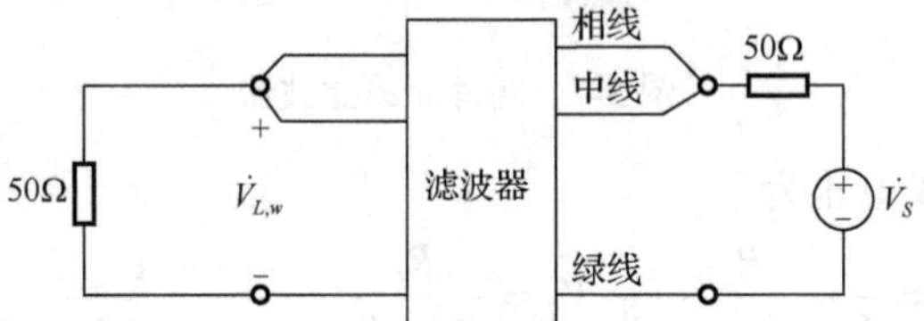

（b）共模

图 3-8　插入损耗测量

3.2.2　电源滤波器的拓扑结构

典型的电源滤波器的拓扑结构如图 3-9 所示，显然该滤波器的拓扑结构为 π 型结构。产品输出端的差模电流和共模电流（通常为产品电源的输入端）用 $\dot{I}_D$、$\dot{I}_C$ 表示，而在 LISN 输入端的电流（滤波器的输出端）用 $\dot{I}'_D$、$\dot{I}'_C$ 表示。滤波器的目的是减小 $\dot{I}'_D$、$\dot{I}'_C$ 相对于初级电流的电平。初级电流电平 $\dot{I}'_D$、$\dot{I}'_C$ 对应的测量电压为

$$\dot{V}_P = 50(\dot{I}'_C + \dot{I}'_D) \tag{3-13a}$$

$$\dot{V}_N = 50(\dot{I}'_C - \dot{I}'_D) \tag{3-13b}$$

它们必须在规定限值的频率范围内的所有频点上小于传导发射限值。

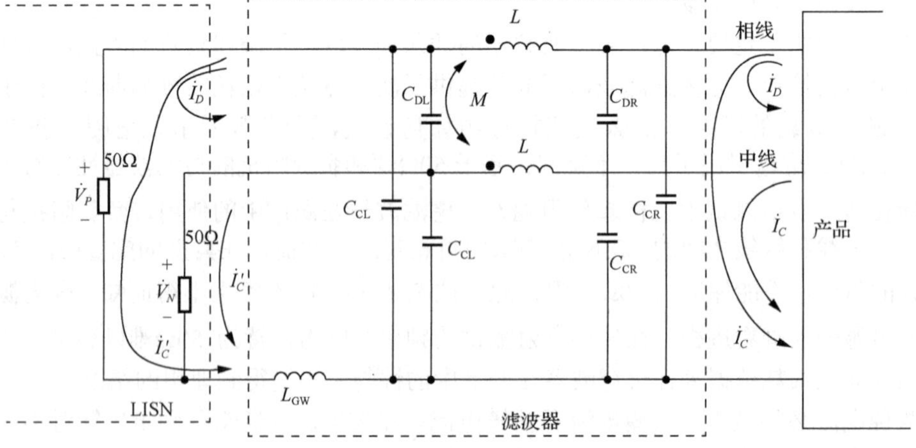

图 3-9　典型的电源滤波器拓扑结构

3.2.3　滤波器元件对共模和差模电流的影响

如上述讨论，在滤波器输出与 LISN 输入之间的绿线中包含的电感 L_{GW} 能阻隔共模电流。相线和中线之间包含的电容 C_{DL}、C_{DR} 可旁路差模电流，它们被认为是线间电容。电容具有安全机构认证的绝缘性能，适合用作线间电容的是“X 型电容”。下标 L 和 R 表示安装在滤波器的左侧和右侧。相线与绿线之间，中线与绿线之间包含的电容 C_{CL}、C_{CR} 旁路共模电流，这里指的是线对地电容。适合用作线对地电容的是 Y 型电容，所需要的不同电容都出于安全考虑。例如，假设一个 Y 型线对地电容短路。如果该电容与相线相连，那么 220V 电压将与绿线相连，常常会直接加到产品机架上，显然会产生触电隐患。另外，各国的相关机构规定了最大的漏电流，50Hz 时漏电流可流经线对地电容，以使由漏电流导致的触电危险降到最低。这限制了可能用于滤波器的线对地电容的最大值。

一些滤波器只在左边或右边包含电容，一些滤波器则两边都包含电容。电容的值为 $C_D \approx 0.047\mu F$，$C_C \approx 2200pF$。可观察到左边的线对地电容 C_{CL} 与 LISN 的 50Ω电阻并联。因此，如果它们的阻抗在所关心的频率上不明显低于 50Ω，那么电容对旁路共模电流无效。为判断左边的线对地电容是否有效，先计算典型电容值 $C_C \approx 2200pF$ 的阻抗：1.45MHz 时，电容的阻抗为 50Ω。因此，电容 C_{CL} 只有在高于该频率时才能有效起到旁路作用。

滤波器所包含的最后一个典型元件是耦合电感所代表的共模扼流圈。每个线圈的自感用 L 表示，互感用 M 表示。通常，该元件由两个绕在公共铁氧体磁芯上的相同的线圈构成（它在传导发射的频率范围内具有合适的特性），变压器也类似，如图 3-10（a）所示。因为绕阻相同，并且紧密绕在同一个磁芯上，所以互感近似等于自感，$L \approx M$，并且耦合系数接近 1：

$$k = \frac{M}{\sqrt{L_1 L_2}} \approx \frac{M}{L} \approx 1 \tag{3-14}$$

共模扼流圈的目的是阻隔共模电流。理想情况下，共模扼流圈不影响差模电流。如图 3-10（b）所示，只考虑流过线圈的差模电流。计算扼流圈两端的电压降为

$$\dot{V} = j\omega L \dot{I}_D - j\omega M \dot{I}_D = j\omega(L - M)\dot{I}_D \tag{3-15}$$

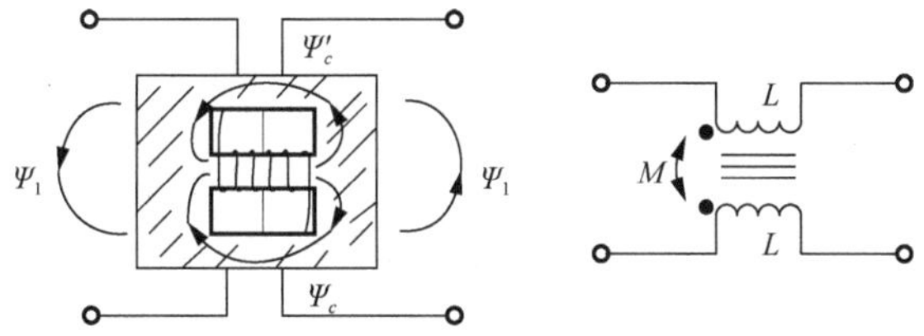

（a）物理结构和等效电路

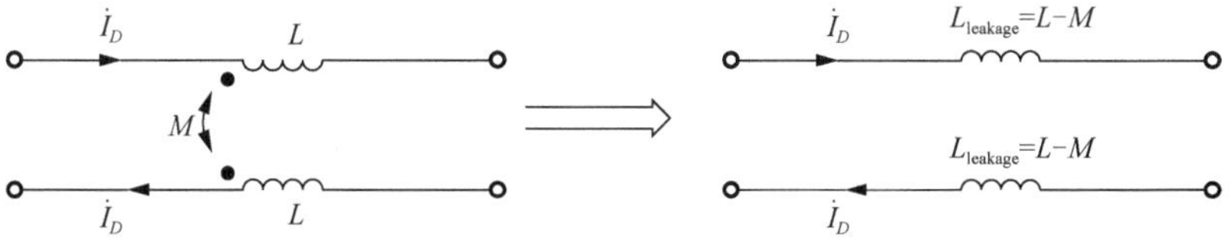

（b）差模电流的等效电路

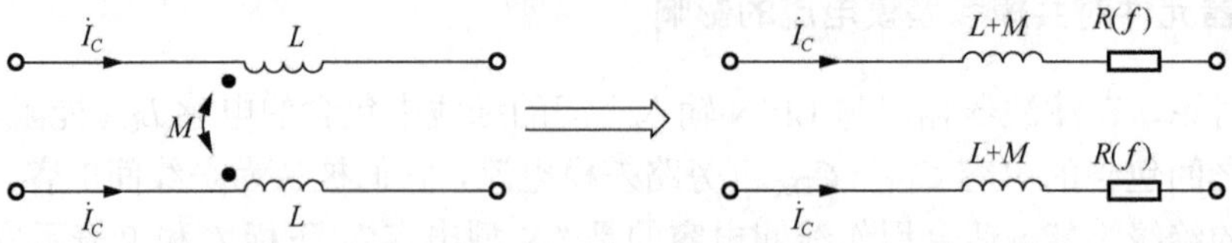

（c）共模电流的等效电路

图 3-10　共模扼流圈抑制共模传导发射

因此，共模扼流圈在每根导线中插入了与差模电流有关的电感$L-M$，即通常所说的漏电感，是由一部分磁通从线圈中泄漏出来，没有在绕组之间耦合造成的。理想情况下，$L-M=0$，共模扼流圈不影响差模电流。实际线圈的漏电感不为 0，从而会阻隔差模电流。现在考虑扼流圈对共模电流的作用，如图 3-10（c）所示。扼流圈两端的电压降为

$$\dot{V}=\mathrm{j}\omega L\dot{I}_C+\mathrm{j}\omega M\dot{I}_C=\mathrm{j}\omega(L+M)\dot{I}_C \tag{3-16}$$

可见，共模扼流圈在每根导线中插入了与共模电流有关的电感$L+M$。所以，共模扼流圈能阻隔共模电流。电感的典型值为 10mH 数量级，因此共模电流阻抗在 150kHz 时为$\mathrm{j}\omega(L+M)=18850\Omega$，30MHz 时为$3.77\mathrm{M}\Omega$。不过，这只是理想值。线圈之间的寄生电容与实际的铁氧体磁芯材料都会严重影响扼流圈的频率特性。此外，铁氧体磁芯还对共模电流提供了随频率变化的电阻$R(f)$。

共模扼流圈的另一重要特性需要引起注意。除了差模电流中的噪声信号外，还存在着另一种电流——50Hz 的高电平电源电流，一般有几安培。如此大的电流很容易使铁氧体磁芯饱和，因而使其磁导率降低到与空气的磁导率接近。扼流圈抑制共模电流的能力取决于所得到的较大的 L、M 值，而 L、M 又取决于具有高磁导率的铁氧体磁芯。如果扼流圈抑制共模电流铁氧体磁芯材料被 50Hz 的高电平电流所饱和，那么就不能获得足够高的感抗去抑制共模电流。另外，不希望扼流圈两端产生较大的电压降。实际上，差模电流的磁通量会在线圈中抵消，因为线圈在铁氧体磁芯上的缠绕方式意味着在理想情况下，扼流圈对差模电流不提供任何阻抗，即对于差模电流来说是透明的（甚至在 50Hz）。因此，50Hz 的磁通量在铁氧体磁芯中相互抵消，不会使其饱和，这是共模扼流圈的另一个优点。

现在建立一些等效电路来代表滤波器对共模、差模电流的作用。假设滤波器关于相线和中线对称，那么这意味着相线与绿线之间的电路和中线与绿线之间的电路相同。这对如图 3-9 所示的通用滤波器是正确的。相线和绿线之间，线对地电容与中线和绿线之间的电容相同，共模扼流圈两边的自感也相同。通常都是这样，因为构成一个非对称结构的滤波器没有什么优点。首先考虑对共模电流的影响，如图 3-11 所示，将共模电流模拟为电流源。由于结构的对称性，假设共模电流相同，如图 3-11 所示。列出网孔方程，证明如图 3-11 所示的等效电路能表示每个共模电流。显然扼流圈表现为电感 $L+M$，而线间电容不起作用。由于$2\dot{I}_C$流过绿色的地线，因此，绿线的电感为原来的 2 倍。从该等效电路可得到一个重要结论，即该电路说明了绿线电感L_{GW}对抑制共模电流起作用。假设左边的线对地电容不存在，即$C_{\mathrm{CL}}=0$。如图 3-11 所示的等效电路表明等效绿线电感$2L_{\mathrm{GW}}$与共模扼流圈的等效电感 $L+M$ 及 LISN 的 50Ω电阻串联。这些电感的典型值为$2L_{\mathrm{GW}}=2\mathrm{mH}$，$L+M=55\mathrm{mH}$。这表明共模扼流圈的阻抗相较于绿线电感的阻抗起主要作用，因此，绿线电感的作用很小或不起作用。为了使绿线电

感起作用，左边必须有线对地电容。下面举例说明，利用分流公式计算流过 LISN 50Ω电阻的电流与流过共模扼流圈 $L+M$ 的电流之比：

$$\frac{I_{\text{LISN}}}{I_{\text{Choke}}}=\frac{\dfrac{1}{\text{j}\omega C_{\text{CL}}}}{50+\text{j}\omega 2L_{\text{GW}}+\dfrac{1}{\text{j}\omega C_{\text{CL}}}}=\frac{1}{1-\omega^2 2L_{\text{GW}}C_{\text{CL}}+\text{j}\omega 50C_{\text{CL}}}$$

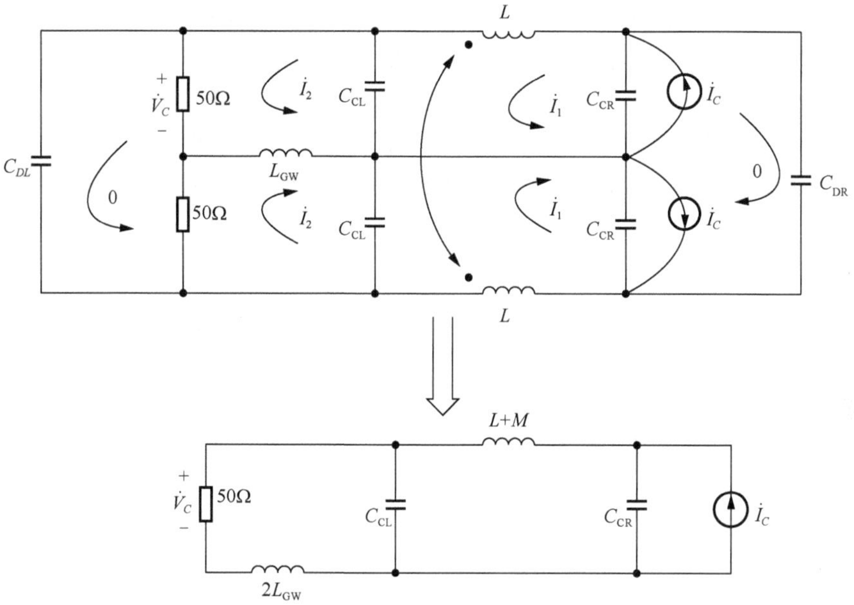

图 3-11　共模电流的滤波器和 LISN 的等效电路

如果画出其随频率变化的曲线，可以看到它由 0dB/10 倍频($I_{\text{LISN}}/I_{\text{Choke}}=1$)斜率的曲线构成，频率范围为从直流到截止频率：

$$f_0=\frac{1}{2\pi\sqrt{2L_{\text{GW}}C_{CL}}}$$

在高于此频率后，曲线斜率为−40dB/10 倍频。绿线上的电感和电容具有很显著的作用，元件的典型值为 $L_{\text{GW}}=1\text{mH}$，$C_{\text{CL}}=3300\text{pF}$，截止频率为 $f_0=62\text{kHz}$，低于传导发射频率低端的 150kHz。假设绿线电感不存在($L_{\text{GW}}=0$)，但左边的线对地电容存在($C_{\text{CL}}\neq 0$)，则通过 LISN 50Ω电阻的电流与通过扼流圈等效电路 $L+M$ 的电流之比为

$$\frac{I_{\text{LISN}}}{I_{\text{Choke}}}=\frac{\dfrac{1}{\text{j}\omega C_{\text{CL}}}}{50+\dfrac{1}{\text{j}\omega C_{\text{CL}}}}=\frac{1}{1+\text{j}\omega 50C_{\text{CL}}}$$

画出此结构与频率的关系曲线，可见该曲线在从直流到截止频率范围内的曲线为 0dB/10 倍频($I_{\text{LISN}}/I_{\text{Choke}}=1$)：

$$f_1=\frac{1}{2\pi 50C_{\text{CL}}}$$

高于此频率，曲线以-20dB/10 倍频的速率下降。$C_{CL}=3300pF$，对应的截止频率为 $f_1=965kHz$（低于 1MHz）。因此，当绿线电感不存在时，左边的线对地电容 C_{CL} 在高于 1MHz 时起作用。此结果表明，仅当滤波器在 LISN 一侧的线对地电容 C_{CL} 存在时，绿线电感才能在传导发射规定的频率范围内大大降低传导发射。如果 LISN 一侧的线对地电容不存在，则绿线电感将不起作用。如果滤波器在 LISN 一侧的线对地电容存在而绿线电感不存在（$L_{GW}=0$），则线对地电容仅在高于 1MHz 时起作用，且作用不大。接下来，考虑对差模电流的作用。这里也将这些电流模拟为电流源，如图 3-12 所示。同样，滤波器的对称性要求网孔电流相等。所列网孔电流方程表明，差模电流的等效电路如图 3-12 所示。从图 3-12 中差模电流的滤波器等效电路可以发现，线间电容为 $2C_{DR}$，但通常并不明显，因为线对地电容一般远小于线间电容。然而，如果与线对地电容并联的线间电容不存在，那么线对地电容将影响差模电流。对于理想的共模扼流圈，其 $L=M$，所以对差模电流完全透明。这再次说明要仔细设计共模扼流圈。

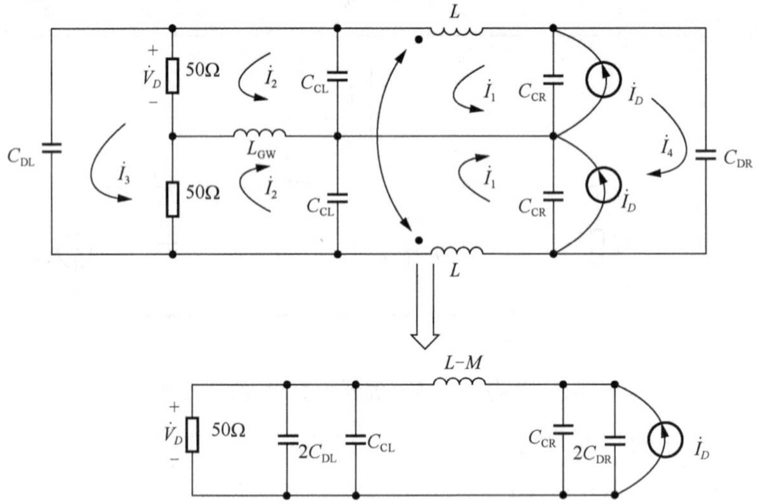

图 3-12　差模电流的滤波器和 LISN 的等效电路

3.2.4　传导发射中的共模分量和差模分量

以上对电源滤波器的讨论限于理想滤波器。如果线间电容是理想的，那么几乎没有差模电流进入 LISN。如果共模扼流圈的感抗、线对地电容和绿线的电感足够大，那么几乎没有共模电流进入 LISN。但实际上，这几乎从未发生过，即使滤波器设计得非常仔细，其产品仍有可能不满足规定的传导发射限值。当对产品进行符合性测试时，如果在规定频率范围内的某些频点上不符合限值，那么接下来的问题就是如何有效而快速地诊断和纠正问题，使得产品的传导发射符合限值。这是必要的，有学者曾花费很多时间去改变滤波器元器件的值，但观察到传导发射电平并没有任何变化。产品开发流程不能容忍这种对解决问题无效的尝试，必须快速而准确地诊断出问题的根源。电源滤波器的哪个元件需要改变？元件的新值应该为多少？3.3 节中将讨论减小传导发射的其他方法，这里讨论电源滤波器是第一步。

在改变电源滤波器的元件值以减小传导发射的过程中，需注意的关键之处如图 3-13 所示。图中给出了相线或中线的总电流的典型曲线。总电流被分解成共模电流和差模电流。显然，总电流是如式（3-17）所给出的共模电流与差模电流之和或差：

$$\dot{I}_{\text{Total}}=\dot{I}_C\pm\dot{I}_D \tag{3-17}$$

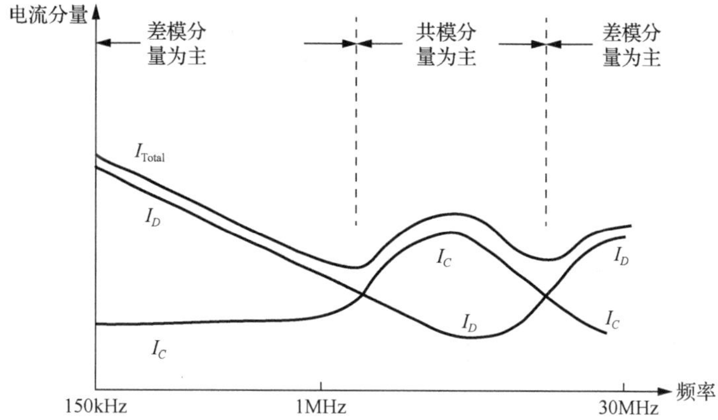

图 3-13　传导发射的特定测试频率范围内占主导地位的电流分量

如果一个分量远大于另一个分量，那么总电流就是该主要分量。这明确指明了在某一频率范围内一种分量占主导地位。如果改变滤波器以减小占主导地位的分量，那么就能减小总电流。另外，如果改变滤波器减小了不占主导地位的分量，那么就不会引起总电流的变化。因此，如果希望在某一频率范围内减小总的传导发射，那么就必须减小在该频率范围内占主导地位的分量。需要注意的是，某一频率范围内占主导地位的分量在其他传导发射的频率范围内不一定占主导地位。

现在考虑如何减小特定的分量。前面看到电源滤波器的每个元件通常只影响一种分量：差模电流或者共模电流。差模电路中出现的线对地电容通常远小于与它们并联的线间电容，因此不会影响差模电流。但是，如果没有这个线间电容，那么它们将影响差模电流，所以如果需要减小特定（占主导地位）的分量，就必须改变滤波器影响该分量的元件值。例如，假设某一频率范围内共模分量占主导地位，且该频率上传导发射超过了限值，如果增加线间容抗值，则只能减小差模分量，因而不能有效减小总的传导发射。反之，若差模电流分量占主导地位，而传导发射超过了限值，那么通过在磁芯上绕更多匝的线圈来增加绿线的感抗，也不能有效减小该频率上的传导发射。由此可见，为有效减小传导发射，必须先分析清楚占主导地位的是共模电流还是差模电流，然后采取针对性措施。

根据上述结论，需要有将传导发射在规定限值的频率上分解为共模和差模分量的诊断工具。这种器件在文献[3]中有相关描述，图 3-14 所示为该器件的原理图。这种器件仅给出总的传导发射中的差模分量或共模分量。如果使用两个宽带变压器（平衡-不平衡转换器），那么 LISN 的相线和中线输出电压接入变压器的初级，变压器次级串联一个开关以改变中线电压的极性。因为 $\dot{V}_P=\dot{V}_C+\dot{V}_N$ 和 $\dot{V}_N=\dot{V}_C-\dot{V}_D$，所以两者之和给出了 $\dot{V}_C$，两者之差给出了 $\dot{V}_D$。

$$\dot{V}_P+\dot{V}_N=2\dot{V}_C \tag{3-18a}$$

$$\dot{V}_P-\dot{V}_N=2\dot{V}_D \tag{3-18b}$$

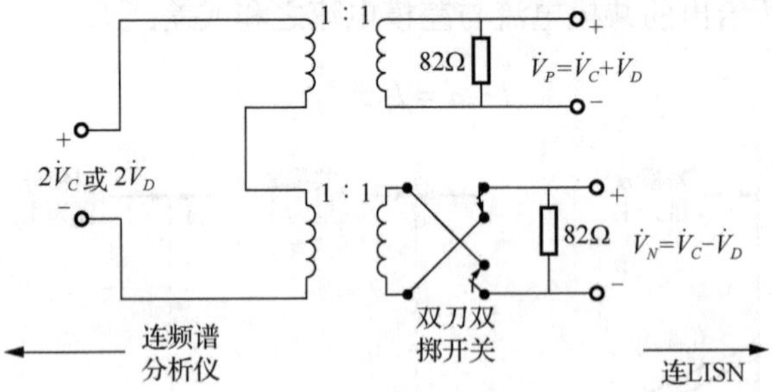

图 3-14　分离传导发射共模分量和差模分量的器件原理图

3.3　电　　源

主要的传导发射源一般为产品的电源。接下来将讨论一些重要的特殊例子。例如，在电源线输出端附近所布的线中载有数字信号或者时钟信号可能导致这些信号耦合到电源线上，通过 LISN 被测量到而可能导致产品不符合限值。下面讨论在产品的电源内所产生的噪声。电源内有很多可通过 LISN 来测量所产生噪声的点。每种类型的电源都有自己产生噪声的特点。3.2 节中讨论了用电源滤波器来减小传导发射，代表了减小传导发射的强效方法。然而，任何电源滤波器仅能在某种程度上减小传导发射。减小传导发射最有效的方法是在噪声源内部抑制它们，若有可能，应该尝试。但这也只能在一定程度上减小噪声，因为需要保证电源的正常功能。正如所知，上升/下降沿尖锐的脉冲具有高频谱分量。类似于开关电源等，一些电源为减小能量损耗，依靠快速上升/下降的脉冲进行操作。这种类型的噪声源只能在某些频点上减小噪声，因此必须在保证功能和减小噪声之间进行折中。

分析产品电源的目的很有必要，产品的电子元器件（晶体管、门电路、微处理器、存储单元等）正常工作时需要直流电压。例如，数字电子元件的正常工作需要+5V 直流电压。该电压必须保持在标称值 5V 的一定容限之内，否则逻辑功能就要被破坏。不管电源负载怎样变化，电源的输出电压都要保持在一定范围内，这是因为保证产品的功能是电源的“使命”，这就是调节功能。运算放大器、线性驱动器、接收器和比较器等线性电子元器件需要±12V 直流电压。产品中可能还有些元器件需要其他不同的直流电压来正常工作，如直流和步进电机（直流和步进电机需要 30V 直流电压）。将 220V、50Hz 的市电转换为产品元器件所需要的直流电压电平，并在负载变化时保持电压不变是电源的主要功能。

3.3.1　线性电源

很多年来，采用线性电源将市电转换为产品的电子器件所需的直流电压是主要方法。典型的线性稳压电源如图 3-15 所示。先不考虑双极性晶体管的作用。输入端的变压器用来升高或者降低市电电压的幅度。然后使用由两个二极管构成的全波整流器进行整流。整流器把正弦市电电压转换成脉动直流电压[4]。这种脉动直流电压类似于输入端的交流波形，只是负半周期的波形变成了正值[4]。其平均值，即直流分量为 V_{DC}。电容 C_B（表示大容量电容）的作用是平滑该脉动直流电压，得到具有一些变化但本质上为常数的波形 V_{in}，其直流电平为 V_{DC}。

π 型结构滤波器由两个电容 C 和一个电感 L 组成，能减小输出电压的变化或波动。如果观察波形的傅里叶展开式，可以发现滤波器必须为截止频率在脉动直流波形基波附近（50Hz）的低通滤波器，能使直流电平通过而抑制波形的高频谐波。仅分离出直流电平是不可能的，所以最终的直流波形允许存在在规定范围内的波动。

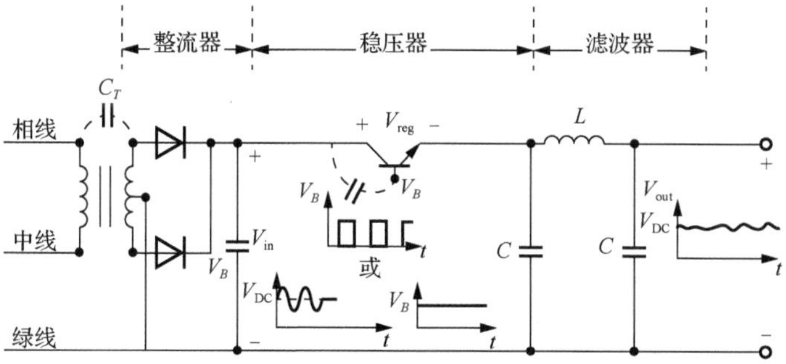

图 3-15　线性稳压电源

如果对这种直流波形的电平感到满意并且电源负载保持不变，那么就不需要晶体管。晶体管的存在允许输出的直流电平变化到其他一些所需的电平上，并且在电源负载存在变化时起到保持输出电压稳定的作用。当电源（负载）电流变化时，保持输出电压不变的过程就是“稳压”。为了保持在负载变化条件下所需的输出电压，晶体管作为可变电阻器用以改变集电极-发射极两端的电压。直流输出电压的取样值反馈回晶体管的基极。如果直流电压因负载的增加而开始降低时，晶体管的放大功能增强，导致其两端电压 V_{reg} 下降。电源的输出电压 V_{out} 和整流器的输入电压 V_{in} 的关系为

$$V_{out} = V_{in} - V_{reg} \tag{3-19}$$

因此，降低的输出电压可通过稳压晶体管两端压降的减小来补偿。如果由于负载的减小，电源的输出电压增大，那么晶体管两端的压降变大，以使输出电压回到所要求的值。这代表了线性电源的特性之一：在稳压晶体管中一直消耗能量以保持电源的直流输出电压稳定。

线性电源在所有电源中是最“环保”的。3.3.2 节将讨论的开关电源的固有噪声大，但是与线性电源相比，它具有其他一些优点。从产品性能的角度看，它更有效、重量更轻。从 EMC 的角度看，它的性能不如线性电源，因为它的固有噪声更大。

3.3.2　开关电源

本节讨论日益流行的电源类型：开关电源（Switching Mode Power Supply，SMPS）。它经常被认为是“开关”。通常线性电源的效率很低，仅为 20%～40%。本节讨论的开关电源具有较高的效率，能达到 60%～90%，这就是它们日益流行的原因。开关电源的重量也比线性电源轻得多。这是由于线性电源需要有效工作于 50Hz 的变压器。大体积磁芯材料的使用可以使变压器中由于涡流所引起的损耗变小，但此 50Hz 变压器非常重。开关电源所需的变压器工作于电源的开关频率，为 20～100kHz，结果开关电源的变压器比线性电源中的轻得多（有些开关电源的开关频率为 1MHz，这将进一步降低它们的重量）。因此开关电源在重量上比线性电源更轻，这是它们被广泛采用的另外一个优点。

开关有很多种，下面从图 3-16 所示的基本大容量稳压器开始说明其基本原理。直流电压

V_{DC} 加到开关元件上，其中场效应管充当开关元件。方波脉冲串加到场效应管的栅极，该波形的脉冲宽度为 τ，周期为 T，它是开关频率的倒数，$f_s = 1/T$。该脉冲串使场效应管导通和截止，它提供了相同占空比的脉冲电压 V_{in}。波形的平均值（直流分量）为

$$V_{av} = \frac{\tau}{T} V_{DC} \tag{3-20}$$

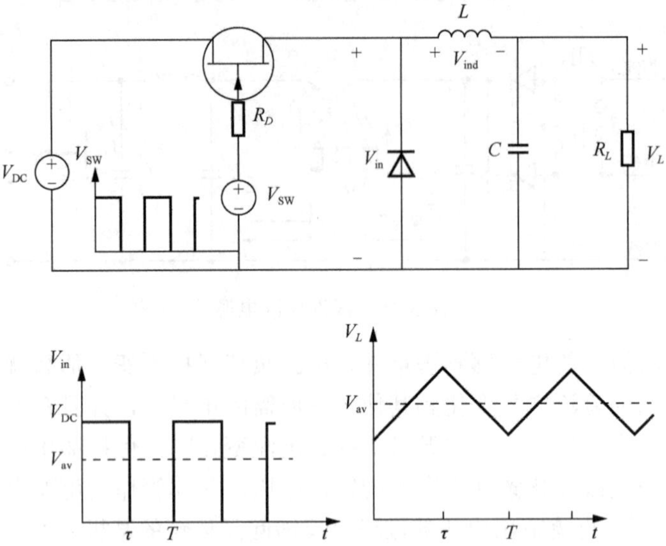

图 3-16　简单的“大容量稳压器”开关电源

波形占空比是脉冲宽度与周期之比：$D = \tau / T$。因此，可以通过改变加到开关元件栅极的开关波形的占空比来改变该脉冲波形所包含的平均值（直流分量）。L、C 构成低通滤波器，滤除波形中的直流分量，二极管在场效应管截止时为电容提供放电通路。工作过程如下：当场效应管导通时，二极管截止，直流电压加到滤波器上，电感开始以磁场的形式储存能量，电容开始充电；当场效应管截止时，根据法拉第定律，电感两端感应出左负右正的电压，经负载 R_L 和二极管释放电感中存储的能量，负载电阻两端的电压波形如图 3-16 所示，该电压波形含有所希望的直流分量。这种开关电源与线性稳压器相比的优点之一就是开关元件——场效应管，它无论是导通还是关闭，都只消耗非常小的功率，这与线性稳压器不同，而晶体管总是工作于线性区域，消耗较大功率。简单地改变加到场效应管栅极的开关波形的占空比就可以实现稳压，通常将输出电压 V_L 的取样值反馈给脉冲宽度调制器（Pulse Width Modulation，PWM）。PWM 的输出是方波，反馈给场效应管的栅极。由 PWM 调整该波形的占空比以给出为响应不同负载所需的直流输出电压。其他更实际的开关电源也是采用相同的基本原理，并通过改变波形的占空比来提供稳压。

有两种常见类型的开关——初级开关和次级开关，指的是开关动作发生在变压器的初级还是次级。通过改变开关波形的占空比以响应电源输出电压的变化来实现稳压，如图 3-17 所示的是初级开关电源。图中全波整流桥对交流市电波形整流并产生脉动直流波形，该脉动直流波形经大电容 C_B 平滑后提供本质上不变的波形，令其具有市电电压波形的峰值，并加到多“抽头”变压器或次级线圈上。开关器件（常常是功率场效应管）导通或断开变压器的初级连接。占空比可变的方波加到开关元件的栅极。改变波形的占空比可提供稳定的电源输出电压。

通常会用电阻 R_G 与场效应管的栅极串联，该电阻的作用是改变加到栅极的脉冲的上升/下降时间。增加该电阻值可减缓脉冲边沿的陡峭程度，但会使场效应管在激活区的时间更长，导致功耗增加，从散热的角度考虑这不是所期望的结果。另外，由于由开关动作所产生的噪声的频谱分量直接取决于脉冲的上升/下降时间，因此从电磁兼容的角度出发需要增加脉冲波形的上升/下降时间。因此，有必要在噪声频谱分量和开关元件的发热及有关的效率之间进行折中。散热片通常连接到场效应管上用于散热，但散热片不直接与场效应管相连，中间用介质垫圈来绝缘，这会在场效应管和散热片之间产生寄生电容。如果出于安全考虑，散热片与绿线相连，这样就会为共模电流提供通路。

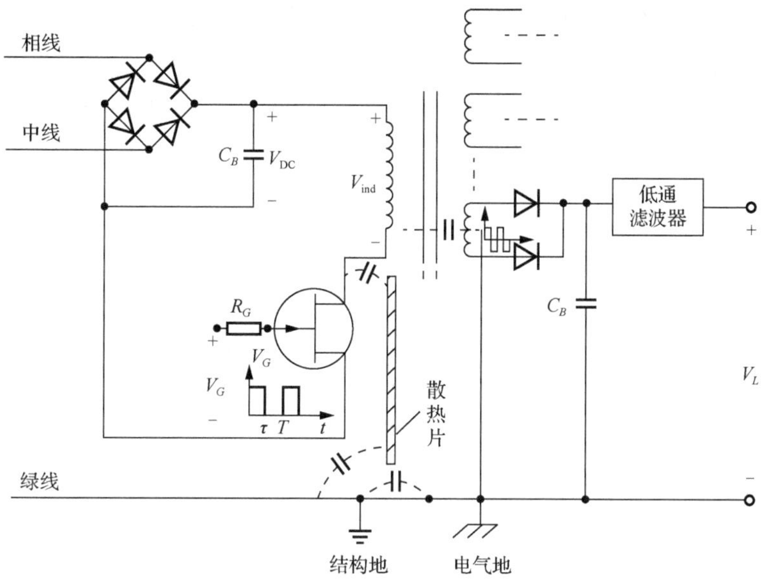

图 3-17　典型的“反馈”或初级开关电源

次级会产生一个极性交替变化的脉动波形，全波整流器整流该波形，然后用大电容平滑并通过低通滤波器滤波。由于变压器次级能提供多个抽头，因此可以得到多个不同电平的直流电压，例如，可以得到+5V、+12V、−12V、+38V 等。在变压器初级可完成这些电压之一的稳压，因为只要求变压器传送开关频率（及所有的高次谐波），它可以设计得比 50Hz 变压器更小，重量更轻。由于存在开关动作（除非增加栅极电阻以减小噪声发射），开关电源比线性电源的效率高，而初级开关的主要缺点是开关谐波通过桥型整流器直接馈入产品的交流电源线。现有的 50Hz 变压器都不提供任何滤波，通过改变开关中的元件（如 R_G 等）不能降低的噪声只能通过电源滤波器来消除，这就对电源滤波器提出了较高要求，必须仔细设计电源滤波器。

3.3.3　电源器件对传导发射的影响

正如前面所指出的，减小传导发射最有效的方法是在源处减小它们。例如，增加如图 3-17 所示的初级变压器的栅极电阻值 R_G，但这样会增加开关波形的上升/下降时间，从而使开关器件在激活区的时间较长，增加功率的消耗，所以上升/下降时间只能在一定程度上增加。

在开关内还存在其他应该控制的“噪声源”。最主要的噪声源之一来自用于整流的二极管，特别是对开关信号进行整流的二极管，例如，图 3-17 所示变压器次级上的二极管。当二极管正向偏压时，电荷存储在结电容的连接处。当二极管上偏压改变方向时，这些电荷必须移去。使得二极管中的电流具有如图 3-18（a）所示的波形。当电荷从连接处移去时，二极管电流经过零值。有些二极管，如“快速恢复二极管”切换迅速，称为硬恢复，如图 3-18（a）所示。其他类型的二极管恢复较慢，二极管电流逐渐回到零值。很明显，硬恢复二极管相比于软恢复二极管，会产生更高的电流频谱分量，因为当二极管电流回到零值时，硬恢复二极管上电流波形的边沿更尖锐。从有效性角度考虑，硬恢复二极管比软恢复二极管更合适。为了减小不需要的由二极管关断所产生的噪声，常采用如图 3-18（b）所示的缓冲电路与二极管并联放置。缓冲电路由电容、电阻串联构成，该电容的作用是为二极管关断时储存在二极管结电容中的电荷提供放电通路，以便平滑二极管电流波形，从而减小高频分量。很明显，高频电流将环绕缓冲器电路，因此缓冲电路的引线应很短，并放置于非常靠近二极管处，以减小电流环路面积，从而降低该环路的辐射发射。

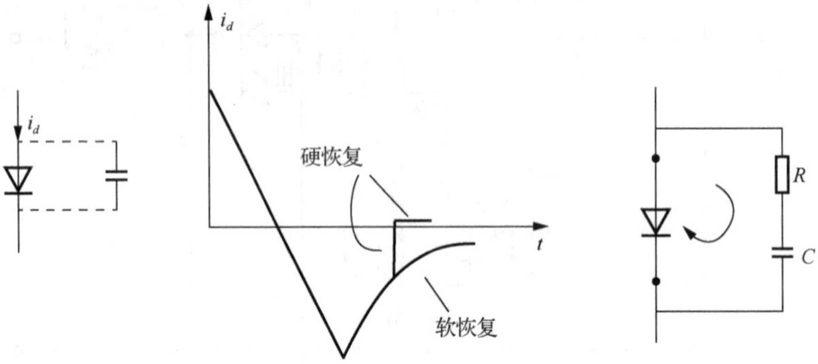

（a）　　（b）

图 3-18　二极管的非理想效应

寄生电容为开关上产生的噪声电流提供了大量的通路，从而造成传导发射，开关元件与散热片之间的电容将开关元件处的噪声耦合到散热片中，噪声从散热片处辐射或沿导线传导，变压器在电子产品中（主要是产品的电源中）的应用非常广泛。如前所述，线性电源使用变压器将 220V、50Hz 的交流电逐步变压并经过整流产生电子器件所需要的直流电压电平。为减小 50Hz 交流电所导致的在磁芯中的涡流损耗，这种类型的变压器必须又大又重。开关电源在高得多的频率（25～100kHz）上使主电源突变以产生所需要的直流电，由于其磁芯中磁通的频率比 50Hz 高得多，开关电源中变压器的涡流损耗比 50Hz 变压器小得多，因此能够设计得更轻、更小。

所有变压器都利用法拉第电磁感应定律改变电压电平。如图 3-19（a）所示，相同铁氧体磁芯上缠绕两组线圈。初级线圈电压 V_p 产生电流和该线圈中有关的磁通，因为铁氧体磁芯的磁阻远小于周围空气，所以大部分磁通都耦合到次级线圈上。根据法拉第电磁感应定律，在次级线圈上的感应电压为 V_s。两电压之比（理想）正比于每个线圈的匝数之比：

$$\frac{V_p}{V_s}=\frac{n_p}{n_s} \tag{3-21}$$

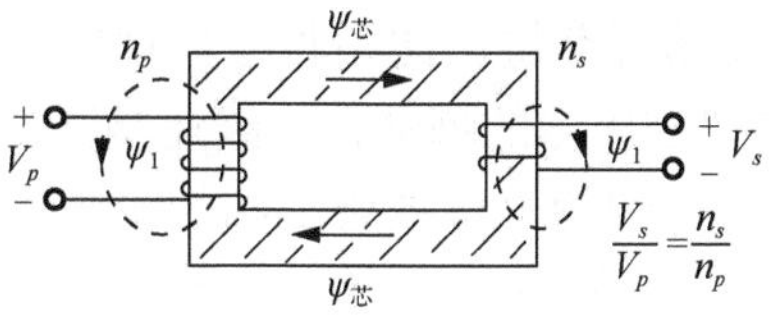

（a）变压器原理

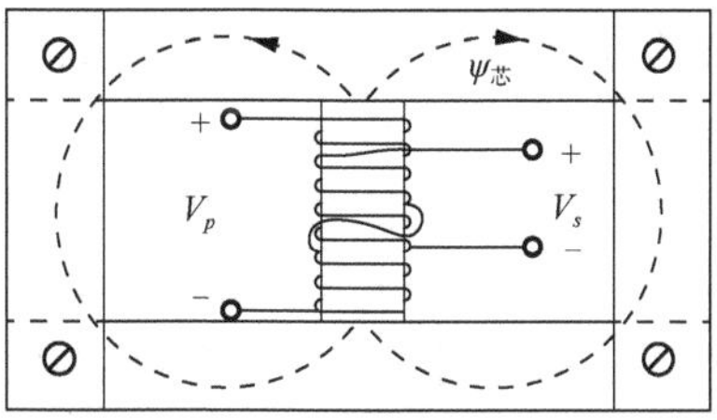

（b）50Hz变压器

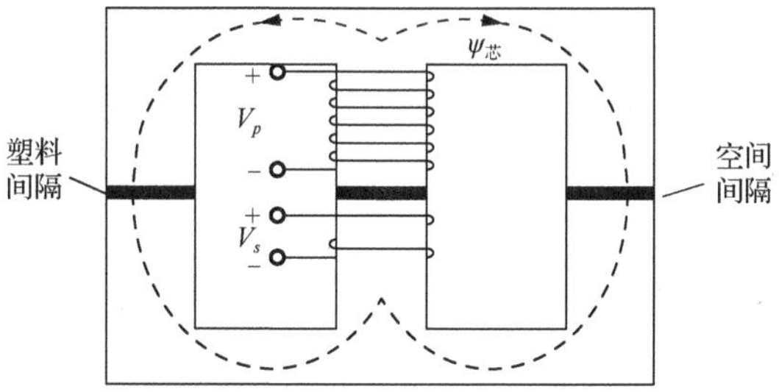

（c）“E芯”开关电源变压器

图 3-19　变压器的结构

构造变压器的方法很多，线性电源内的 50Hz 变压器通常由钢片叠在一起构成。铁氧体磁芯叠片具有磁阻较小而涡流电阻较大的特性，可减小涡流损耗。高频变压器常由铁氧体磁芯构成，有些变压器的磁芯结构有别于图 3-19（a）所示的简化形式，这是为了便于装配。50Hz 变压器由 I 型磁芯构成，初级、次级线圈分别绕在磁芯两端，如图 3-19（b）所示。外部铁氧体磁芯叠片的垂直引脚相互连接以构成磁通的通路，工作于较高频率的变压器通常使用铁氧体磁芯形成“线轴”。常见的“E 型”磁芯中两半部分的形状像字母 E，初级、次级线圈绕在每个磁芯的中间，磁芯的两半放在一起以提供磁通的通路，如图 3-19（c）所示。此类变压器中的铁氧体磁芯会由于高电流导致的高磁通量产生磁饱和，为抑制这种饱和现象，当磁芯放在一起时，在空气空隙中放入薄的塑料垫片，这样可以增加磁路的磁阻，从而减小磁通量以避免磁芯的饱和。不幸的是，这些间隔会无意中在开关及其谐波频率上产生强磁场，从而导致低频磁场辐射，出现产品不符合限值的问题。

50Hz 变压器的 I 型磁芯的两端缠绕的线圈（叠绕法）会在变压器的初级、次级之间引入寄生电容，如图 3-20（a）所示。初级和次级之间的寄生电容会引起不希望的耦合，使次级（电子器件一侧）噪声很容易地耦合到初级上（该处带有系统的电源线）。一旦噪声存在于初级，它就会通过电源线被 LISN 作为传导发射测量到，除非电源线与变压器之间插入了电源滤波器。显然，由于在较高频率上初级、次级之间的寄生电容的耦合效应会增大，所以耦合在高频时更显著。例如，数字系统中的处理器时钟信号（通常大于 10MHz）比开关谐波更容易耦合到变压器初级。为了减小这种耦合，在绕于磁芯两端的初级和次级线圈之间插入圆柱形的金属屏蔽层，该屏蔽层称为法拉第屏蔽层。此举将有效地减小初级和次级之间的寄生电容，如图 3-20（b）所示。问题是应把变压器的哪端，初级还是次级，与法拉第屏蔽层相连？答案在于人们希望由初级地和次级地之间的电位差所引起的噪声电流流向哪里。初级地和次级地之间的电位差用电压源 V_G 表示，图 3-20（c）所示为屏蔽层与初级线圈相连。在这种连接方式下，V_G 产生的噪声电流经过 C_{FS}、屏蔽层，返回地。推荐屏蔽层采用这种连接法，因为这样噪声电流就不会流过 LISN 而产生传导发射问题。图 3-20（d）表示屏蔽层与次级线圈相连，这种连接会导致噪声电流经过屏蔽层、C_{PF}，从电源线流出并返回 V_G，噪声电流会经过 LISN，可能导致传导发射问题。在放大器和接收机之间的变压器适用这个原则，为了避免噪声电流流经接收机的输入端，屏蔽层应在接收机的输入端接地。显然，所希望的操作依赖于法拉第屏蔽层与变压器接地端的连接。法拉第屏蔽层的正确连接对减小初级和次级之间的共模电流很重要。这些都是理想情况，但由于屏蔽层的阻抗和感抗，实际得到的性能不如理想情况下的好。

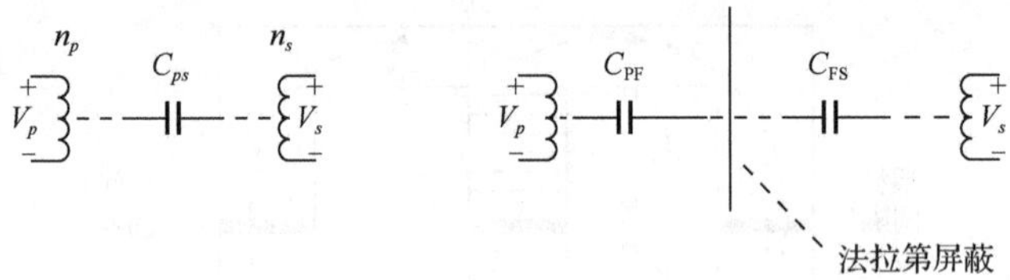

（a）寄生电容的集中　　（b）法拉第屏蔽层的使用

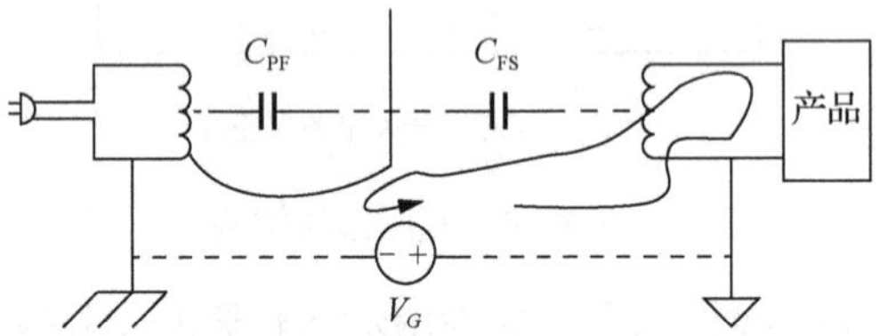

（c）减小传导发射的法拉第屏蔽层的正确连接

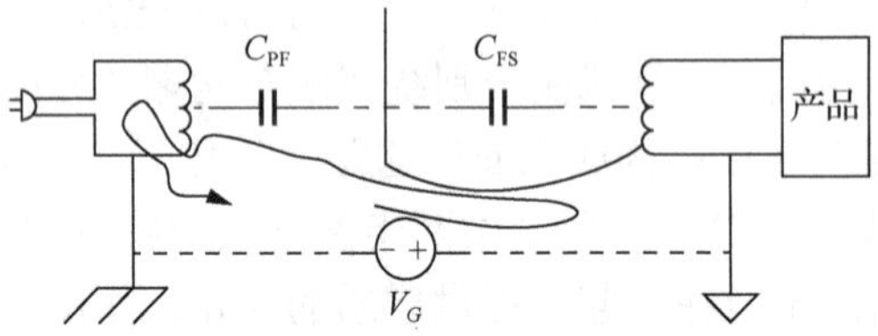

（d）法拉第屏蔽层的不正确连接

图 3-20　变压器初次级容抗的作用举例说明

铁氧体磁珠对阻断电源中的噪声电流是有效的，铁氧体磁珠最大阻抗的典型值在几百欧数量级，因此，为使其有效，与它们串联的阻抗不能大于铁氧体磁珠的阻抗。否则，磁珠阻抗将被该大阻抗掩盖。使用磁珠的目的在于显著增加回路阻抗以阻碍噪声电流，与其他电子电路相比，电源电路的阻抗本来就很小。因此，在电源电路中插入磁珠可显著增加电路阻抗。

3.4　电源和滤波器的放置

电子产品中元件的位置和布线对减小其传导发射和辐射发射很重要。了解一些在电路设计中（“产品的封装”）简单的关于元件的放置和布线的概念是减小传导发射和辐射发射的好方法。一个典型案例是电源和与之相关的电源滤波器的位置。电源滤波器应该直接放置于电源线在产品上的出口端，电源也应尽可能靠近电源滤波器。图 3-21（a）所示为错误做法的例子，在产品内部存在很宽的高频噪声信号频谱，覆盖范围从开关电源谐波频率到用于驱动系统的数字元件和处理器的时钟信号谐波频率。因此，频谱的范围从 20kHz 直到 500MHz。这些信号都是近场类型，会随着到源的距离的增加迅速衰减。不过，信号的频率越高，耦合到产品内部的导线就越有效。如果电源滤波器没有紧靠电源线出口端，这些信号可能会耦合到那些导线上并通过电源线从产品发射出去，成为传导发射和/或辐射发射。注意，这些信号旁路了电源滤波器以至于滤波器对这些信号没有防护作用而导致可能的符合性测试问题。如果电源也远离电源滤波器放置，那么这些信号将耦合到滤波器和电源之间的导线上。期望滤波器能衰减这些信号，但实际上并非总是如此。电源滤波器设计为在传导发射频率范围内（150kHz～30MHz）实现对信号的衰减。假设系统时钟频率为 50MHz，则电源滤波器能否对时钟信号的基波提供滤波值得怀疑。如果时钟信号谐波存在于电源线上，将测量到传导发射（频率为 50MHz）和辐射发射（高阶谐波频率为 100MHz、150MHz、200MHz 等）。如果电源滤波器和电源尽可能靠近电源线的出口处，如图 3-21（b）所示，则可以使耦合到连接线的内部信号最小，并可以在信号的传输路径上对这些信号进行大衰减。

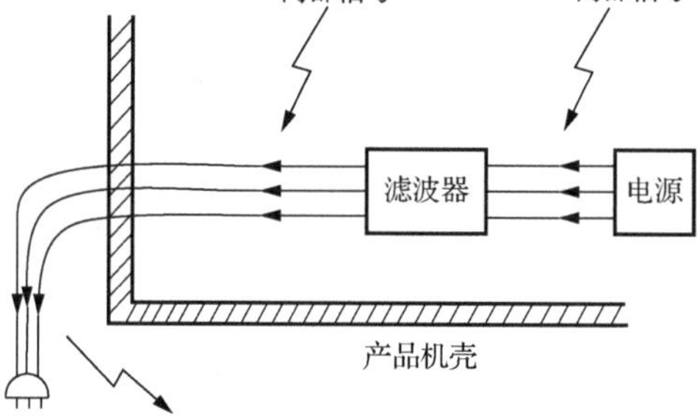

（a）错误的滤波器放置

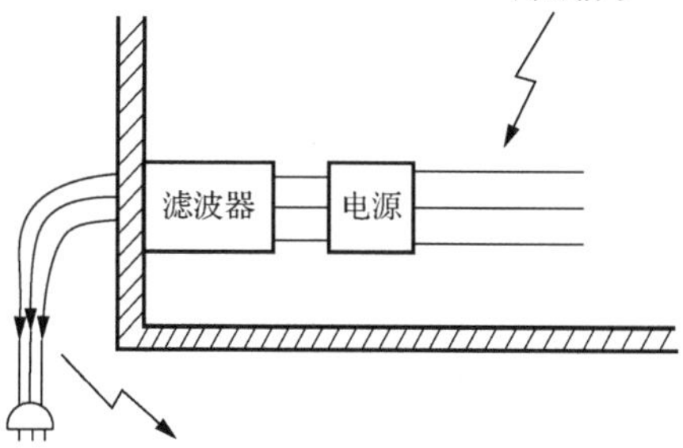

（b）正确的滤波器放置

图 3-21　减小传导发射中的滤波器放置实例

3.5　传导抗扰度

正如前面讨论的那样，传导发射强制性要求的目的是控制从产品交流电源线传导出来的在本地电网系统中的噪声电流的辐射发射。这些信号通常很小，以至于不能通过它的交流电源线从电网直接传导进入其他产品。然而，电网中大的瞬态信号如闪电、雷击等可能通过直接传导进入其他产品的交流电源线中而导致 EMC 问题。设备制造商已注意到这个问题，他们通过直接注入这种干扰（采用典型值）到产品电源线上来测试产品的传导抗扰度，以保证产品在这种骚扰中能正常工作。

显然，设计良好的电源以及正确地放置电源，将会对在交流电源线上的信号提供一些防护。然而，由于这些骚扰的频谱和电平可能大于典型的传导发射，所以电源滤波器有可能不如预期的有效，实际应用时常常会发现需要额外的防护。

习题与思考题

1. 为何要对电子产品提出传导发射和传导抗扰度要求？

2. 两平行走线的导线，导线 1 上的干扰电流为 22mA，导线 2 上的干扰电流为-8mA，试求各导线上的共模和差模干扰电流。

3. 现有含 1 根相线及中线和地线的电源线路，分别示意画出滤除共模和差模干扰的 LC 滤波器。

4. 电源滤波器的作用是什么？其安装时需要注意哪些问题？

参考文献

[1] NICHOLSON J R, MALACK J A. RF impedance of power lines and line impedance stabilization networks in conducted interference measurements[J]. IEEE transactions on electromagnetic compatibility, 1973, 15(2): 84-86.

[2] PAUL C R. 电磁兼容导论[M]. 2 版. 闻映红，等译. 北京：人民邮电出版社, 2007.

[3] PAUL C R, HARDIN K B. Diagnosis and reduction of conducted noise emissions[J]. IEEE transactions on electromagnetic compatibility, 1988, 30(4): 553-560.

[4] PAUL C R, NASAR S A, UNNEWEHR L E. Introduction to electrical engineering[M]. New York: McGraw-Hill, 1986.

第 4 章　线缆耦合电磁兼容分析

相对于通过天线通道产生的前门干扰，通过线缆网产生的干扰往往容易被忽略，且其耦合机理更为复杂。本章主要介绍线缆耦合的电磁兼容分析方法，内容包括传输线模型、多层 UV 方法等高效数值计算方法提取复杂互连线寄生电容、时域积分方程方法分析多传输线问题、时域积分方程分析线-路耦合及场-线-路耦合问题。相比解析方法仅适用于简单传输线的寄生参数提取，本章介绍的三种数值计算方法可以高效地提取复杂互连线结构的寄生参数。获取了传输线单位长度的寄生参数之后，通过时域积分方程求解传输线方程。线路耦合问题分析内容包括基于改进节点分析法的电路方程、线路耦合矩阵方程、含非线性元件的时域分析、多种入射场激励下的传输线方程以及含有屏蔽层的线缆耦合模型分析。场-线-路耦合问题内容包括算法实现及典型电磁兼容问题的分析与验证。数值仿真证明所介绍方法的有效性，为电磁兼容分析中的线缆耦合精确数值分析提供了重要研究思路，支撑工程设计中的线缆布局。

4.1　传输线模型

传输电磁能量和信号的线路称为传输线。传输线包括波导、同轴线、双线、微带线、新型的表面传输线等。下面讨论 TEM 波传输线（如双线、同轴线）的基本理论。这些理论不仅适用于 TEM 波传输线，而且也是研究 TEM 波传输线的理论基础。

TEM 波即横电磁波，其特征是传播方向电场与磁场为 0，因此电磁场只有横向分量 E_T、H_T，即 TEM 波只有垂直于传输方向的横向分量。但应注意到，TEM 波的场不是静态场，而是随时间 t 及空间坐标波动变化的场。

研究传输线上所传输电磁波的特性的方法有两种：一种是“场”的分析方法，即从麦克斯韦方程出发，解特定边界条件下的电磁场波动方程，求得电磁场随时间和空间的变化规律，由此来分析电磁波的传输特性；另一种是“路”的分析方法，它将传输线作为分布参数来处理，得到传输线的等效电路，推导出传输线方程，再解传输线方程，求得线上电压和电流随时间和空间的变化规律，最后由此规律来分析电压和电流的传输特性。“场”与“路”的理论紧密相关、相互补充。

4.1.1　简单传输线分布参数提取

根据传输线与电磁波的工作长度对比，传输线可分为长线和短线。当传输线尺寸远小于波长时，可以忽略波的传播影响，称为短线，而当传输线与波长相当时则为长线，长线和短线的区别还在于：长线为分布参数电路，而短线是集中参数电路。在低频电路中常常忽略元件连接线的分布参数效应，认为电场能量全部集中在电容器中，而磁场能量全部集中在电感器中，电阻元件是消耗电磁能量的，由这些集中参数元件组成的电路称为集中参数电路。随着频率的提高，电路元件的辐射损耗、导体损耗和介质损耗增加，电路元件的参数也随之变化。当频率提高到其工作波长和电路的几何尺寸相比拟时，电场能量和磁场能量不局限于元件内部，具有一定的空间分布，连接元件的导线的分布参数已不可忽略，这种电路称为分布参数电路。

频率提高后，尤其到微波频段时，导线中所流过的高频电流会产生趋肤效应，使导线的有效面积减小，高频电阻加大，而且沿线各处都存在损耗，这就是分布电阻效应；通过高频电流的导线周围存在高频磁场，这就是分布电感效应；相邻导线间有电压，所以两线间存在高频电场，这就是分布电容效应；由于两线间的介质并非理想介质而存在漏电流，这相当于双线间并联一个电导，这就是分布电导效应。

当线缆间距较大时（$d \geqslant 10r_w$，d 为线缆间距，r_w 为线缆半径），可以认为线缆上电流均匀分布，此时线缆的分布参数可以用近似的静态解析公式求解。此时分布参数的数值仅与传输线的种类、形状、尺寸及导体材料和周围媒质特性有关。如表 4-1 所示，为几种典型传输线结构的分布参数计算公式，μ、ε 分别为对称线周围介质的磁导率和介电常数[1]。

表4-1　典型传输线结构的分布参数

种类	对称线	同轴线	带状线
结构	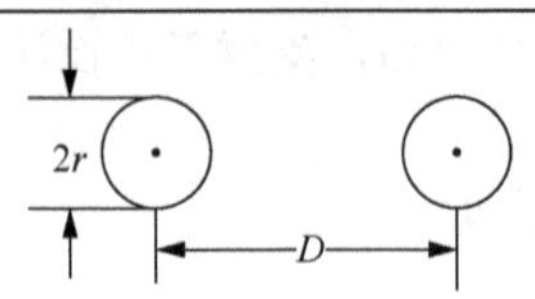	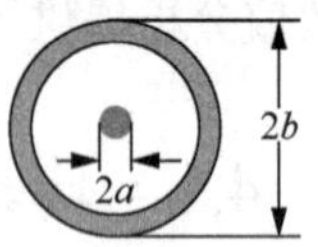	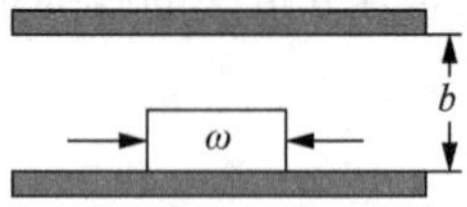
$L\,/\,(\mathrm{H/m})$	$\dfrac{\mu}{\pi}\ln\dfrac{D}{r}$	$\dfrac{\mu}{2\pi}\ln\dfrac{b}{a}$	$\dfrac{\pi\mu}{8\operatorname{arch}\left(\mathrm{e}^{\pi\omega/(2b)}\right)}$
$C\,/\,(\mathrm{F/m})$	$\dfrac{\pi\varepsilon}{\ln\dfrac{D}{r}}$	$\dfrac{2\pi\varepsilon}{\ln\dfrac{b}{a}}$	$\dfrac{8\varepsilon}{\pi}\operatorname{arch}\left(\mathrm{e}^{\pi\omega/(2b)}\right)$

注：ε为介电常数；μ为磁导率；$\varepsilon=\varepsilon_0\varepsilon_r$，$\mu=\mu_0\mu_r$，其中，$\varepsilon_0$ 为真空介电常数，μ_0 为真空磁导率，ε_r、μ_r 分别为相对介电常数和相对磁导率。

而当相邻线缆间距较小，即线缆间距 $d \leqslant 5r_w$ 时，邻近效应比较明显，电荷和电流在线缆表面分布不均匀。必须用数值方法或通过测试以获得其分布参数。考虑图 4-1 所示的多导体传输线结构，每个导线中心位置用矢量 $\boldsymbol{r}_i$ 表示，导线半径为 a_i，单位长度电荷为 q_i。由于邻近效应，每根导线的电荷 q_i 分布并不均匀。第 i 根导线圆周的电荷分布可以定义成 $\rho_i(\theta_i)$，其中，θ_i 表示角度坐标，每个导体上所带的全部电荷由电荷密度积分可以得到

$$q_i=\int_0^{2\pi}\rho_i(\theta_i)a_i\mathrm{d}\theta_i \tag{4-1}$$

假设参考导线处电位为零，则根据导线电荷的静态电位的格林函数，可以把第 i 根导线上的电荷分布在 p 点产生的静电位 φ_i 表示为

$$\varphi_i=-\frac{q_i}{2\pi\varepsilon}\ln r_{ip} \tag{4-2}$$

式中，r_{ip} 是第 i 根导线上的被积点到观测点 p 的距离，如图 4-1 所示，所有 n+1 根导线所产生的总电位是式（4-2）的电位之和：

$$\varPsi_i(r)=-\frac{1}{2\pi\varepsilon}\sum_{i=0}^{n}q_i\ln r_{ip} \tag{4-3}$$

关于 q_i 的积分方程组可以通过矩量法及快速计算方法求解。

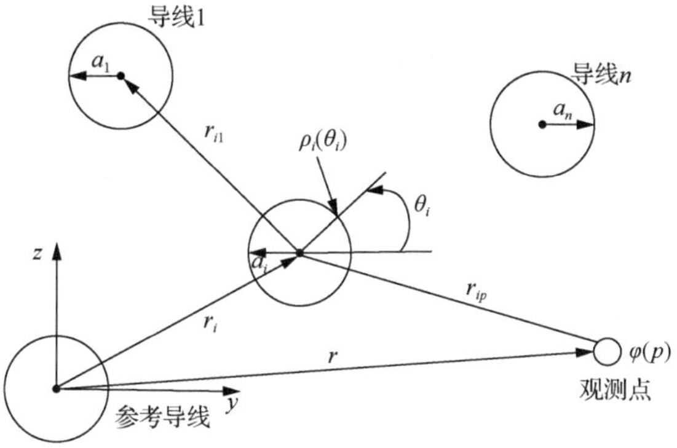

图 4-1　线缆对空间某点电位作用的示意图

传输线的电容参数可以表示成一个电容矩阵 $\boldsymbol{C}$，该矩阵代表传输线中导体之间的互电容和自电容，而电容提取的最终目的是将该矩阵 $\boldsymbol{C}$ 求解出来[2-6]。假设传输线中有 $n+1$ 个金属导体，每个导体的电荷均匀分布在表面上，第 i 个导体的表面总电荷为 q_i，该导体的静电位是 φ_i。电容、电位和电荷满足以下关系：

$$C = \frac{q_i}{\varphi_i} \tag{4-4}$$

对于含有 $n+1$ 个导体静电独立的系统，单个导体的周围导体表面电荷所产生的电场会影响其自身电荷分布情况，而每个独立导体的静电位 φ_i 不仅仅与导体自身的表面电荷相关，同时与另外其他的导体表面电荷也相关。假设导体的编号分别是 0～n，令导体 0 的电位为参考电位（或参考地），通过叠加原理，每个导体上的电位与所有导体表面电荷的关系表示为

$$\begin{cases} \varphi_1 = \alpha_{11}Q_1 + \alpha_{12}Q_2 + \cdots + \alpha_{1k}Q_k + \cdots + \alpha_{1n}Q_n \\ \qquad\vdots \\ \varphi_k = \alpha_{k1}Q_1 + \alpha_{k2}Q_2 + \cdots + \alpha_{kk}Q_k + \cdots + \alpha_{kn}Q_n \\ \qquad\vdots \\ \varphi_n = \alpha_{n1}Q_1 + \alpha_{n2}Q_2 + \cdots + \alpha_{nk}Q_k + \cdots + \alpha_{nn}Q_n \end{cases} \tag{4-5}$$

式（4-5）可以写为矩阵形式：

$$\boldsymbol{\varphi} = \boldsymbol{\alpha Q} \tag{4-6}$$

式中，α_{ij} 是电位系数，它由所在导体的几何形状、位置和所在介质的相对介电常数决定，定义如下：

$$\alpha_{ij} = \left.\frac{\varphi_i}{Q_j}\right|_{Q_i \neq 0,\text{其他导体的电荷为零}} \tag{4-7}$$

一般提取电容的过程中，通常提供导体的电位或者导体间的电压，而非导体表面的电荷，为了满足实际的需求，对式（4-6）求逆得到

$$\boldsymbol{Q} = \boldsymbol{\alpha}^{-1}\boldsymbol{\varphi} = \boldsymbol{\beta\varphi} \tag{4-8}$$

$$\begin{cases} Q_1 = \beta_{11}\varphi_1 + \beta_{12}\varphi_2 + \cdots + \beta_{1k}\varphi_k + \cdots + \beta_{1n}\varphi_n \\ \vdots \\ Q_k = \beta_{k1}\varphi_1 + \beta_{k2}\varphi_2 + \cdots + \beta_{kk}\varphi_k + \cdots + \beta_{kn}\varphi_n \\ \vdots \\ Q_n = \beta_{n1}\varphi_1 + \beta_{n2}\varphi_2 + \cdots + \beta_{nk}\varphi_k + \cdots + \beta_{nn}\varphi_n \end{cases} \tag{4-9}$$

式中，β_{ij} 代表电容系数，它与电位系数是相互关联的。定义如下：

$$\beta_{ij} = \left.\frac{Q_i}{\varphi_j}\right|_{\varphi_i \neq 0,\text{其他导体的电位为零}} \tag{4-10}$$

通过引入部分电容，式（4-5）也可以表示为

$$\begin{cases} Q_1 = C'_{11}\varphi_1 + C'_{12}(\varphi_1 - \varphi_2) + \cdots + C'_{1k}(\varphi_1 - \varphi_k) + \cdots + C'_{1n}(\varphi_1 - \varphi_n) \\ \vdots \\ Q_k = C'_{k1}(\varphi_k - \varphi_1) + C'_{k2}(\varphi_k - \varphi_2) + \cdots + C'_{kk}\varphi_k + \cdots + C'_{kn}(\varphi_1 - \varphi_n) \\ \vdots \\ Q_n = C'_{n1}(\varphi_n - \varphi_1) + C'_{n2}(\varphi_n - \varphi_2) + \cdots + C'_{nk}(\varphi_n - \varphi_k) + \cdots + C'_{nn}\varphi_n \end{cases} \tag{4-11}$$

式（4-11）也可写为

$$Q_i = C'_{ii}\varphi_i + \sum_{j=1}^{n} C'_{ij}\left(\varphi_i - \varphi_j\right), \quad i = 1,2,3,\cdots,n \tag{4-12}$$

式中，C'_{ij} 是导体 i 与导体 j 之间的互电容；C'_{ii} 是导体 i 的自电容。式（4-12）可以进一步写为

$$Q_i = \sum_{j=1}^{n} C_{ij}\varphi_j, \quad i = 1,2,3,\cdots,n \tag{4-13}$$

当 $i = j$ 时，$C_{ii} = \sum_{j=1}^{n} C'_{ij}$；当 $i \neq j$ 时，$C_{ij} = -C'_{ij}$。由此可知只需求解出矩阵 $\boldsymbol{C}$ 即可。如若令导体 i 的电位为 $\varphi_i = 1\text{V}$，此时称导体 i 为主导体，其余的导体的偏置电压为零，则式(4-13)变为

$$\begin{bmatrix} C_{1i} = Q_1 \\ \vdots \\ C_{ii} = Q_i \\ \vdots \\ C_{ni} = Q_n \end{bmatrix} = \begin{bmatrix} C_{11} & \cdots & C_{1i} & \cdots & C_{1n} \\ \vdots & & \vdots & & \vdots \\ C_{i1} & \cdots & C_{ii} & \cdots & C_{in} \\ \vdots & & \vdots & & \vdots \\ C_{n1} & \cdots & C_{ni} & \cdots & C_{nn} \end{bmatrix} \begin{bmatrix} \varphi_1 = 0 \\ \vdots \\ \varphi_i = 1 \\ \vdots \\ \varphi_n = 0 \end{bmatrix} \tag{4-14}$$

通过求解积分方程计算出每个导体块的表面等效电荷 $\boldsymbol{Q}$ 即得电容矩阵 $\boldsymbol{C}$ 的第 i 列。根据式（4-14）中主导体由 1 变换到 n，最后得到整个电容矩阵。因此，要求解电容矩阵需求解出偏压情况下导体之间的感应电荷即可。

根据电感、电导与电容间的关系，可以得到单位长度电感和电导矩阵为

$$\boldsymbol{L} = \mu\varepsilon\boldsymbol{C}^{-1} \tag{4-15}$$

$$\boldsymbol{G} = \frac{\sigma}{\varepsilon}\boldsymbol{C} \tag{4-16}$$

4.1.2 传输线方程

对于多导体传输线系统，可以推导出多导体传输线方程，当采用集总源激励时，时域方程可写为

$$\begin{aligned}&\frac{\partial \boldsymbol{V}(x,t)}{\partial x}+\boldsymbol{RI}(x,t)+\boldsymbol{L}\frac{\partial \boldsymbol{I}(x,t)}{\partial x}=0\\&\frac{\partial \boldsymbol{I}(x,t)}{\partial x}+\boldsymbol{GV}(x,t)+\boldsymbol{C}\frac{\partial \boldsymbol{V}(x,t)}{\partial x}=0\end{aligned}\tag{4-17}$$

当采用分布源激励时，时域方程可写为

$$\begin{aligned}&\frac{\partial \boldsymbol{V}(x,t)}{\partial x}+\boldsymbol{RI}(x,t)+\boldsymbol{L}\frac{\partial \boldsymbol{I}(x,t)}{\partial x}=\boldsymbol{V}_F(x,t)\\&\frac{\partial \boldsymbol{I}(x,t)}{\partial x}+\boldsymbol{GV}(x,t)+\boldsymbol{C}\frac{\partial \boldsymbol{V}(x,t)}{\partial x}=\boldsymbol{I}_F(x,t)\end{aligned}\tag{4-18}$$

式中，传输线分布参数可以由数值计算或解析计算得到，$\boldsymbol{V}_F(x,t)$ 和 $\boldsymbol{I}_F(x,t)$ 分别为多导体传输线上的分布电压源和电流源。

4.2 多层 UV 方法提取复杂互连线寄生电容

本节把多层 UV（MLUV）方法应用到间接边界元中，提取复杂互连线寄生电容，相比于传统的多极加速算法，MLUV 方法具有不依赖于积分核，只需要对形成的稠密系数矩阵进行变换和处理，最终达到减少电容提取的求解时间和内存需求的目的。

要获得电容矩阵，首先需要计算出导体表面的电荷。如图 4-2 所示，互连导体分布在均匀介质中，将互连线层间介质差异忽略，是互连电容参数提取的最简单模型，若其介电常数 ε 满足以下积分方程，则均匀介质中互连电容提取等效为自由空间互连线电容提取[7]。

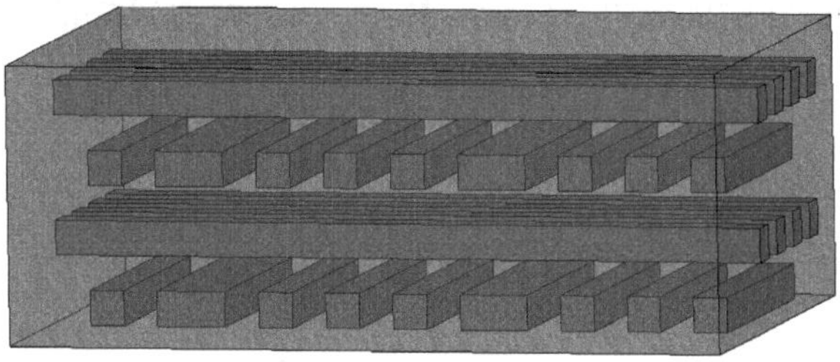

图 4-2　均匀介质下互连结构示意图

$$\varphi(\boldsymbol{r})=\int_S \rho(\boldsymbol{r})G(\boldsymbol{r},\boldsymbol{r}')\mathrm{d}S' \tag{4-19}$$

式中，φ 代表已知导体的标量电位；ρ 是在导体表面 S 上的表面电荷密度；S' 代表源导体的表面；$\boldsymbol{r}$ 是观察点的坐标，$\boldsymbol{r}'$ 是源点坐标，$\boldsymbol{r},\boldsymbol{r}'\in\boldsymbol{R}^3$，$G(\boldsymbol{r},\boldsymbol{r}')$ 代表格林函数：

$$G(\boldsymbol{r},\boldsymbol{r}')=\frac{1}{4\pi\varepsilon|\boldsymbol{r}-\boldsymbol{r}'|} \tag{4-20}$$

式中，ε 是介质材料的介电常数，$\varepsilon=\varepsilon_0\cdot\varepsilon_r$，$\varepsilon_r$ 是相对介电常数，SiO_2 相对介电常数是 3.9。

$|\boldsymbol{r}-\boldsymbol{r}'|$表示观察点与源点之间的距离，可表示为

$$|\boldsymbol{r}-\boldsymbol{r}'|=\sqrt{(r_x-r_x')^2+(r_y-r_y')^2+(r_z-r_z')^2} \tag{4-21}$$

对式（4-19）进行 Galerkin 匹配，首先定义脉冲基函数 $f(\boldsymbol{r})$，采用基函数对所需求解的等效电荷分布进行展开逼近：

$$f_i(\boldsymbol{r})=\begin{cases}\dfrac{1}{a_i}, & \boldsymbol{r}\in S_i\\ 0, & \boldsymbol{r}\notin S_i\end{cases} \tag{4-22}$$

式中，a_i 代表是面元 S_i 的面积，同时将导体表面离散 n 个面元，设在每个面元 S_i 上的电荷 q_i 是均匀分布的，即每个面元 S_i 的等效电荷 q_i 为常量，因此，方程（4-19）可离散为

$$\varphi(\boldsymbol{r})=\sum_{j=1}^{n}q_j\int_{S_j}f_j(\boldsymbol{r}')G(\boldsymbol{r},\boldsymbol{r}')\,\mathrm{d}S' \tag{4-23}$$

由方程（4-23）可以看出每个面元 S_j 的电位 φ 与所有面元 $S_1,S_2,S_3,\cdots,S_n$ 上的电荷相关。

为求解 n 个未知量，选取原脉冲基函数作为测试基函数，即 $f'(\boldsymbol{r})=f(\boldsymbol{r})$，并代入式(4-23)中得到 n 阶代数方程：

$$\begin{gathered}\int_{S_1}f_1'(\boldsymbol{r}_1)\mathrm{d}S\cdot\sum_{j=1}^{n}q_j\int_{S_j}f_j(\boldsymbol{r}_j')G(\boldsymbol{r}_1,\boldsymbol{r}_j')\mathrm{d}S'=\int_{S_1}f_1'(\boldsymbol{r}_1)\mathrm{d}S\cdot\varphi(\boldsymbol{r}_1)\\ \vdots\\ \int_{S_n}f_n'(\boldsymbol{r}_n)\mathrm{d}S\cdot\sum_{j=1}^{n}q_j\int_{S_j}f_j(\boldsymbol{r}_j')G(\boldsymbol{r}_1,\boldsymbol{r}_j')\mathrm{d}S'=\int_{S_n}f_n'(\boldsymbol{r}_n)\mathrm{d}S\cdot\varphi(\boldsymbol{r}_n)\end{gathered} \tag{4-24}$$

式（4-24）可化简为

$$\boldsymbol{P}\boldsymbol{q}=\boldsymbol{V} \tag{4-25}$$

式中，$\boldsymbol{q}=\begin{bmatrix}q_1\\ \vdots\\ q_n\end{bmatrix}\in\boldsymbol{R}^n$ 是未知的面元电荷向量；$\boldsymbol{V}=\begin{bmatrix}V_1\\ \vdots\\ V_n\end{bmatrix}\in\boldsymbol{R}^n$ 是已知的面元电位向量。

$$\boldsymbol{V}_i=\int_{S_i}f_i'(\boldsymbol{r}_i)\varphi(\boldsymbol{r}_i)\mathrm{d}S \tag{4-26}$$

$$\boldsymbol{P}_{ij}=\frac{1}{a_i}\int_{S_i}\frac{1}{a_j}\int_{S_j}G(\boldsymbol{r},\boldsymbol{r}')\mathrm{d}S\mathrm{d}S' \tag{4-27}$$

式（4-27）可写成线性方程组的形式：

$$\begin{bmatrix}P_{11} & \cdots & P_{1n}\\ \vdots & & \vdots\\ P_{n1} & \cdots & P_{nn}\end{bmatrix}\begin{bmatrix}q_1\\ \vdots\\ q_n\end{bmatrix}=\begin{bmatrix}V_1\\ \vdots\\ V_n\end{bmatrix} \tag{4-28}$$

电位系数矩阵 $\boldsymbol{P}$ 是对称稠密正定矩阵，利用式（4-28）直接求解间接边界元法所构造的矩阵的计算量为 $O(N^3)$ 和内存需求为 $O(N^2)$，若 N 很大，当前的计算机的硬件资源满足不了分析大规模传输线（互连结构）的需求。本节主要介绍利用 MLUV 方法加速互连线寄生电容求解。

4.2.1　多层 UV 方法的基本原理

MLUV 方法是一种低秩分解方法，对非相邻的场组和源组相互作用（或阻抗）的区域做低秩分解，降低计算复杂度[8-10]。

假设正方形区域为非相邻的场组和源组彼此之间的互作用，图 4-3 给出了三层 UV 的划分情况，最高层将正方形区域均分为四个小正方形，则最细层有 4^L 个区域。其中，L 是划分的最大层数，构造的阻抗矩阵分解成 L 个稀疏矩阵，如下：

$$\boldsymbol{Z} = \boldsymbol{Z}_0 + \boldsymbol{Z}_1 + \cdots + \boldsymbol{Z}_{p-2} + \boldsymbol{Z}_p \tag{4-29}$$

$\boldsymbol{Z}_0$ 是在第一层中自作用和相邻作用的矩阵，$\boldsymbol{Z}_1$ 是在第二层中自作用和相邻作用的矩阵，依次类推。在矩阵 $\boldsymbol{Z}_1$ 中所涉及的某些互作用已经在 $\boldsymbol{Z}_0$ 计算过，这些互作用是不可重复的，因此 $\boldsymbol{Z}_1$ 的计算区域大小是由第一层划分的大小决定的，同样，$\boldsymbol{Z}_2$ 所设定的区域的大小与第二层所划分的对应。

为进一步描述分层概念，图 4-3 给出了 UV 分层的八叉树结构二维示意图，最细层的平均未知量的个数为 50。在每层中组的作用区域分为近场区域和远场区域。图中第 1 层的阴影部分代表中间组的近场区域（近作用组），该组的远场区域是由父组的近场区域决定的（第 2 层的组 6 是第 1 层中间组的父组），是第 2 层中组 6 的近场区域（组 1、2、3、5、7、9、10、11）减去第 1 层中的阴影部分，依次类推，第 2 层中组 6 的远场区域是第 3 层中组 1 的近场区域（组 2、3、4）除去第 2 层中的阴影部分，通过这样的计算，保证了构造矩阵不会重叠。

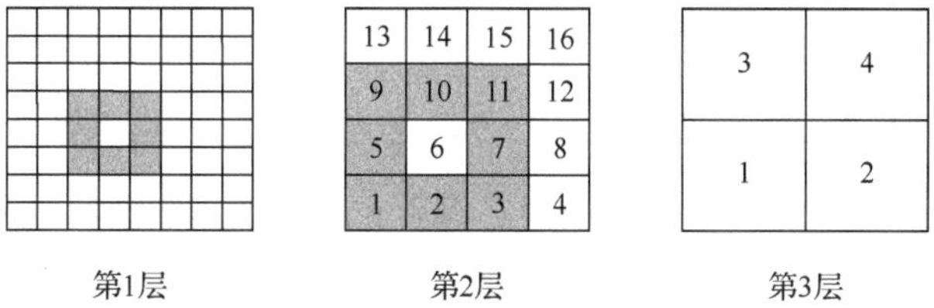

图 4-3　八叉树结构二维示意图

在相邻组作用矩阵中并非所有的矩阵元素都需要计算，因而节省了时间。在同层中组的最大维数是评估矩阵秩的主要依据，矩阵秩的标准来自互作用（$\boldsymbol{Z}_1$）所获得的最大秩评估，矩阵元素是依据秩的最大值分别对行和列均匀采样获得的，秩的最大值一般高于秩表值的 10%～20%。更好地估计矩阵秩的方法就是对矩阵进行奇异值分解（Singular Value Decomposition，SVD），基于新的秩估计重新采样构造出矩阵 $\boldsymbol{U}$ 和矩阵 $\boldsymbol{V}$，因此，内存需求、矩阵填充时间、矩阵矢量乘时间都获得有效的节省。

图 4-4 给出了 MLUV 阻抗矩阵划分，第 i 层的矩阵元素是 $\boldsymbol{Z}_{m_i n_i}$，代表两个非相邻组 m_i 和 n_i 的互作用，可以进行 UV 分解，$\boldsymbol{Z}_{m_i n_i}$ 的维数是 $2^{D(i-1)}M \times 2^{D(i-1)}M$，$M$ 是最粗层组中的元素个数，D 是目标的维数，针对二维问题时 $D=2$，针对三维问题时 $D=3$，而 $\boldsymbol{Z}_{m_i n_i}$ 的秩 $r \ll 2^{D(i-1)}M$，为了简化符号，用 $\boldsymbol{A}$ 表示 $\boldsymbol{Z}_{m_i n_i}$，维数是 $N \times N$，$r \ll N$。

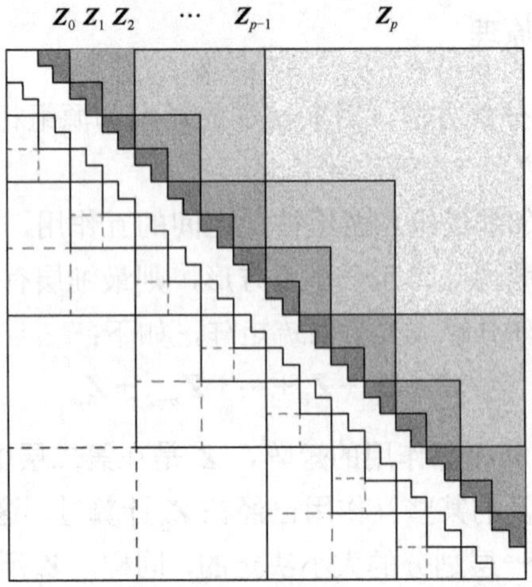

图 4-4　MLUV 的矩阵元素稀疏化

4.2.2　多层 UV 加速方法提取大规模互连结构电容

在均匀介质下间接边界元法构造的电位系数矩阵 $\boldsymbol{P}$ 的元素可以表示为

$$\boldsymbol{P}_{ij}=\int_{S_i} f_i'(\boldsymbol{r}_i)\mathrm{d}S\int_{S_j} f_j\left(\boldsymbol{r}_j'\right)G\left(\boldsymbol{r}_i,\boldsymbol{r}_j'\right)\mathrm{d}S' \tag{4-30}$$

根据 MLUV 方法可以得出，电位系数矩阵 $\boldsymbol{P}$ 同样也可由 L 个稀疏矩阵近似表示：

$$\boldsymbol{P}=\underbrace{\boldsymbol{P}_0}_{\boldsymbol{P}_{\text{near}}}+\underbrace{\boldsymbol{P}_1+\boldsymbol{P}_2+\cdots+\boldsymbol{P}_{L-2}+\boldsymbol{P}_{L-1}}_{\boldsymbol{P}_{\text{far}}} \tag{4-31}$$

式中，$\boldsymbol{P}_{\text{near}}$ 是近场互作用系数矩阵；$\boldsymbol{P}_{\text{far}}$ 是远场互作用系数矩阵。由于 $\boldsymbol{P}_{\text{far}}$ 是一个低秩矩阵，因此，可表示为 $\boldsymbol{P}_{\text{far}}=\boldsymbol{A}_{m,r}\times\boldsymbol{B}_{r,n}$，而 MLUV 方法是对远场互作用系数矩阵进行分解，通过低秩压缩矩阵最终节省存储空间：

$$\boldsymbol{P}_{m,n}^{\text{far}}\approx\boldsymbol{U}_{m,r}\times\boldsymbol{V}_{r,n} \tag{4-32}$$

式中，m 是电位系数矩阵的行数；n 是电位系数矩阵的列数。

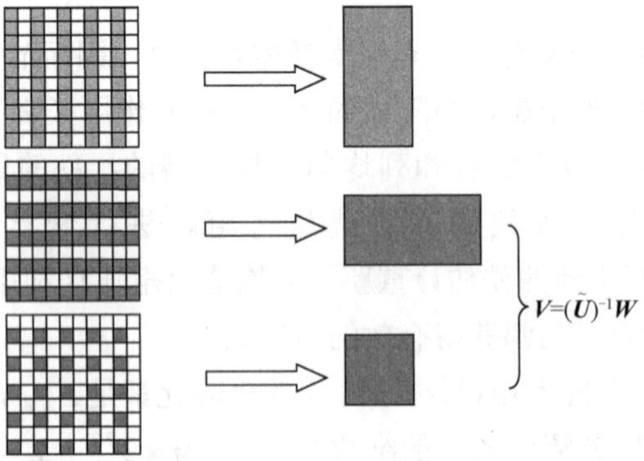

图 4-5　构造 UV 矩阵的过程

令源组与非邻近场组中的互作用矩阵表示为 $\boldsymbol{P}_{m,n}$，而 M、N 分别代表源组和场组中剖分三角形的数目。如图 4-5 所示，构造矩阵 $\boldsymbol{U}$、$\boldsymbol{V}$ 可分为以下几个步骤。

1. 构造矩阵 $\boldsymbol{U}$

对于电位系数矩阵 $\boldsymbol{P}$ 的 r 个列向量 $\boldsymbol{p}_k$， $k=1,2,\cdots,r$ ，每个列向量 $\boldsymbol{p}_k$ 的维度为 M：

$$\boldsymbol{P}_{m,k}=\left(\boldsymbol{p}_k\right)_m=\int_{S_{i(m)}} f_{i(m)}\left(\boldsymbol{r}_{i(m)}\right)\mathrm{d}S\int_{S_{j(n)}} f'_{j(k)}\left(\boldsymbol{r}'_{j(k)}\right)G\left(\boldsymbol{r}_{i(m)},\boldsymbol{r}'_{j(k)}\right)\mathrm{d}S' \tag{4-33}$$

式中， $i(m)$ 、 $j(k)$ 是全局的三角形编号与局部组中编号的对应关系； $\boldsymbol{P}_{m,k}$ 是列向量 $\boldsymbol{p}_k$ 的第 m 个元素。为了构造矩阵 $\boldsymbol{U}$ ，在源区域中从 N 个点中选取 r 个点，这 r 个点必须满足分布在源区域。计算出列向量 $\boldsymbol{u}_k$ ， $k=1,2,\cdots,r$ ，每个列向量 $\boldsymbol{u}_k$ 的维度为 M：

$$\begin{gathered}\boldsymbol{U}_{m,k}=\boldsymbol{P}_{m,n(k)}=\int_{S_{i(m)}} f_{i(m)}\left(\boldsymbol{r}_{i(m)}\right)\mathrm{d}S\int_{S_{j(n(k))}} f'_{j(n(k))}\left(\boldsymbol{r}'_{j(n(k))}\right)\boldsymbol{G}\left(\boldsymbol{r}_{i(m)},\boldsymbol{r}'_{j(n(k))}\right)\mathrm{d}S' \\ m=1,2,\cdots,M\end{gathered} \tag{4-34}$$

而在 $\boldsymbol{U}$ 的场区域中含有所有的 M 个点，因此，矩阵 $\boldsymbol{U}$ 有 $M\times r$ 个元素。由列向量 $\boldsymbol{u}_k$ 线性独立可知，矩阵 $\boldsymbol{P}$ 的任意列向量 $\boldsymbol{p}_m$ 都可通过列向量 $\boldsymbol{u}_k$ 的线性组合得到：

$$\boldsymbol{p}_m=\sum_{k=1}^{r} v_{lm}\boldsymbol{u}_k,\quad m=1,2,\cdots,M \tag{4-35}$$

式中， v_{lm} 是相关系数。

2. 构造矩阵 $\tilde{\boldsymbol{U}}$

从矩阵 $\boldsymbol{P}$ 抽取 r 行获得 $r\times N$ 个元素，对应场组中的 r 个场点，从矩阵 $\boldsymbol{P}$ 中抽取 r 个行向量，构成一个新的矩阵 $\boldsymbol{W}$，第 m_a 行计算为

$$\begin{gathered}\boldsymbol{W}_{m_a,n}=\boldsymbol{P}_{m_a,n}=\int_{S_{i(m(m_a))}} f_{i(m_a)}\left(\boldsymbol{r}_{i(m_a)}\right)\mathrm{d}S\int_{S_{j(n)}} f'_{j(n)}\left(\boldsymbol{r}'_{j(n)}\right)G\left(\boldsymbol{r}'_{i(m_a)}\boldsymbol{r}'_{j(n)}\right)\mathrm{d}S' \\ m_a=1,2,\cdots,r,\quad n=1,2,\cdots,N\end{gathered} \tag{4-36}$$

再从 $\boldsymbol{u}_k$ 中抽取 m_a 行， $m_a=1,2,\cdots,r$ ，这样就得到一个 $r\times r$ 的矩阵 $\tilde{\boldsymbol{U}}$ ，矩阵 $\tilde{\boldsymbol{U}}$ 中的元素可以计算得到：

$$\begin{aligned}\tilde{\boldsymbol{U}}_{m_a,k}&=\left(\boldsymbol{u}_k\right)_{m_a}=\boldsymbol{P}_{m_a,k} \\ &=\int_{S_{i(m_a)}} f'_{i(m_a)}\left(\boldsymbol{r}_{i(m_a)}\right)\mathrm{d}S\int_{S_{j(k)}} f_{j(k)}\left(\boldsymbol{r}'_{j(k)}\right)G\left(\boldsymbol{r}_{i(m_a)},\boldsymbol{r}'_{j(k)}\right)\mathrm{d}S'\end{aligned} \tag{4-37}$$

式中， $\tilde{\boldsymbol{U}}_{m_a,k}$ 是矩阵 $\tilde{\boldsymbol{U}}$ 的第 (m_a,k) 个元素； $i(m_a)$ 、 $j(k)$ 表示全局的三角形编号与局部组中编号的对应关系。

3. 构造出矩阵 $\boldsymbol{V}$

根据步骤 1 和步骤 2 分别得到矩阵 $\boldsymbol{U}$ 、 $\boldsymbol{W}$ 、 $\tilde{\boldsymbol{U}}$ ，而矩阵 $\boldsymbol{V}$ 与它们的关系如下：

$$\begin{gathered}\boldsymbol{W}_{m_a,k}=\sum_{n_a=1}^{r}\tilde{\boldsymbol{U}}_{m_a,n_a} v_{n_a,k},\quad k=1,2,\cdots,N \\ \boldsymbol{V}=(\tilde{\boldsymbol{U}})^{-1}\boldsymbol{W}\end{gathered} \tag{4-38}$$

式中，矩阵 $\boldsymbol{U}$ 、 $\tilde{\boldsymbol{U}}$ 、 $\boldsymbol{W}$ 的维数分别为 $r\times N$ 、 $r\times r$ 、 $r\times N$ 。通过这三个矩阵最终近似逼近矩阵 $\boldsymbol{P}$ ：

$$\boldsymbol{P}=\boldsymbol{U}(\tilde{\boldsymbol{U}}^{-1})\boldsymbol{W}=\boldsymbol{U}\boldsymbol{V} \tag{4-39}$$

综上所述，对于近作用，阻抗矩阵是满秩的，用矩量法直接计算。未知量分别为 M 和 N 的远相互作用时，内存由 $O(MN)$ 减少到 $O[r(M+N)]$，计算复杂度也由 $O(MN)$ 减小到 $O[r(M+N)]$。MLUV 方法能使 CPU 时间和内存消耗缩放比例为 $O(rN\log N)$，r 是最高层中的秩的平均大小[8,10]，N 是总的未知量个数。

4.2.3　大规模互连结构的多层 UV 方法提取电容结果

为了验证 MLUV 加速方法的正确性与有效性，对多种复杂结构电容进行提取，例如，三维 3×3 互连结构，二维交指结构，螺线管导体结构等。这里给的电容误差 E_{avg} 定义为 $\|\boldsymbol{C}-\boldsymbol{C}'\|_2/\|\boldsymbol{C}'\|_2$，其中，$\boldsymbol{C}'$ 是 FastCap 提取的电容矩阵，$\boldsymbol{C}$ 表示边界元法或 MLUV 方法提取的电容矩阵，$\|\bullet\|_2$ 表示矩阵的二范数。本章给出了矩阵填充的内存需求、系数矩阵迭代求解时间和程序总运行时间。

如图 4-6 所示为自由空间中 3×3 互连结构，未知量的数目为 15192 个，剖分尺寸为 $0.2\mu m$，每个导体的尺寸是 $1.2\mu m\times1.2\mu m\times8.4\mu m$，在同层中导体之间的距离为 $1.2\mu m$，上下两层中导体之间的距离为 $1.2\mu m$。分别采用矩量法和 MLUV 两种方法提取该模型的电容，并将其提取电容值和 FastCap 软件的运行结果进行对比。由表 4-2 通过比较矩量法和 MLUV 所需内存和时间可以看出 MLUV 方法更节省内存和时间。

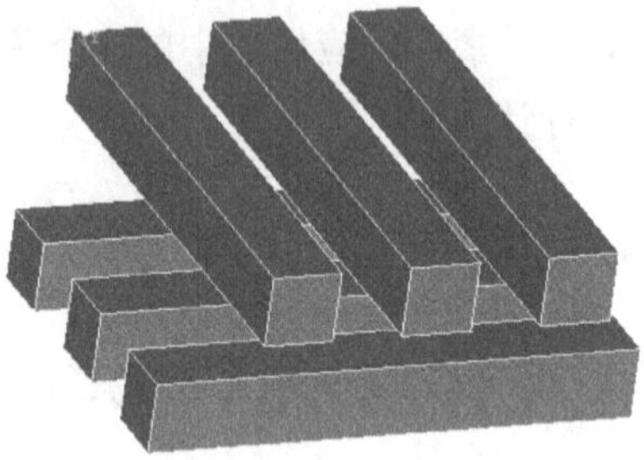

图 4-6　3×3 互连结构

表4-2　提取电容所需内存和时间的对比

方法	内存/MB		矩阵填充/s		迭代时间/s			总时间/s
	近场	远场	近场	远场	迭代总时间	平均迭代时间	矩矢乘单步时间	
MoM	1760.8	—	504.3	—	216.1	36.0	1.8	721.9
MLUV	23.7	238.6	7.0	90.1	96.8	16.1	0.8	301.6

通过表 4-3 中 MoM、MLUV 及 FastCap 的结果对比，可知误差不高于 3%，表 4-2 通过引入 MLUV 方法，矩阵填充所需内存节省了一半，在迭代求解过程中，矩阵矢量乘所用时间节省一半，在确保计算电容精确的情况下，内存和时间都得到很有效的减少。如图 4-7 所示，利用多层 UV 方法分析交指电容，平面交指电容结构的剖分采用分区方法，中间指部分采用精细剖分，其剖分尺寸为 0.005m，两边的电极部分剖分尺寸为 0.01m，图 4-7 中标注的尺寸分别为 $a=1\text{m}, b=0.2\text{m}, c=0.3\text{m}, d=0.04\text{m}, e=0.01\text{m}$，该模型选取 4 层 UV，总三角形的数目是 18554。

表4-3　3×3互连结构的电容矩阵

电容	FastCap	MoM		MLUV	
	电容/aF	电容/aF	相对误差/%	电容/aF	相对误差/%
C_{11}	393.65	393.6	−0.01	393.8	0.038
C_{22}	450.62	451.8	0.26	452.0	0.31
C_{33}	392.65	393.6	0.24	393.8	0.29
C_{44}	392.65	393.6	0.24	393.8	0.29
C_{55}	450.64	451.8	0.26	452.0	0.30
C_{66}	392.66	393.6	0.24	393.8	0.29
C_{12}, C_{21}	−131.29	−131.6	0.24	−131.6	0.24
C_{13}, C_{31}	−15.37	−15.34	−0.20	−15.35	−0.15
C_{14}, C_{41}	−58.06	−58.26	0.34	−58.29	0.40
C_{15}, C_{51}	−48.59	−48.76	0.35	−48.78	0.39
C_{16}, C_{61}	−58.06	−58.27	0.36	−58.29	0.40

注：1aF=10^{-18}F。

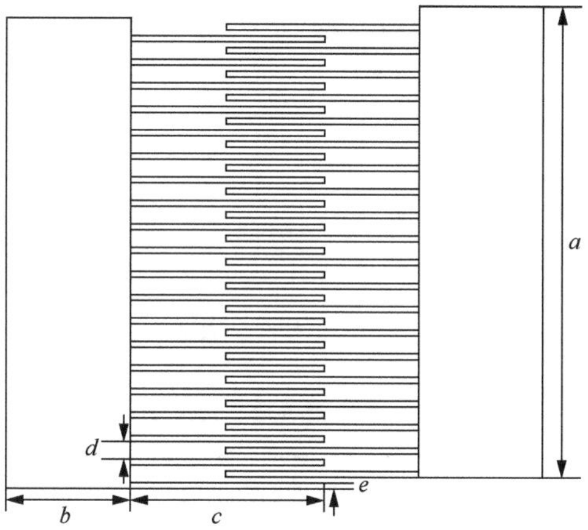

图 4-7　交指电容结构

交指结构中两指间的耦合距离与剖分尺寸很接近，由表 4-4 可以看出所有耦合电容误差达到 3%左右，但仍满足工艺设计的实际要求。由表 4-5 可以看出，在填充矩阵的内存需求减少到原内存需求的 5%，矩阵填充的时间减少到原所需时间的 8.8%时，每步的矩阵矢量乘的速度提高了 7 倍。

表4-4　交指结构的电容矩阵

电容	FastCap	MoM		MLUV	
	电容/aF	电容/pF	相对误差/%	电容/pF	相对误差/%
C_{11}, C_{22}	−73.73	−75.86	2.89	−75.87	2.90
C_{12}, C_{21}	−55.22	−57.28	3.73	−57.29	3.75

注：1pF=10^{-12}F。

表4-5　提取电容所需内存和时间的对比

方法	内存/MB		矩阵填充/s		迭代时间/s			总时间/s
	近场	远场	近场	远场	迭代总时间	平均迭代时间	矩矢乘单步时间	
MoM	2626.4	—	750.7	—	113.3	56.6	2.8	864.2
MLUV	28.3	123.3	8.5	58.0	18.25	9.1	0.4	133.9

如图 4-8 所示给出螺线管导体，含有三个金属导体，中间导体是螺旋结构，因此该结构不具有对称性，图 4-8 中标注的尺寸分别是 $a=1\text{m}$， $b=0.7\text{m}$， $c=d=0.7\text{m}$， $e=0.5\text{m}$， $f=0.3\text{m}$， $g=0.1\text{m}$， $h=0.5\text{m}$，剖分尺寸是 0.1m，未知量的数目是 8452 个，表 4-6 和表 4-7 分别统计了矩量法和 MLUV 的电容值及其内存需求、时间需求。

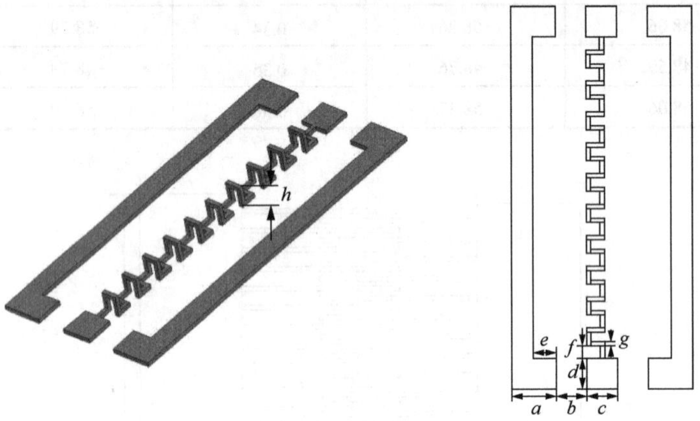

图 4-8　螺线管导体的立体图和俯视图

表4-6　螺线管导体的电容矩阵

电容	FastCap	MoM		MLUV	
	电容/pF	电容/pF	误差/%	电容/pF	误差/%
C_{11}	205.2	205.9	0.34	205.9	0.34
C_{22}	179.2	179.7	0.28	179.8	0.33
C_{33}	184.8	185.4	0.32	185.4	0.32
C_{12}, C_{21}	−64.9	−65.1	0.31	−65.2	0.46
C_{13}, C_{31}	−72.8	−73.2	0.55	−73.2	0.55
C_{23}, C_{32}	−22.3	−22.4	0.45	−22.4	0.45

表4-7　提取电容所需内存和时间的对比

方法	内存/MB		矩阵填充/s		迭代时间/s			总时间/s
	近场	远场	近场	远场	迭代总时间	平均迭代时间	矩矢乘单步时间	
MoM	545.0	—	155.9	—	30.4	10.1	0.5	186.7
MLUV	14.5	37.8	4.1	14	7.5	2.5	0.1	41.8

通过电容提取的结果可以看出，提出的方法与 FastCap 软件提取电容值作对比，误差均不超过 3%，通过 MLUV 加速矩量法提取电容的优势很明显，矩阵内存的消耗相对于原内存的消耗减少了 90%，计算时间有很大幅度的缩减。

4.3　MLMCM 提取大规模互连结构寄生电容

4.2 节介绍了 MLUV 方法提取均匀介质下的大规模互连结构，继续介绍一种低复杂度的加速方法——多层矩阵压缩方法（Multilevel Matrix Compression Method，MLMCM）。该方法应用于三维结构的静态分析。除了传统的低秩压缩方法的与核无关性，不同于一般低秩压缩方法，对于每一个组，它仅构造了压缩矩阵 $\boldsymbol{U}$ 和压缩矩阵 $\boldsymbol{V}$，对所有的远场组有效，每一对相互作用组定义了一个小型矩阵 $\boldsymbol{D}$。该方法具有与核无关，相比于传统的低秩压缩方法计算效率更高的优势。因此，内存需求和求解时间比传统的低秩压缩方法减少很多。本章给出了相关算例来验证该方法的正确性和有效性。

4.3.1　MLMCM 的基本原理

对于矩量法求解电容时远作用矩阵 $\boldsymbol{Z}_{m\times n}$ 可以用 MLMCM 加速计算，$\boldsymbol{Z}_{m\times n}$ 可以近似表示为

$$\boldsymbol{Z}_{m\times n} = \boldsymbol{U}_{m\times r}\boldsymbol{D}_{r\times r}\boldsymbol{V}_{r\times n} \tag{4-40}$$

式中，r 是矩阵 $\boldsymbol{Z}_{m\times n}$ 的秩，$r \leqslant \min(m,n)$，对于每一个组，它仅构造了压缩矩阵 $\boldsymbol{U}_{m\times r}$ 和压缩矩阵 $\boldsymbol{V}_{r\times n}$，对所有的远场组有效，矩阵 $\boldsymbol{D}_{r\times r}$ 与相互作用的场组和源组对相关。

4.3.2　MLMCM 加速间接边界元法

如图 4-9 所示，组 i 和组 j 是彼此的远场作用区域，组 i 和组 j 所含三角形数目分别为 m 和 n，对组 i 来说，它的远场作用区域的子矩阵采用 UV 方法进行低秩近似：

$$\boldsymbol{P}_{i,q} = \boldsymbol{U}_q(\tilde{\boldsymbol{U}}^{-1})_q\boldsymbol{V}_q,\quad q = 1,2,\cdots,Q \tag{4-41}$$

式中，$\boldsymbol{P}_{i,q}$ 是组 i 和它的第 q 个远场组所形成的子矩阵；Q 是组 i 的远组个数；$\boldsymbol{U}_q$ 和 $\boldsymbol{V}_q$ 分别是 $\boldsymbol{P}_{i,q}$ 的列向量和行向量；$\tilde{\boldsymbol{U}}$ 是 $\boldsymbol{U}_q$ 和 $\boldsymbol{V}_q$ 的交叉矩阵。

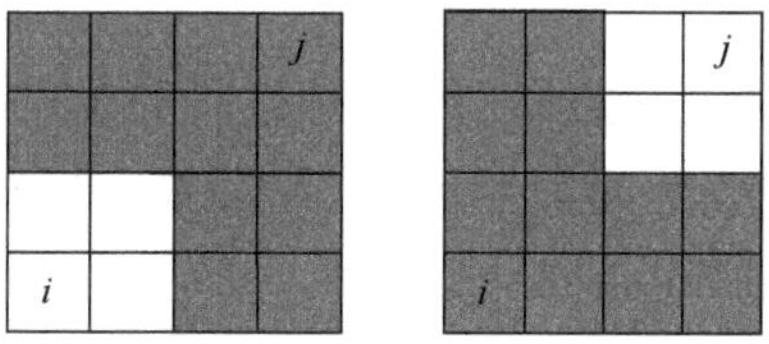

（a）　　　　（b）

图 4-9　组 i 和组 j 是远场互作用区域

在 MLMCM，构造矩阵 $\boldsymbol{U}$、$\boldsymbol{D}$、$\boldsymbol{V}$ 的步骤如下。

1. 构造矩阵 $\boldsymbol{U}^{C}_{m\times r'}$

如图 4-9（a）所示，首先构造 $\boldsymbol{P}_{m\times I_m} = \left[\boldsymbol{U}_1,\boldsymbol{U}_2,\cdots,\boldsymbol{U}_q,\cdots,\boldsymbol{U}_Q\right]$，代表组 i 和它的所有远场作

用组的子矩阵，$r(i,q)$ 表示组 i 和它的第 q 个远场组之间互作用矩阵的秩，$I_m=\sum_{q=1}^{Q}r(i,q)$ 是指 $\boldsymbol{P}_{m\times I_m}$ 列向量的数目，$\boldsymbol{U}_n\in\boldsymbol{R}^{m\times r(i,n)}$，$m$ 是组 i 中三角形的数目，可以表示为

$$\begin{gathered}\boldsymbol{U}_{c,k}=\left(\boldsymbol{u}_k\right)_c=\int_{S_{i(c)}}f'_{i(c)}\left(\boldsymbol{r}_{i(c)}\right)\mathrm{d}S\int_{S_{j(k)}}f_{j(k)}\left(\boldsymbol{r}'_{j(k)}\right)\boldsymbol{G}\left(\boldsymbol{r}_{i(c)},\boldsymbol{r}'_{j(k)}\right)\mathrm{d}S'\\ c=1,2,\cdots,m,\quad k=1,2,\cdots,r(i,q)\end{gathered}\tag{4-42}$$

由于 $\boldsymbol{P}_{m\times I_m}$ 的列向量很多，使用修正的 Gram-Schmidt 方法（MGS）对矩阵 $\boldsymbol{P}_{m\times I_m}$ 进行 QR 分解，从而得到正交矩阵：

$$\boldsymbol{U}^C_{m\times r'}=\left[\boldsymbol{a}_1^C,\boldsymbol{a}_2^C,\boldsymbol{a}_3^C,\cdots,\boldsymbol{a}_{r'}^C\right]\tag{4-43}$$

式中，$\boldsymbol{a}_1^C$ 是正交列向量；r' 是根据截断误差 ε 得到的正交维数。这里定义 $\boldsymbol{U}^C$ 为组 i 的“接收”压缩矩阵。

2. 构造矩阵 $\boldsymbol{U}^{r\,\dagger}_{n\times r'}$

在图 4-9（b）中，矩阵 $\boldsymbol{P}_{I_n\times n}=\left[\boldsymbol{V}_1,\boldsymbol{V}_2,\cdots,\boldsymbol{V}_q,\cdots,\boldsymbol{V}_Q\right]^{\mathrm{T}}$，代表当前层中组 j 和它的远场组的相互作用的子矩阵，$r(j,l)$ 表示组 j 和它的第 l 个远场组之间互作用矩阵的秩，其中，$l=1,\cdots,Q$，$\boldsymbol{I}_n=\sum_{l=1}^{Q}r(j,l)$ 是矩阵 $\boldsymbol{V}_n$ 行向量的数目，$\boldsymbol{V}_q\in\boldsymbol{R}^{r(j,l)\times n}$，$n$ 是组 j 中剖分三角形的数目，则可以表示为

$$\begin{gathered}\boldsymbol{V}_{k,p}=\int_{S_{i(k)}}f'_{i(k)}\left(\boldsymbol{r}_{i(k)}\right)\mathrm{d}S\int_{S_{j(p)}}f_{j(p)}\left(\boldsymbol{r}'_{j(p)}\right)G\left(\boldsymbol{r}_{i(k)},\boldsymbol{r}'_{j(p)}\right)\mathrm{d}\boldsymbol{r}'\\ k=1,2,\cdots,r(j,l),\quad p=1,2,\cdots,n\end{gathered}\tag{4-44}$$

同样对矩阵 $\boldsymbol{Z}^{\mathrm{T}}_{I_n\times n}$ 使用修正的 Gram-Schmidt 方法（MGS）进行正交变换，得到

$$\left(\boldsymbol{U}^r_{n\times r'}\right)^\dagger=\left[\left(\boldsymbol{a}_1^r\right)^\dagger,\left(\boldsymbol{a}_2^r\right)^\dagger,\left(\boldsymbol{a}_3^r\right)^\dagger,\cdots,\left(\boldsymbol{a}_{r'}^r\right)^\dagger\right]^{\mathrm{T}}\tag{4-45}$$

$\left(\boldsymbol{U}^r_{n\times r'}\right)^\dagger$ 是组 j 的“发射”压缩矩阵。

3. 构造矩阵 $\boldsymbol{D}$

通过步骤 1 和步骤 2 可以看出，接收压缩矩阵 $\boldsymbol{U}^C_{m\times r'}$ 和发射压缩矩阵 $\left(\boldsymbol{U}^r_{n\times r'}\right)^\dagger$ 的信息量来自整个矩阵 $\boldsymbol{P}$，因此矩阵 $\boldsymbol{P}_{m\times n}$ 可以表示成 $\boldsymbol{P}_{m\times n}=\boldsymbol{U}^C_{m\times r'}\boldsymbol{D}_{r\times r}\left(\boldsymbol{U}^r_{n\times r'}\right)^\dagger$，矩阵 $\boldsymbol{D}$ 需满足 $\boldsymbol{D}=\left(\boldsymbol{U}^C\right)^\dagger\boldsymbol{P}\boldsymbol{U}^r$，$\boldsymbol{P}$ 是最初的子矩阵，又根据 MLUV 方法可得

$$\boldsymbol{D}=\left(\boldsymbol{U}^C\right)^\dagger\boldsymbol{U}''\boldsymbol{V}''\boldsymbol{U}^r\tag{4-46}$$

式中，$\boldsymbol{U}''$ 和 $\boldsymbol{V}''$ 是通过低秩分解得到的近似矩阵。

在方程（4-46）中，$\left(\boldsymbol{U}^C\right)^\dagger$ 和 $\boldsymbol{V}^{r\mathrm{T}}$ 的行列范围远大于组与组之间的互作用矩阵，采用 SVD 分解对矩阵 $\boldsymbol{D}$ 进行再压缩：

$$\boldsymbol{D}=\boldsymbol{U}'\boldsymbol{S}'\boldsymbol{V}'\tag{4-47}$$

$\boldsymbol{D}$ 代表组 i 的聚合的场电位转移到组 j 的过程，为“转移”矩阵。

4. 获得组 i 和组 j 互作用子矩阵 $\boldsymbol{P}$ 的近似：

$$\boldsymbol{P}=\boldsymbol{U}^C\boldsymbol{U}'\boldsymbol{S}'\boldsymbol{V}'\left(\boldsymbol{U}^r\right)^{\dagger} \tag{4-48}$$

令 $\boldsymbol{U}=\boldsymbol{U}^C\boldsymbol{U}'$，$\boldsymbol{V}=\boldsymbol{V}'\left(\boldsymbol{U}^r\right)^{\dagger}$，$\boldsymbol{D}=\boldsymbol{S}'$，因此，$\boldsymbol{P}=\boldsymbol{UDV}$，$\boldsymbol{U}$ 和 $\boldsymbol{V}$ 是正交的，$\boldsymbol{D}$ 是对角矩阵。

从这个程序可以看出，对格林函数没有进行处理，只是对阻抗矩阵做了一些操作。MLMCM 的低秩分解的误差是可控的，在步骤 1～步骤 3 中，MGS 方法和 SVD 分解进程都提到了误差 ε，通过调整误差 ε 来控制算法的精度。

4.3.3 大规模互连结构的 MLMCM 提取电容结果

如图 4-10 所示，互连编织结构的尺寸为 $21\mu m\times11\mu m$，直线导体与波浪结构导体上下间的距离均为 $1\mu m$，x 方向的导体的间距是 $1\mu m$，y 方向的导体间距是 $3\mu m$，图 4-10 中所标注的尺寸为 $a=17\mu m$，$b=9\mu m$，$c=21\mu m$，$d=5\mu m$，剖分尺寸是 $0.5\mu m$，未知量的数目为 9572 个，图 4-11 给出了每个导体分别为主导时提取电容的相对误差，表 4-8 给出了导体 1 与其他导体间的互电容，表 4-9 给出了 MoM、MLUV 和 MLMCM 三种方法的消耗内存和时间对比。

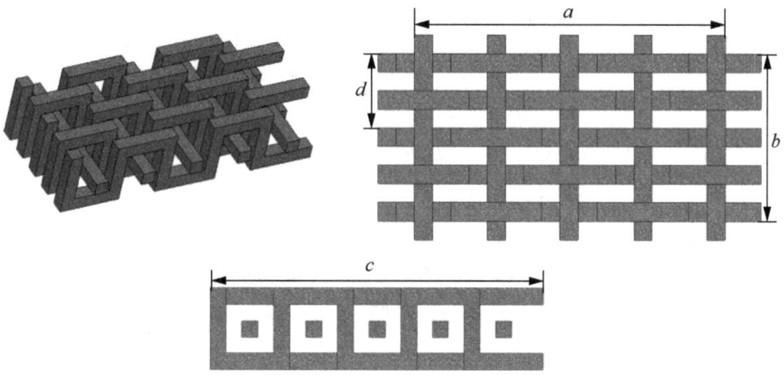

图 4-10　5×5 互连编织结构

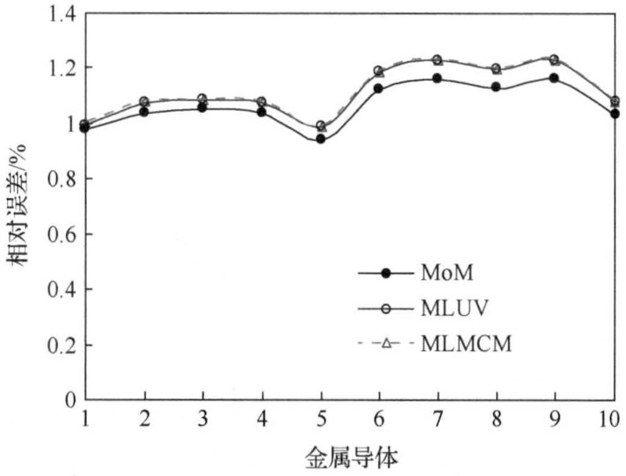

图 4-11　互连编织结构电容误差分析

表4-8　5×5互连编织结构的提取电容结果

电容/fF	C_{11}	C_{13}	C_{14}	C_{16}	C_{17}	C_{18}	C_{19}	C_{110}	误差/%
FastCap	1.432	−0.0747	−0.0285	−0.1193	−0.1192	−0.1193	−0.0991	−0.1193	—
MoM	1.446	−0.0754	−0.0285	−0.1205	−0.1207	−0.1207	−0.1002	−0.1201	0.97
MLUV	1.446	−0.0753	−0.0285	−0.1206	−0.1208	−0.1208	−0.1002	−0.1202	0.99
MLMCM	1.446	−0.0734	−0.0285	−0.1206	−0.1208	−0.1207	−0.1002	−0.1202	0.99

表4-9　5×5互连编织结构的所需内存和时间的对比

方法	内存/MB		迭代时间/s			总时间/s
	近场	远场	迭代总时间	平均迭代时间	矩矢乘单步时间	
MoM	699.0	—	180.1	18.0	0.75	382.8
MLUV	25.7	166.4	118.2	11.8	0.49	230.3
MLMCM	25.7	68.7	60.5	6.0	0.25	279.8

由图 4-11 可以看出，MLMCM 的提取电容精度和 MLUV 的精度基本吻合，而与 FastCap 软件结果的相对误差在 1.1%以下，表 4-8 给出了主导体为导体 1 的部分电容矩阵，可以看出，采用 MLMCM 加速后，相对于 MoM 提取电容数值变化很小，且相对误差变化在 0.001%左右波动，表 4-9 给出了 MLMCM 提取互连编织结构电容的内存消耗以及迭代时间都有很大程度的减少。对于这个算例，由于 MLMCM 的远场阻抗矩阵低秩分解时间比 MLUV 长，从而导致 MLMCM 整个求解时间比 MLUV 长。但是当未知量大时，MLMCM 矩阵方程求解优势可以抵消这一部分。通过下面的算例可以说明。

为进一步验证新 MLMCM 的正确性和有效性，对 5×5 互连编织结构进行了扩充，同时增加了未知量的个数，由于未知量过大，内存需求急剧提高，因此，以下两个算例的计算平台是在 Core（TM）-2 Quad 处理器，2.83GHz 主频，8GB 内存下进行的，使用 64 位操作系统，迭代的收敛精度为 10^{-3}。

图 4-12 是所分析的大规模互连编织结构，该结构含有 40 个金属导体，其中 20 个导体分别缠绕另外 20 个直线导体，其尺寸是 $80\mu m\times 41\mu m$，剖分尺寸为 $0.65\mu m$，采用 82090 个三角形进行离散，图 4-13 给出了每个导体分别为主导时提取电容的相对误差，表 4-10 给出了部分导体与其他导体间的互电容，同时给出了与软件 FastCap 提取电容值的比较，表 4-11 给出了 MLUV 方法和 MLMCM 的消耗内存和时间对比。

图 4-12　大规模互连编织结构

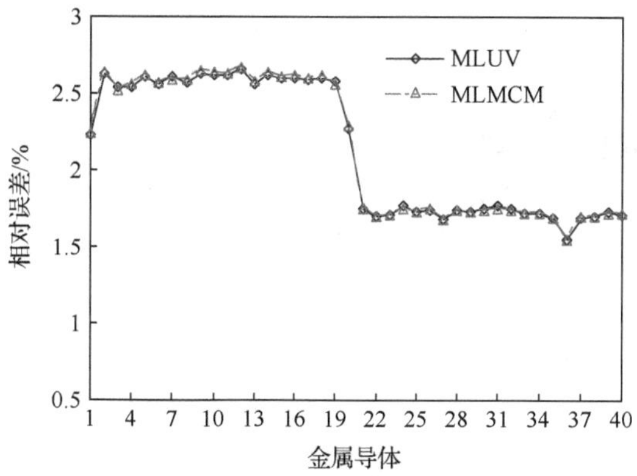

图 4-13　大规模互连编织结构电容误差分析

表4-10　20×20互连编织结构的提取电容结果

电容		C_{22}	C_{44}	C_{55}	C_{12},C_{21}	C_{15},C_{51}	C_{16},C_{61}	E_{avg}/%
FastCap	电容/aF	6.5	6.5	6.5	−0.03	−0.018	−0.03	—
MLUV	电容/aF	6.7	6.7	6.7	−0.09	−0.019	−0.03	1.6
	相对误差/%	2.4	2.4	2.4	0.3	1.3	0.2	
MLMCM	电容/aF	6.7	6.7	6.7	−0.93	−0.019	−0.029	1.0
	相对误差/%	2.4	2.4	2.4	0.06	1.7	1.5	

表4-11　20×20互连编织结构所需内存和时间的对比

方法	内存/MB		迭代时间/s			总时间/s
	近场	远场	迭代总时间	平均迭代时间	矩矢乘单步时间	
MLUV	851.8	2939.0	1823.2	45.5	0.91	2932.9
MLMCM	851.8	238.4	486.7	12.1	0.23	2452.2

图 4-13 给出了 MLMCM 和 MLUV 方法提取电容的误差范围为 1.5%～2.6%，表 4-10 给出两种方法提取电容的结果及相对误差，表 4-11 给出矩阵内存需求和迭代时间对比，当处理含有大量导体的模型时，线性方程右边向量 $\boldsymbol{v}$ 的变换次数也剧增，迭代次数增加，而 MLMCM 矩矢乘时间相比 MLUV 减少很多，所以对大规模互连结构电容提取具有很大优势。

利用 MLMCM 分析了三层互连结构，含有 54 个金属导体，考虑到在实际电路中互连线的分布存在随机性并非规则的，因此构建了如图 4-14 所示模型，其导体随机分布，该结构的尺寸为 $50\mu m \times 50\mu m$，未知量数目为 55692 个，剖分尺寸为 $0.3\mu m$，图 4-15 给出了每个导体为主导时提取电容的相对误差，表 4-12 给出了部分导体与其他导体间的互电容，表 4-13 给出了两种方法所需内存和时间的对比。根据表 4-13 可知，MLMCM 的计算时间相比于 MLUV 的总的计算时间缩短了一半左右，在提取电容中，计算时间主要分为两个部分：首先是构建电位系数矩阵，使用分块采样填充所消耗的时间；其次是求解出方程组所消耗的时间；在构造矩阵 $\boldsymbol{U}$、$\boldsymbol{D}$、$\boldsymbol{V}$ 时需消耗一定的时间，但每求解一次方程组的时间减少。因为这三个矩阵只需构造一次，增加的时间小于迭代求解所减少的时间，所以其对整个程序的提取速度有很大的贡献。

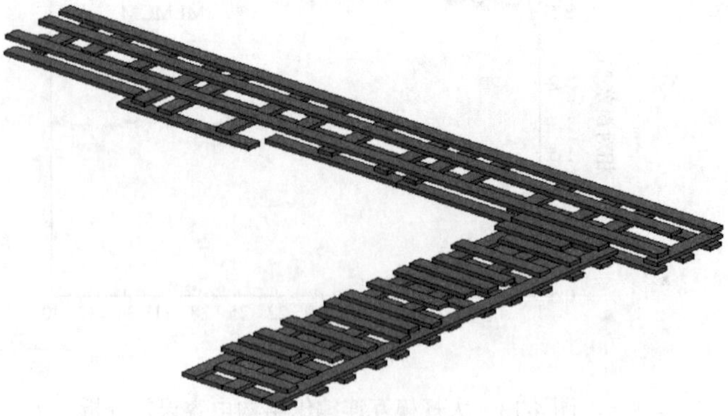

图 4-14　三层互连结构

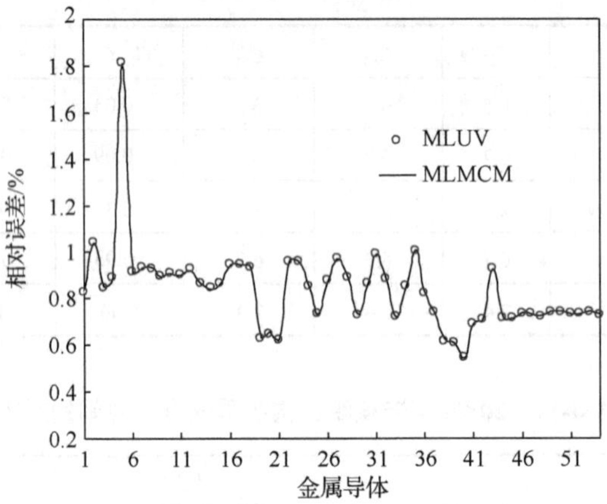

图 4-15　三层互连结构的电容误差分析

表4-12　三层互连结构的提取电容结果

电容		C_{11}	C_{22}	C_{44}	C_{66}	C_{14},C_{41}	C_{15},C_{51}
FastCap	电容/aF	1513.0	1817	329.1	376.5	−3.8	−3.0
MLUV	电容/aF	1524.1	1834.0	331.8	379.7	−3.8	−2.9
	相对误差 /%	0.73	0.93	0.82	0.84	0.18	0.86
MLMCM	电容/aF	1524.3	1833.9	331.8	379.7	−3.8	−2.9
	相对误差 /%	0.74	0.93	0.820	0.849	0.41	0.86

表4-13　三层互连结构所需内存和时间的对比

方法	内存/MB		迭代时间/s			总时间/s
	近场	远场	迭代总时间	平均迭代时间	矩矢乘单步时间	
MLUV	734.8	401.3	4418.7	81.8	2.21	5030.2
MLMCM	734.8	76.9	2193.5	40.	1.09	3057.1

4.4　IE-FFT 方法提取大规模互连线寄生电容

在积分类的快速算法中，有一类方法是基于快速傅里叶变换的，如自适应积分方法（Adaptive Integral Method，AIM）、预校准快速傅里叶变换（Pre-correct Fast Fourier Transform，PFFT）方法、稀疏矩阵规则网格（Sparse Matrix-Canonical Grid，SMCG）方法、积分方程快速傅里叶变换（Integral Equation Fast Fourier Transform，IE-FFT）方法等。IE-FFT 方法提出时被用于分析和求解电磁散射问题，本节把该方法用于互连线的寄生参数提取，求解大规模互连线结构的边界积分方程。IE-FFT 方法使用两种离散，一种是任意三角形面上分布的未知电流，另一种是插值格林函数的规则笛卡儿网格。通过格林函数插值能够把不规则网格投影到正规网格点上，从而可以用 FFT 加速。

4.4.1　IE-FFT 方法的基本原理

IE-FFT 方法的核心思想是格林函数的笛卡儿插值。将整个计算区域放入规则的立方体中，然后使用立方体上的规则网格点对格林函数进行拉格朗日插值，格林函数表示为

$$G(\boldsymbol{r},\boldsymbol{r}')=\frac{1}{4\pi|\boldsymbol{r}-\boldsymbol{r}'|}\approx\sum_{l=0}^{N_g-1}\sum_{l'=0}^{N_g-1}\beta_l^p(\boldsymbol{r})G_{l,l'}\beta_{l'}^p(\boldsymbol{r}') \tag{4-49}$$

式中，p 是拉格朗日多项式插值的阶数；N_g 是网格格点的数目；β_l^p 和 $\beta_{l'}^p$ 是网格 $\boldsymbol{r}$ 和 $\boldsymbol{r}'$ 的 p 阶拉格朗日插值基函数；$G_{l,l'}$ 是格林函数的拉格朗日系数；l 和 l' 是网格 $\boldsymbol{r}$ 和 $\boldsymbol{r}'$ 的空间编号。β_l^p 的具体形式在数值分析的书中有相关的介绍。

将式（4-49）代入式（4-23）得到

$$P_{mn}\approx\sum_{l=0}^{N_g-1}\sum_{l'=0}^{N_g-1}\int_S f_m'(\boldsymbol{r})\beta_l^p(\boldsymbol{r})\mathrm{d}SG_{l,l'}\int_{S'}f_n(\boldsymbol{r}')\beta_{l'}^p(\boldsymbol{r}')\mathrm{d}S' \tag{4-50}$$

式中，$f_m'(\boldsymbol{r})$、$f_n(\boldsymbol{r}')$ 代表脉冲基函数。从式（4-50）可看出，源点和场点已分离，除源点和场点处于相同、相邻插值网格，或距离很近之外，该公式对所有的互作用都适用。当源点和场点在同一网格且 $l=l'$ 时，$G_{l,l'}=\infty$，为加速计算，此时 $G_{l,l'}$ 的值可设为零。对于电容参数提取，IE-FFT 方法利用拉格朗日多项式表示静态格林函数，然后计算映射的矩阵，最后采用 FFT 方法加速矩阵矢量乘。

针对三维空间目标而言，采用一个长方体将所求区域罩住，假设该长方体的长、宽、高分别为 L_x、L_y、L_z，它们都代表笛卡儿坐标下的长度，为得到该区域的相关格点，故在直角坐标系中三个方向上分别取 $\mathrm{d}x$、$\mathrm{d}y$、$\mathrm{d}z$ 作为格点间距，均匀地划分出一系列的网格点，得到的总网格点数是 $N_g=N_x\times N_y\times N_z$，$N_x=L_x/\mathrm{d}x$，$N_y=L_y/\mathrm{d}y$，$N_z=L_z/\mathrm{d}z$，因此网格的编号是 $l=(i,j,k)$，$l'=(i',j',k')$ 且 $0\leqslant i,i'\leqslant N_x$，$0\leqslant j,j'\leqslant N_y$，$0\leqslant k,k'\leqslant N_z$，第 p 阶插值基函数 β_l^p 是在笛卡儿网格中一维空间的分段拉格朗日多项式的三维张量积形式。

$$\beta_l^p(\boldsymbol{r})=\beta_i^p(i)\beta_j^p(y)\beta_k^p(z) \tag{4-51}$$

根据式（4-50）结合式（4-49），格林函数可写为矩阵形式：

$$G(\boldsymbol{r},\boldsymbol{r}')=\left(\boldsymbol{\beta}(\boldsymbol{r})\right)^{\mathrm{T}}\cdot\boldsymbol{G}\cdot\boldsymbol{\beta}(\boldsymbol{r}') \tag{4-52}$$

其中

$$\boldsymbol{\beta}(\boldsymbol{r})=\left[\beta_0^p(\boldsymbol{r})\quad \beta_1^p(\boldsymbol{r})\quad \cdots\quad \beta_{N_g-1}^p(\boldsymbol{r})\right]=\begin{bmatrix}\beta_0^p(x)\beta_0^p(y)\beta_0^p(z)\\ \beta_1^p(x)\beta_0^p(y)\beta_0^p(z)\\ \vdots\\ \beta_{N_g-1}^p(x)\beta_{N_g-1}^p(y)\beta_{N_g-1}^p(z)\end{bmatrix}^{\mathrm{T}} \tag{4-53}$$

$$\boldsymbol{G}=\begin{bmatrix}G_{0,0} & G_{0,1} & \cdots & G_{0,N_g}\\ G_{1,0} & G_{1,1} & \cdots & G_{1,N_g}\\ \vdots & \vdots & & \vdots\\ G_{N_g,0} & G_{N_g,1} & \cdots & G_{N_g,N_g}\end{bmatrix} \tag{4-54}$$

对于一般格林函数，存储整个$\boldsymbol{G}$的内存需求是$O\left(N_g^2\right)$，然而格林函数具有平移不变性，积分核具有 Toeplitz 特性，任意三维目标的格林函数矩阵$\boldsymbol{G}$是一个三层的 Toeplitz 矩阵，存储矩阵$\boldsymbol{G}$只需$8N_g$个元素，因此，存储需求大大减少。根据之前提到的，当$l=l'$时，$\boldsymbol{G}_{l-l'}$的数值是无限大的，为了简化，令$\boldsymbol{G}_{l-l'}$的值为零，近场的作用需通过修正后得到。

插值格林函数是在笛卡儿网格中一维拉格朗日多项式的三维张量积分形式，一维拉格朗日多项式的表示形式为

$$\beta_i^p(\zeta)=\frac{(\zeta-\zeta_0)(\zeta-\zeta_1)\cdots(\zeta-\zeta_{i-1})(\zeta-\zeta_i)\cdots(\zeta-\zeta_p)}{(\zeta_i-\xi_0)(\zeta_i-\zeta_1)\cdots(\zeta_i-\zeta_{i-1})(\zeta_i-\zeta_{i+1})\cdots(\zeta_i-\zeta_p)} \tag{4-55}$$

在图 4-16 中给出了$p=4$时笛卡儿元以及局部编号，笛卡儿元内的网格点在图 4-16 中只显示了一部分，在每个面的横截面上分布着插值点。

根据在规则网格中的拉格朗日插值函数得到二维张量积：

$$\begin{aligned}\beta_0^4(\boldsymbol{r})&=\beta_0^4(x)\cdot\beta_0^4(y)\\&=\frac{(x-x_1)(x-x_2)(x-x_3)(x-x_4)}{(x_0-x_1)(x_0-x_2)(x_0-x_3)(x_0-x_4)}\cdot\frac{(y-y_1)(y-y_2)(y-y_3)(y-y_4)}{(y_0-y_1)(y_0-y_2)(y_0-y_3)(y_0-y_4)}\\[2ex]\beta_1^4(\boldsymbol{r})&=\beta_0^4(x)\cdot\beta_1^4(y)\\&=\frac{(x-x_1)(x-x_2)(x-x_3)(x-x_4)}{(x_0-x_1)(x_0-x_2)(x_0-x_3)(x_0-x_4)}\cdot\frac{(y-y_0)(y-y_2)(y-y_3)(y-y_4)}{(y_1-y_0)(y_1-y_2)(y_1-y_3)(y_1-y_4)}\\&\vdots\\\beta_{25}^4(\boldsymbol{r})&=\beta_4^4(x)\cdot\beta_4^4(y)\\&=\frac{(x-x_0)(x-x_1)(x-x_2)(x-x_3)}{(x_4-x_0)(x_4-x_1)(x_4-x_2)(x_4-x_3)}\cdot\frac{(y-y_0)(y-y_1)(y-y_2)(y-y_3)}{(y_4-y_0)(y_4-y_1)(y_4-y_2)(y_4-y_3)}\end{aligned} \tag{4-56}$$

在式（4-50）中可看出，IE-FFT 方法需构造出相应的映射矩阵：

$$\boldsymbol{\Pi}=\int_S\begin{bmatrix}f_1(\boldsymbol{r})\\f_2(\boldsymbol{r})\\\vdots\\f_N(\boldsymbol{r})\end{bmatrix}\begin{bmatrix}\beta_0^p(\boldsymbol{r}) & \beta_1^p(\boldsymbol{r}) & \cdots & \beta_{N_g-1}^p(\boldsymbol{r})\end{bmatrix}\mathrm{d}S \tag{4-57}$$

矩阵 $\boldsymbol{\Pi}$ 的元素是矢量，矩阵 $\boldsymbol{\Pi}$ 是非对称的和稀疏的，其中，N 代表基函数的个数。电容提取中采用的是脉冲基函数。图 4-17 给出了一个金属球，d 表示采样距离，C 代表网格元素的大小，第 i 个三角形代表一个基函数，同时，$0\leqslant i<N_\Delta, 0\leqslant j<N_C$，其中，$N_\Delta$、$N_C$ 分别是三角形和网格的数目，在三角形 i 上只和网格 j 有互作用，针对二维问题，只需存储 9 个网格点。其他的网格点和三角形 i 是没有互作用的。网格点的数目是有限的，构造矩阵 $\boldsymbol{\Pi}$ 的概念和有限元方法中的聚合矩阵类似，关键思想是从局部到整体的变换。

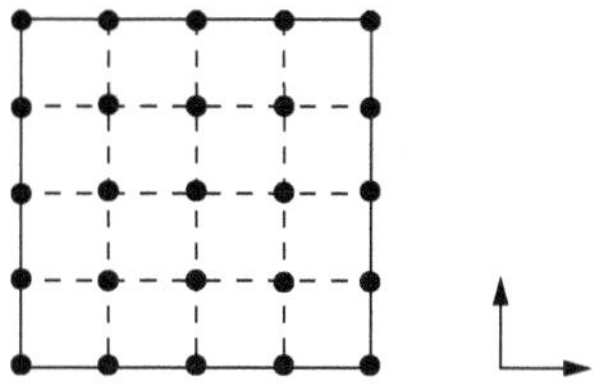

图 4-16　4 阶插值长方形

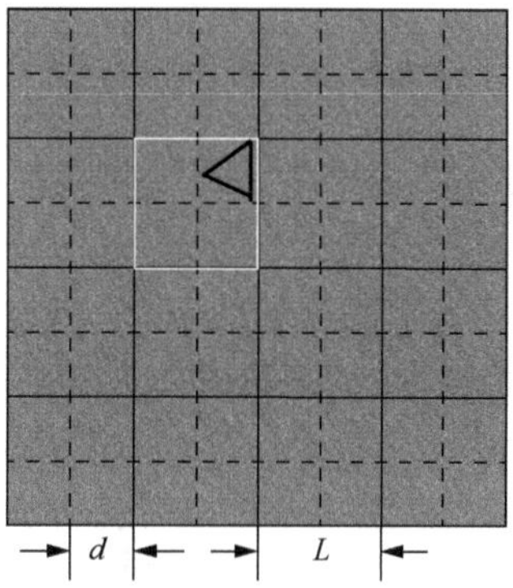

图 4-17　第 j 个网格中第 i 个三角形

因为采用高斯积分方法求解积分方程，所以不需要判定三角形 i 的整个面是否在指定的网格中。采用迭代方法求解积分方程，$P_{i,j}$ 代表电位系数矩阵的元素，矩阵矢量乘可以写成：

$$\boldsymbol{y}_i=\sum_{j=0}^{N-1}P_{i,j}\boldsymbol{x}_j,\quad 0\leqslant i<N-1 \tag{4-58}$$

通过采用 IE-FFT 加速算法，矩阵矢量乘又可改写成：

$$\boldsymbol{y}=(\boldsymbol{P}_{\text{near}}-\boldsymbol{P}_{\text{corr}})\cdot\boldsymbol{I}+\boldsymbol{\Pi}\cdot\text{IFFT}\left\{\text{FFT}\{\boldsymbol{G}\}\cdot\text{FFT}\left\{(\boldsymbol{\Pi})^{\text{T}}\cdot\boldsymbol{I}\right\}\right\} \tag{4-59}$$

根据式（4-59）可知，内存需求由矩阵 $\boldsymbol{P}_{\text{near}}-\boldsymbol{P}_{\text{corr}}$ 和矩阵 $\boldsymbol{\Pi}$ 的复杂度所决定的，$\boldsymbol{P}_{\text{corr}}$ 是修正矩阵，$\boldsymbol{P}_{\text{corr}}=\boldsymbol{\Pi}\cdot\boldsymbol{G}\cdot\boldsymbol{\Pi}^{\text{T}}$，式（4-59）的第一部分是与稀疏矩阵 $\boldsymbol{P}_{\text{near}}-\boldsymbol{P}_{\text{corr}}$ 相乘，$\boldsymbol{P}_{\text{near}}-\boldsymbol{P}_{\text{corr}}$ 的大小由未知量 N_g 确定，因此复杂度是 $O(N_g)$，首先计算矩阵矢量乘：

$$\boldsymbol{P}_1=(\boldsymbol{\Pi})^{\text{T}}\cdot\boldsymbol{I} \tag{4-60}$$

前面已经提到映射矩阵 $\boldsymbol{\Pi}$ 是稀疏矩阵，故复杂度是 $O(N_g)$，在每次迭代过程中都需要对 $\boldsymbol{Z}_1$ 进行一次 FFT，再来计算矩阵矢量乘：

$$\boldsymbol{P}_2=\text{FFT}(\boldsymbol{G})\cdot\text{FFT}(\boldsymbol{P}_1) \tag{4-61}$$

矩阵 $\boldsymbol{G}$ 的 FFT 只需要计算一次，其计算复杂度和内存需求分别为 $O(N_g\log N_g)$ 和 $O(N_g)$，N_g 指的是空间网格点的数目。每次迭代都需要对 $\boldsymbol{P}_2$ 进行傅里叶逆变换，最终得到网格点上的电荷量：

$$\boldsymbol{P}_3 = \boldsymbol{\Pi} \cdot \mathrm{IFFT}\{\boldsymbol{P}_2\} \tag{4-62}$$

式（4-61）的复杂度与式（4-62）相同。

4.4.2　IE-FFT 方法加速间接边界元法

均匀介质中电位系数矩阵 $\boldsymbol{P}$ 的元素可以表示为

$$\boldsymbol{P}_{m,n} = \int_{S_m}\int_{S_n} f'_m(\boldsymbol{r}') \cdot f_n(\boldsymbol{r}) G(\boldsymbol{r},\boldsymbol{r}')\mathrm{d}S'\mathrm{d}S = \int_{S_m}\int_{S_n} \frac{1}{a_m a_n} \cdot \frac{1}{4\pi\varepsilon|\boldsymbol{r}-\boldsymbol{r}'|}\mathrm{d}S'\mathrm{d}S \tag{4-63}$$

其中

$$f_n(\boldsymbol{r}) = \begin{cases} \dfrac{1}{a_n}, & a_n \in S_n \\ 0, & a_n \notin S_n \end{cases} \tag{4-64}$$

在 IE-FFT 方法中，需要将式（4-63）改写为式（4-65）的形式：

$$\widetilde{\boldsymbol{P}} = \boldsymbol{\Pi} \cdot \boldsymbol{G} \cdot \boldsymbol{\Pi}^{\mathrm{T}} \tag{4-65}$$

式中，$\widetilde{\boldsymbol{P}}$ 代表原阻抗矩阵 $\boldsymbol{P}$ 的近似，是通过对原阻抗矩阵 $\boldsymbol{P}$ 插值后得到的。其中，式（4-65）中的映射矩阵 $\boldsymbol{\Pi}$ 的具体形式为

$$\boldsymbol{\Pi} = \int_S \begin{bmatrix} f_1(\boldsymbol{r}) \\ f_2(\boldsymbol{r}) \\ \vdots \\ f_N(\boldsymbol{r}) \end{bmatrix} \begin{bmatrix} \beta_0(\boldsymbol{r}) & \beta_1(\boldsymbol{r}) & \cdots & \beta_{N_g-1}(\boldsymbol{r}) \end{bmatrix} \mathrm{d}S \tag{4-66}$$

4.4.3　大规模互连结构的 IE-FFT 方法提取电容结果

如图 4-18 所示，给出了多层并联结构差分电感的侧视图和俯视图，线宽 $W = 11\mu\mathrm{m}$，线间距是 $S = 5\mu\mathrm{m}$，单层的线圈数 $N = 8$，外径为 $D_{\mathrm{out}} = 500\mu\mathrm{m}$，内径为 $D_{\mathrm{in}} = 254\mu\mathrm{m}$，在图 4-18 中的尺寸分别为 $a = 40\mu\mathrm{m}$，$b = 75\mu\mathrm{m}$，$c = 40\mu\mathrm{m}$。该结构处于相对介电常数为 3.9 的均匀介质中，剖分的尺寸为 $5\mu\mathrm{m}$，未知量的数目是 115226 个，FastCap 商用软件提取的自电容为 103.93 fF（$1\mathrm{fF}=10^{-15}\mathrm{F}$），表 4-14 给出了 IE-FFT 方法提取电容的结果，表 4-15 给出了 IE-FFT 方法提取电容所需的内存和时间。

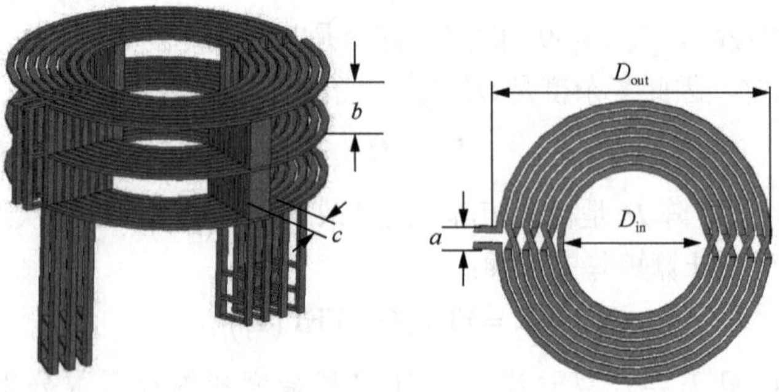

图 4-18　多层并联结构差分电感的侧视图和俯视图

表4-14　多层并联结构差分电感的提取电容结果

算例	FastCap	IE-FFT
电容/fF	103.93	103.884
相对误差/%	—	0.0442

表4-15　多层并联结构差分电感的所需内存和时间

算例	内存/MB	迭代时间/s	总时间/s
IE-FFT	190.86	1014.02	7135

如图 4-19 所示为3×3 多层螺旋电感的侧视图和俯视图，图 4-20 给出单个多层螺旋电感的侧视图，每个螺旋电感的线宽是$W=5\mu m$，厚度为$0.18\mu m$，图 4-19 和图 4-20 中$a=65\mu m$，$b=1\mu m$，$d=10\mu m$，外径为$D_{out}=45\mu m$，内径为$D_{in}=20\mu m$，该结构处于相对介电常数为 3.9 的无限区域中，剖分尺寸为$3\mu m$，未知量的数目是 47262 个，表 4-16 给出了3×3 多层螺旋电感结构的误差分析，表 4-17 给出了多层螺旋电感结构的所需内存和时间。

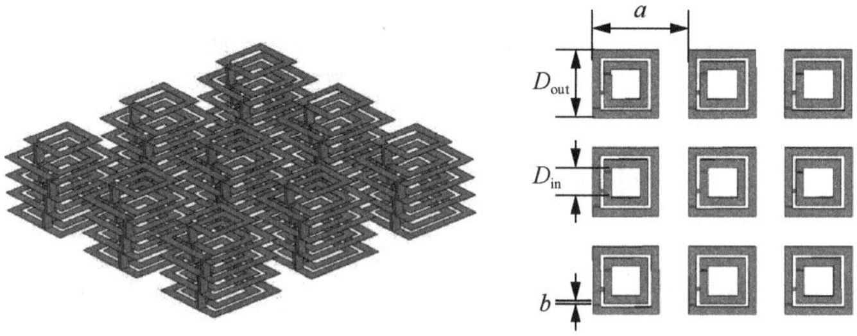

图 4-19　3×3 多层螺旋电感的侧视图和俯视图

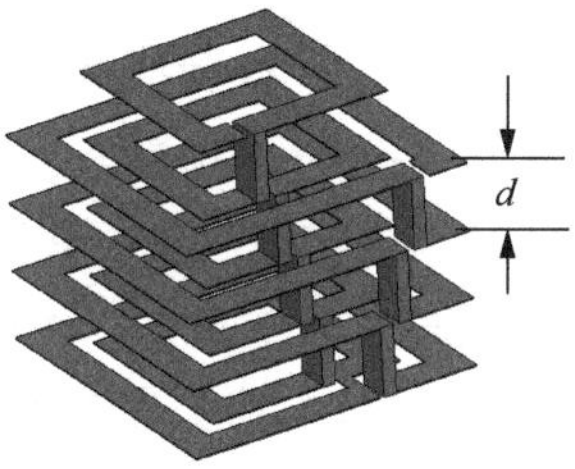

图 4-20　单个多层螺旋电感的侧视图

表4-16　3×3多层螺旋电感结构的提取电容结果

电容		C_{11}	C_{22}	C_{33}	C_{44}	C_{55}	C_{12}, C_{21}	C_{16}, C_{61}	E_{avg}/%
FastCap	电容/aF	16.2	18.1	16.0	18.1	19.7	−4.4	−0.2	—
IE-FFT	电容/aF	16.3	18.2	16.3	18.2	19.8	−4.4	−0.2	0.505
	相对误差/%	0.43	0.49	0.43	0.44	0.65	0.78	0.32	

表4-17 3×3多层螺旋电感结构的所需内存和时间

算例	内存/MB	迭代时间/s	总时间/s
IE-FFT	143.36	7108	7135

根据上述 3×3 多层螺旋电感结构，可以看出 IE-FFT 可以准确地提取电容。在这个基础上，分别构建了 4×4、6×6、8×8、10×10、12×12 的多层螺旋电感结构，每相邻的电感结构相距 20μm，剖分尺寸均为3μm，表 4-18 给出 IE-FFT 的模型的未知量数目、内存消耗、构造 $\boldsymbol{\Pi}$ 矩阵的时间、插值时间、迭代求解时间以及总时间。

表4-18 多层螺旋电感电容提取统计

模型	未知量数目/个	内存消耗/MB	构造 $\boldsymbol{\Pi}$ 矩阵的时间/s	插值时间/s	迭代求解时间/s	总时间/s
4×4	84024	162.6	0.06	52.3	6495.6	6570.2
6×6	189048	321.4	0.15	342.4	9742.1	10150.7
8×8	336080	839.6	0.29	1404.6	13076.9	14730.1
10×10	525120	1740.0	0.42	3214.0	12500.1	16369.8
12×12	756168	3460.5	0.62	7622.5	14012.2	23189.8

4.5 FDTD 方法分析传输线串扰

刘培国等[1]介绍了使用 FDTD 方法分析传输线间串扰。串扰可以定义为来自邻近其他信号通路的干扰，串扰在严格意义上仅限制于邻近电路和导线上。

在电磁兼容预测分析中，研究串扰首先要识别发射源，判定路径是否因串扰而发生耦合。若在邻近信号传输线中有瞬变大电流或快速上升的电压出现，则也可能产生串扰。

为了从时域上分析预判由于串扰耦合，导致受扰线中电信号传输的瞬态分布情形，本章介绍了一种基于高阶时域有限差分线缆串扰的预测模型。对于 N+1 耦合多导体传输系统，其线上电压、电流分布满足时域电报方程（4-17）。为了求解该微分方程，通常采用二阶的 FDTD（2, 2）方法，将电压、电流分别在空间与时间上以 $\Delta x/2$ 和 $\Delta t/2$ 为间隔交替离散取点，设整条传输线被离散成 N_x 段，按中心差分将式（4-17）离散并整理，得到如下迭代方程：

$$\boldsymbol{V}_n^m = \left(\frac{\Delta x}{\Delta t}\boldsymbol{C} + \frac{\Delta x}{2}\boldsymbol{G}\right)^{-1} \cdot \left[\left(\frac{\Delta x}{\Delta t}\boldsymbol{C} - \frac{\Delta x}{2}\boldsymbol{G}\right)\cdot \boldsymbol{V}_n^{m-1} + \boldsymbol{I}_{n-1}^{m-1} - \boldsymbol{I}_n^{m-1}\right], \quad n = 2,3,\cdots,N_x - 1 \tag{4-67}$$

$$\boldsymbol{I}_n^m = \left(\frac{\Delta x}{\Delta t}L + \frac{\Delta x}{2}R\right)^{-1} \cdot \left[\left(\frac{\Delta x}{\Delta t}L - \frac{\Delta x}{2}R\right)\cdot \boldsymbol{I}_n^{m-1} + \boldsymbol{V}_n^m - \boldsymbol{V}_{n+1}^m\right], \quad n = 2,3,\cdots,N_x - 1 \tag{4-68}$$

式中，$\boldsymbol{V}_n^{m-1}$ 表示在 $(m-1)\Delta t$ 时刻和 $n\Delta x$ 空间点处的电压向量；$\boldsymbol{I}_n^{m-1}$ 表示在 $(m-1/2)\Delta t$ 时刻和 $(n+1/2)\Delta x$ 空间点处的电流向量。

FDTD 方法的稳定条件要求 $\Delta t \leqslant \Delta x / v$，其中，$v$ 为电磁波在多导体传输线中传输的最大模式速度。文献[1]中介绍了高阶 FDTD（2, 4）方法，它在空间离散过程中具有四阶精度，能够有效降低数值色散误差，因此在离散过程中可以采取较大的空间步以获得基于传统低阶 FDTD 方法在精细网格离散下的同等求解精度。

采用空间四阶中心差分公式离散传输线方程（4-67），得到

$$\boldsymbol{V}_n^m=\left[24\Delta x\left(\frac{c(x)}{\Delta t}+\frac{G(x)}{2}\right)\right]^{-1}\cdot\left[24\Delta x\left(\frac{c(x)}{\Delta t}-\frac{G(x)}{2}\right)\cdot\boldsymbol{V}_n^{m-1}-27\boldsymbol{I}_{n-1}^m+27\boldsymbol{I}_n^m-\boldsymbol{I}_{n+1}^m\right] \tag{4-69}$$

式中，$n=3,4,\cdots,N_x-1$。

$$\boldsymbol{I}_n^m=\left[24\Delta x\left(\frac{L(x)}{\Delta t}+\frac{R(x)}{2}\right)\right]^{-1}\cdot\left[24\Delta x\left(\frac{L(x)}{\Delta t}-\frac{R(x)}{2}\right)\cdot\boldsymbol{I}_n^{m-1}-\left(\boldsymbol{V}_{n-1}^m-27\boldsymbol{V}_n^m+27\boldsymbol{V}_{n+1}^m-\boldsymbol{V}_{n+2}^m\right)\right] \tag{4-70}$$

式中，$n=2,3,\cdots,N_x-1$。

4.6　时域积分方程分析多传输线问题

FDTD 方法存在一定的网格离散和计算误差，计算复杂结构时面临计算精度低的挑战。本章将结合终端约束条件通过传输线的格林函数方便直观地得到 n+1 个导体构成的传输线的解，并通过时间步进算法，利用时域积分方程直接求解传输线方程。

4.6.1　时域传输线方程的解

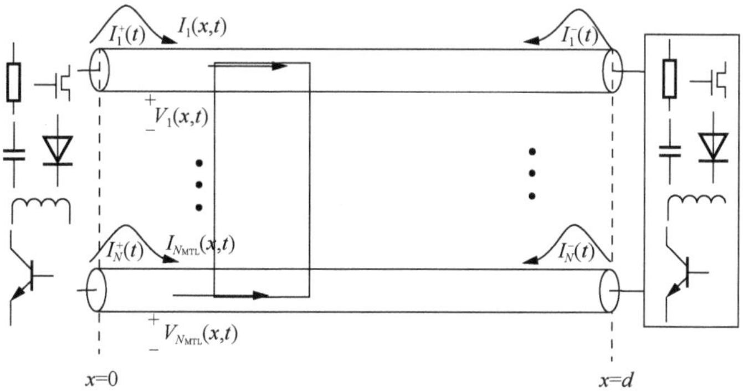

图 4-21　多导体传输线模型示意图

考虑图 4-21 中所示的 N+1 根均匀无耗多导体传输线（Multiconductor Transmission Line，MTL）模型。其中，$i=1,\cdots,N$ 是信号传输线，$i=N+1$ 是参考地线。x 为多导体传输线中的电磁能量的传输方向，多导体传输线的总长度为 d，终端分别位于 x=0 和 x=d 处。时域多导体传输线方程为

$$\begin{aligned}&\frac{\partial\boldsymbol{V}(x,t)}{\partial x}+\boldsymbol{L}\frac{\partial\boldsymbol{I}(x,t)}{\partial t}=0\\&\frac{\partial\boldsymbol{I}(x,t)}{\partial x}+\boldsymbol{C}\frac{\partial\boldsymbol{V}(x,t)}{\partial t}=0\end{aligned} \tag{4-71}$$

式中，$\boldsymbol{V}(x,t)=\left[V_1(x,t)\ V_2(x,t)\ \cdots\ V_N(x,t)\right]^\dagger$，$\boldsymbol{I}(x,t)=\left[I_1(x,t)\ I_2(x,t)\ \cdots\ I_N(x,t)\right]^\dagger$ 为传输线上的

电压向量和电流向量，$V_i(x,t)$ 和 $I_i(x,t)$ 表示第 i 根导线上的电压和电流；L 代表多导体传输线的 $N_{\mathrm{MTL}}\times N_{\mathrm{MTL}}$ 维单位长度电感矩阵；$\boldsymbol{C}$ 表示多导体传输线的 $N_{\mathrm{MTL}}\times N_{\mathrm{MTL}}$ 维单位长度电容矩阵。

求解多导体传输线方程的方法有很多种，这里采用时域 BLT 方程求解。求解时域 BLT 方程的关键就是去耦；也就是，去除多导体传输线之间的相互耦合而使其成为多个互不影响的双导线传输线。

当多导体传输线无耗，特性参数不随频率变化时，通过构造相似变化矩阵 $\boldsymbol{T}_V$ 和 $\boldsymbol{T}_I$，将待求的沿线电压向量 $\boldsymbol{V}(\boldsymbol{x},\boldsymbol{t})$ 和电流向量 $\boldsymbol{I}(\boldsymbol{x},\boldsymbol{t})$ 转化成模式电压向量 $\boldsymbol{V}_m(x,t)$ 和模式电流向量 $\boldsymbol{I}_m(x,t)$。其变化关系为

$$\boldsymbol{V}(\boldsymbol{x},\boldsymbol{t})=\boldsymbol{T}_V\boldsymbol{V}_m(\boldsymbol{x},\boldsymbol{t}),\quad \boldsymbol{I}(\boldsymbol{x},\boldsymbol{t})=\boldsymbol{T}_I\boldsymbol{I}_m(\boldsymbol{x},\boldsymbol{t}) \tag{4-72}$$

将它代入式（4-71）中，得到

$$\begin{aligned}&\frac{\partial \boldsymbol{V}_m(x,t)}{\partial x}+\boldsymbol{T}_V^{-1}\boldsymbol{L}\boldsymbol{T}_I\frac{\partial \boldsymbol{I}_m(x,t)}{\partial t}=0\\&\frac{\partial \boldsymbol{I}_m(x,t)}{\partial x}+\boldsymbol{T}_I^{-1}\boldsymbol{C}\boldsymbol{T}_V\frac{\partial \boldsymbol{V}_m(x,t)}{\partial t}=0\end{aligned} \tag{4-73}$$

假设已知 $\boldsymbol{T}_V$ 和 $\boldsymbol{T}_I$，则单位长度的电容矩阵 $\boldsymbol{C}$ 和电感矩阵 $\boldsymbol{L}$ 对角化为

$$\boldsymbol{C}_m=\boldsymbol{T}_I^{-1}\boldsymbol{C}\boldsymbol{T}_V,\quad \boldsymbol{L}_m=\boldsymbol{T}_V^{-1}\boldsymbol{L}\boldsymbol{T}_I \tag{4-74}$$

这里，$\boldsymbol{L}_m$ 和 $\boldsymbol{C}_m$ 是对角的，则式（4-73）中模方程变为

$$\begin{aligned}&\frac{\partial \boldsymbol{V}_m(x,t)}{\partial x}+\boldsymbol{L}_m\frac{\partial \boldsymbol{I}_m(x,t)}{\partial t}=0\\&\frac{\partial \boldsymbol{I}_m(x,t)}{\partial x}+\boldsymbol{C}_m\frac{\partial \boldsymbol{V}_m(x,t)}{\partial t}=0\end{aligned} \tag{4-75}$$

其成为 N 根独立的单导体传输线方程，进而求出多导体传输线方程的时域解。其解的形式为

$$\begin{aligned}\boldsymbol{V}(x,t)&=\boldsymbol{V}^p(x,t)+\boldsymbol{V}^h(x,t)\\\boldsymbol{I}(x,t)&=\boldsymbol{I}^p(x,t)+\boldsymbol{I}^h(x,t)\end{aligned} \tag{4-76}$$

式中，$\boldsymbol{V}^h(x,t)$ 和 $\boldsymbol{I}^h(x,t)$ 为多导体传输线方程的通解；$\boldsymbol{V}^p(x,t)$ 和 $\boldsymbol{I}^p(x,t)$ 是多导体传输线方程的特解。在没有外场激励情况下，$\boldsymbol{V}^p(x,t)$、$\boldsymbol{I}^p(x,t)$ 为 0。同时，对于传输线的通解，有如下的公式：

$$\begin{aligned}\boldsymbol{V}^h(x,t)&=\boldsymbol{G}^z(x,t)*\boldsymbol{I}^+(t)-\boldsymbol{G}^z(x-d,t)*\boldsymbol{I}^-(t)\\\boldsymbol{I}^h(x,t)&=\boldsymbol{G}(x,t)*\boldsymbol{I}^+(t)+\boldsymbol{G}(x-d,t)*\boldsymbol{I}^-(t)\end{aligned} \tag{4-77}$$

其中，$\boldsymbol{G}(x,t)$ 为多导体传输线的时域传输矩阵，即多导体传输线的时域格林函数。$\boldsymbol{G}(x,t)=\boldsymbol{T}_V\boldsymbol{D}(x,t)\boldsymbol{T}_V^{-1}$，$\boldsymbol{D}(x,t)$ 是 $N\times N$ 的对角矩阵，主对角线元素值为 $\delta(t-|x|/c_i^{TL})$，$c_i^{TL}=1/\sqrt{l_ic_i}$，$i=1,\cdots,N$。$\boldsymbol{G}^z(x,t)=\boldsymbol{Z}_c(t)*\boldsymbol{G}(x,t)$，$\boldsymbol{Z}_c(t)$ 为多导体传输线单位长度的特性阻抗矩阵。$\boldsymbol{Z}_c=\boldsymbol{T}_V\boldsymbol{Z}_m\boldsymbol{T}_I^{-1}$，$\boldsymbol{Z}_m$ 是 $N\times N$ 的对角模特性阻抗矩阵，值为 $\sqrt{l_i/c_i}$，$i=1,\cdots,N$。$\boldsymbol{I}^+(t)$ 和 $\boldsymbol{I}^-(t)$ 分别是前向波和后向波的电流振幅，$*$ 表示卷积操作。

4.6.2　时域传输线方程的时间步进算法

4.6.1 节中得到了 MTL 的时域 BLT 方程，从方程中可以看出，只要求出前向波和后向波

的电流振幅 $\boldsymbol{I}^+(t)$ 和 $\boldsymbol{I}^-(t)$，通过前向波和后向波的电流振幅和相应的格林函数的卷积，可求出多导体传输线的沿线电压和电流向量。这里采用时间步进（Marching-On-In-Time，MOT）算法来求解时域的传输线方程。

多导体传输线上电压和电流在 x=0 和 x=d 处所满足的终端边界条件为

$$\begin{aligned}\boldsymbol{V}(0,t)=\boldsymbol{V}^p(0,t)+\boldsymbol{V}^h(0,t)=\boldsymbol{V}_1^{\text{end}}(t)\\ \boldsymbol{I}(0,t)=\boldsymbol{I}^p(0,t)+\boldsymbol{I}^h(0,t)=\boldsymbol{I}_1^{\text{end}}(t)\end{aligned}\tag{4-78}$$

$$\begin{aligned}\boldsymbol{V}(d,t)=\boldsymbol{V}^p(d,t)+\boldsymbol{V}^h(d,t)=\boldsymbol{V}_2^{\text{end}}(t)\\ \boldsymbol{I}(d,t)=\boldsymbol{I}^p(d,t)+\boldsymbol{I}^h(d,t)=\boldsymbol{I}_2^{\text{end}}(t)\end{aligned}\tag{4-79}$$

式中，$\boldsymbol{V}_1^{\text{end}}(t)$ 和 $\boldsymbol{I}_1^{\text{end}}(t)$ 表示 $N_{\text{MTL}}\times 1$ 维的传输线始端电压和电流；$\boldsymbol{V}_2^{\text{end}}(t)$ 和 $\boldsymbol{I}_2^{\text{end}}(t)$ 表示 $N_{\text{MTL}}\times 1$ 维的传输线终端电压和电流。

由式（4-77）有

$$\begin{bmatrix}\boldsymbol{I}^h(0,t)\\ \boldsymbol{I}^h(d,t)\end{bmatrix}=\begin{bmatrix}\boldsymbol{G}(0,t) & \boldsymbol{G}(-d,t)\\ \boldsymbol{G}(d,t) & \boldsymbol{G}(0,t)\end{bmatrix}*\begin{bmatrix}\boldsymbol{I}^+(t)\\ \boldsymbol{I}^-(t)\end{bmatrix}\tag{4-80}$$

$$\begin{bmatrix}\boldsymbol{V}^h(0,t)\\ \boldsymbol{V}^h(d,t)\end{bmatrix}=\begin{bmatrix}\boldsymbol{G}^z(0,t) & -\boldsymbol{G}^z(-d,t)\\ \boldsymbol{G}^z(d,t) & -\boldsymbol{G}^z(0,t)\end{bmatrix}*\begin{bmatrix}\boldsymbol{I}^+(t)\\ \boldsymbol{I}^-(t)\end{bmatrix}\tag{4-81}$$

采用时间基函数将 $\boldsymbol{I}^+(t)$、$\boldsymbol{I}^-(t)$ 展开：

$$\boldsymbol{I}^+(t)\approx\sum_{l'=1}^{N_t}\boldsymbol{I}_{l'}^+f_{l'}^{\,t}(t),\quad \boldsymbol{I}^-(t)\approx\sum_{l'=1}^{N_t}\boldsymbol{I}_{l'}^-f_{l'}^t(t)\tag{4-82}$$

式中，$f_{l'}^t(t)$ 是时间基函数；$I_{l'}^+$、$I_{l'}^-$ 分别是前后向电流相关的待求加权系数。在本章中，时间基函数 $f_{l'}^t(t)=f^t(t-l'\Delta t)$，并设为三角时间基函数。

把式（4-82）代入式（4-80）和式（4-81）可以得到

$$\begin{bmatrix}\boldsymbol{I}(0)\\ \boldsymbol{I}(d)\end{bmatrix}=\sum_{l'=1}^{N_t}\begin{bmatrix}\boldsymbol{G}(0,t) & \boldsymbol{G}(-d,t)\\ \boldsymbol{G}(d,t) & \boldsymbol{G}(0,t)\end{bmatrix}*\begin{bmatrix}I_{l'}^+f_{l'}^t(t)\\ I_{l'}^-f_{l'}^t(t)\end{bmatrix}\tag{4-83}$$

$$\begin{bmatrix}\boldsymbol{V}(0)\\ \boldsymbol{V}(d)\end{bmatrix}=\sum_{l'=1}^{N_t}\begin{bmatrix}\boldsymbol{G}^z(0,t) & -\boldsymbol{G}^z(-d,t)\\ \boldsymbol{G}^z(d,t) & -\boldsymbol{G}^z(0,t)\end{bmatrix}*\begin{bmatrix}I_{l'}^+f_{l'}^t(t)\\ I_{l'}^-f_{l'}^t(t)\end{bmatrix}\tag{4-84}$$

用 $\delta(t-l\Delta t)$ 函数进行测试：

$$\begin{aligned}\begin{bmatrix}\boldsymbol{I}_l(0)\\ \boldsymbol{I}_l(d)\end{bmatrix}&=\sum_{l'=1}^{l}\begin{bmatrix}\boldsymbol{G}(0,t) & \boldsymbol{G}(-d,t)\\ \boldsymbol{G}(d,t) & \boldsymbol{G}(0,t)\end{bmatrix}*f_{l'}^t(t)\Big|_{t=l\Delta t}\cdot\begin{bmatrix}I_{l'}^+\\ I_{l'}^-\end{bmatrix}\\ &=\sum_{l'=1}^{l}\begin{bmatrix}\bar{\boldsymbol{G}}_{l-l'}(1,1) & \bar{\boldsymbol{G}}_{l-l'}(1,2)\\ \bar{\boldsymbol{G}}_{l-l'}(2,1) & \bar{\boldsymbol{G}}_{l-l'}(2,2)\end{bmatrix}\begin{bmatrix}I_{l'}^+\\ I_{l'}^-\end{bmatrix},\quad l=1,\cdots,N_t\end{aligned}\tag{4-85}$$

$$\begin{aligned}\begin{bmatrix}\boldsymbol{V}_l(0)\\ \boldsymbol{V}_l(d)\end{bmatrix}&=\sum_{l'=1}^{l}\begin{bmatrix}\boldsymbol{G}^z(0,t) & -\boldsymbol{G}^z(-d,t)\\ \boldsymbol{G}^z(d,t) & -\boldsymbol{G}^z(0,t)\end{bmatrix}*f_{l'}^t(t)\Big|_{t=l\Delta t}\cdot\begin{bmatrix}I_{l'}^+\\ I_{l'}^-\end{bmatrix}\\ &=\sum_{l'=1}^{l}\begin{bmatrix}\bar{\boldsymbol{G}}_{l-l'}^z(1,1) & \bar{\boldsymbol{G}}_{l-l'}^z(1,2)\\ \bar{\boldsymbol{G}}_{l-l'}^z(2,1) & \bar{\boldsymbol{G}}_{l-l'}^z(2,2)\end{bmatrix}\begin{bmatrix}I_{l'}^+\\ I_{l'}^-\end{bmatrix},\quad l=1,\cdots,N_t\end{aligned}\tag{4-86}$$

其中

$$\begin{aligned}\bar{\boldsymbol{G}}_{l-l'}(1,1)=\bar{\boldsymbol{G}}_{l-l'}(2,2)=\boldsymbol{G}(0,(l-l')\Delta t)*f_{l'}^{\,t}(t)\\ \bar{\boldsymbol{G}}_{l-l'}(1,2)=\bar{\boldsymbol{G}}_{l-l'}(2,1)=\boldsymbol{G}(d,(l-l')\Delta t)*f_{l'}^{\,t}(t)\\ \bar{\boldsymbol{G}}_{l-l'}^{z}(1,1)=-\bar{\boldsymbol{G}}_{l-l'}^{z}(2,2)=\boldsymbol{G}^{z}(0,(l-l')\Delta t)*f_{l'}^{\,t}(t)\\ \bar{\boldsymbol{G}}_{l-l'}^{z}(1,2)=-\bar{\boldsymbol{G}}_{l-l'}^{z}(2,1)=\boldsymbol{G}^{z}(d,(l-l')\Delta t)*f_{l'}^{\,t}(t)\end{aligned} \tag{4-87}$$

式中，$\bar{\boldsymbol{G}}_{l-l'}$ 和 $\bar{\boldsymbol{G}}_{l-l'}^{z}$ 是 $N_{\mathrm{MTL}}\times N_{\mathrm{MTL}}$ 维 MTL 离散传播矩阵；$*$代表卷积操作。

式（4-85）、式（4-86）便是基于时间步进（MOT）算法的电压和电流离散式。将其代入传输线终端条件，可以得到基于 MOT 的传输线求解器方程：

$$\boldsymbol{G}_0^{z}\boldsymbol{I}_l^{\mathrm{CBL}}=\boldsymbol{V}_l^{\mathrm{ends}}-\sum_{l'=1}^{l-1}\boldsymbol{G}_{l-l'}^{z}\boldsymbol{I}_{l'}^{\mathrm{CBL}},\quad l=1,\cdots,N_t \tag{4-88}$$

这样只要知道第 $l-1$ 时间步以及之前的电流，根据方程（4-88）便可以计算出第 l 时间步上的电流，就可以采用递推的方法求解出所需要的所有时间步上的电流。其中，$\boldsymbol{I}_l^{\mathrm{CBL}}=\left[\boldsymbol{I}^{+}\ \ \boldsymbol{I}^{-}\right]^{\dagger}$，$\boldsymbol{V}_l^{\mathrm{end}}=\left[\boldsymbol{V}_l(0)\ \ \boldsymbol{V}_l(d)\right]^{\dagger}$。这里激励源电压向量为已知量，它由传输线终端电路负载提供。

4.6.3 损耗处理

损耗来自两个方面：周围介质的非零电导率和极化损耗或者非理想导体。非理想导体的电阻包含在 $n\times n$ 的单位长度电阻矩阵 $\boldsymbol{R}$ 中，对于有耗导体，存在由于磁通作用用于导体内部而产生的内电感，它由单位长度内电感矩阵 $\boldsymbol{L}$ 表示。导体周围介质的频率相关损耗被包含在 $n\times n$ 矩阵 $\boldsymbol{G}$ 中。

传输线的三种时域传输线格林函数表示为

$$\begin{aligned}g(z,t)=F^{-1}\left\{e^{-\dot{\gamma}(f)|z|}\right\}\\ g^{z}(z,t)=F^{-1}\left\{\dot{\boldsymbol{Z}}_c(f)e^{-\dot{\gamma}(f)|z|}\right\}\\ g^{y}(z,t)=F^{-1}\left\{\dot{\boldsymbol{Y}}_c(f)e^{-\dot{\gamma}(f)|z|}\right\}\end{aligned} \tag{4-89}$$

其中，$\dot{\gamma}(f)=\sqrt{\dot{\boldsymbol{Z}}(f)\dot{\boldsymbol{Y}}(f)}$，$\dot{\boldsymbol{Z}}_c(f)=\sqrt{\dot{\boldsymbol{Z}}(f)\dot{\boldsymbol{Y}}(f)}$，$\dot{\boldsymbol{Z}}(f)=r+\mathrm{j}2\pi fl$，$\dot{\boldsymbol{Y}}_c(f)=g+\mathrm{j}2\pi fc$。$\dot{\boldsymbol{Z}}(f)$、$\dot{\boldsymbol{Y}}(f)$ 分别代表传输线的频域单位长度的特性阻抗和特性导纳。$F^{-1}\{\bullet\}$ 表示傅里叶逆变换。最终有传输线函数的时域表达形式：

$$\begin{aligned}g(z,t)=e^{-a(t-t_d)}\delta(t-t_d)+be^{-at}u(t-t_d)\left[\frac{t_d}{\tau}\mathrm{I}_1(b\tau)\right]\\ g^{z}(z,t)=Z_c e^{-a(t-t_d)}\delta(t-t_d)+bZ_c e^{-at}u(t-t_d)\left[\frac{t}{\tau}\mathrm{I}_1(b\tau)-\mathrm{I}_0(b\tau)\right]\\ g^{y}(z,t)=Y_c e^{-a(t-t_d)}\delta(t-t_d)+bY_c e^{-at}u(t-t_d)\left[\frac{t}{\tau}\mathrm{I}_1(b\tau)+\mathrm{I}_0(b\tau)\right]\end{aligned} \tag{4-90}$$

式中，$\delta(\cdot)$、$u(\cdot)$ 分别代表脉冲信号和单位阶跃信号；I_0、I_1 分别表示 1 阶、2 阶修正贝塞尔函数；$\tau=\sqrt{t^2-t_d^2}$；$a=0.5(r/l+g/c)$；$b=0.5(g/c-r/l)$；$t_d=|z|/c_{\mathrm{CBL}}$；$c_{\mathrm{CBL}}=1/\sqrt{lc}$；

$Z_c = \sqrt{l/c}$ 。

当传输线无耗时，式（4-90）中 r 、g 为 0，即 a 、b 为 0。$g(z,t)$ 、$g^z(z,t)$ 、$g^y(z,t)$ 可以表示成 δ 函数的表达式，其卷积操作方便快捷。当传输线有耗时，卷积运算烦琐复杂。卷积运算存在的一个主要困难是：为了得到卷积和，必须从 0 时刻积分到时间 t，而且卷积计算必须进行反折、移动、相乘、相加，所有这些操作使得卷积运算变得非常复杂，从而导致预算时间太长。

在这里采用递归卷积来进行时域中的卷积。递归卷积的方法思路如下：递归卷积方法主要依赖于将时域响应表现为指数时间函数之和。例如，假设有一时域响应信号如下所示：

$$h(t) = \sum_{i=1}^{N} a_i \mathrm{e}^{b_i t} \tag{4-91}$$

然后可以利用指数函数的性质 $\mathrm{e}^{(a+b)} = \mathrm{e}^a \mathrm{e}^b$ ，可以将卷积 $h(t) * x(t)$ 写成：

$$\begin{aligned}[h(t) * x(t)]\big|_{t=t_i} &= \int_0^{t_i} \underbrace{a\mathrm{e}^{b\tau}}_{h(\tau)} x(t_i - \tau)\mathrm{d}\tau \\ &= \int_0^{t_i - t_{i-1}} a\mathrm{e}^{b\tau} x(t_i - \tau)\mathrm{d}\tau + \int_{t_i - t_{i-1}}^{t_i} a\mathrm{e}^{b\tau} x(t_i - \tau)\mathrm{d}\tau \\ &= \int_0^{\Delta t} a\mathrm{e}^{b\tau} x(t_i - \tau)\mathrm{d}\tau + \mathrm{e}^{b\Delta t}\int_0^{t_{i-1}} a\mathrm{e}^{b[\tau-(t_i - t_{i-1})]} x\{t_{i-1} - [\tau - (t_i - t_{i-1})]\}\mathrm{d}\tau\end{aligned} \tag{4-92}$$

令 $\xi = \tau - (t_i - t_{i-1}) = \tau - \Delta t$ ，则式（4-92）可以写成：

$$\begin{aligned}[h(t) * x(t)]\big|_{t=t_i} &= \int_0^{\Delta t} a\mathrm{e}^{b\tau} x(t_i - \tau)\mathrm{d}\tau + \mathrm{e}^{b\Delta t}\int_0^{t_{i-1}} a\mathrm{e}^{b\xi} x(t_{i-1} - \xi)\mathrm{d}\xi \\ &= \int_0^{\Delta t} a\mathrm{e}^{b\tau} x(t_i - \tau)\mathrm{d}\tau + \mathrm{e}^{b\Delta t} y(t_{i-1})\end{aligned} \tag{4-93}$$

由式（4-93）可以看出，递归卷积技术允许随着时间的推移，累加以前时间点的卷积结果。

想要得到式（4-93）中递归卷积的性质，需要得到形如式（4-91）的指数函数，这里通过向量拟合来得到这样的函数。

如果将拉普拉斯域中的传输函数表现为有理多项式的形式：

$$F(s) = \frac{a_0 + a_1 s + \cdots + a_N s^N}{b_0 + b_1 s + \cdots + b_N s^N} \tag{4-94}$$

利用部分分数法，它能够展开为

$$F(s) = c_0 + \sum_{i=1}^{N} \frac{c_i}{s - p_i} \tag{4-95}$$

式中，c_0 是常数项；p_i 是极点；c_i 是留数。在时域，式（4-95）通过拉普拉斯逆变换变为

$$f(t) = c_0 \delta(t) + \sum_{i=1}^{N} c_i \mathrm{e}^{p_i t} \tag{4-96}$$

因此，递归卷积计算能够很容易实现。通过向量拟合的思想，能够高效地求出格林函数的卷积。为了确定 $F(s)$ 的频域展开式，需要确定所考察的频域范围内的主导节点和它们的留数，向量拟合的方法旨在求解这个问题。

对频域传输线的格林函数 $\dot{g}(z,f)\mathrm{e}^{\mathrm{j}2\pi f t_d}$ 、$\dot{g}^z(z,f)\mathrm{e}^{\mathrm{j}2\pi f t_d}$ 、$\dot{g}^y(z,f)\mathrm{e}^{\mathrm{j}2\pi f t_d}$ 采用 N_Q、N_Q^z、N_Q^y 阶向量拟合。可以得到，常数项 A 、A^z 、A^y ，第 j 阶留数 R_j 、R_j^z 、R_j^y 和极点 P_j 、P_j^z 、P_j^y 。

$$\begin{cases} g(z,t) \approx A\delta(t-t_d) + u(t-t_d)\sum_{j=1}^{N_Q} R_j \mathrm{e}^{p_j(t-t_d)} \\ g^z(z,t) \approx A^z\delta(t-t_d) + u(t-t_d)\sum_{j=1}^{N_Q^i} R_j^z \mathrm{e}^{p_j^z(t-t_d)} \\ g^y(z,t) \approx A^y\delta(t-t_d) + u(t-t_d)\sum_{j=1}^{N_Q^a} R_j^a \mathrm{e}^{p_j^y(t-t_d)} \end{cases} \tag{4-97}$$

式中，$t_d = |z| / c_{\text{CBL}}$，$c_{\text{CBL}}$ 为波在传输线上的传播速度。所以能够得到传输线的格林函数与时间基函数之间的卷积公式如下：

$$g(z,t) * f^t(t)\Big|_{t=t_n} = \begin{cases} Af^t(t_d), & t = t_d \\ Af^t(t_d) + \sum_{j=1}^{N_Q}\left[\int_0^{\Delta t} R_j \mathrm{e}^{p_j(t-t_d)} f^t(t_n - t_d - \tau)\mathrm{d}\tau + \mathrm{e}^{p_j\Delta t} y_j(t_{n-1})\right], & t > t_d \end{cases} \tag{4-98}$$

$$g^z(z,t) * f^t(t)\Big|_{t=t_n} = \begin{cases} A^z f^t(t_d), & t = t_d \\ A^z f^t(t_d) + \sum_{j=1}^{N_Q^z}\left[\int_0^{\Delta t} R_j^z \mathrm{e}^{p_j^z(t-t_d)} f^t(t_n - t_d - \tau)\mathrm{d}\tau + \mathrm{e}^{p_j^z\Delta t} y(t_{n-1})\right], & t > t_d \end{cases} \tag{4-99}$$

$$g^y(z,t) * f^t(t)\Big|_{t=t_n} = \begin{cases} A^y f^t(t_d), & t = t_d \\ A^y f^t(t_d) + \sum_{j=1}^{N_Q^y}\left[\int_0^{\Delta t} R_j^y \mathrm{e}^{p_j^y(t-t_d)} f^t(t_n - t_d - \tau)\mathrm{d}\tau + \mathrm{e}^{p_j^y\Delta t} y(t_{n-1})\right], & t > t_d \end{cases} \tag{4-100}$$

将式（4-98）、式（4-99）、式（4-100）代入式（4-87）中，求出基于 MOT 方法的多导体传输线方程中的阻抗元素。

4.7　时域积分方程分析线-路耦合问题

4.7.1　基于改进节点分析法的电路方程

由于传输线终端连接不同的电路，采用 MNA 方法来进行分析。MNA 方法中，电路未知量包括独立节点的节点电压以及流过电压源的电流，这里将电路系统的未知量个数表示为 N_t，其等于电路中非接地节点的个数和电压源的个数之和。

当传输线终端接线性元件以及独立的电压源时，对要计算的 N_t 个时间步而言，每 jN_{CKT} 个时间步下都要对 N_{CKT} 个电路未知量采用 MNA 方法建立 N_{CKT} 个电路方程：

$$\boldsymbol{Y}\boldsymbol{V}_j^{\text{CKT}} = \boldsymbol{I}_j^{\text{CKT}} \tag{4-101}$$

式中，$j = 1,2,\cdots,N_t$；矩阵 $\boldsymbol{Y}$ 表示线性时不变的电路元素，是一个大小为 $N_{\text{CKT}} \times N_{\text{CKT}}$ 的稀疏的导纳矩阵，只包含 $O(N_{\text{CKT}})$ 个非零元素；$\boldsymbol{V}_j^{\text{CKT}}$ 是由节点电压以及电压源支路上的电流等电

路未知量构成的矢量；$\boldsymbol{I}_j^{\mathrm{CKT}}$ 是由独立的源贡献构成的矢量。

4.7.2　线–路耦合矩阵方程的建立

将传输线与电路分成端口网络，根据置换定理将电路子系统用受控电压源置换与传输线子系统相连；同时，将传输线子系统用受控电流源置换与电路系统相连，完成端口网络拆分。如图 4-22 所示，其中，CKT 表示电路系统，TL 表示传输线系统。

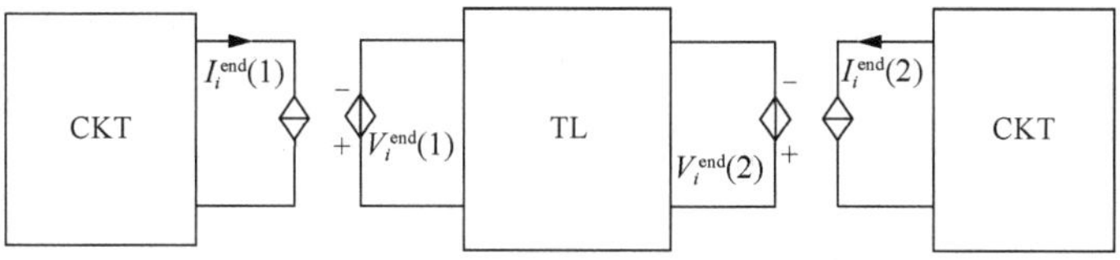

图 4-22　线–路端口耦合网络模型

$$\begin{aligned}\boldsymbol{I}_l^{\mathrm{CKT}} &= \boldsymbol{C}^{\mathrm{tc}\dagger}\,\boldsymbol{I}_l^{\mathrm{end}} \\ \boldsymbol{V}_l^{\mathrm{end}} &= -\boldsymbol{C}^{\mathrm{tc}}\boldsymbol{V}_l^{\mathrm{CKT}}\end{aligned} \tag{4-102}$$

式中，$\boldsymbol{I}_l^{\mathrm{CKT}}$ 是等效电流源，表示传输线终端对电路的作用；$\boldsymbol{V}_l^{\mathrm{end}}$ 是等效电压源，表示电路对传输线终端的作用；$\boldsymbol{C}^{\mathrm{tc}}$ 为 $2N_{\mathrm{CBL}}\times N_{\mathrm{CKT}}$ 的耦合矩阵，$\boldsymbol{C}^{\mathrm{tc}}$ 和 $\boldsymbol{C}^{\mathrm{tc}\dagger}$ 互为转置，它们都是稀疏矩阵，只有电路和传输线的接口处才有值，并且值为 1。

将式（4-102）代入式（4-98）中，替换掉 $\boldsymbol{I}_l^{\mathrm{end}}$，有线–路耦合系统的矩阵方程：

$$\begin{bmatrix}\boldsymbol{Y}_0^{\mathrm{CKT}} & -\boldsymbol{C}^{\mathrm{tc}\dagger}\,\boldsymbol{G}_0 \\ -\boldsymbol{C}^{\mathrm{tc}} & \boldsymbol{G}_0^{z}\end{bmatrix}\begin{bmatrix}\boldsymbol{V}_l^{\mathrm{CKT}} \\ \boldsymbol{I}_l^{\mathrm{CBL}}\end{bmatrix}=\begin{bmatrix}\boldsymbol{I}_l^{\mathrm{CKT}} \\ \boldsymbol{0}\end{bmatrix}-\sum_{l'=1}^{l-1}\begin{bmatrix}\boldsymbol{Y}_{l-l'}^{\mathrm{CKT}} & -\boldsymbol{C}^{\mathrm{tc}\dagger}\,\boldsymbol{G}_{l-l'} \\ \boldsymbol{0} & \boldsymbol{G}_{l-l'}^{z}\end{bmatrix}\begin{bmatrix}\boldsymbol{V}_{l'}^{\mathrm{CKT}} \\ \boldsymbol{I}_{l'}^{\mathrm{CBL}}\end{bmatrix} \tag{4-103}$$

4.7.3　含非线性元件的时域分析

当传输线端接非线性元件时，矩阵方程（4-103）变为

$$f(\boldsymbol{X}_l)=\boldsymbol{b}_l \tag{4-104}$$

其中

$$f(\boldsymbol{X}_j)=\begin{bmatrix}\boldsymbol{Y}_0^{\mathrm{CKT}} & -\boldsymbol{C}^{\mathrm{te}\dagger}\,\boldsymbol{G}_0 \\ -\boldsymbol{C}^{\mathrm{te}} & \boldsymbol{G}_0^{z}\end{bmatrix}\begin{bmatrix}\boldsymbol{V}_l^{\mathrm{CKT}} \\ \boldsymbol{I}_l^{\mathrm{CBL}}\end{bmatrix}+\begin{bmatrix}\boldsymbol{0} \\ \boldsymbol{I}_l^{\mathrm{CKT}}(\boldsymbol{V}_l^{\mathrm{CKT}})\end{bmatrix}$$

$$\boldsymbol{b}_l=\begin{bmatrix}\boldsymbol{I}_l^{\mathrm{CKT}} \\ \boldsymbol{0}\end{bmatrix}-\sum_{l'=1}^{l-1}\begin{bmatrix}\boldsymbol{Y}_{l-l'}^{\mathrm{CKT}} & -\boldsymbol{C}^{\mathrm{te}\dagger}\,\boldsymbol{G}_{l-l'} \\ \boldsymbol{0} & \boldsymbol{G}_{l-l'}^{z}\end{bmatrix}\begin{bmatrix}\boldsymbol{V}_{l'}^{\mathrm{CKT}} \\ \boldsymbol{I}_{l'}^{\mathrm{CBL}}\end{bmatrix}$$

式中，$\boldsymbol{I}_l^{\mathrm{CKT}}(\boldsymbol{V}_l^{\mathrm{CKT}})$ 为电路求解器中的非线性元件的电参量，它表明该元件的电流与其电压 $\boldsymbol{V}_l^{\mathrm{CKT}}$ 之间呈非线性关系。

在每个时间步 $j=1,\cdots,N_t$，按照如下的五步牛顿迭代法求解上述含有非线性元件的场–路耦合系统方程。

步骤一：计算出右边向量 $\boldsymbol{b}_j$，然后令牛顿迭代步 $p=1,2,\cdots$。

步骤二：求出余向量 $\boldsymbol{r}_{j,p-1}=f(\boldsymbol{X}_{j,p-1})-\boldsymbol{b}_j$，其中，$\boldsymbol{X}_{j,p-1}$ 是前一个牛顿迭代步求解出来的解向量，并且设定初始值为 $\boldsymbol{X}_{j,0}=\boldsymbol{X}_{j-1}$，即前一个时间步的解。当时间步 $j=1$ 时，令初值 $\boldsymbol{X}_{1,0}=\boldsymbol{X}_0=\boldsymbol{0}$。

步骤三：如果$\left\|\boldsymbol{r}_{j,p-1}\right\| < \varepsilon \times \left\|\boldsymbol{b}_j\right\|$，那么停止牛顿迭代，并且第$j$个时间步的解为$\boldsymbol{X}_j = \boldsymbol{X}_{j,p-1}$。其中，$\|\bullet\|$表示计算向量的二范数，$\varepsilon$表示求解精度，是事先设定好的常数，本章取$\varepsilon = 10^{-9}$。否则，执行下一步骤。

步骤四：根据耦合系统的矩阵方程（4-104），可令$\boldsymbol{F}(\boldsymbol{X}_j) = f(\boldsymbol{X}_j) - \boldsymbol{b}_j = 0$，那么在$\boldsymbol{X}_j$的邻域内可以将$\boldsymbol{F}(\boldsymbol{X}_j)$作泰勒级数展开，表示为

$$\boldsymbol{F}(\boldsymbol{X}_j + \delta\boldsymbol{X}_j) = \boldsymbol{F}(\boldsymbol{X}_j) + \frac{\partial \boldsymbol{F}(\boldsymbol{X}_j)}{\partial \boldsymbol{X}_j}\delta\boldsymbol{X}_j + O\left[(\delta\boldsymbol{X}_j)^2\right] \tag{4-105}$$

那么式（4-105）中偏导数项形成的矩阵被称为雅可比矩阵$\boldsymbol{JA}$，即

$$\boldsymbol{JA} = \begin{bmatrix} \boldsymbol{Y}_0^{\mathrm{CKT}} + \left.\dfrac{\partial \boldsymbol{I}_j^{\mathrm{CKT},nl}(\boldsymbol{V}_j^{\mathrm{CKT}})}{\partial \boldsymbol{V}_j^{\mathrm{CKT}}}\right|_{\boldsymbol{V}_{j,p-1}^{\mathrm{CKT}}} & -\boldsymbol{C}^{\mathrm{te}\dagger}\,\boldsymbol{G}_0 \\ -\boldsymbol{C}^{\mathrm{te}} & \boldsymbol{G}_0^z \end{bmatrix} \tag{4-106}$$

步骤五：求解下面的雅可比矩阵方程：

$$[\boldsymbol{JA}]\boldsymbol{s}_p = \boldsymbol{r}_{j,p-1} \tag{4-107}$$

求解得到向量$\boldsymbol{s}_p$，更新出第p个牛顿迭代步的解向量$\boldsymbol{X}_{j,p} = \boldsymbol{X}_{j,p-1} - \boldsymbol{s}_p$。然后，令$p = p+1$，循环上述步骤二～步骤五，直到获得满足求解精度的$\boldsymbol{X}_j$。

4.7.4　入射场激励下的传输线方程

针对复杂结构内部线缆上电磁干扰分析的问题，需要对电磁场结构进行分析，能够将其与传输线和电路分析方法混合来分析系统电磁兼容问题。

对于已有的 TDIE-TDIE-MNA 时域混合方法，其思路如下。

将复杂的场-线-路系统分为外部系统和内部系统，外部系统由外部电磁场结构与线缆屏蔽层构成；内部系统由同轴线的内芯和屏蔽层的内表面构成。对于外部系统采用全波分析方法进行处理，电磁场结构使用 RWG 面基函剖分离散，屏蔽线采用线基函数离散。对于内部系统采用 TEM 波的线缆求解器。内部系统和外部系统之间通过外表层的电流和屏蔽层的转移阻抗、转移导纳建立耦合关系，计算出内芯上的等效分布电压源和电流源。写出场-线-路耦合矩阵如式（4-108）所示：

$$\begin{bmatrix} \boldsymbol{Z}_0^{\mathrm{EM}} & 0 & 0 \\ 0 & \boldsymbol{Y}^{\mathrm{CKT}} & \boldsymbol{C}^{\mathrm{ch}} \\ 0 & \boldsymbol{C}^{\mathrm{tc}} & \boldsymbol{G}_0^z \end{bmatrix} \begin{bmatrix} \boldsymbol{I}_l^{\mathrm{EM}} \\ \boldsymbol{V}_l^{\mathrm{CKT}} \\ \boldsymbol{I}_l^{\mathrm{CBL}} \end{bmatrix} = \begin{bmatrix} \boldsymbol{V}_l^{\mathrm{ei}} \\ \boldsymbol{I}_l^{\mathrm{CKT}} \\ \boldsymbol{V}_l^p \end{bmatrix} \tag{4-108}$$

式中，$\boldsymbol{Z}_0^{\mathrm{EM}}$表示面、线、线面结合基函数的时域阻抗矩阵；$\boldsymbol{Y}^{\mathrm{CKT}}$表示电路导纳矩阵，$\boldsymbol{C}^{\mathrm{tc}}$为耦合矩阵；$\boldsymbol{G}_0^z$表示传输线的时域阻抗矩阵；$\boldsymbol{I}_l^{\mathrm{EM}}$表示电磁场方程的解向量；$\boldsymbol{V}_l^{\mathrm{CKT}}$表示电路中节点电压；$\boldsymbol{I}_l^{\mathrm{CBL}}$表示传输线方程的解；$\boldsymbol{V}_l^{\mathrm{ei}}$表示外部的电磁场；$\boldsymbol{I}_l^{\mathrm{CKT}}$是由独立的源贡献构成的矢量；$\boldsymbol{V}_l^p$表示传输线上外部激励源产生的等效电压源。

考虑到实际应用中，场-线-路耦合问题存在的系统往往是一个多输入/多输出、多尺度、非线性的耦合系统。采用传统的 TDIE-TDIE-MNA 方法求解时，会存在耦合矩阵复杂、收敛慢的问题。

假设线缆尺寸与系统腔体结构尺寸相比无限小，或者线缆存在于具有大开口结构的系统中，忽略线缆的二次辐射对周围场的贡献。采用 TDIE 方法计算外界强电磁脉冲通过不同耦合路径进入系统内部的线缆位置的场分布；再通过转移导纳、转移阻抗求得传输线上的等效电压源和电流源；最后，通过改进的节点电路分析方法，结合端口等效原理，完成整个复杂系统的干扰分析。

如图 4-23 所示，TIDE 三维场分布求解器完成三维场计算；TDIE-MTL 线缆求解器完成传输线计算；MNA 电路求解器完成电路计算。该方法的最大优点在于可根据不同的系统结构、线缆结构以及电路结构，分别采用不同方法完成场、线、路的独立求解，并通过耦合电场、受控电压源、受控电流源建立耦合关系，实现了复杂平台问题的快速瞬态分析。

图 4-23　场-线-路混合求解示意图

接下来，首先推导出均匀和非均匀场激励下的传输线方程；接着对传输线的场线耦合模型进行分析，并对屏蔽线缆内部进行研究，建立基于传输线方程的线缆求解器；并通过 MNA 电路求解器建立起场-线-路耦合求解器。

一个外部入射电磁场激励传输线的过程，可以认为通过如下方式实现。平面波在传输线导体上感应出电流和电荷，相应地，这些感应电流和感应电荷将产生散射场，该散射场与入射场结合在一起，共同满足传输线导体表面的边界条件。

如图 4-24 所示，沿着两导体间平坦表面的围线，法拉第定律可以写为

$$\int_{a}^{a'} \boldsymbol{E}\cdot \mathrm{d}\boldsymbol{l}+\int_{a'}^{b'} \boldsymbol{E}\cdot \mathrm{d}\boldsymbol{l}+\int_{b'}^{b} \boldsymbol{E}\cdot \mathrm{d}\boldsymbol{l}+\int_{b}^{a} \boldsymbol{E}\cdot \mathrm{d}\boldsymbol{l}=\frac{\mathrm{d}}{\mathrm{d}t}\phi_n \tag{4-109}$$

穿过此平坦表面的总磁通是

$$\phi_n=\int_s \boldsymbol{B}_n\cdot \mathrm{d}\boldsymbol{s}=\int_s \boldsymbol{B}\cdot \boldsymbol{a}_n \mathrm{d}s \tag{4-110}$$

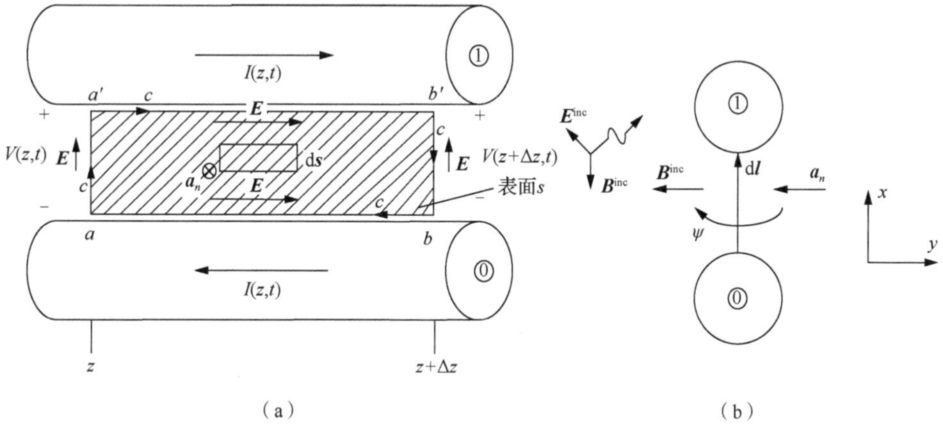

图 4-24　推导平面波激励的传输线第 1 方程所用围线的定义

对于平面波激励的情形，磁通密度有两个分量：一个分量称为散射场，用 $\boldsymbol{B}^{\mathrm{scat}}$ 表示；另

一个分量由入射场决定，表示为 $\boldsymbol{B}^{\text{inc}}$。总的场是散射分量和入射分量之和。

$$\boldsymbol{B}=\boldsymbol{B}^{\text{scat}}+\boldsymbol{B}^{\text{inc}} \tag{4-111}$$

因此，穿过表面的总磁通是两个分量的磁通之和：

$$\phi_n=\int_s \boldsymbol{B}\cdot\boldsymbol{a}_n\text{d}s=\int_s \boldsymbol{B}^{\text{scat}}\cdot\boldsymbol{a}_n\text{d}s+\int_s \boldsymbol{B}^{\text{inc}}\cdot\boldsymbol{a}_n\text{d}s \tag{4-112}$$

传输线的电压定义为

$$V(z,t)=-\int_a^{a'}\boldsymbol{E}(x,y,z,t)\cdot\text{d}\boldsymbol{l} \tag{4-113}$$

$$V(z+\Delta z,t)=-\int_b^{b'}\boldsymbol{E}(x,y,z+\Delta z,t)\cdot\text{d}\boldsymbol{l} \tag{4-114}$$

为了包含非理想导体的情形，同样定义每个导体的单位长度电阻分别为 $r_1\ \Omega/\text{m}$ 和 $r_0\ \Omega/\text{m}$。这样，

$$-\int_{a'}^{b'}\boldsymbol{E}\cdot\text{d}\boldsymbol{l}=-\int_{a'}^{b'}E_z\cdot\text{d}z=-r_1\Delta zI(z,t) \tag{4-115}$$

$$-\int_b^a\boldsymbol{E}\cdot\text{d}\boldsymbol{l}=-\int_b^a E_z\cdot\text{d}z=-r_0\Delta zI(z,t) \tag{4-116}$$

其中，沿着导体有 $\boldsymbol{E}=E_z\boldsymbol{a}_z$，并且 $\text{d}\boldsymbol{l}=\text{d}z\boldsymbol{a}_z$。导体上的电流同样定义为

$$I(z,t)=\oint_{c'}\boldsymbol{H}\cdot\text{d}\boldsymbol{l} \tag{4-117}$$

式中，$\boldsymbol{H}$ 是磁场强度。围线 c' 是横向平面上紧贴着上部导体表面的闭合围线，如图 4-25 所示。

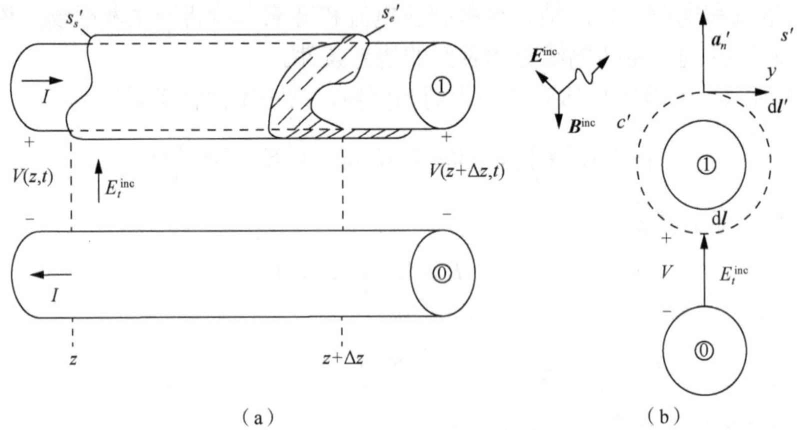

图 4-25　推导平面波激励的传输线第 2 方程所用围线的定义

因此，式（4-109）变成：

$$-V(z,t)+r_1\Delta zI(z,t)+V(z+\Delta z,t)+r_0\Delta zI(z,t)=\frac{\text{d}}{\text{d}t}\int_s\boldsymbol{B}^{\text{scat}}\cdot\boldsymbol{a}_n\text{d}s+\frac{\text{d}}{\text{d}t}\int_s\boldsymbol{B}^{\text{inc}}\cdot\boldsymbol{a}_n\text{d}s \tag{4-118}$$

式（4-117）两边除以 Δz 并整理，给出：

$$\frac{V(z+\Delta z,t)-V(z,t)}{\Delta z}+r_1I(z,t)+r_0I(z,t)-\frac{1}{\Delta z}\frac{\text{d}}{\text{d}t}\int_s\boldsymbol{B}^{\text{scat}}\cdot\boldsymbol{a}_n\text{d}s=\frac{1}{\Delta z}\frac{\text{d}}{\text{d}t}\int_s\boldsymbol{B}^{\text{inc}}\cdot\boldsymbol{a}_n\text{d}s \tag{4-119}$$

其中，散射场 $\boldsymbol{B}^{\text{scat}}$ 是由感应电流产生的，在传输线上的感应电流即为传输线上的分布电流。导体上电流所产生的穿过平坦表面的单位长度磁通与传输线单位长度电感 l 的关系：

$$\phi = \lim_{\Delta z \to 0} \frac{1}{\Delta z} \int_s \boldsymbol{B}^{\text{scat}} \cdot \boldsymbol{a}_n \mathrm{d}s = -\int_a^{a'} \boldsymbol{B}^{\text{scat}} \cdot \boldsymbol{a}_n \mathrm{d}l = lI(z,t) \tag{4-120}$$

取式（4-118）$\Delta z \to 0$ 时的极限，并将式（4-119）代入，可以得到传输线的第 1 方程：

$$\frac{\partial V(z,t)}{\partial z} + rI(z,t) + l\frac{\partial I(z,t)}{\partial t} = \frac{\partial}{\partial t}\int_a^{a'} \boldsymbol{B}^{\text{inc}} \cdot \boldsymbol{a}_n \mathrm{d}l \tag{4-121}$$

其中，传输线的单位长度总电阻是 $r = r_1 + r_0$。

如图 4-25 所示，考虑围绕着上部导体设置一个闭合表面 s'，该表面紧贴着上部导体。它与式（4-117）定义电流时的表面相同。表面的端部记为 s'_e，平行于导体的记为 s'_s。由积分形式的电荷守恒方程：

$$\oiint_{s'} \boldsymbol{J} \cdot \mathrm{d}\boldsymbol{s}' = -\frac{\partial}{\partial t}\int_V \rho \mathrm{d}V \tag{4-122}$$

在表面的端部，有

$$\iint_{s'_e} \boldsymbol{J} \cdot \mathrm{d}\boldsymbol{s}' = I(z+\Delta z) - I(z,t) \tag{4-123}$$

同样，总的电场是散射场分量（记为 $\boldsymbol{E}^{\text{scat}}$）与入射场分量（记为 $\boldsymbol{E}^{\text{inc}}$）之和，如

$$\boldsymbol{E} = \boldsymbol{E}^{\text{scat}} + \boldsymbol{E}^{\text{inc}} \tag{4-124}$$

电压由总电场定义为

$$V(z,t) = -\int_a^{a'} \boldsymbol{E} \cdot \mathrm{d}\boldsymbol{l} = -\int_a^{a'} \boldsymbol{E}^{\text{scat}} \cdot \mathrm{d}\boldsymbol{l} - \int_a^{a'} \boldsymbol{E}^{\text{inc}} \cdot \mathrm{d}\boldsymbol{l} \tag{4-125}$$

同样，定义两个导体间的单位长度电导 g(s/m)为横截面上两个导体间单位长度流过的电流 I_t 与两个导体间的电压之比。因此，有

$$I_t(z,t) = \underbrace{\lim}_{\Delta z \to 0} \frac{1}{\Delta z} \iint_{s'_s} \boldsymbol{J} \cdot \mathrm{d}\boldsymbol{s}' = -g\int_a^{a'} \boldsymbol{E}^{\text{scat}} \cdot \mathrm{d}\boldsymbol{l} = gV(z,t) + g\int_a^{a'} \boldsymbol{E}^{\text{inc}} \cdot \mathrm{d}\boldsymbol{l} \tag{4-126}$$

类似，单位长度电容定义为

$$\underbrace{\lim}_{\Delta z \to 0} \frac{Q_{\text{enc}}}{\Delta z} = -c\int_a^{a'} \boldsymbol{E}^{\text{scat}} \cdot \mathrm{d}\boldsymbol{l} = cV(z,t) + c\int_a^{a'} \boldsymbol{E}^{\text{inc}} \cdot \mathrm{d}\boldsymbol{l} \tag{4-127}$$

将式（4-124）、式（4-127）和式（4-128）代入式（4-122），有

$$I(z+\Delta z) - I(z) + g\Delta z V(z,t) + c\Delta z \frac{\partial V(z,t)}{\partial t} = -g\Delta z\int_a^{a'} \boldsymbol{E}^{\text{inc}} \cdot \mathrm{d}\boldsymbol{l} - c\frac{\partial}{\partial t}\Delta z\int_a^{a'} \boldsymbol{E}^{\text{inc}} \cdot \mathrm{d}\boldsymbol{l} \tag{4-128}$$

将式（4-128）两边除以 Δz 并取 $\Delta z \to 0$ 时的极限，可得平面波激励的传输线第 2 方程：

$$\frac{\partial I(z,t)}{\partial z} + gV(z,t) + c\frac{\partial V(z,t)}{\partial t} = -g\int_a^{a'} \boldsymbol{E}^{\text{inc}} \cdot \mathrm{d}\boldsymbol{l} - c\frac{\partial}{\partial t}\int_a^{a'} \boldsymbol{E}^{\text{inc}} \cdot \mathrm{d}\boldsymbol{l} \tag{4-129}$$

那么，将式(4-121)、式(4-129)中由平面波产生的单位长度分布电源用 $V_F(z,t)$ 和 $I_F(z,t)$ 表示，如图 4-26 所示，即

$$V_F(z,t) = \frac{\partial}{\partial t}\int_a^{a'} \boldsymbol{B}^{\text{inc}} \cdot \boldsymbol{a}_n \mathrm{d}l \tag{4-130}$$

$$I_F(z,t) = -g\int_a^{a'} \boldsymbol{E}^{\text{inc}} \cdot \mathrm{d}\boldsymbol{l} - c\frac{\partial}{\partial t}\int_a^{a'} \boldsymbol{E}^{\text{inc}} \cdot \mathrm{d}\boldsymbol{l} \tag{4-131}$$

可以将平面波照射下的传输线单位长度等值电路方程写为

$$\frac{\partial V(z,t)}{\partial z}+rI(z,t)+l\frac{\partial I(z,t)}{\partial t}=V_F(z,t) \tag{4-132}$$

$$\frac{\partial I(z,t)}{\partial z}+gV(z,t)+c\frac{\partial V(z,t)}{\partial t}=I_F(z,t) \tag{4-133}$$

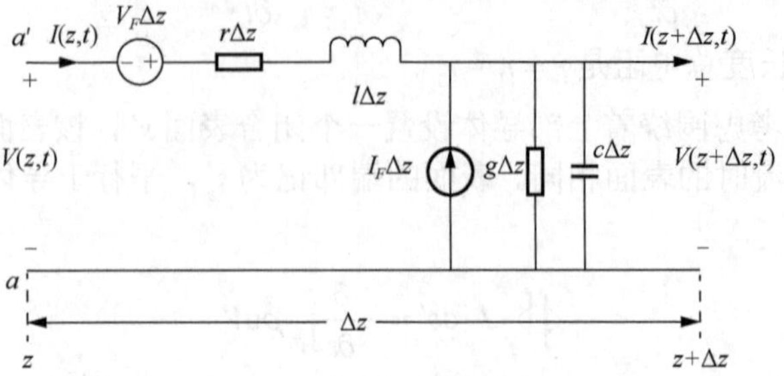

图 4-26　平面波激励的传输线单位长度等值电路

因此，电源分别为平面波在导体间环路的法向磁场分量和传输线横向平面上的电场分量。

注意到等值单位长度电压源式（4-131）是平面波的磁场部分，而等值单位长度电流源式（4-132）是平面波的电场部分。利用法拉第电磁感应定律，可以得到它们之间的关系，并且给出等值的形式。沿着图 4-25 所示的平坦表面的围线，写出法拉第电磁感应定律。当 $\Delta z\to 0$，可得

$$-\frac{\partial}{\partial z}\int_a^{a'}\boldsymbol{E}^{\text{inc}}\cdot \mathrm{d}\boldsymbol{l}+\left[E_z^{\text{inc}}(\text{conductor}\,\#1,z,t)-E_z^{\text{inc}}(\text{reference conductor},z,t)\right]=\frac{\partial}{\partial t}\int_a^{a'}\boldsymbol{B}^{\text{inc}}\cdot \boldsymbol{a}_n\mathrm{d}l \tag{4-134}$$

式（4-131）可以转化为

$$\begin{aligned}&\frac{\partial V(z,t)}{\partial z}+rI(z,t)+l\frac{\partial}{\partial t}I(z,t)\\&=-\frac{\partial}{\partial z}\int_a^{a'}\boldsymbol{E}^{\text{inc}}\cdot \mathrm{d}\boldsymbol{l}+\left[E_z^{\text{inc}}(\text{conductor}\,\#1,z,t)-E_z^{\text{inc}}(\text{reference conductor},z,t)\right]\end{aligned} \tag{4-135}$$

式中，$E_z^{\text{inc}}(m\text{th conductor},z)$ 为 z 方向上，沿第 m 个导体（在其被移去后）相应位置上的入射电场；$E_z^{\text{inc}}(\text{reference conductor},z)$ 代表 z 方向上，参考导体（在其被移去后）相应位置上的入射电场。根据入射场的电场部分，式（4-130）中的单位长度等值电压源能够等值地写成：

$$V_F(z,t)=\left[E_z^{\text{inc}}(\text{conductor}\,\#1,z,t)-E_z^{\text{inc}}(\text{reference conductor},z,t)\right]-\frac{\partial}{\partial z}\int_a^{a'}\boldsymbol{E}^{\text{inc}}\mathrm{d}\boldsymbol{l} \tag{4-136}$$

因此，仅需要知道以下平面波电场部分的分量：①沿着导体表面的分量 $E_z^{\text{inc}}(\text{conductor}\,\#1\,\text{or}\,\#0,z,t)$；②传输线横向平面（正交于传输线）上两个导体之间的分量，以给出 $\int_a^{a'}\boldsymbol{E}^{\text{inc}}\cdot \mathrm{d}\boldsymbol{l}$。

1. 均匀平面波激励下的传输线方程

如图 4-27 所示，导线位于理想导电地面上。导线离地高度 h，入射电场 $\boldsymbol{E}^{\text{inc}}$、入射磁场 $\boldsymbol{H}^{\text{inc}}$ 经地面反射后的电场为 $\boldsymbol{E}^{\text{ref}}$、反射磁场 $\boldsymbol{H}^{\text{ref}}$，传输线相应电流和导线对地电压分别为 $I(x,t)$ 和 $V(x,t)$。由于有无限大的地平面，存在镜像导体，镜像导体上面的电流 $-I(x,t)$ 与 $I(x,t)$ 大小

相等，方向相反。

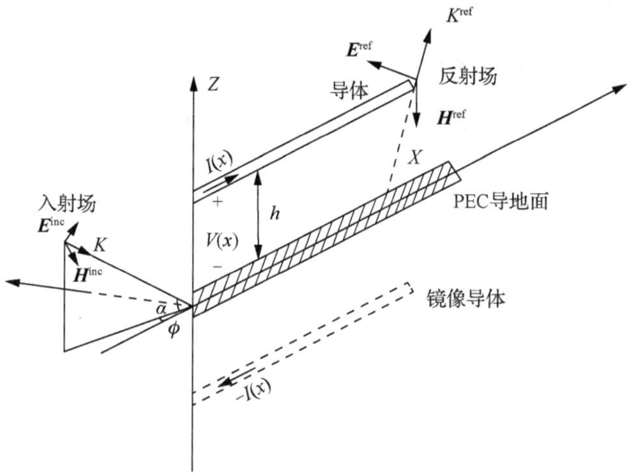

图 4-27　理想导电地平面上无限长导线场耦合示意图

在进行无限大理想导电地平面入射场激励情况下的公式推导时，首先定义变量$V'(x,t)$、$I'(x,t)$、l'、c'、r'、g'分别为接地导体的电压、电流、单位电感、单位电容、单位电阻、单位电导。对应于平行双线结构的$V(x,t)$、$I(x,t)$、l、c、r、g有如下对应关系：

$$
\begin{gathered}
2V'(x,t)=V(x,t)\\
I'(x,t)=I(x,t)\\
2l'=l\\
c'=2c\\
2r'=r\\
g'=2g
\end{gathered}
\tag{4-137}
$$

考虑到镜像入射电磁波的作用，因此有两个入射源$\boldsymbol{E}^{inc}$、$\boldsymbol{E}^{ref}$。由平面波激励下的传输线方程可得

$$
\begin{cases}
2\dfrac{\partial V'(x,t)}{\partial x}+2r'I^{*}(x,t)+2l'\dfrac{\partial I'(x,t)}{\partial t}=\dfrac{\partial}{\partial x}\displaystyle\int_{-h}^{h}(\boldsymbol{E}^{inc}+\boldsymbol{E}^{ref})\cdot \mathrm{d}\boldsymbol{h}+E_x^{inc}(\text{conductor}\,\#1,x,t)\\
\qquad -E_x^{inc}(\text{image},x,t)+E_x^{ref}(\text{conductor}\,\#1,x,t)-E_x^{ref}(\text{image},x,t)\\
\dfrac{\partial I'(x,t)}{\partial x}+\dfrac{g'}{2}2V'(x,t)+c'\dfrac{\partial V'(x,t)}{\partial t}=-g\displaystyle\int_{-h}^{h}(\boldsymbol{E}^{inc}+\boldsymbol{E}^{ref})\cdot \mathrm{d}\boldsymbol{h}-c\dfrac{\partial}{\partial t}\displaystyle\int_{-h}^{h}(\boldsymbol{E}^{inc}+\boldsymbol{E}^{ref})\cdot \mathrm{d}\boldsymbol{l}
\end{cases}
\tag{4-138}
$$

由镜像原理，$E_x^{inc}(\text{conductor}\,\#1,x,t)=-E_x^{ref}(\text{image},x,t)$和对称性$g^{*}=2g,c^{*}=2c$，有

$$
\begin{cases}
\dfrac{\partial V'(x,t)}{\partial x}+r'I'(x,t)+l'\dfrac{\partial I'(x,t)}{\partial t}=\dfrac{\partial}{\partial x}\displaystyle\int_{-h}^{0}(\boldsymbol{E}^{inc}+\boldsymbol{E}^{ref})\cdot \mathrm{d}\boldsymbol{h}\\
\qquad +E_x^{inc}(\text{conductor}\,\#1,x,t)+E_x^{ref}(\text{conductor}\,\#1,x,t)\\
\dfrac{\partial I'(x,t)}{\partial x}+g'V'(x,t)+c'\dfrac{\partial V'(x,t)}{\partial t}=g'\displaystyle\int_{-h}^{0}(\boldsymbol{E}^{inc}+\boldsymbol{E}^{ref})\cdot \mathrm{d}\boldsymbol{h}+c'\dfrac{\partial}{\partial t}\displaystyle\int_{-h}^{0}(\boldsymbol{E}^{inc}+\boldsymbol{E}^{ref})\cdot \mathrm{d}\boldsymbol{h}
\end{cases}
\tag{4-139}
$$

式中，$E_x^{\text{inc}}(\text{conductor}\,\#1,x,t)$ 表示沿着导体切线方向的入射场；$E_x^{\text{ref}}(\text{conductor}\,\#1,x,t)$ 表示沿着导体切线方向的反射场。

2. 非均匀场激励下的传输线方程

当电磁脉冲辐射到带孔缝的腔体结构上时，系统内部线缆对应于非均匀平面波入射，如图 4-28 所示。

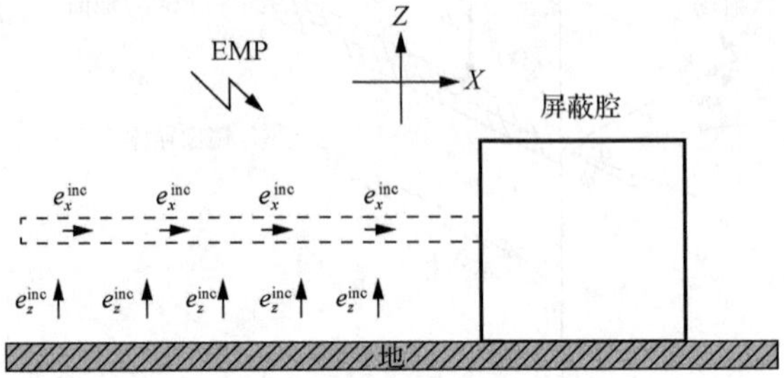

图 4-28　含复杂电磁结构的传输线示意图

根据传输线方程

$$\begin{cases}\dfrac{\partial V(x,t)}{\partial x}+rI(x,t)+l\dfrac{\partial I(x,t)}{\partial t}=V_F(x,t)\\[2ex]\dfrac{\partial I(x,t)}{\partial x}+gV(x,t)+C\dfrac{\partial V(x,t)}{\partial t}=I_F(x,t)\end{cases}\tag{4-140}$$

等值电压源 $V_F(x,t)$、等值电流源 $I_F(x,t)$ 可以写成：

$$\begin{cases}V_F(x,t)=-\dfrac{\partial E_T(x,t)}{\partial x}+E_L(x,t)\\[2ex]I_F(x,t)=-C\dfrac{\partial E_T(x,t)}{\partial t}\end{cases}\tag{4-141}$$

$E_T(x,t)$、$E_L(x,t)$ 可以表示为

$$E_T(x,t)=\int_0^h e_z^{\text{inc}}(x,y,z,t)\mathrm{d}z\tag{4-142}$$

$$E_L(x,t)=e_x^{\text{inc}}(x,y,h,t)-e_x^{\text{inc}}(x,y,0,t)\tag{4-143}$$

式中，$E_T(x,t)$ 表示垂直于传输线的入射电场分量 e_z^{inc} 的沿线积分；$E_L(x,t)$ 表示传输线切向入射电场分量 e_x^{inc} 与屏蔽腔表面的切向电场分量（这里屏蔽腔为良导体，切向电场分量为 0）之差。

传输线方程的等效分布电压源与等效分布电流源只与入射电场分量有关，与传输线的散射电场分量无关。因此，在对复杂设备屏蔽腔结构进行建模时，可以将腔体的内部传输线移除。这里采用基于 MOT 方法的 TDIE 场求解器，计算得到系统电磁结构表面电流密度 J^{EM}。采用式（4-144）和式（4-145）的电场、磁场积分方程，获取线缆位置处的场分布：

$$\begin{aligned}E^{\text{EM-line}}(r,t)=&-\frac{\mu_0}{4\pi}\int_s\frac{1}{R}\frac{\partial J^{\text{EM}}(r',\tau)}{\partial t}\mathrm{d}s'\\&+\frac{1}{4\pi\varepsilon_0}\nabla\int_s\mathrm{d}s'\int_0^{\tau}\frac{\nabla'\cdot J^{\text{EM}}(r',t')}{R}\mathrm{d}t'\end{aligned}\tag{4-144}$$

$$H^{\mathrm{EM-line}}(r,t)=\nabla\times\frac{1}{4\pi}\int_S\frac{J^{\mathrm{EM}}(r',\tau)}{R}\mathrm{d}s' \tag{4-145}$$

式中，s 表示系统结构表面；r 表示线缆位置处的场点坐标；r' 表示系统表面的源点坐标。

TDIE 场求解器采用 MOT 方法求解域电场积分方程。自由空间中只有金属目标存在，在时域中分析时，金属目标表面受入射平面波照射，那么其表面也将感应出时域下的面电流 $\boldsymbol{J}(\boldsymbol{r},t)$。依据金属表面的边界条件，得到时域电场积分方程为

$$\boldsymbol{n}(\boldsymbol{r})\times\left[\boldsymbol{E}^{\mathrm{inc}}(\boldsymbol{r},t)+\boldsymbol{E}^{\mathrm{sca}}(\boldsymbol{r},t)\right]=0 \tag{4-146}$$

式中，$\boldsymbol{E}^{\mathrm{inc}}(\boldsymbol{r},t)$ 表示入射电场；$\boldsymbol{E}^{\mathrm{sca}}(\boldsymbol{r},t)$ 表示散射电场；$\boldsymbol{n}(\boldsymbol{r})$ 为场点 $\boldsymbol{r}$ 处的单位外法向量。散射电场可以表示为

$$\boldsymbol{E}^{\mathrm{sca}}(\boldsymbol{r},t)=-\frac{\partial\boldsymbol{A}(\boldsymbol{r},t)}{\partial t}-\nabla\varPhi(\boldsymbol{r},t) \tag{4-147}$$

式中，$\partial_t=\partial/\partial t$；$\boldsymbol{A}$、$\varPhi$ 分别为矢量磁位和标量电位，即

$$\boldsymbol{A}(\boldsymbol{r},t)=\iint_S\frac{\mu_0\boldsymbol{J}(\boldsymbol{r}',t-R/c)}{4\pi R}\mathrm{d}S \tag{4-148}$$

$$\varPhi(\boldsymbol{r},t)=-\iint_S\int_0^{t-R/c}\frac{\nabla'\cdot\boldsymbol{J}(\boldsymbol{r}',t')}{4\pi\varepsilon_0 R}\mathrm{d}t'\mathrm{d}S \tag{4-149}$$

式中，$R=|\boldsymbol{r}-\boldsymbol{r}'|$ 代表场点 $\boldsymbol{r}$ 与源点 $\boldsymbol{r}'$ 的位置差；c 表示光速；ε_0、μ_0 代表自由空间的介电常数和磁导率。把式（4-147）代入式（4-146），整理后得到

$$\boldsymbol{n}(\boldsymbol{r})\times\left[\frac{\mu_0}{4\pi}\iint_S\frac{\partial_\tau\boldsymbol{J}(\boldsymbol{r}',\tau)}{R}\mathrm{d}S-\frac{\nabla}{4\pi\varepsilon_0}\iint_S\frac{\partial_\tau^{-1}\nabla'\cdot\boldsymbol{J}(\boldsymbol{r}',\tau)}{R}\mathrm{d}S\right]=\boldsymbol{n}(\boldsymbol{r})\times\boldsymbol{E}^{\mathrm{inc}}(\boldsymbol{r},t) \tag{4-150}$$

其中，$\tau=t-R/c$ 表示时间延迟；$\partial_\tau=\dfrac{\partial}{\partial\tau}$；$\partial_\tau^{-1}=\int_{-\infty}^{\tau}\mathrm{d}\tau$；$\nabla'$ 为对源点的面散度；∇ 为对场点的面散度；$\boldsymbol{n}(\boldsymbol{r})$ 表示金属目标表面的单位外法向分量。

与频域问题类似，时域的表面积分方法也需要用空间基函数对目标表面进行离散，采用图 4-29 所示的 RWG 基函数，则面电流可以表示成：

$$\boldsymbol{J}(\boldsymbol{r},t)=\sum_{n=1}^{N_s}J_n(t)\boldsymbol{f}_n(\boldsymbol{r}) \tag{4-151}$$

式中，N_s 代表离散后的 RWG 基函数的总个数；$J_n(t)$ 代表未知的电流系数。此外，时域问题还需要在时间域上使用时间基函数对面电流进行离散，本章选用三角时间基函数作为时域电场积分方程的时间基函数，其表达式如下：

$$T(t)=\begin{cases}1+t, & -1\leqslant t\leqslant 0\\ 1-t, & 0<t\leqslant 1\\ 0, & \text{其他}\end{cases} \tag{4-152}$$

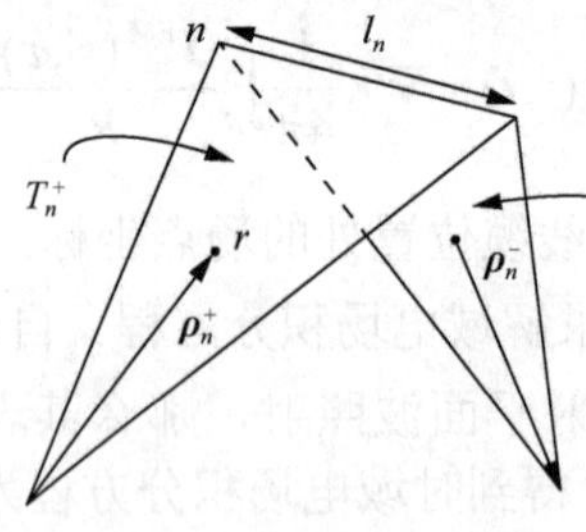

图 4-29　RWG 基函数

这样就可以将金属表面感应的面电流在空间和时间上同时进行离散，即表示为

$$\boldsymbol{J}(\boldsymbol{r},t)=\sum_{n=1}^{N_s}\sum_{j=1}^{N_t}I_{n,j}^{\mathrm{EM},s}\boldsymbol{f}_n(\boldsymbol{r})T_j(t) \tag{4-153}$$

式中，$\boldsymbol{f}_n(\boldsymbol{r})$ 是第 n 个 RWG 基函数；N_t 是时间基函数的总个数；$T_j(t)=T(t-j\Delta t)$，Δt 是时间步的步长；$I_{n,j}^{\mathrm{EM},s}$ 为金属表面上的第 n 个 RWG 基函数上第 j 个时间基函数的未知电流系数。

将式（4-153）代入式（4-150）后，使用所有的空间基函数 $\boldsymbol{f}_n(\boldsymbol{r})$ 对离散后的时域电场积分方程（4-150）在空间上进行的伽辽金测试，并且在每个时刻 $t_j=j\Delta t$ 对离散后的时域电场积分方程进行时间上的点匹配，这样就可以得到一系列的方程组，写成矩阵方程的形式，即

$$\boldsymbol{Z}_0\boldsymbol{I}_j^{\mathrm{EM}}=\boldsymbol{V}_j^{\mathrm{EM}}-\sum_{i=1}^{j-1}\boldsymbol{Z}_{j-i}\boldsymbol{I}_i^{\mathrm{EM}} \tag{4-154}$$

其中

$$\boldsymbol{I}_j^{\mathrm{EM}}=\left[I_{1,j}^{\mathrm{EM},s},I_{2,j}^{\mathrm{EM},s},\cdots,I_{N_s,j}^{\mathrm{EM},s}\right]^{\mathrm{T}} \tag{4-155}$$

$$\boldsymbol{V}_j^{\mathrm{EM}}=\begin{bmatrix}\left\langle \boldsymbol{f}_1(\boldsymbol{r}),\boldsymbol{E}^{\mathrm{inc}}(\boldsymbol{r},j\Delta t)\right\rangle\\ \vdots\\ \left\langle \boldsymbol{f}_{N_s}(\boldsymbol{r}),\boldsymbol{E}^{\mathrm{inc}}(\boldsymbol{r},j\Delta t)\right\rangle\end{bmatrix} \tag{4-156}$$

$$\left[\boldsymbol{Z}_{j-i}\right]_{mn}=\left\langle \boldsymbol{f}_m(\boldsymbol{r}),-\boldsymbol{E}^{\mathrm{sca}}(\boldsymbol{r}',i\Delta t,\boldsymbol{f}_n)\right\rangle\Big|_{t=j\Delta t} \tag{4-157}$$

式中，$j=1,\cdots,N_t$；$\langle,\rangle$ 表示内积；$\boldsymbol{I}_j^{\mathrm{EM}}$ 向量存放的是空间基函数在第 j 个时间步的待求的电流系数；$\boldsymbol{Z}_{j-i}$ 是稀疏的阻抗矩阵，$j-i$ 表示 $(j-i)\Delta t$ 的时间延迟；$\boldsymbol{V}_j^{\mathrm{EM}}$ 为第 j 个时间步的激励向量。

通过式（4-157）中的迭代公式，能够求出电流密度 J 的分布，采用式（4-144）、式（4-145）可得到空间中任意一点的电场和磁场值。

4.7.5　含有屏蔽层的线缆场-线耦合模型

位于无限大纯金属地平面上的屏蔽结构可以看成两个传输线系统，如图 4-30 所示。电缆屏蔽层外部与地平面构成外部传输线系统；内部导体和电缆屏蔽层内部构成内部传输线系统。这两个传输线系统通过转移阻抗和转移导纳耦合。

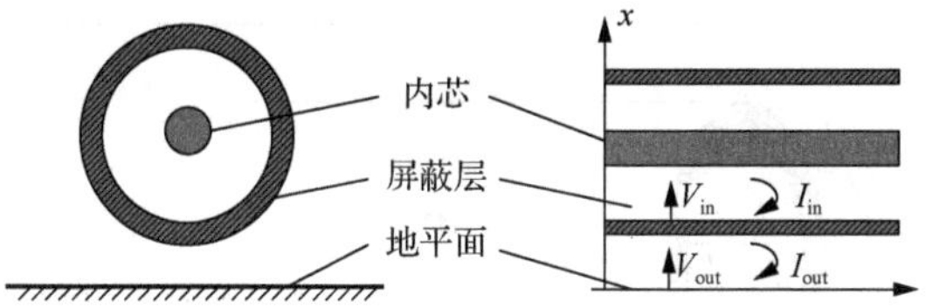

图 4-30　位于地面上同轴电缆的结构示意图

电磁波在照射屏蔽线缆的情况下，等效于一个分布源加载在屏蔽线缆传输线的屏蔽层与地组成的外层系统中。同时，屏蔽层与内芯组成内层系统。这样电磁波对屏蔽线缆内芯的作用等效为外层系统对内层系统的耦合作用。其中，内层系统对外层系统的耦合作用可以忽略。

将平面波照射屏蔽线缆的问题分成两部分进行求解。

同轴电缆传输线的屏蔽层与地组成的外层系统作用：

$$\begin{cases}\dfrac{\partial V_{\text{out}}(x,t)}{\partial x}+r_{\text{out}}I_{\text{out}}(x,t)+l_{\text{out}}\dfrac{\partial I_{\text{out}}(x,t)}{\partial t}=V_F(x,t)\\ \dfrac{\partial I_{\text{out}}(x,t)}{\partial x}+g_{\text{out}}V_{\text{out}}(x,t)+c_{\text{out}}\dfrac{\partial V_{\text{out}}(x,t)}{\partial t}=I_F(x,t)\end{cases}\tag{4-158}$$

屏蔽层与内芯构成的内层系统作用：

$$\begin{cases}\dfrac{\partial V_{\text{in}}(x,t)}{\partial x}+r_{\text{in}}I_{\text{in}}(x,t)+l_{\text{in}}\dfrac{\partial I_{\text{in}}(x,t)}{\partial t}=L'\dfrac{\partial I_{\text{out}}(x,t)}{\partial t}+R'I_{\text{out}}(x,t)\\ \dfrac{\partial I_{\text{in}}(x,t)}{\partial x}+g_{\text{in}}V_{\text{in}}(x,t)+c_{\text{in}}\dfrac{\partial V_{\text{in}}(x,t)}{\partial t}=-C'\dfrac{\partial V_{\text{out}}(x,t)}{\partial t}\end{cases}\tag{4-159}$$

式中，R'、L'、C' 分别为单位长度转移电阻、单位长度转移电感、单位长度转移电容；r_{out} 表示编织线缆对参考地的外部分布电阻；g_{out} 表示编织线缆对参考地的外部分布电导；c_{out} 表示编织线缆对参考地的外部分布电容；l_{out} 表示编织线缆对参考地的外部分布电感；r_{in} 为编织层内部区域分布电阻；g_{in} 为编织层内部区域分布电导；c_{in} 为编织层内部区域分布电容；l_{in} 为编织层内部区域分布电感。下面简单介绍不同种类的屏蔽线计算方法。

1. 实圆柱导体屏蔽线模型

如图 4-31 所示的实圆柱导体屏蔽结构，它的屏蔽层是由具有相同截面和相同壁厚的薄金属管组成的。当其受到外部电磁波照射时，照射源的时变电磁场会在屏蔽层上感应出电流 I_s 和对地电压 V_s，内部芯线上会分别感应出内部电压 V_i 和内部电流 I_i。当屏蔽线工作在较低频段时，根据 Vance 理论，可以将它的转移阻抗表示为

$$Z_d'\approx\frac{1}{2\pi a\sigma\delta_{\text{sh}}}\tag{4-160}$$

式中，a 表示内部芯线半径；δ_{sh} 表示管壁厚度；σ 表示电导率。

2. 编织网屏蔽线模型

在实际系统中，屏蔽线大多采用如图 4-32 所示的由很多导电细丝组成的编织网组成的屏蔽层。

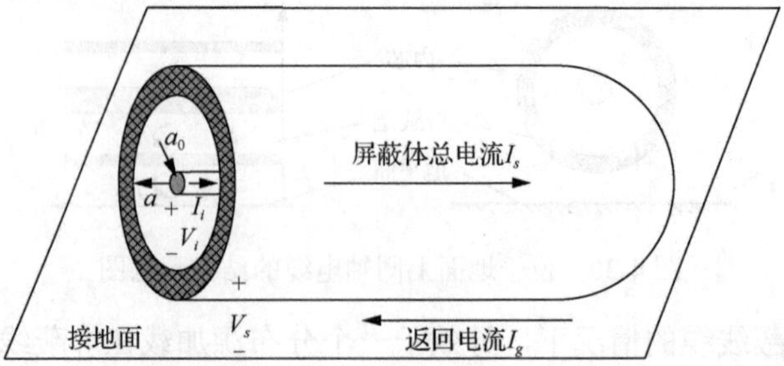

图 4-31　参考地面上采用实圆柱导体屏蔽的线缆结构

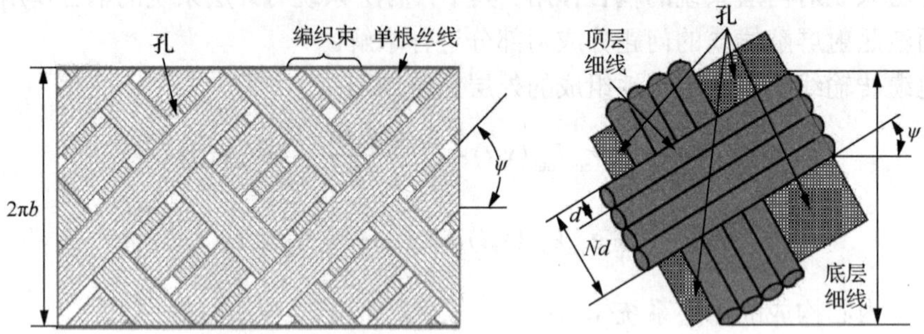

（a）编织电缆的编织参数示意　（b）编织图案的局部放大

图 4-32　编织网屏蔽体的线缆结构

从图 4-32（b）中可以看出编织线缆是由很多成束的平行金属丝交互编织而成的。同时编织线缆的屏蔽层的屏蔽特性可以用屏蔽体半径b、编织束数l、编织束内细线根数N、细线直径d、细线电导率σ及编织角ψ这些参数来描述：

$$R' \approx \frac{4}{\pi d^2 N l \sigma \cos\psi} \tag{4-161}$$

$$L' = \begin{cases} \dfrac{\pi\mu_0}{6l}(1-\kappa)^{1.5}\dfrac{e^2}{E(e)-(1-e^2)K(e)}, & \psi \leqslant \dfrac{\pi}{4} \\ \dfrac{\pi\mu_0}{6l}(1-\kappa)^{1.5}\dfrac{e^2/\sqrt{1-e^2}}{E(e)-(1-e^2)K(e)}, & \psi > \dfrac{\pi}{4} \end{cases} \tag{4-162}$$

式中，κ表示投影覆盖率，定义为$\kappa = 2F - F^2$，其中，$F = Ndl/(4\pi b\cos\psi)$为编织网参数填充因子，b为同轴线屏蔽层的平均半径；$K(e)$、$E(e)$分别表示第一类和第二类完全椭圆积分。

$$\begin{cases} K(e) = \displaystyle\int_0^{\frac{\pi}{2}} \frac{\mathrm{d}\theta}{\sqrt{1-e^2\sin^2\theta}}, & e^2 < 1 \\ E(e) = \displaystyle\int_0^{\frac{\pi}{2}} \sqrt{1-e^2\sin^2\theta}\,\mathrm{d}\theta, & e^2 < 1 \end{cases} \tag{4-163}$$

e为椭圆的离心率：

$$e = \begin{cases} (1-\tan^2\psi)^{1/2}, & \psi \leqslant 45° \\ (1-\cot^2\psi)^{1/2}, & \psi > 45° \end{cases} \tag{4-164}$$

$$C' = \begin{cases} \dfrac{\pi C_{\text{out}} C_{\text{in}}}{3l(\varepsilon_{\text{out}} + \varepsilon_{\text{in}})} \dfrac{(1-\kappa)^{1.5}}{E(e)}, & \psi \leqslant \dfrac{\pi}{4} \\ \dfrac{\pi C_{\text{out}} C_{\text{in}}}{3l(\varepsilon_{\text{out}} + \varepsilon_{\text{in}})} \dfrac{(1-\kappa)^{1.5}}{(1-e^2)E(e)}, & \psi > \dfrac{\pi}{4} \end{cases} \tag{4-165}$$

4.8　时域积分方程方法分析场-线-路耦合问题

4.8.1　场-线-路耦合混合算法实现

由上述理论可以发现，如果要实现复杂环境内部线缆网络的瞬态分析，首先，需要采用 TDIE 的场求解器求解外部电磁波照射到电磁场结构的感应电流；其次，通过对表面电流进行积分，得到平台内部线缆位置处的散射电场；然后，将获得的散射场代入传输线场-线耦合方程，根据分布源等效原理，采用 TDIE 方法对传输线方程进行迭代求解，并结合等效电流源、等效电压源与电路进行耦合，完成复杂终端电路分析，最终得到感兴趣的节点的感应电压。图 4-33 给出了时域混合算法的具体实现过程。

场计算：

　For j=1：N_t^{EM}

　　方程（4-155）$\Rightarrow \boldsymbol{I}_j^{\text{EM}}$

　　方程（4-144）$\Rightarrow E^{\text{EM-line}}$

　　方程（4-145）$\Rightarrow H^{\text{EM-line}}$

　End

线-路计算

　For m=1：N_t^{line}

　　方程（4-141）$\Rightarrow V_F, I_F$

　　方程（4-103）$\Rightarrow I_m^{\text{CBL}}, V_m^{\text{CKT}}$

　End

图 4-33　TDIE-TDIE-MNA 时域混合算法

相比于传统的 TDIE 场-线耦合方法，本章方法可以根据不同的场结构、线缆结构、电路结构，完成场、线、路三部分的独立求解，实现复杂系统的瞬态求解。同时，这里需要注意的是对场-线-路耦合问题进行求解时，TDIE 场求解器时间步长 Δt^{EM} 和 TDIE 的传输线求解器时间步长 Δt^{line} 并不统一，属于异步时间求解。这里采用线性插值进行处理，线性插值过程如下。

如图 4-34 所示，已知坐标（x_0, y_0）与（x_1, y_1），而且想要得到区间$[x_0, x_1]$内某一位置 x 在直线上的 y 值，有

$$\frac{y-y_0}{y_1-y_0} = \frac{x-x_0}{x_1-x_0} \tag{4-166}$$

可以假设式（4-166）的值为α，α 就是插值系数，它表示从 x_0 到 x 的距离与从 x_0 到 x_1 距离的比值，即

$$\alpha = \frac{y-y_0}{y_1-y_0} = \frac{x-x_0}{x_1-x_0} \tag{4-167}$$

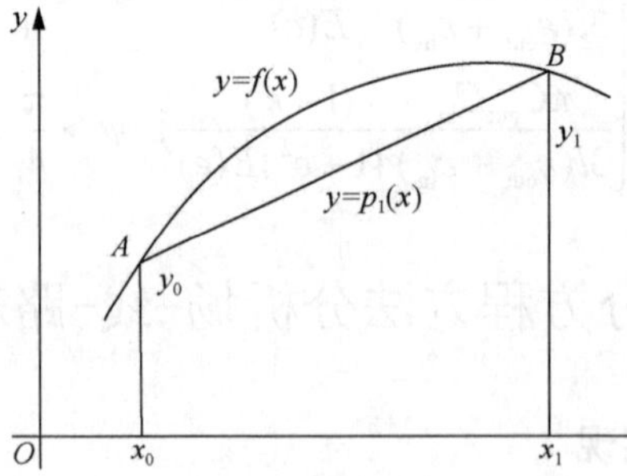

图 4-34　插值曲线示意图

因此可以得到 y 的值，表示如下：

$$y=(1-\alpha)y_0+\alpha y_1 \tag{4-168}$$

通过简单的线性插值操作，可以将场与传输线之间建立分布电压源、分布电流源的耦合关系，从而实现场-线-路耦合问题的时域分析。

4.8.2　场-线-路耦合分析验证

首先分析均匀平面波入射情况下的屏蔽线缆的情形。如图 4-35 所示，平面照射 RG-58 型同轴线结构，外界电磁脉冲垂直辐射到线缆屏蔽层表面，电场方向和屏蔽线平行。电缆长度为 1m，距地面高度为 0.01m，屏蔽层外半径为 1.52mm，内半径为 1.40mm，芯线半径为 0.85mm，编织股数 l=12，每股铜丝数 N=9，金属丝直径 d=0.127mm，编织角度 $\alpha=27.7°$，电缆内部填充介质相对介电常数 ε_r 为 1.85，内部特征阻抗 $Z_0=50\Omega$，$R_{\rm OS}=100\Omega$，$R_{\rm OL}=150\Omega$，$R_{\rm IS}=R_{\rm IL}=50\Omega$。外加电磁脉冲 $E_0(t)=kE_0\left(\mathrm{e}^{-\beta t}-\mathrm{e}^{-\alpha t}\right)$，其中，$k=1.3$，$E_0=50\mathrm{kV/m}$，$\alpha=6.0\times10^8\mathrm{s}^{-1}$，$\beta=4.0\times10^7\mathrm{s}^{-1}$。根据同轴线电缆的公式计算出转移电阻 R'、转移电感 L' 和转移电容 C' 分别为 14.2mΩ/m、1.0nH/m 和 0.091pF/m。时间步长 Δt=0.3333ns，总时间步数为 200 步，$N_{\rm CBL}$=21，$N_{\rm CKT}$=2。计算结果和参考文献[11]进行比较，如图 4-36 所示，结果吻合良好，验证了程序的正确性。

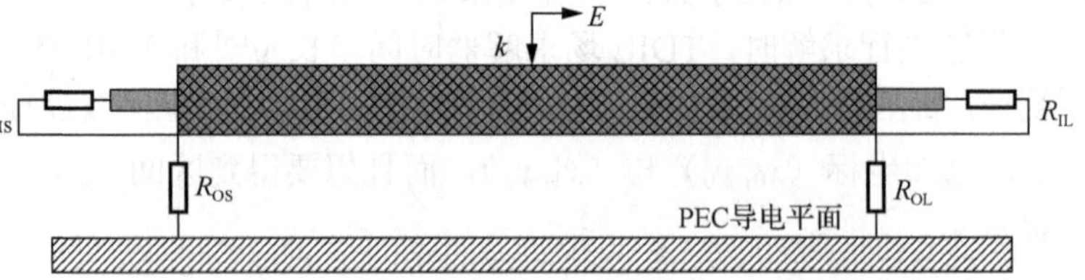

图 4-35　电磁波照射导电平面上屏蔽电缆

算例中采用国际电工委员会（International Electrotechnical Commission，IEC）标准的双指数脉冲形式的辐射源，是为了模拟自然界中的雷电信号，其瞬时电压幅度高达 50kV。可以从结果看出，由于屏蔽层的屏蔽作用，虽然外部电磁场在屏蔽线上产生的感应电压很大，能达到 400 多伏，在内芯上的电压最大只有 0.5V，屏蔽线的屏蔽效果良好。

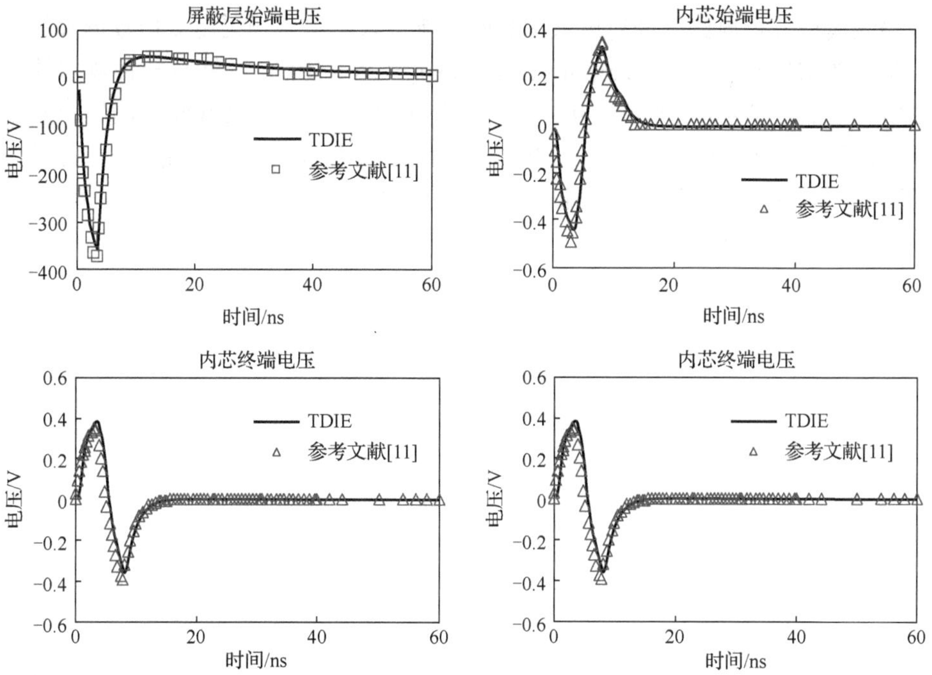

（a）屏蔽层负载的电压　　（b）内部芯线负载的电压

图 4-36　电磁波照射导电平面上屏蔽电缆结果与参考文献[11]结果对比

接着分析电磁环境中的电火工品照射问题。如图 4-37 所示，桥丝式电火工品的应用广泛。由于它性能稳定，易于控制，广泛地用于各种常规武器或者核武器的初始引发能源中。但也由于电火工品的结构特殊，容易受到强电磁环境的作用而失效或爆炸。功率强大的雷达，定向电台以及电磁脉冲武器产生的射频干扰，都能引起电火工品的早炸或严重失效。对电火工品的电磁脉冲干扰进行分析时，主要考虑两种最坏的情况：①将电火工品的两个引脚张开最大，等效成偶极子天线。②将电火工品平行双引线等效为有限长的传输线。

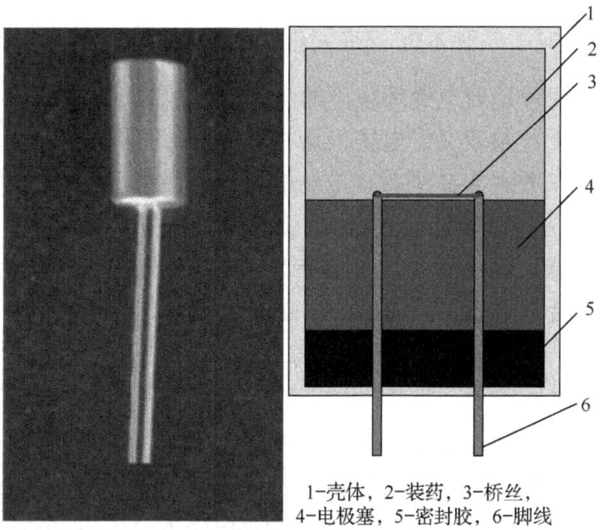

1-壳体，2-装药，3-桥丝，
4-电极塞，5-密封胶，6-脚线

图 4-37　桥丝式电火工品示意图

用传输线模型分析电磁脉冲对电火工品的影响，入射电磁场采用双指数形式的垂直极化波，其表达式为$E^{\mathrm{inc}}(t)=1.05\times\left[\exp(-4\times10^{6}t)-\exp(-4.76\times10^{8}t)\right]$，针对一种典型的处于开路状态下的电火工品，它的引线长度l=0.5m，间距h=0.005m，半径r=0.0005m，桥丝电阻Z_1=8Ω，另一端开路，如图 4-38 所示。Δt=0.333ns，总时间步数为 600 步，N_{CBL}=11。保持电火工品参数设置不变，然后分析在不同极化角下，电火工品的桥丝上的感应电流，并和参考文献[12]进行对比，两者之间吻合良好，如图 4-39 所示。

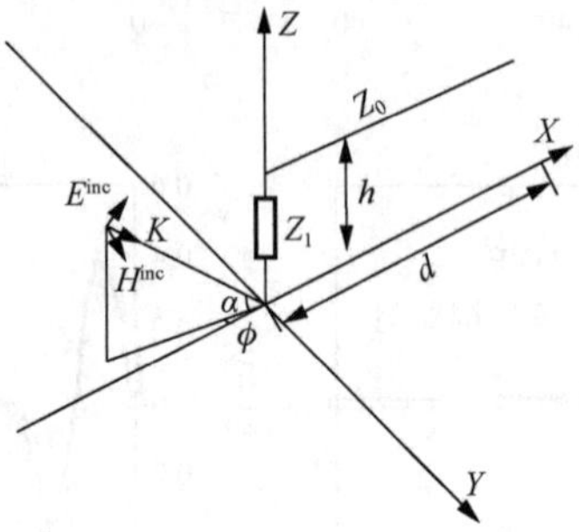

图 4-38　平面波激励下的平行引线式电火工品传输线模型

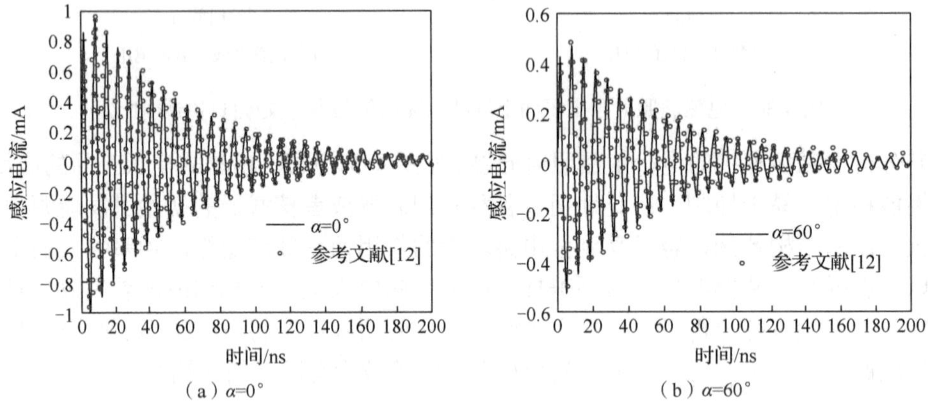

图 4-39　不同极化角下的感应电流

算例通过采用传输线理论对电磁环境下的平行双导线式的电火工品负载端产生的感应电流的规律进行分析。由于α角定义了电场矢量相对于入射平面的关系，当α角等于 0° 时，电场方向和电火工品所在平面 X-Z 平行，电场的投影值最大，此时的感应电流最大；当α角从 0°～90° 变化时，感应电流幅值从大变小。通过以上分析得出结论：对于一定物理参数的电火工品，存在使负载感应电流最大的电磁波入射方向，即电火工品处于能够最大限度地吸收电磁波的方向时，耦合到电火工品内部的电磁能量最大。

如图 4-40 所示，分析非均匀场的情况。在前几个算例中，验证了场-线耦合模型对于均匀平面波照射时，算法计算的有效性和准确性，而当外界电磁场透过孔缝或窗口透入系统内部时，对应的环境为非均匀场。电缆长度d=1m，高度h=2cm，半径r=2mm。屏蔽箱为纯金属结构，长 20cm，宽 20cm，高 10cm。电缆的外部端接负载电阻R_1=150Ω，另一端伸入屏蔽箱，端接并联的 RLC 电路，其中，电阻R_2=100Ω，电感L=5μH，电容C=20pF。入射波采用高斯脉冲，波形表达式为$E_0(t)=E_0\exp\left[-4\pi(t-t_0)^2/\tau^2\right]$，其中，$E_0=1000\mathrm{V/m}$，$\tau=2\mathrm{ns}$，

$t_0 = 0.8\tau$。忽略分布电阻和电导。场未知量 N_{EM} 表示 904 个三角形，1313 条内边，时间步长为 0.03lm（lm 是光米（light meter），即光在自由空间中传播 1m 距离所用的时间），时间步数为 600 步。场计算时间为 1012s，消耗内存为 83MB。线缆剖分未知量数目 N_{CBL} =11，电路未知量数目 N_{CKT} =4。插值时间步长为 0.3ns，时间步数为 300 步，线缆计算时间为 4s。计算结果和 CST 商业软件进行比较，如图 4-41 所示，对比发现，结果在峰值上与 CST 商业软件吻合得较好，在部分时间点上存在差别。存在差别的原因是两者采用的算法不同，可能带来图中的误差。

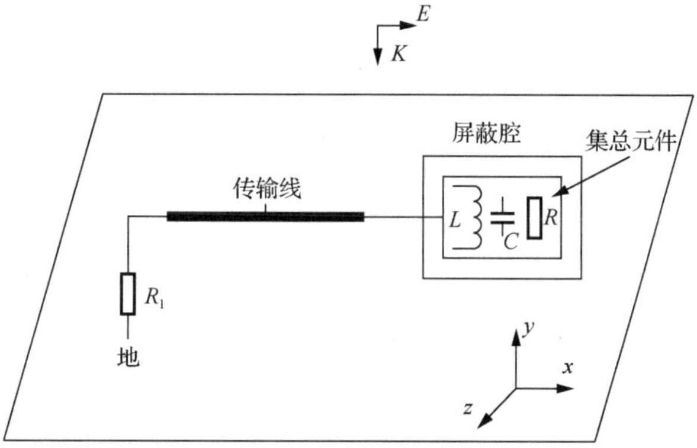

图 4-40　线缆传输线和屏蔽腔连接示意图

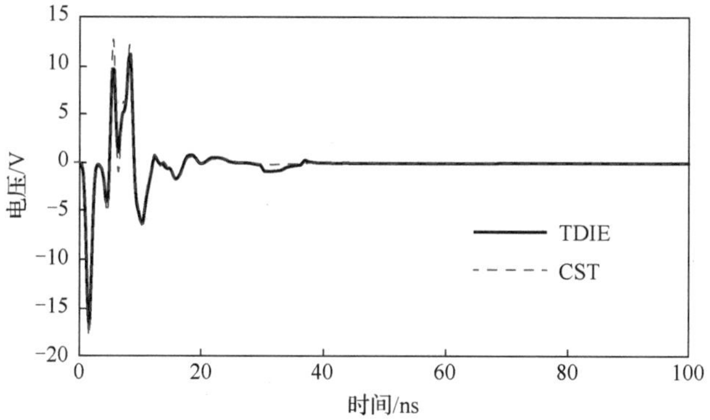

（a）传输线左侧端口电压对比图

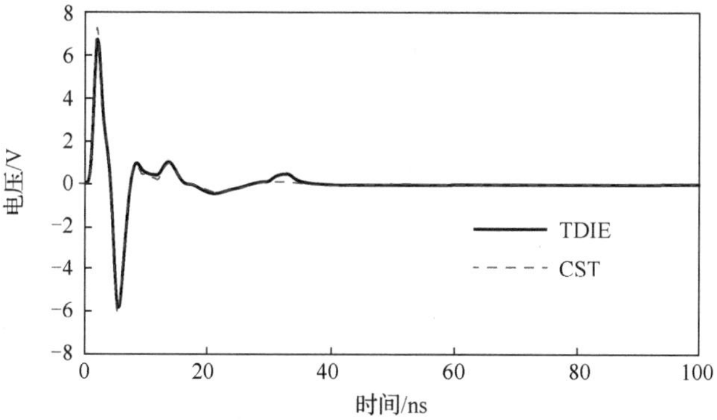

（b）传输线右侧端口电压对比图

图 4-41　线缆终端电压和 CST 软件对比图

下面将分析复杂模型中的场-线-路耦合问题。如图 4-42（a）所示的甲壳虫汽车模型，其物理尺寸为 4.5m×1.5m×1.2m，在汽车底盘上存在同轴传输线，型号为 RG-58，同轴传输线长度为 2.5m，距离地面高度为 0.02m，屏蔽层外半径为 2mm，内半径为 1.40mm，芯线半径为 0.85mm，编织股数 l=12，每股铜丝数 N=9，金属丝直径 d=0.127mm，编织角度 $\alpha = 27.7°$，电缆内部填充介质的相对介电常数 ε_r 为 1.85，内部特征阻抗 $Z_0 = 50\Omega$。屏蔽层和汽车底盘上左端接 100Ω电阻，右端接 50Ω电阻，屏蔽层和内芯上左右两端均接 50Ω电阻，如图 4-42（b）所示。入射电场为调制高斯平面波，电场幅值为 1000V，中心频率为 150MHz，最高频率为 300MHz，脉冲宽度为 0.95lm。传播时延为 10lm，入射方向沿着 Z 轴负方向 $\boldsymbol{k} = -\boldsymbol{z}$，极化方向为 X 正方向。场剖分共 8385 个三角形，12304 条内边。时间步长为 30lm，时间步数为 600 步，采用并行计算，调用 10 个核，计算时间为 20min，消耗内存为 7.18GB。线缆剖分未知量数目 N_{CBL}=11，插值时间步长为 0.1ns，时间步数为 300 步，线缆计算时间为 3.2s。计算平台为 2TB 内存，2.30GHz 的主频和 92 核 CPU 的曙光高性能计算机，CPU 型号为 Intel(R)Xeon E7-8850。图 4-43 给出汽车在中心频点处的表面电流图，图 4-44 给出了传输线端口 1 和端口 2 的感应电压，并与商业软件 CST 进行比较。最后将右端负载部分增加由两个二极管构成的限幅器，如图 4-45 所示。二极管的非线性的伏安特性为

$$I = 1.0 \times 10^{-8}(e^{40V} - 1) \tag{4-169}$$

比较有无限幅器电路情况下的端口 2 的电压幅值。对比结果如图 4-46 所示，可以看出端口 2 的感应电压明显下降。

（a）甲壳虫汽车3D视图

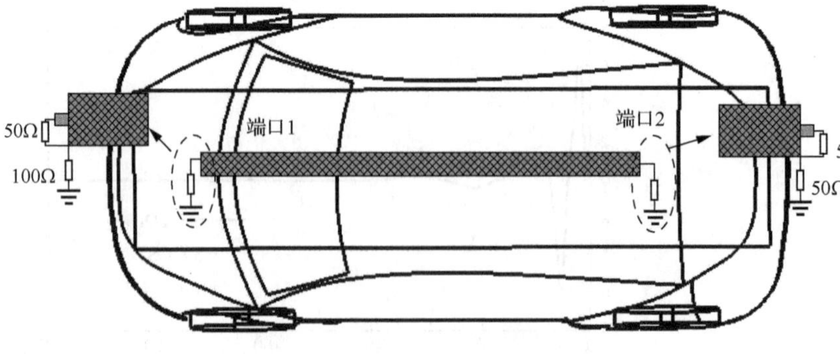

彩图

（b）场-线-路耦合模型示意图

图 4-42　汽车模型示意图

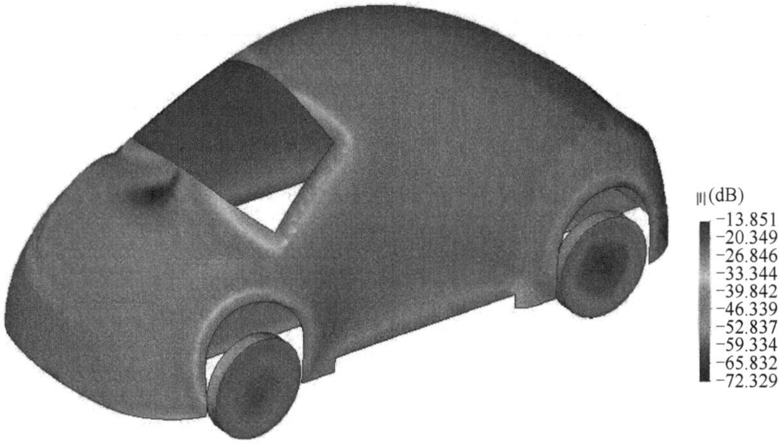

彩图

图 4-43　150MHz 频率下汽车表面电流图

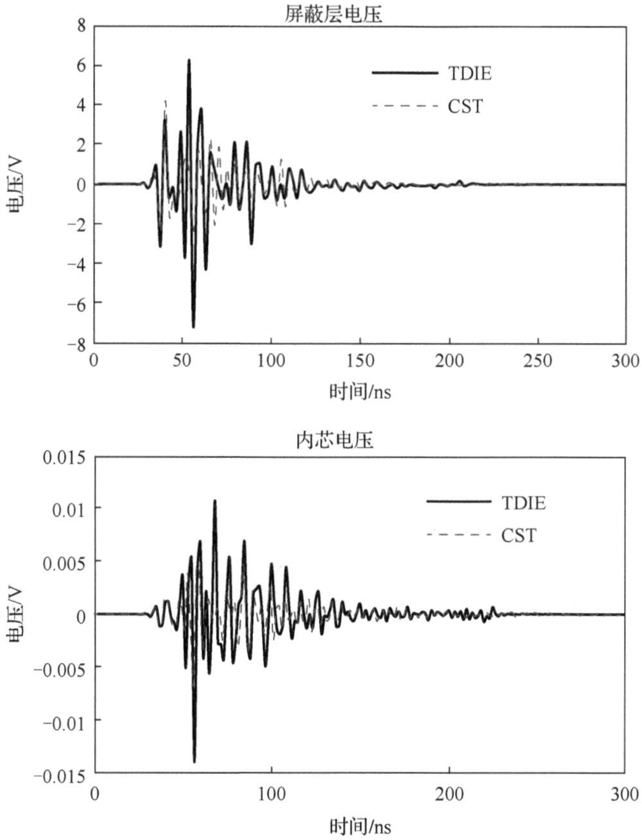

（a）端口1感应电压

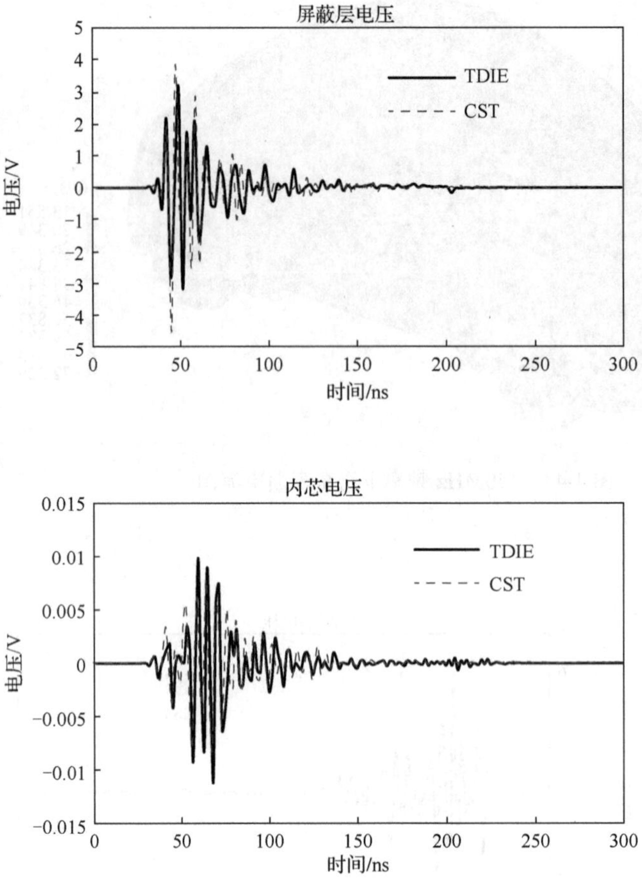

（b）端口2感应电压

图 4-44　传输线两端电压对比

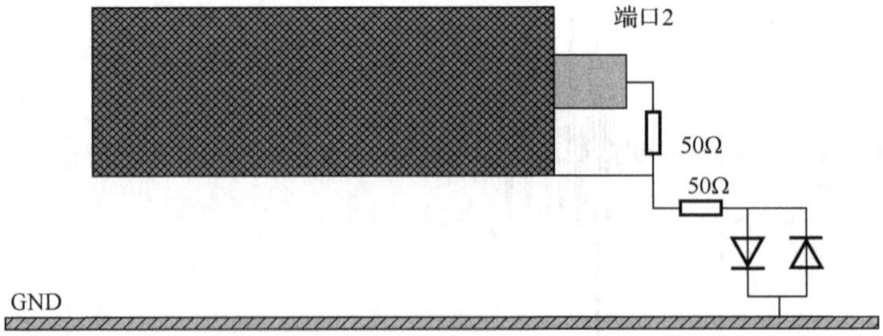

图 4-45　端口 2 限幅器电路示意图

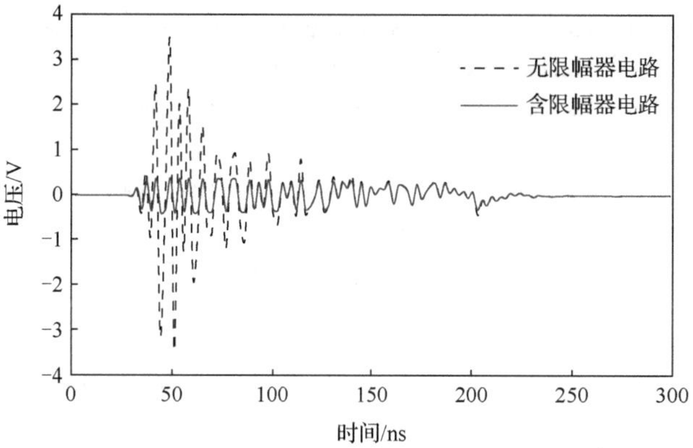

图 4-46　端口 2 有无限幅器的电压对比

本算例分析了实际情况下的复杂汽车模型的电磁干扰效应，体现了本章算法对于复杂结构的适用性。从结果的对比图中可以看出，在外界电磁干扰的情况下，同轴线缆的屏蔽层端口感应出很高的浪涌电压，而通过屏蔽层的转移阻抗和转移导纳耦合到同轴内芯上的电压被压制在 mV 级别，两者之间相差 40dB 以上。这说明，如果实际结构中起重要传输作用的线缆不采取屏蔽措施或屏蔽指标达不到规定要求，会构成严重的传导干扰。通过对比在同轴传输线的终端接入限幅器电路前后的电压波形，可以看出限幅器对于干扰信号的抑制作用。同时，当传输线终端接入限幅器电路时，不必重新对电场结构进行计算，大大提高了计算效率。

习题与思考题

1. 什么是长线和短线？

2. 两组点里分别有 50 个场点和源点，利用自由空间格林函数矩阵 $\dfrac{1}{4\pi\varepsilon_0|\boldsymbol{r}-\boldsymbol{r}'|}$ 生成一组格林函数矩阵，利用本章介绍的多层 UV 方法压缩格林函数矩阵，观察并验证矩阵秩和压缩精度的关系。

3. 两组点里分别有 50 个场点和源点，利用自由空间格林函数矩阵 $\dfrac{1}{4\pi\varepsilon_0|\boldsymbol{r}-\boldsymbol{r}'|}$ 生成一组格林函数矩阵，利用本章介绍的 IE-FFT 方法中的拉格朗日插值对格林函数进行近似，观察并验证插值点个数与插值近似精度之间的关系。

4. 利用开源软件 FastCap 计算 2×2 互连线电容参数。

5. 用时域积分方程方法和微分方程方法分析线缆耦合各有什么优缺点？

6. 举例说明工程中常见的场-线-路电磁兼容性问题，利用现有的电磁仿真软件选择 1～2 个典型问题，实现电磁兼容性问题仿真与分析。

参 考 文 献

[1] 刘培国，等. 电磁兼容维护技术[M]. 北京：科学出版社, 2015.

[2] PHILLIPS J R, WHITE J. A precorrected-FFT method for electrostatic analysis of complicated 3-D structures[J]. IEEE transactions on computer-aided design of integrated circuits and systems, 1997, 16(10): 1059-1072.

[3] SHI W, LIU J, KAKANI N, et al. A fast hierarchical algorithm for three-dimensional capacitance extraction[J]. IEEE transactions on computer-aided design of integrated circuits and systems, 2002, 16(3): 330-336.

[4] SOVEIKO N, NAKHLA M S. Efficient capacitance extraction computations in wavelet domain[J]. IEEE transactions on computer-aided design of integrated circuits and systems, 2000, 47(5): 684-701.

[5] TAUSCH J, WHITE J. A multiscale method for fast capacitance extraction[C]. Proceedings of IEEE/ACM design automation conference, 1999: 537-542.

[6] GU J, WANG Z, HONG X. Hierarchical computation of 3-D interconnect capacitance using direct boundary element method[C]. Proceedings of IEEE Asia south pacific design automation conference, 2000: 447-452.

[7] 朱恒亮. 纳米工艺集成电路的互连线寄生电容参数提取[D]. 上海: 复旦大学, 2009.

[8] TSANG L, LI Q, XU P, et al. Wave scattering with UV multilevel partitioning method: Three-dimensional problem of nonpenetrable surface scattering[J]. Radio science, 2004, 39: RS5011.

[9] ONG C J, TSANG L. Full-wave analysis of large-scale interconnects using the multilevel UV method with the sparse matrix iterative approach(SMIA)[J]. IEEE transactions on antennas and propagation, 2008, 31(4): 818-829.

[10] LI M M, DING J J, DING D Z, et al. Multiresolution preconditioned multilevel UV method for analysis of planar layered finite frequency selective surface[J]. Microwave and optical technology letters, 2010, 52(7): 1530-1536.

[11] 谢海燕. 瞬态电磁拓扑理论及其在电子系统电磁脉冲效应中的应用[D]. 北京: 清华大学, 2010.

[12] 杨培杰, 谭志良, 王阵. 平行双线式电火工品感应电流仿真研究[J]. 军械工程学院学报, 2012, 24(2): 36-39.

第 5 章　辐射发射与电磁兼容分析

本章主要介绍关于辐射发射的电磁兼容分析。变化的电场与磁场相互激励，向前推进，形成电磁波辐射。本章内容包括多天线间耦合、高低频混合方法分析平台加载天线、时域积分方程方法分析前后门耦合、低秩分解矩量法一体化分析复杂平台电磁兼容问题。平台加载的多天线间耦合分析是辐射发射的典型场景；针对这一问题，介绍高低频混合分析方法，包括高低频混合方法的原理和典型平台与天线一体化分析结果讨论；时域积分方程方法分析前后门耦合，包括散射场的计算、基于线-路模型分析车载天线的前门耦合、典型无人机模型的后门耦合分析；低秩分解矩量法一体化分析复杂平台电磁兼容，包括低秩压缩方法基本原理；低复杂度对称多层矩阵压缩分解方法原理；低秩压缩分解方法对多层快速多极子方法计算效率的提升，通过对典型的机载和星载平台一体化分析，验证方法的有效性；数值方法的精确计算，为复杂平台辐射发射电磁兼容一体化分析提供了重要研究手段，支撑复杂平台设计中的天线布局等优化设计。

5.1　多天线间耦合

随着天线安装密度增加，天线之间的耦合越来越复杂。对于民用中的手机天线，天线数目已经由 4G 时代的几个天线发展为 5G 时代的几十个天线；而对于基站天线，由 4G 时代的几十个天线单元发展到 5G 时代几百个甚至上千个天线单元。

对于安装在装备平台上的天线，受限于安装平台空间，除了武器装备，还集中有不同种类的复杂天线，这些天线通常具有很高的发射功率和辐射效率，它们在受电磁环境影响的同时在很大程度上改变了电磁环境的复杂程度。装备的天线工作环境一般十分复杂，除去外部电磁环境的干扰，还存在天线自身的耦合效应、装备平台与天线之间的耦合效应、大功率天线对装备中敏感器件的干扰作用。如果装备平台天线布局设计不良，会导致严重的电磁兼容问题，严重的甚至会导致装备系统性能瘫痪。

5.2　高低频混合方法分析平台加载天线

对安装在大尺度平台上的复杂天线的性能进行高效建模，对于电磁兼容研究和天线系统设计具有非常重要的意义。矩量法（MoM）通过在精细离散化的网格上定义基函数，可以准确地模拟天线与平台一体化问题，但是，对大尺寸平台进行建模需要巨大的计算未知量，这会导致计算时间和内存资源消耗难以接受。

在这种情况下，高低频混合方法便是解决平台与天线一体化分析问题的有效方法之一，其中，天线及其小的周围区域可以用 MoM 建模，平台的其余部分则用物理光学法（Physical Optics，PO）建模。PO 区域的贡献可以耦合到 MoM 阻抗矩阵中，而不引入额外的未知量。

然而，这种传统的 MoM-PO（Method of Moments-Physical Optics）方法在计算较大的 PO 区域时会非常耗时。为了克服传统 MoM-PO 方法的局限性并提高其效率，引入有效迭代 MoM-PO（Efficient Iterative-MoM-PO，EI-MoM-PO）技术[1,2]，该技术通过迭代过程来考虑天线和平台间的交互作用，显著节省了计算时间，并且具有较高的准确性。对于大规模天线阵列，可以进一步采用快速计算方法等加速，并且在高频方法迭代过程中，快速方法只需要构建一次，可以大幅降低计算成本，提高计算效率。

5.2.1 高低频混合方法原理

对于天线和平台来说，在自由空间中由天线馈电激发的电磁场可以表示为

$$\boldsymbol{E}^s = \boldsymbol{L}^E \boldsymbol{J} \tag{5-1}$$

$$\boldsymbol{H}^s = \boldsymbol{L}^H \boldsymbol{J} \tag{5-2}$$

其中

$$\boldsymbol{L}^E \boldsymbol{J} = -\mathrm{j}k\eta\left[\int_S \boldsymbol{J}(\boldsymbol{r}')G(\boldsymbol{r}',\boldsymbol{r})\mathrm{d}S' + k^{-2}\nabla\int_S \nabla'\cdot\boldsymbol{J}(\boldsymbol{r}')G(\boldsymbol{r}',\boldsymbol{r})\mathrm{d}S'\right] \tag{5-3}$$

$$\boldsymbol{L}^H \boldsymbol{J} = \nabla\times\int_S \boldsymbol{J}(\boldsymbol{r}')G(\boldsymbol{r}',\boldsymbol{r})\mathrm{d}S' \tag{5-4}$$

在这里 $\boldsymbol{J}(\boldsymbol{r}')$ 表示感应电流，j 为虚数单位，$k=\omega\sqrt{\mu_0\varepsilon_0}$，$\eta=\sqrt{\mu_0/\varepsilon_0}$，$G(\boldsymbol{r}',\boldsymbol{r})=\mathrm{e}^{-\mathrm{j}k|\boldsymbol{r}-\boldsymbol{r}'|}/(4\pi|\boldsymbol{r}-\boldsymbol{r}'|)$ 是自由空间中的格林函数，并且 $\boldsymbol{r}'$ 和 $\boldsymbol{r}$ 表示源点和观察点。

电磁仿真中，首先把目标用三角形网格离散，并且把计算区域划分为 MoM 区域和 PO 区域。如图 5-1 所示，对于平台加载天线问题，天线及其周围区域通常选择为 MoM 区域，即图中中心部位的天线和圆台，它被 AIM 网格所包围；平台的其余部分为 PO 区域，即 AIM 网格包围之外的区域。

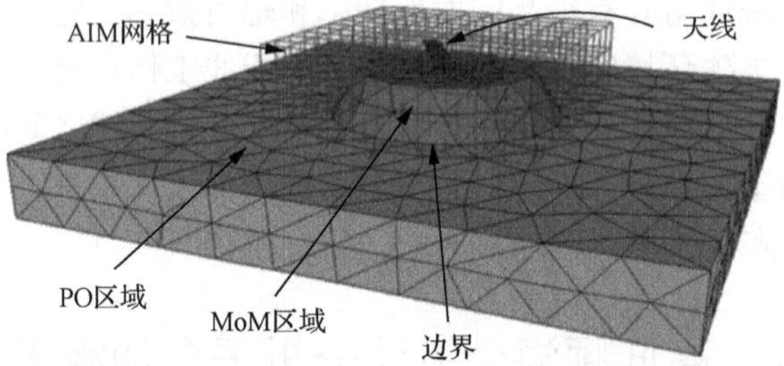

图 5-1　电磁系统分为矩量法区域和 PO 区域，矩量法区域被 AIM 网格包围

采用（Rao-Wilton-Glisson，RWG）基函数将 MoM 区域和 PO 区域的表面电流分别展开：

$$\boldsymbol{J}^{\mathrm{MoM}} = \sum_{m=1}^{M} I_m^{\mathrm{MoM}} \boldsymbol{f}_m \tag{5-5}$$

$$\boldsymbol{J}^{\mathrm{PO}} = \sum_{p=1}^{P} I_p^{\mathrm{PO}} \boldsymbol{f}_p \tag{5-6}$$

式中，M 和 P 分别是 MoM 区域和 PO 区域中基函数的总数。在 PO 区域中，不产生未知数，

并且可以通过 PO 的应用获得扩展系数 I_p^{PO} 。借助于 RWG 基函数，能自动保证在 MoM 区域和 PO 区域之间的边界上电流的连续性。利用理想电导体边界条件，可以建立矩量法区域的矩阵方程：

$$\boldsymbol{Z}_{km}\boldsymbol{I}_m^{0,\mathrm{MoM}}=\boldsymbol{V}_k \tag{5-7}$$

对于大型复杂天线阵列，MoM 需要大量的未知数。为了克服这个困难，可以应用快速方法来减少峰值内存的使用，如自适应积分方法[3]，并使用迭代方法加速矩阵向量乘法 $\boldsymbol{Z}_{km}\boldsymbol{I}_m^{0,\mathrm{MoM}}$ 。引入近区准则 d_{near} ，矩阵方程可写为

$$\boldsymbol{Z}_{km}=\boldsymbol{Z}_{km}^{\mathrm{near}}+\boldsymbol{Z}_{km}^{\mathrm{far}} \tag{5-8}$$

阻抗矩阵被分成近场区项和远场区项：

$$\boldsymbol{Z}_{km}^{\mathrm{near}}=\begin{cases}\boldsymbol{Z}_{km}-\boldsymbol{Z}_{km}^{\mathrm{far}}, & |\boldsymbol{r}_m-\boldsymbol{r}_k|\leqslant d_{\mathrm{near}}\\ 0, & \text{其他}\end{cases} \tag{5-9}$$

$$\boldsymbol{Z}_{km}^{\mathrm{far}}=-\mathrm{j}\eta k\{\boldsymbol{\Lambda}_{kv}[\overline{\overline{I}}G(\boldsymbol{r}_{kv},\boldsymbol{r}_{mu})](\boldsymbol{\Lambda}_{mu})^{\mathrm{T}}-\boldsymbol{\Lambda}_{kv}^{d}[G(\boldsymbol{r}_{kv},\boldsymbol{r}_{mu})](\boldsymbol{\Lambda}_{mu}^{d})^{\mathrm{T}}\} \tag{5-10}$$

计算近区的相互作用项 $\boldsymbol{Z}_{km}^{\mathrm{near}}\boldsymbol{I}_m^{0,\mathrm{MoM}}$ 采用矩量法直接计算，远场计算区域可以用 FFT 加速计算。

然后将利用 MoM 区域计算的电流作为 PO 区域的源，计算出感应 PO 电流：

$$\boldsymbol{J}^{1,\mathrm{PO}}=2\delta\boldsymbol{n}\times\boldsymbol{L}^H\boldsymbol{J}^{0,\mathrm{MoM}}=\begin{cases}2\delta\boldsymbol{n}\times\sum\limits_{m=1}^{M}I_m^{0,\mathrm{MoM}}(\boldsymbol{L}^H\boldsymbol{f}_m), & |\boldsymbol{r}-\boldsymbol{r}_m|\leqslant d_{\mathrm{near}}\\ \mathrm{j}2\delta\boldsymbol{n}\times\sum\limits_{m=1}^{M}\sum\limits_{u=1}^{(\Gamma+1)^3}I_m^{0,\mathrm{MoM}}G(\boldsymbol{r},\boldsymbol{r}_{mu})\boldsymbol{\Lambda}_{mu}\times\boldsymbol{k}, & \text{其他}\end{cases} \tag{5-11}$$

式中，$\boldsymbol{k}=k(\boldsymbol{r}-\boldsymbol{r}_{mu})/|\boldsymbol{r}-\boldsymbol{r}_{mu}|$；$\boldsymbol{n}$ 表示为外单位法线；δ 为阴影效应系数，在 PO 区域的亮区为 1，阴影区域为 0。

虽然已经得到了 MoM 电流和 PO 电流，但是 MoM 区域和 PO 区域之间的相互作用并没有得到充分的考虑，因为 MoM 区域的电流同样会受到 PO 区域电流的干扰。因此，为了考虑 PO 区域对 MoM 区域电流的影响，在 MoM 矩阵方程（5-7）的右侧增加了额外的激励电压：

$$\Delta\boldsymbol{V}_k^1=-\left\langle\boldsymbol{f}_k,\boldsymbol{L}^E\boldsymbol{J}^{1,\mathrm{PO}}\right\rangle \tag{5-12}$$

修正后的激励源为 $\boldsymbol{V}_k^1=\boldsymbol{V}_k+\Delta\boldsymbol{V}_k^1$ 替换右侧项，获得了由于 PO 区域的扰动导致的新 MoM 电流。经过逐步迭代，直到 MoM 区域当前误差 $\|\boldsymbol{I}_m^{i,\mathrm{MoM}}-\boldsymbol{I}_m^{i-1,\mathrm{MoM}}\|/\|\boldsymbol{I}_m^{i-1,\mathrm{MoM}}\|$ 满足阈值。

通过给出三个例子的数值仿真结果，可以证明与 EI-MoM-PO 技术、常规 MoM-PO 方法和 FEKO 的 MLFMA（Multi-Level Fast Multipole Algorithm）相比，前面所提出的快速 MoM-PO 方法具有卓越的效率和准确性。在快速 MoM-PO 方法中，BiCGStab（Stabilized Bi-Conjugate Gradients）被选为 AIM 的内部迭代求解器，相对误差为 3×10^{-3}。MoM 和 PO 区域之间的外部迭代的相对误差也选择为 3×10^{-3}，这与 FEKO MLFMA 的默认相对误差相同。所有结果都是在一个工作站上以串行方式计算得到的，该工作站配有 Intel Xeon 3.1GHz 的中央处理器和 128GB 的内存。

5.2.2　高低频混合方法计算结果

1. 安装在金属板上的圆锥形对数螺旋天线

首先分析锥形对数螺旋天线，安装在半径为 2m 的圆形金属板上[1,2]，如图 5-2 所示，其工作频率为 600 MHz。分别利用常规 MoM-PO 方法、EI-MoM-PO 技术和快速 MoM-PO 方法分析，螺旋天线和周围的圆形区域被划定为 MoM 区域，金属板的其余部分被指定为 PO 区域。图 5-3 显示了在 *XOZ* 平面上利用具有不同 AIM 参数（网格距离 d_{grid} 和近区标准 d_{near} ）的快速 MoM-PO 方法所获得的一系列天线增益方向图以及计算时间。可以观察到，在这四种情况下，CPU 工作时间变化不大，因此下面的分析例子中设定 d_{grid}=0.08λ 、d_{near}=0.4λ 、AIM 的插值系数 Γ=2 。

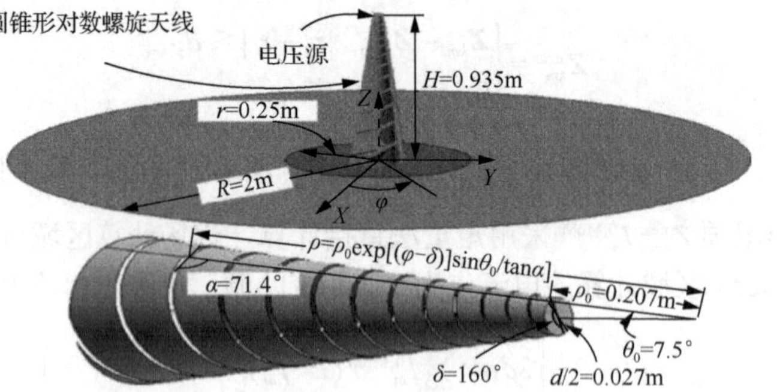

图 5-2　安装在金属板上的圆锥形对数螺旋天线

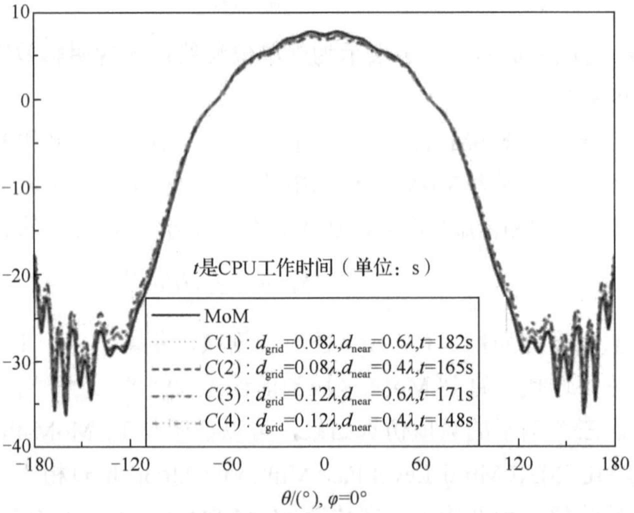

彩图

图 5-3　在 *XOZ* 平面上具有不同 AIM 参数的增益方向图

图 5-4 给出了 MoM-PO 方法、EI-MoM-PO 方法、传统 MoM-PO 方法和 MLFMA 获得的 *XOZ* 平面上的远场，可以观察到它们具有非常好的一致性。表 5-1 列出了计算资源消耗的详细信息。MLFMA 比三种混合技术消耗更多的未知量。对于高低频混合方法，指定的 MoM 区域大小相同，三种混合方法需要相同数量的未知数，但是快速 MoM-PO 方法能够以更少的内存和更短的计算时间实现相同的精度，这是因为矩量法区域采用了 AIM 方法加速求解。

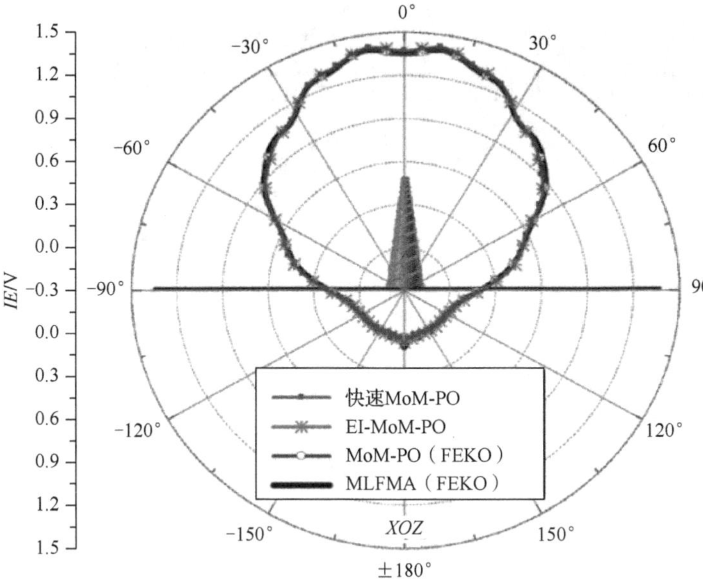

彩图

图 5-4　金属板上对数螺旋天线在 *XOZ* 平面上的远场模式

表5-1　金属板对数螺旋天线的计算消耗

方法	未知量数目/个	高峰内存占用/MB	CPU 执行时间/s
快速 MOM-PO 方法	2637	0.5	165
EI-MOM-PO 方法	2637	251.9	483
MOM-PO 方法（FEKO）	2637	251.9	2384
MLFMA 方法（FEKO）	26066	491.1	234

2. 多尺度问题：船上的方形螺旋阵列

为了证明快速 MoM-PO 方法处理多尺度问题的能力，现采用 1.2GHz 的频率研究一个安装在船上且带背腔的 32 单元方形螺旋阵列，如图 5-5 所示，并且该系统的工作波长（λ）为 0.25m。如图 5-6 所示，阵列的每个元素都是由宽度为 0.004m 的窄 PEC 条盘绕所形成的微小结构所组成的。服从二维泰勒分布的所有单元都由电压源从中心馈电。大型船舶的尺寸为 $54.8\lambda \times 212.4\lambda \times 62.8\lambda$，与阵列单元的尺寸大不相同。

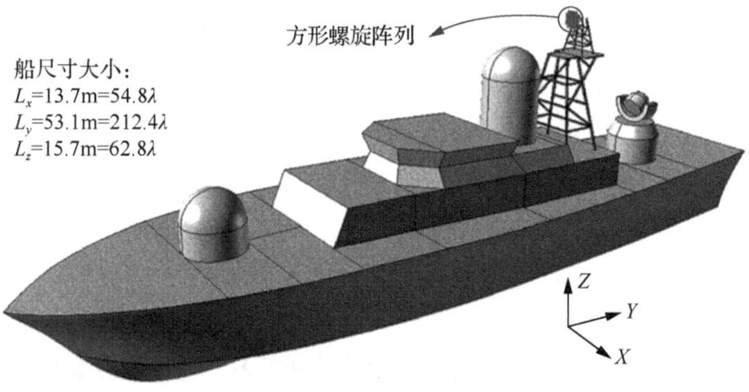

图 5-5　安装在船上的 32 单元方形螺旋阵列

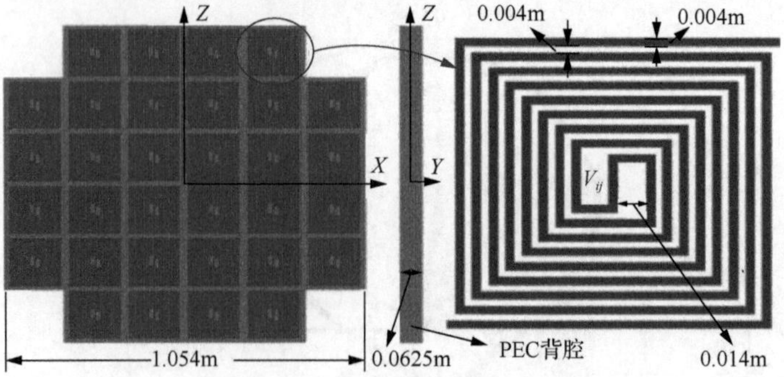

图 5-6　带 PEC 背腔的 32 单元方形螺旋阵列

为了分析这种多尺度结构，将螺旋天线阵划分为 MoM 区域，而将电大平台划分为上述三种混合技术中的 PO 区域。由此所得到的在 *XOY* 和 *YOZ* 平面上的增益图如图 5-7 和图 5-8 所示。观察这两张图可以发现，与 EI-MoM-PO 方法和传统 MoM-PO 方法相比，采用快速 MoM-PO 方法显示出良好的精度。图中将 MLFMA 结果作为基准给出，自由空间中的方形螺旋天线阵列的增益方向图也在图 5-7 和图 5-8 中进行比较，从中可以清楚地观察到平台的扰动对天线辐射性能的影响。在 *XOY* 平面上，增益方向图并不会受到太大干扰，因为船的甲板与 *XOY* 平面平行，并且甲板上的大多数组件位于天线阵列下方。而在 *YOZ* 平面上，由于平台的反射，船载阵列的增益方向图开始向上移动并且增益曲线也变得不平滑。

表 5-2 列出了一系列方法的计算损耗。对于三种混合方法，相同的 MoM 区域导致产生了相同数量的未知数，但都要比 MLFMA 所需要的少。与传统的 MoM-PO 方法和 EI-MoM-PO 方法相比，该方法具有相同的精度，却显著减少了所使用的内存和 CPU 时间。因此，快速 MoM-PO 方法能够以非常高的精度处理多尺度问题。

彩图

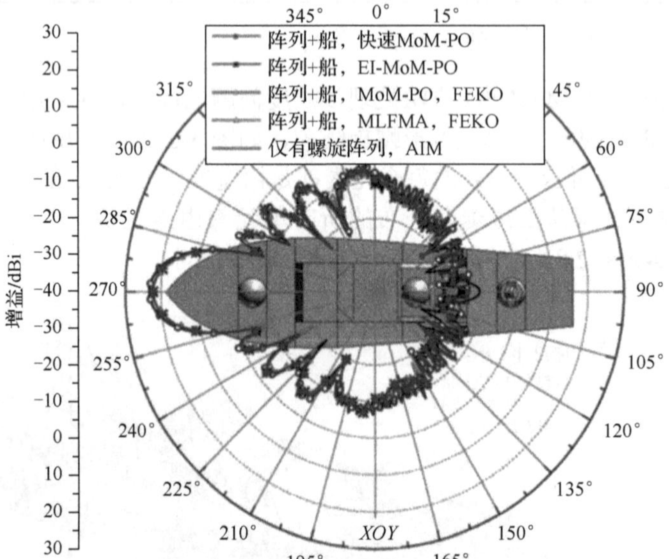

图 5-7　船上方形螺旋阵列在 *XOY* 平面上的增益方向图

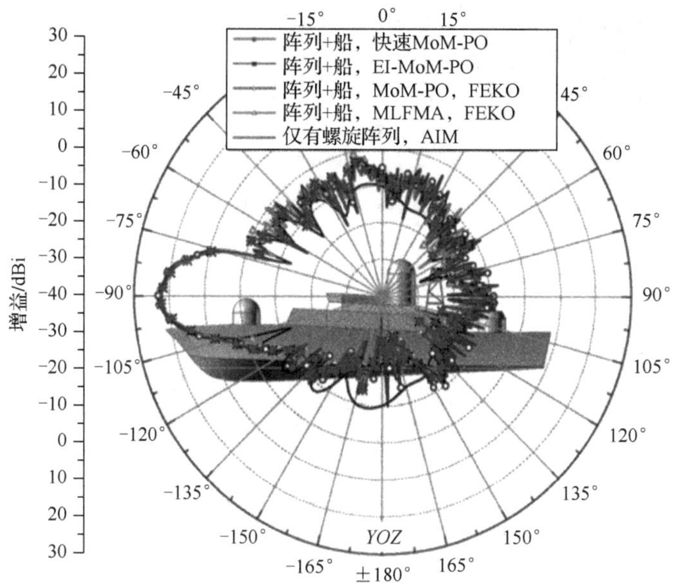

彩图

图 5-8　船上方形螺旋阵列在 *YOZ* 平面上的增益方向图

表5-2　船上方形螺旋阵列的计算损耗

方法	未知量数目/个	高峰内存占用/GB	CPU 执行时间/h
快速 MOM-PO 方法	30295	0.3	7.5
EI-MOM-PO 方法	30295	7.1	20.6
MOM-PO 方法（FEKO）	30295	7.1	73.4
MLFMA 方法（FEKO）	2782248	32.8	45.6

3. 安装在飞机上的超大规模波导缝隙阵列

为了进一步测试所提出的快速 MoM-PO 方法的性能和效率，继续分析一个非常大规模的问题。如图 5-9 所示，24×6 纵向波导缝隙阵列安装在飞机上，其中，天线阵列为 MoM 区域，飞机为 PO 区域。波导阵列的工作频率为 10GHz，其中传播的电磁波在自由空间中的波长 λ 为 0.03m。在这个频率下，飞机会是一个非常大的结构，其长度和翼展分别为 1567 λ 和 1267 λ 。图 5-10 显示了飞机的详细尺寸。

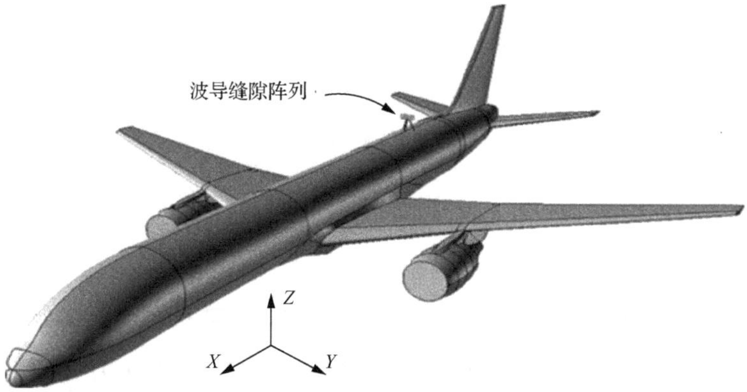

图 5-9　装在飞机上的波导缝隙阵列

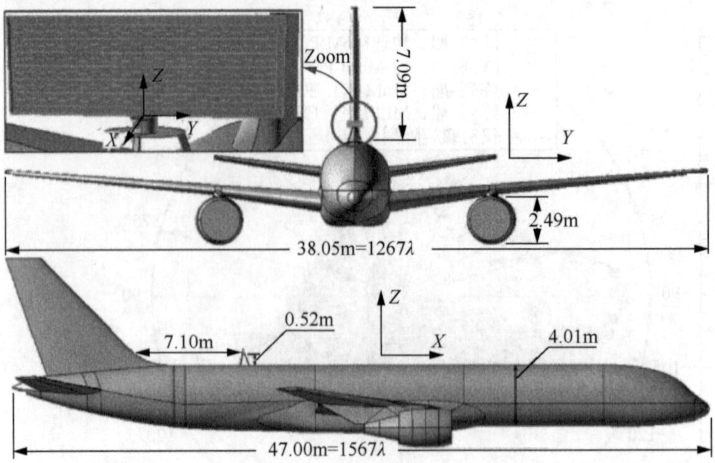

图 5-10　装在飞机上的波导缝隙阵列，两个侧视图

如图 5-11 所示，纵向波导缝隙阵列采用 WR90 标准波导来设计，沿缝隙阵列孔径的两个方向采用泰勒分布，利用 AIM 获得的辐射 3D 增益图，如图 5-12 所示。

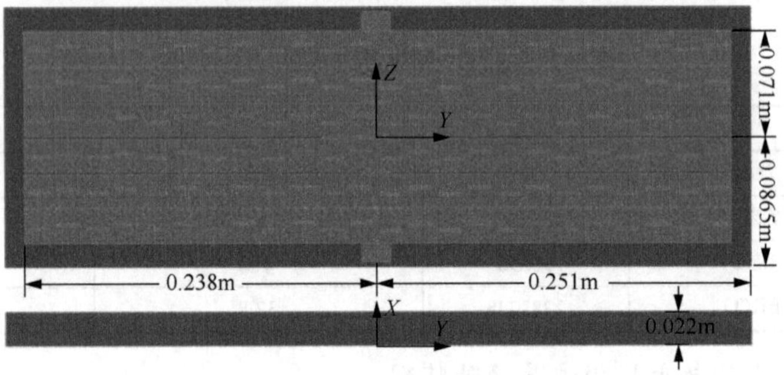

图 5-11　24×6 纵向波导缝隙阵列

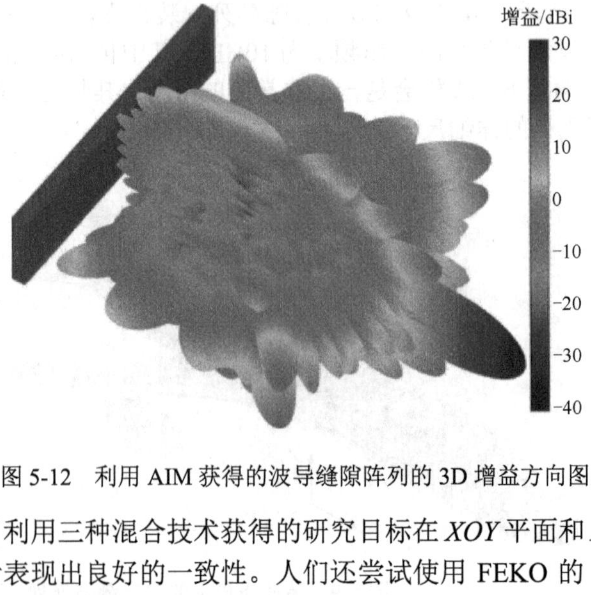

彩图

图 5-12　利用 AIM 获得的波导缝隙阵列的 3D 增益方向图

图 5-13 和图 5-14 展现了利用三种混合技术获得的研究目标在 *XOY* 平面和 *XOZ* 平面中的 2D 增益方向图，可发现三者表现出良好的一致性。人们还尝试使用 FEKO 的 MLFMA 来处

理此模型。但是对于 MLFMA 来说，该模型太大，所需的峰值内存使用量为 278 GB。所以这里只展示了波导缝隙阵列的 MLFMA 结果以供比较。从图 5-13 和图 5-14 可以明显看出，波导阵列的 2D 增益方向图会受到飞机本身的干扰。图 5-15 描述了安装在飞机上的波导阵列的 3D 增益方向图和平台上的 PO 电流。机身上的感应 PO 电流沿波导阵列的主瓣方向非常强，而在阴影边界处由于 PO 电流根据 PO 规则在阴影 PO 区域变为零，因此感应 PO 电流急剧消失。通过比较图 5-12 和图 5-15 中的 3D 增益方向图，可以更清楚地观察到平台所施加的影响。

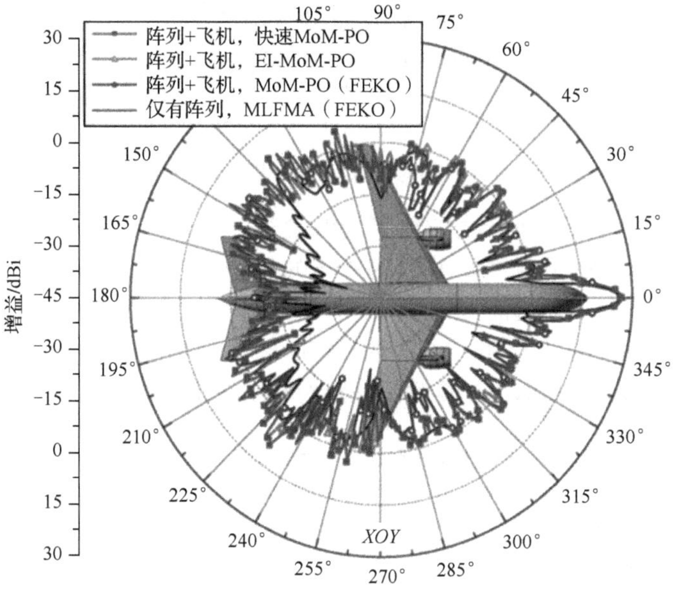

彩图

图 5-13　在 *XOY* 平面上飞机缝隙阵列的二维增益方向图

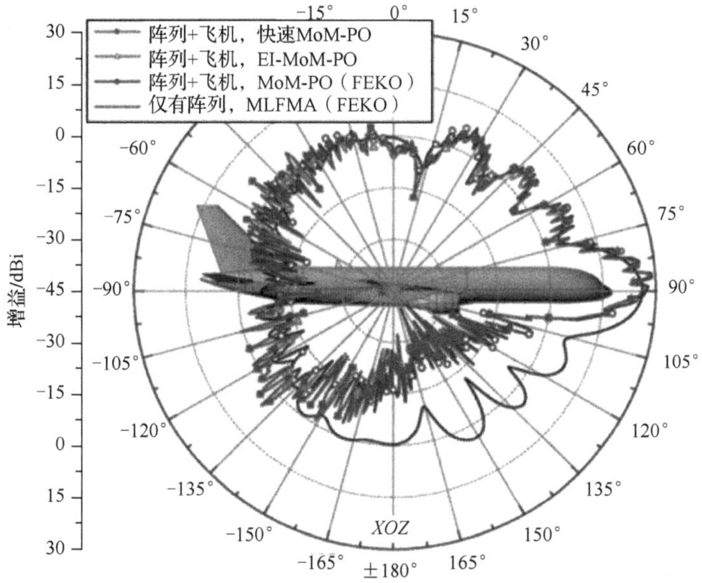

彩图

图 5-14　在 *XOZ* 平面上飞机缝隙阵列的二维增益方向图

彩图

图 5-15　由快速 MoM-PO 获得的飞机上缝隙阵列的 3D 增益方向图和 PO 电流

表 5-3 则列出了采用不同方法所产生的计算资源消耗。本章介绍的快速 MoM-PO、EI-MoM-PO 和 FEKO 的 MoM-PO 方法需要 102179 个未知量。FEKO 的 MLFMA 不能处理这个例子，因为该方法需要大量的未知数而工作站只有有限的内存。在结果精度相同的情况下，快速 MoM-PO 方法只需要 1.5 GB 内存和 172.5h 的执行时间，而 EI-MoM-PO 和 FEKO 的常规 MoM-PO 方法所需的内存为 79.7GB，计算时间分别为 509.1h 和 1492.3h。

表5-3　飞机上缝隙阵列的计算消耗

方法	未知量数目/个	高峰内存占用/GB	CPU 执行时间/h
快速 MOM-PO 方法	102179	1.5	172.5
EI-MOM-PO 方法	102179	79.7	509.1
MOM-PO 方法（FEKO）	102179	79.7	1492.3
MLFMA 方法（FEKO）	104189265 （约 1.04×10^8）	278.1	N.A.（内存不足）

5.3　时域积分方程方法分析前后门耦合

前门耦合是指电磁干扰通过天线、传感器等直接耦合进入系统内。后门耦合指强电磁脉冲从外部通过目标自身的开窗口、通风口或者外壳连接处等部位进入内部系统，干扰设备，从而导致内部电子设备性能的损坏。它产生的场分布在整个系统内，不容易防护。本节建立了一套场线路耦合计算模型来分析炮车的前门耦合和无人机后门耦合效应。无人机内部的场分布用时域积分方程（TDIE）求解，传输线部分用线缆求解器求解，电路部分用改良的节点分析（MNA）求解器。这样可以完成场线路各部分的独立求解。

5.3.1　散射场的计算

电磁散射场可分为近场区和远场区散射场，目标远场区电磁散射场用 RCS 来进行衡量。近场区的电磁场强度比远场区大得多，从这个角度来说，电磁防护的重点应该是在近区场，此空间区域的电磁场强度随距离变化快，而且不均匀度较大。

在近场区观察点 $\boldsymbol{r}_0$ 处的散射电场强度可以用如下公式表示：

$$\boldsymbol{E}^s(\boldsymbol{r}_0,t) = -\nabla\boldsymbol{\Phi}(\boldsymbol{r}_0,t) - \partial_t \boldsymbol{A}(\boldsymbol{r}_0,t) \tag{5-13}$$

其中

$$\boldsymbol{A}(\boldsymbol{r}_0,t) = \int_V \mathrm{d}v' \frac{1}{4\pi} \frac{\mu \boldsymbol{J}\left(\boldsymbol{r}',t-|\boldsymbol{r}_0-\boldsymbol{r}'|/c\right)}{|\boldsymbol{r}_0-\boldsymbol{r}'|} \tag{5-14}$$

$$\boldsymbol{\Phi}(\boldsymbol{r}_0,t) = \int_V \mathrm{d}v' \frac{1}{4\pi\varepsilon} \frac{\rho\left(\boldsymbol{r}',t-|\boldsymbol{r}_0-\boldsymbol{r}'|/c\right)}{|\boldsymbol{r}_0-\boldsymbol{r}'|} \tag{5-15}$$

式中，$\boldsymbol{r}'$ 表示源点；c 表示电磁波的传播速度。

式（5-14）可表示为

$$\boldsymbol{E}^s(\boldsymbol{r}_0,t) = -\int_V \mathrm{d}v' \frac{1}{4\pi\varepsilon} \frac{\nabla\rho\left(\boldsymbol{r}',t-|\boldsymbol{r}_0-\boldsymbol{r}'|/c\right)}{|\boldsymbol{r}_0-\boldsymbol{r}'|} - \int_V \mathrm{d}v' \frac{\mu}{4\pi} \frac{\partial_t \boldsymbol{J}\left(\boldsymbol{r}',t-|\boldsymbol{r}_0-\boldsymbol{r}'|/c\right)}{|\boldsymbol{r}_0-\boldsymbol{r}'|} \tag{5-16}$$

已知电流连续性方程 $\nabla\cdot\boldsymbol{J}(\boldsymbol{r},t) = -\partial_t \rho(\boldsymbol{r},t)$，所以观察点位置的总场可以通过式（5-17）求解：

$$\boldsymbol{E}(\boldsymbol{r}_0,t) = \boldsymbol{E}^i(\boldsymbol{r}_0,t) - \int_V \mathrm{d}v' \frac{1}{4\pi\varepsilon} \frac{\partial_t^{-1}\nabla\nabla\cdot\boldsymbol{J}\left(\boldsymbol{r}',t-|\boldsymbol{r}_0-\boldsymbol{r}'|/c\right)}{|\boldsymbol{r}_0-\boldsymbol{r}'|} - \int_V \mathrm{d}v' \frac{\mu}{4\pi} \frac{\partial_t \boldsymbol{J}\left(\boldsymbol{r}',t-|\boldsymbol{r}_0-\boldsymbol{r}'|/c\right)}{|\boldsymbol{r}_0-\boldsymbol{r}'|} \tag{5-17}$$

式（5-17）表示的是入射场和散射场在观察点 $\boldsymbol{r}_0$ 处的叠加。

基于 4.7 节和 4.8 节建立起的场-线-路耦合求解器，研究天线与平台一体化的瞬态电磁响应。

5.3.2　线路耦合问题的求解

当分析多导体传输线问题的时候，可以把它当作 N+1 个相互平行的导线组成的结构，通过时域格林函数去求解传输线方程。

首先考虑均匀无耗的情况，分析如图 5-16 所示长度为 d 的 N+1 根导体的传输线结构，传输线结构平行于 z 方向。传输线始端在 z=0 处，终端在 z=d 处。该结构的传输线方程可以写为

$$\begin{aligned}\frac{\partial \boldsymbol{V}(z,t)}{\partial z} + \boldsymbol{L}\frac{\partial \boldsymbol{I}(z,t)}{\partial t} = 0 \\ \frac{\partial \boldsymbol{I}(z,t)}{\partial z} + \boldsymbol{C}\frac{\partial \boldsymbol{V}(z,t)}{\partial t} = 0\end{aligned} \tag{5-18}$$

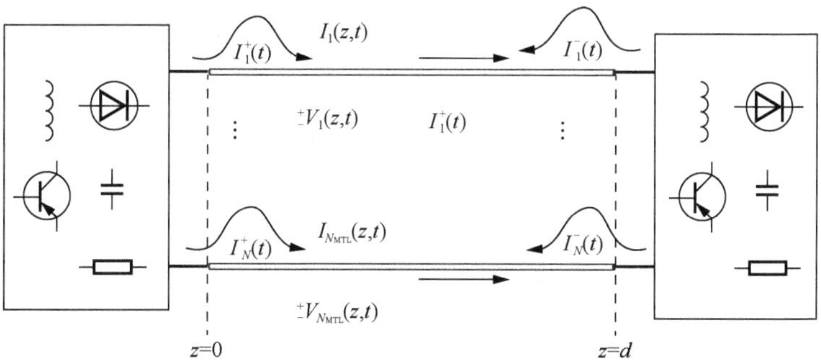

图 5-16　多导体传输线示意图

式（5-18）中，传输线上的电压向量为$\boldsymbol{V}(z,t)=\left[V_1(z,t)\ V_2(z,t)\ \cdots\ V_N(z,t)\right]^{\mathrm{T}}$，电流向量为$\boldsymbol{I}(z,t)=\left[I_1(z,t)\ I_2(z,t)\ \cdots\ I_N(z,t)\right]^{\mathrm{T}}$。对于第 i 根传输线，$V_i(x,t)$ 和 $I_i(x,t)$ 分别表示对应的电压和电流。$\boldsymbol{L}$ 和 $\boldsymbol{C}$ 表示单位长度多导体传输线上电感矩阵和电容矩阵，矩阵维度都是 $N\times N$。为了方便式（5-18）的求解，可通过构造相似矩阵简化求解过程，大致思路就是，将传输线方程经过相似矩阵的变化之后转化为模方程，接下来，对模方程进行求解，最后对模方程求解的结果进行变化处理就能得到传输线上的沿线电压和电流。如式（5-19）所示，对于均匀无耗的传输线，$\boldsymbol{T}_V$ 和 $\boldsymbol{T}_I$ 是构造的相似变换矩阵，通过构造相似变换矩阵 $\boldsymbol{T}_V$ 和 $\boldsymbol{T}_I$，真实的沿线电压和电流向量$\boldsymbol{V}(z,t)$ 和 $\boldsymbol{I}(z,t)$ 通过变换转化为模式电压、电流向量$\boldsymbol{V}_m(z,t)$ 和 $\boldsymbol{I}_m(z,t)$：

$$\boldsymbol{V}(z,t)=\boldsymbol{T}_V\boldsymbol{V}_m(z,t)\,,\quad \boldsymbol{I}(z,t)=\boldsymbol{T}_I\boldsymbol{I}_m(z,t) \tag{5-19}$$

将式（5-19）代入式（5-18）中可得

$$\begin{aligned}
&\frac{\partial \boldsymbol{V}_m(z,t)}{\partial z}+\boldsymbol{L}_m\frac{\partial \boldsymbol{I}_m(z,t)}{\partial t}=0\\
&\frac{\partial \boldsymbol{I}_m(z,t)}{\partial z}+\boldsymbol{C}_m\frac{\partial \boldsymbol{V}_m(z,t)}{\partial t}=0
\end{aligned} \tag{5-20}$$

式中，$\boldsymbol{C}_m$ 和 $\boldsymbol{L}_m$ 为对角矩阵，$\boldsymbol{C}_m=\boldsymbol{T}_I^{-1}\boldsymbol{C}\boldsymbol{T}_V$，$\boldsymbol{L}_m=\boldsymbol{T}_V^{-1}\boldsymbol{L}\boldsymbol{T}_I$。接着通过对转化后的 N 个方程进行求解，得到多导体传输线方程的时域形式的解：

$$\begin{aligned}
\boldsymbol{V}(z,t)&=\boldsymbol{V}^p(z,t)+\boldsymbol{V}^h(z,t)\\
\boldsymbol{I}(z,t)&=\boldsymbol{I}^p(z,t)+\boldsymbol{I}^h(z,t)
\end{aligned} \tag{5-21}$$

式中，$\boldsymbol{V}^h(z,t)$、$\boldsymbol{I}^h(z,t)$ 与$\boldsymbol{V}^p(z,t)$、$\boldsymbol{I}^p(z,t)$ 分别为多导体传输线方程的通解和特解。当外部激励不存在时，特解$\boldsymbol{V}^p(z,t)$、$\boldsymbol{I}^p(z,t)$ 的值为 0，传输线的通解可以写成如下形式：

$$\begin{aligned}
\boldsymbol{V}^h(z,t)&=\boldsymbol{G}^z(z,t)*\boldsymbol{I}^+(t)-\boldsymbol{G}^z(z-d,t)*\boldsymbol{I}^-(t)\\
\boldsymbol{I}^h(z,t)&=\boldsymbol{G}(z,t)*\boldsymbol{I}^+(t)+\boldsymbol{G}(z-d,t)*\boldsymbol{I}^-(t)
\end{aligned} \tag{5-22}$$

式中，$\boldsymbol{G}(z,t)$ 为时域格林函数，也就是多导体传输线的时域传输矩阵；$\boldsymbol{G}(z,t)=\boldsymbol{T}_V\boldsymbol{D}(z,t)\boldsymbol{T}_V^{-1}$，$\boldsymbol{D}(z,t)$ 是 $N\times N$ 的对角矩阵，$\delta(t-|z|/c_i^{\mathrm{TL}})$ 表示主对角线元素值，$c_i^{\mathrm{TL}}=1/\sqrt{l_ic_i}$，$i=1,\cdots,N$；$\boldsymbol{G}^z(z,t)=\boldsymbol{Z}_c(t)*\boldsymbol{G}(z,t)$，$\boldsymbol{Z}_c(t)$ 为多导体传输线中单位长度的特性阻抗矩阵；$\boldsymbol{I}^+(t)$ 为前向波的电流振幅；$\boldsymbol{I}^-(t)$ 为后向波的电流振幅；$*$表示卷积操作。

通过式（5-22）能够看出，假设已知前向波和后向波的电流振幅$\boldsymbol{I}^+(t)$ 与 $\boldsymbol{I}^-(t)$，通过对应的格林函数进行卷积操作，就可以得到多导体传输线结构中的沿线电压和沿线电流。

在 z=0 和 z=d 处，多导体传输线上沿线电压和沿线电流满足终端边界条件：

$$\begin{aligned}
\boldsymbol{V}_1^{\mathrm{end}}(t)&=\boldsymbol{V}(0,t)=\boldsymbol{V}^p(0,t)+\boldsymbol{V}^h(0,t)\\
\boldsymbol{I}_1^{\mathrm{end}}(t)&=\boldsymbol{I}(0,t)=\boldsymbol{I}^p(0,t)+\boldsymbol{I}^h(0,t)\\
\boldsymbol{V}_2^{\mathrm{end}}(t)&=\boldsymbol{V}(d,t)=\boldsymbol{V}^p(d,t)+\boldsymbol{V}^h(d,t)\\
\boldsymbol{I}_2^{\mathrm{end}}(t)&=\boldsymbol{I}(d,t)=\boldsymbol{I}^p(d,t)+\boldsymbol{I}^h(d,t)
\end{aligned} \tag{5-23}$$

式中，$\boldsymbol{V}_1^{\mathrm{end}}(t)$、$\boldsymbol{V}_2^{\mathrm{end}}(t)$ 分别表示传输线始端和终端的电压；$\boldsymbol{I}_1^{\mathrm{end}}(t)$、$\boldsymbol{I}_2^{\mathrm{end}}(t)$ 分别表示传输线始端和终端的电流，都是 $N\times 1$ 维的。

由式（5-23）可以得到

$$\begin{bmatrix} \boldsymbol{I}^h(0,t) \\ \boldsymbol{I}^h(d,t) \end{bmatrix} = \begin{bmatrix} \boldsymbol{G}(0,t) & \boldsymbol{G}(-d,t) \\ \boldsymbol{G}(d,t) & \boldsymbol{G}(0,t) \end{bmatrix} * \begin{bmatrix} \boldsymbol{I}^+(t) \\ \boldsymbol{I}^-(t) \end{bmatrix}$$
$$\begin{bmatrix} \boldsymbol{V}^h(0,t) \\ \boldsymbol{V}^h(d,t) \end{bmatrix} = \begin{bmatrix} \boldsymbol{G}^z(0,t) & -\boldsymbol{G}^z(-d,t) \\ \boldsymbol{G}^z(d,t) & -\boldsymbol{G}^z(0,t) \end{bmatrix} * \begin{bmatrix} \boldsymbol{I}^+(t) \\ \boldsymbol{I}^-(t) \end{bmatrix} \tag{5-24}$$

采用时间基函数将 $\boldsymbol{I}^+(t)$ 和 $\boldsymbol{I}^-(t)$ 展开：

$$\boldsymbol{I}^+(t) \approx \sum_{l'=1}^{N_t} \boldsymbol{I}_{l'}^+ f_{l'}^{\,t}(t),\quad \boldsymbol{I}^-(t) \approx \sum_{l'=1}^{N_t} \boldsymbol{I}_{l'}^- f_{l'}^{\,t}(t) \tag{5-25}$$

式中，$f_{l'}^t(t)$ 为三角时间基函数，可以表示为 $f_{l'}^t(t) = f^t(t - l'\Delta t)$；$I_{l'}^+$ 和 $I_{l'}^-$ 分别为前向电流相关和后向电流相关的待求加权系数。

把式（5-25）代入式（5-23）中可以得到

$$\begin{bmatrix} \boldsymbol{I}(0) \\ \boldsymbol{I}(d) \end{bmatrix} = \sum_{l'=1}^{N_t} \begin{bmatrix} \boldsymbol{G}(0,t) & \boldsymbol{G}(-d,t) \\ \boldsymbol{G}(d,t) & \boldsymbol{G}(0,t) \end{bmatrix} * \begin{bmatrix} \boldsymbol{I}_{l'}^+ f_{l'}^{\,t}(t) \\ \boldsymbol{I}_{l'}^- f_{l'}^{\,t}(t) \end{bmatrix}$$
$$\begin{bmatrix} \boldsymbol{V}(0) \\ \boldsymbol{V}(d) \end{bmatrix} = \sum_{l'=1}^{N_t} \begin{bmatrix} \boldsymbol{G}^z(0,t) & -\boldsymbol{G}^z(-d,t) \\ \boldsymbol{G}^z(d,t) & -\boldsymbol{G}^z(0,t) \end{bmatrix} * \begin{bmatrix} \boldsymbol{I}_{l'}^+ f_{l'}^{\,t}(t) \\ \boldsymbol{I}_{l'}^- f_{l'}^{\,t}(t) \end{bmatrix} \tag{5-26}$$

用 $\delta(t - l\Delta t)$ 函数进行测试，得到电压、电流的离散形式：

$$\begin{aligned}
\begin{bmatrix} \boldsymbol{I}_l(0) \\ \boldsymbol{I}_l(d) \end{bmatrix} &= \sum_{l'=1}^{l} \begin{bmatrix} \boldsymbol{G}(0,t) & \boldsymbol{G}(-d,t) \\ \boldsymbol{G}(d,t) & \boldsymbol{G}(0,t) \end{bmatrix} * f_{l'}^{\,t}(t)\Big|_{t=l\Delta t} \cdot \begin{bmatrix} I_{l'}^+ \\ I_{l'}^- \end{bmatrix} \\
&= \sum_{l'=1}^{l} \begin{bmatrix} \bar{\boldsymbol{G}}_{l-l'}(1,1) & \bar{\boldsymbol{G}}_{l-l'}(1,2) \\ \bar{\boldsymbol{G}}_{l-l'}(2,1) & \bar{\boldsymbol{G}}_{l-l'}(2,2) \end{bmatrix} \begin{bmatrix} I_{l'}^+ \\ I_{l'}^- \end{bmatrix} \\
\begin{bmatrix} \boldsymbol{V}_l(0) \\ \boldsymbol{V}_l(d) \end{bmatrix} &= \sum_{l'=1}^{l} \begin{bmatrix} \boldsymbol{G}^z(0,t) & -\boldsymbol{G}^z(-d,t) \\ \boldsymbol{G}^z(d,t) & -\boldsymbol{G}^z(0,t) \end{bmatrix} * f_{l'}^{t}(t)\Big|_{t=l\Delta t} \cdot \begin{bmatrix} I_{l'}^+ \\ I_{l'}^- \end{bmatrix} \\
&= \sum_{l'=1}^{l} \begin{bmatrix} \bar{\boldsymbol{G}}_{l-l'}^z(1,1) & \bar{\boldsymbol{G}}_{l-l'}^z(1,2) \\ \bar{\boldsymbol{G}}_{l-l'}^z(2,1) & \bar{\boldsymbol{G}}_{l-l'}^z(2,2) \end{bmatrix} \begin{bmatrix} I_{l'}^+ \\ I_{l'}^- \end{bmatrix}
\end{aligned} \tag{5-27}$$

式中，$l = 1,\cdots,N_t$。

$$\begin{aligned}
&\bar{\boldsymbol{G}}_{l-l'}(1,1) = \bar{\boldsymbol{G}}_{l-l'}(2,2) = \boldsymbol{G}(0,(l-l')\Delta t) * f_{l'}^{\,t}(t) \\
&\bar{\boldsymbol{G}}_{l-l'}^z(1,1) = -\bar{\boldsymbol{G}}_{l-l'}^z(2,2) = \boldsymbol{G}^z(0,(l-l')\Delta t) * f_{l'}^{\,t}(t) \\
&\bar{\boldsymbol{G}}_{l-l'}(1,2) = \bar{\boldsymbol{G}}_{l-l'}(2,1) = \boldsymbol{G}(d,(l-l')\Delta t) * f_{l'}^{\,t}(t) \\
&\bar{\boldsymbol{G}}_{l-l'}^z(1,2) = -\bar{\boldsymbol{G}}_{l-l'}^z(2,1) = \boldsymbol{G}^z(d,(l-l')\Delta t) * f_{l'}^{\,t}(t)
\end{aligned} \tag{5-28}$$

$\bar{\boldsymbol{G}}_{l-l'}$ 和 $\bar{\boldsymbol{G}}_{l-l'}^z$ 表示离散传播矩阵，维度为 $N \times N$，$*$ 代表卷积操作。式（5-27）为基于 MOT 的电压、电流离散式。将式（5-27）代入传输线的终端条件，基于 MOT 的传输线方程可以表示为

$$\boldsymbol{G}_0^z \boldsymbol{I}_l^{\text{CBL}} = \boldsymbol{V}_l^{\text{end}} - \sum_{l'=1}^{l-1} \boldsymbol{G}_{l-l'}^z \boldsymbol{I}_{l'}^{\text{CBL}},\quad l = 1,\cdots,N_t \tag{5-29}$$

根据式（5-29）可以看出，只需要已知第 $l-1$ 时间步及之前的电流，就可以通过递推的

方式求解第 l 时刻的电流，这就是基于 MOT 的求解过程。其中，$\boldsymbol{I}_l^{\text{CBL}}=[\boldsymbol{I}^+\ \boldsymbol{I}^-]^{\text{T}}$，$\boldsymbol{V}_l^{\text{ends}}=[\boldsymbol{V}_l(0)\ \ \boldsymbol{V}_l(d)]^{\text{T}}$。这里面的激励源电压是由传输线终端的电路负载提供的，是已知的量。

对于传输线终端连接电路问题，将电路系统用受控电压源置换，如图 5-17 所示，其中，CKT 表示电路系统，TL 表示传输线系统。

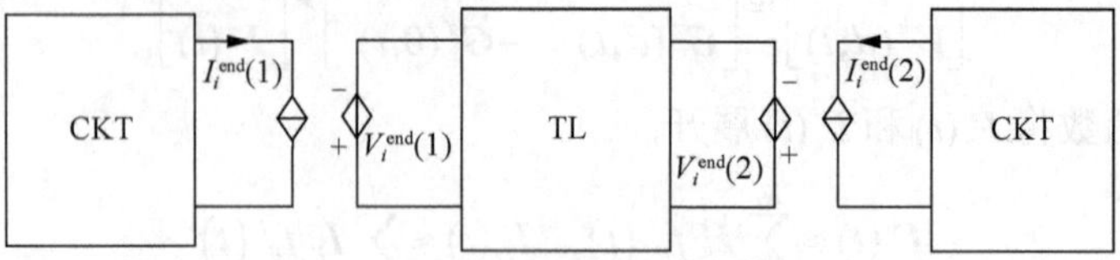

图 5-17　线路耦合模型

可以用等效电流源和等效电压源来表示传输线和电路之间的耦合，同样有耦合矩阵 $\boldsymbol{C}^{\text{tc}}$，且有

$$\begin{aligned}\boldsymbol{I}_l^{\text{CKT}}&=\left(\boldsymbol{C}^{\text{tc}}\right)^{\text{T}}\boldsymbol{I}_l^{\text{end}}\\ \boldsymbol{V}_l^{\text{end}}&=-\boldsymbol{C}^{\text{tc}}\boldsymbol{V}_l^{\text{CKT}}\end{aligned}\tag{5-30}$$

其中，传输线终端对电路的作用通过等效电流源 $\boldsymbol{I}_l^{\text{CKT}}$ 表示；电路对传输线终端的作用通过等效电压源 $\boldsymbol{V}_l^{\text{end}}$ 表示。$\boldsymbol{C}^{\text{tc}}$ 为 $2N\times N$ 的耦合矩阵，$\left(\boldsymbol{C}^{\text{tc}}\right)^{\text{T}}$ 是 $\boldsymbol{C}^{\text{tc}}$ 的转置矩阵。当矩阵 $\boldsymbol{C}^{\text{tc}}$ 有值为 1 的时候，表示传输线和电路端口相接。

$$\begin{aligned}&\begin{bmatrix}\boldsymbol{Y}_0^{\text{CKT}} & -\left(\boldsymbol{C}^{\text{tc}}\right)^{\text{T}}\boldsymbol{G}_0\\ -\boldsymbol{C}^{\text{tc}} & \boldsymbol{G}_0^z\end{bmatrix}\begin{bmatrix}\boldsymbol{V}_l^{\text{CKT}}\\ \boldsymbol{I}_l^{\text{CBL}}\end{bmatrix}\\ &=\begin{bmatrix}\boldsymbol{I}_l^{\text{CKT}}\\ \boldsymbol{0}\end{bmatrix}-\sum_{l'=1}^{l-1}\begin{bmatrix}\boldsymbol{Y}_{l-l'}^{\text{CKT}} & -\left(\boldsymbol{C}^{\text{tc}}\right)^{\text{T}}\boldsymbol{G}_{l-l'}\\ \boldsymbol{0} & \boldsymbol{G}_{l-l'}^z\end{bmatrix}\begin{bmatrix}\boldsymbol{V}_{l'}^{\text{CKT}}\\ \boldsymbol{I}_{l'}^{\text{CBL}}\end{bmatrix}\end{aligned}\tag{5-31}$$

和解析模型相比，数值模型能够更好地分析半导体的内部状态，对于求解半导体物理模型，用一个等效电压控制电流源来代替物理模型 PIN 二极管：

$$\boldsymbol{I}_l=f(\boldsymbol{V}_l)\tag{5-32}$$

那么式（5-31）的矩阵方程可以改为

$$\begin{aligned}&\begin{bmatrix}\boldsymbol{Y}_0^{\text{CKT}} & -\left(\boldsymbol{C}^{\text{tc}}\right)^{\text{T}}\boldsymbol{G}_0\\ -\boldsymbol{C}^{\text{tc}} & \boldsymbol{G}_0^z\end{bmatrix}\begin{bmatrix}\boldsymbol{V}_l^{\text{CKT}}\\ \boldsymbol{I}_l^{\text{CBL}}\end{bmatrix}+\begin{bmatrix}f(\boldsymbol{V}_l)\\ 0\end{bmatrix}\\ &=\begin{bmatrix}\boldsymbol{I}_l^{\text{CKT}}\\ 0\end{bmatrix}-\sum_{l'=1}^{l-1}\begin{bmatrix}\boldsymbol{Y}_{l-l'}^{\text{CKT}} & -\left(\boldsymbol{C}^{\text{tc}}\right)^{\text{T}}\boldsymbol{G}_{l-l'}\\ 0 & \boldsymbol{G}_{l-l'}^z\end{bmatrix}\begin{bmatrix}\boldsymbol{V}_{l'}^{\text{CKT}}\\ \boldsymbol{I}_{l'}^{\text{CBL}}\end{bmatrix}\end{aligned}\tag{5-33}$$

将式（5-33）记为 $\boldsymbol{F}\left(X_l\right)=\boldsymbol{b}_j$，首先计算 $\boldsymbol{b}_j$，设置牛顿迭代步数 p，求解 $\boldsymbol{r}_{j,p-1}=\boldsymbol{F}\left(X_{j,p-1}\right)-\boldsymbol{b}_j$，在第一个时间步令牛顿迭代的初值为 0，如果 $\left\|\boldsymbol{r}_{j,p-1}\right\|\leqslant\varepsilon\times\left\|\boldsymbol{b}_j\right\|$ 停止迭代，取 $\varepsilon=10^{-9}$。所以本节通过时域谱元法分析了 PIN 二极管的电热耦合特性，求解漂移扩散方程将 PIN 二极管的伏安特性耦合到场路运算中，最终得到端口的电压、电流信息。漂移扩散模型是由电子和空穴的电流连续性方程、电流密度方程和泊松方程所构成。

电子和空穴电流连续性方程：

$$\frac{\partial n}{\partial t}=\frac{1}{q}\nabla\cdot\boldsymbol{J}_n+G-R$$
$$\frac{\partial p}{\partial t}=-\frac{1}{q}\nabla\cdot\boldsymbol{J}_p+G-R \tag{5-34}$$

电子和空穴电流密度方程：

$$\boldsymbol{J}_n=-qn\mu_n\nabla\phi_n$$
$$\boldsymbol{J}_p=-qp\mu_p\nabla\phi_p \tag{5-35}$$

泊松方程：

$$\nabla^2\varphi=-\frac{q}{\varepsilon}(p-n+N_0) \tag{5-36}$$

其实对于求解 PIN 二极管物理模型的漂移扩散方程就是求解电子、空穴和电势。在求解电子电流连续性方程时，使用后向欧拉方法对时间求偏导可以满足稳定性和收敛性的要求：

$$f_n(n^k,p^k,\varphi^k)=\frac{n^k-n^{k-1}}{\Delta t} \tag{5-37}$$

式中，$f_n(n,p,\varphi)=\nabla\cdot(\mu_n\nabla n-n\mu_n\nabla\varphi)-(R-G)$。$n^k$、$p^k$、$\varphi^k$ 表示当前时刻变量的值，方程（5-37）可写成：

$$F_n(n^k,p^k,\varphi^k)=f_n(n^k,p^k,\varphi^k)\cdot\Delta t-\left(n^k-n^{k-1}\right)=0 \tag{5-38}$$

对式（5-38）进行泰勒级数展开，略去二阶以上的项得到牛顿迭代公式：

$$F_n\left(n^{k,l},p^{k,l},\varphi^{k,l}\right)+\left.\frac{\partial F_n(n,p,\varphi)}{\partial n}\right|_{\substack{n=n^{k,l}\\p=p^{k,l}\\\varphi=\varphi^{k,l}}}\left(n^{k,l+1}-n^{k,l}\right)$$
$$+\left.\frac{\partial F_n(n,p,\varphi)}{\partial p}\right|_{\substack{n=n^{k,l}\\p=p^{k,l}\\\varphi=\varphi^{k,l}}}\left(p^{k,l+1}-p^{k,l}\right)+\left.\frac{\partial F_n(n,p,\varphi)}{\partial \varphi}\right|_{\substack{n=n^{k,l}\\p=p^{k,l}\\\varphi=\varphi^{k,l}}}\left(\varphi^{k,l+1}-\varphi^{k,l}\right)=0 \tag{5-39}$$

式中，$l+1$表示牛顿迭代当前时刻需要求解的值；l表示前一时间步已经求解的变量值。对式（5-39）进行伽辽金测试得到

$$\oint_V N_i\cdot F_n\left(n^{k,l},p^{k,l},\varphi^{k,l}\right)\mathrm{d}V+\oint_V N_i\cdot\left.\frac{\partial F_n(n,p,\varphi)}{\partial n}\right|_{\substack{n=n^{k,l}\\p=p^{k,l}\\\varphi=\varphi^{k,l}}}\left(n^{k,l+1}-n^{k,l}\right)\mathrm{d}V$$
$$+\oint_V N_i\cdot\left.\frac{\partial F_n(n,p,\varphi)}{\partial p}\right|_{\substack{n=n^{k,l}\\p=p^{k,l}\\\varphi=\varphi^{k,l}}}\left(p^{k,l+1}-p^{k,l}\right)\mathrm{d}V+\oint_V N_i\cdot\left.\frac{\partial F_n(n,p,\varphi)}{\partial \varphi}\right|_{\substack{n=n^{m,l}\\p=p^{m,l}\\\varphi=\varphi^{m,l}}}\left(\varphi^{m,l+1}-\varphi^{m,l}\right)\mathrm{d}V=0 \tag{5-40}$$

再使用 GLL 基函数展开求解的未知量信息：

$$n=\sum_{j=1}^{N_{\text{total}}}n_jN_j,\quad p=\sum_{j=1}^{N_{\text{total}}}p_jN_j,\quad \varphi=\sum_{j=1}^{N_{\text{total}}}\varphi_jN_j \tag{5-41}$$

式中，$N_{\text{total}}=(N_\xi+1)(N_\eta+1)(N_\varsigma+1)$ 表示基函数的总个数。将式（5-41）代入式（5-40）中可得

$$\mathbf{EN}\boldsymbol{\delta}_n^{k,l+1}+\mathbf{EP}\boldsymbol{\delta}_p^{k,l+1}+\mathbf{EF}\boldsymbol{\delta}_\varphi^{k,l+1}=\mathbf{BE} \tag{5-42}$$

对于其他变量可以重复以上的步骤，最后得到以下矩阵方程：

$$\boldsymbol{x}_{k,l+1}-\boldsymbol{x}_{k,l}=\left(\boldsymbol{M}_{k,l}^{nl}\right)^{-1}\boldsymbol{f}(\boldsymbol{x}_{k,l}) \tag{5-43}$$

$$\boldsymbol{M}_{k,l}^{nl}=\begin{bmatrix}\mathbf{EN} & \mathbf{EP} & \mathbf{EF}\\ \mathbf{HN} & \mathbf{HP} & \mathbf{HF}\\ \mathbf{PN} & \mathbf{PP} & \mathbf{PF}\end{bmatrix},\quad \boldsymbol{f}(\boldsymbol{x}_{k,l})=\begin{bmatrix}\mathbf{BE}\\ \mathbf{BH}\\ \mathbf{BP}\end{bmatrix} \tag{5-44}$$

其中

$$\begin{aligned}\mathbf{EN}_{ij}=&-\Delta t\int\nabla N_i\cdot(-\mu_n(\nabla\varphi^{k,l}\cdot N_j-\nabla N_j))\mathrm{d}V\\&-\int N_i\cdot N_j\mathrm{d}V-\Delta t\int N_i\cdot N_j\frac{\partial(R-G)^{k,l}}{\partial n}\mathrm{d}V\end{aligned} \tag{5-45}$$

$$\mathbf{EP}_{ij}=-\Delta t\int N_i\cdot N_j\frac{\partial(R-G)^{k,l}}{\partial p}\mathrm{d}V \tag{5-46}$$

$$\mathbf{EF}_{ij}=\Delta t\int\mu_n n^{k,l}\nabla N_i\cdot\nabla N_j\mathrm{d}V \tag{5-47}$$

$$\begin{aligned}\mathbf{BE}_i=&\Delta t\int\nabla N_i\cdot(-\mu_n(\nabla\varphi^{k,l}\cdot n^{k,l}-\nabla n^{k,l}))\mathrm{d}V\\&+\int N_i\cdot(n^{k,l}-n^{k-1})\mathrm{d}V+\Delta t\int N_i\cdot(R-G)^{k,l}\mathrm{d}V\end{aligned} \tag{5-48}$$

$$\mathbf{HN}_{ij}=-\Delta t\int N_i\cdot N_j\frac{\partial(R-G)^{k,l}}{\partial n}\mathrm{d}V \tag{5-49}$$

$$\begin{aligned}\mathbf{HP}_{ij}=&\Delta t\int\nabla N_i\cdot(-\mu_p(\nabla\varphi^{k,l}\cdot N_j+\nabla N_j))\mathrm{d}V\\&-\int N_i\cdot N_j\mathrm{d}V\Delta t-\int N_i\cdot N_j\frac{\partial(R-G)^{k,l}}{\partial p}\mathrm{d}V\end{aligned} \tag{5-50}$$

$$\mathbf{HF}_{ij}=-\Delta t\int\mu_p p^{k,l}\nabla N_i\cdot\nabla N_j\mathrm{d}V \tag{5-51}$$

$$\begin{aligned}\mathbf{BH}_i=&-\Delta t\int\nabla N_i\cdot(-\mu_p(\nabla\varphi^{k,l}\cdot p^{k,l}+\nabla p^{k,l}))\mathrm{d}V\\&+\int N_i\cdot(p^{k,l}-p^{k-1})\mathrm{d}V+\Delta t\int N_i\cdot(R-G)^{k,l}\mathrm{d}V\end{aligned} \tag{5-52}$$

$$\mathbf{PN}_{ij}=\int N_i\cdot N_j\mathrm{d}V,\ [\mathbf{PP}]_{ij}=\int N_i\cdot N_j\mathrm{d}V,\ [\mathbf{PF}]_{ij}=\int\nabla N_i\cdot\nabla N_j\mathrm{d}V \tag{5-53}$$

$$\mathbf{BP}_i=-\int\nabla N_i\cdot\nabla\varphi^{k,l}\mathrm{d}V-\int N_i\cdot(n^{k,l}-p^{k.l}-N_0)\mathrm{d}V \tag{5-54}$$

使用牛顿迭代方法求解上述方程，迭代后收敛的结果为$\boldsymbol{x}_{k,l+1}-\boldsymbol{x}_{k,l}$，再加上已知的上一时间步迭代的结果$\boldsymbol{x}_{k,l}$，就可以求出当前待求的$\boldsymbol{x}_{k,l+1}$。

为了描述 PIN 二极管内部的热量传输，这里需要求解热传导方程，写成以下偏微分方程：

$$\rho_m c_m\frac{\partial T}{\partial t}=P_d+K_t\nabla^2T-V_s(T-T_a) \tag{5-55}$$

式中，ρ_m和c_m分别表示物体的密度和比热容；T为当前温度；K_t、V_s、T_a、P_d分别表示导热系数、冷却流的热流容积、冷却流的温度、热源的功率密度。在求解的时候为了方便简化，可以忽略冷却流的作用，简化得

$$\frac{\partial T}{\partial t}=D_t\left(\nabla^2T+\frac{P_d}{K_t}\right),\quad D_t=\frac{K_t}{\rho_m c_m} \tag{5-56}$$

式中，D_t 表示物体内部热量传播的速度，称作热扩散功率。

式（5-56）为热量传输原理，还需要有温度求解过程的初值和边界条件才能求解。求解半导体器件温度时，用到的初值就是半导体器件内部的初始时刻的温度分布：

$$T\big|_{t=0}=T_0 \tag{5-57}$$

式中，T_0 为常数，温度的单位采用 K；$0\text{K}\approx -273℃$。在进行计算时，一般采用 300K 作为初始值。

对于需要求解的 PIN 二极管而言，其两端的金属极的温度是已知的，也就是第一类边界条件：

$$T\big|_{\Gamma}=T_w \tag{5-58}$$

式中，Γ 和 T_w 表示符合条件的边界以及该边界的温度。

而第二类边界条件和第三类边界条件可以确定 PIN 二极管其他边界的边界条件：

$$-k\frac{\partial T}{\partial n}\bigg|_{\Gamma}=q_0 \tag{5-59}$$

$$k\frac{\partial T}{\partial n}\bigg|_{\Gamma}=-h(T-T_{\text{air}}) \tag{5-60}$$

式（5-59）表示第二类边界条件，式中，q_0（W/m^2）在计算时设置为 0，为绝热边界条件。边界处物体和环境温度之间的传热规律可以用式（5-60）表示，这就是第三类边界条件，也称为傅里叶条件。

T_{air} 通常设置为 300 K，表示外部的温度，PIN 二极管温度计算中，h 通常设置为常数 $10\text{W}(\text{m}^2\cdot\text{K})$，表示对流换热的系数。

在了解了热传导方程之后，利用时域谱元法对式（5-56）进行求解。热传导方程可以通过变分原理以及伽辽金测试转化为残量形式：

$$R_i=\int_{\Omega}N_i r\,\mathrm{d}\Omega=0 \tag{5-61}$$

式中，N_i 表示测试基函数；r 表示残量：

$$r=\frac{\partial T}{\partial t}-\frac{k_t}{\rho_m c_m}\nabla^2 T-\frac{P_d}{\rho_m c_m} \tag{5-62}$$

测试基函数 N_j 可以表示单元中任意点的温度为

$$T(x,y,z)=\sum_{j=1}^{n}T_j N_j \tag{5-63}$$

式中，T_j 为每一个节点的温度；n 表示节点的总数。将式（5-62）和式（5-63）代入式（5-61），并利用矢量恒等式和 $\int_V(u\nabla^2 v+\nabla u\cdot\nabla v)\mathrm{d}V=\oint_S u(\partial v/\partial n)\mathrm{d}S$ 可得

$$\sum_{j=1}^{N}\int_V\left(\frac{k_t}{\rho_m c_m}\nabla N_i\cdot\nabla N_j T_j+N_i N_j\frac{\partial T_j}{\partial t}-N_i\frac{P_d}{\rho_m c_m}\right)\mathrm{d}V=\sum_{j=1}^{N_b}\oint\frac{k_t}{\rho_m c_m}\frac{\partial T}{\partial n}\mathrm{d}S \tag{5-64}$$

用第三类边界条件处理半导体和空气的交界面：

$$\frac{\partial T}{\partial \boldsymbol{n}}=\frac{h}{k_t}(T_{\text{air}}-T) \tag{5-65}$$

式中，$\boldsymbol{n}$ 表示的是垂直于交界面处的单位矢量；T 为表面温度。将式（5-65）代入式（5-64）可得

$$\sum_{j=1}^{N}\int_{V_e}\left(\frac{k_t}{\rho_m c_m}\nabla N_i\cdot\nabla N_j T_j+N_i N_j\frac{\partial T_j}{\partial t}+\sum_{j=1}^{N_b}\oint\frac{h}{\rho_m c_m}N_i N_j T_j \mathrm{d}s-N_i\frac{P_d}{\rho_m c_m}\right)\mathrm{d}v=\sum_{j=1}^{N_b}\oint\frac{h}{\rho_m c_m}T_{\text{air}}N_i\mathrm{d}S \tag{5-66}$$

式（5-66）可以表示为

$$\boldsymbol{S}T_j+\boldsymbol{T}\frac{\partial T_j}{\partial t}+\boldsymbol{R}T_j-\boldsymbol{Rq}-\boldsymbol{F}=0 \tag{5-67}$$

其中

$$\boldsymbol{S}_{ij}=\frac{k_t}{\rho_m c_m}\iiint\nabla N_i\cdot\nabla N_j\mathrm{d}V \tag{5-68}$$

$$\boldsymbol{T}_{ij}=\iiint N_i\cdot N_j\mathrm{d}V \tag{5-69}$$

$$\boldsymbol{R}_{ij}=\frac{h}{\rho_m c_m}\iint N_i\cdot N_j\mathrm{d}S \tag{5-70}$$

$$\boldsymbol{Rq}_i=\frac{hT_{\text{air}}}{\rho_m c_m}\iint N_i\mathrm{d}S \tag{5-71}$$

$$\boldsymbol{F}_i=\frac{P_d}{\rho_m c_m}\iiint N_i\mathrm{d}V \tag{5-72}$$

将式（5-67）写成差分格式：

$$\boldsymbol{S}\frac{T^t+T^{t-1}}{2}+\boldsymbol{T}\frac{T^t-T^{t-1}}{\Delta t}+\boldsymbol{R}\frac{T^t+T^{t-1}}{2}-\boldsymbol{Rq}-\boldsymbol{F}=0 \tag{5-73}$$

进一步可以得出

$$\left[\boldsymbol{T}+\frac{1}{2}\Delta t(\boldsymbol{S}+\boldsymbol{R})\right]T^t-\left[\boldsymbol{T}-\frac{1}{2}\Delta t(\boldsymbol{S}+\boldsymbol{R})\right]T^{t-1}=\Delta t\boldsymbol{Rq}+\Delta t\boldsymbol{F} \tag{5-74}$$

式中，T^t 和 T^{t-1} 分别为当前时刻所求温度和上一个时刻已知的温度。

半导体器件的热源可以表示为

$$P_d=\boldsymbol{J}\cdot\boldsymbol{E} \tag{5-75}$$

其中，热源主要是焦耳热，是由电子和空穴产生的。

要求功率密度 P_d，就要先求出半导体 PIN 二极管的电流密度 $\boldsymbol{J}$ 以及电场 $\boldsymbol{E}$，而求电流密度和电场还需要求解载流子浓度 n、p 以及电势 φ。

5.3.3　车载天线的辐照耦合分析

1. 炮车强电磁脉冲照射仿真

通过时域平面波算法（PWTD）加速的基于时间步进算法（MOT）的时域积分方程方法分析炮车的电磁响应，如图 5-18 所示，尺寸为 $8.8\text{m}\times3.1\text{m}\times3.8\text{m}$，入射波采用调制高斯脉冲，

如图 5-19 所示，幅值为 10000V，$\tau = 2\times10^{-8}$s，$t_0 = 0.8\tau$，频率为200MHz，入射波方向为 $-z$ 方向，电场为 y 方向。结构采用面三角形剖分，尺度固定为 0.2m，离散之后得到的未知量数目为 10802 个。时间步长为 $\Delta t = 0.5$ns，计算 500 个时间步，消耗内存为 6230MB，耗时为 9624s。

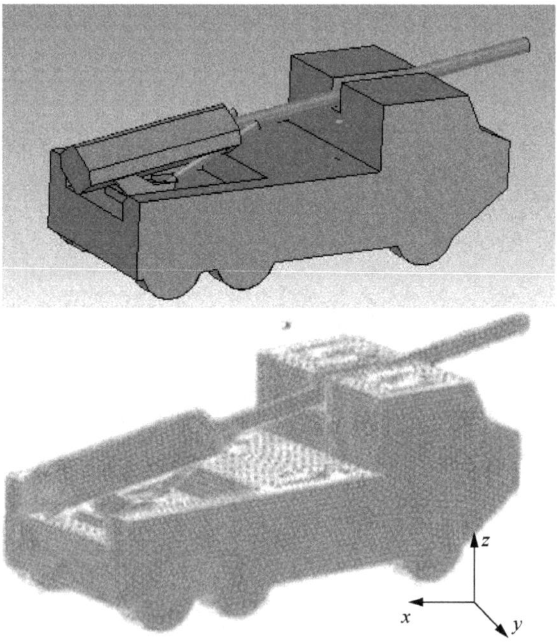

图 5-18　炮车模型示意图

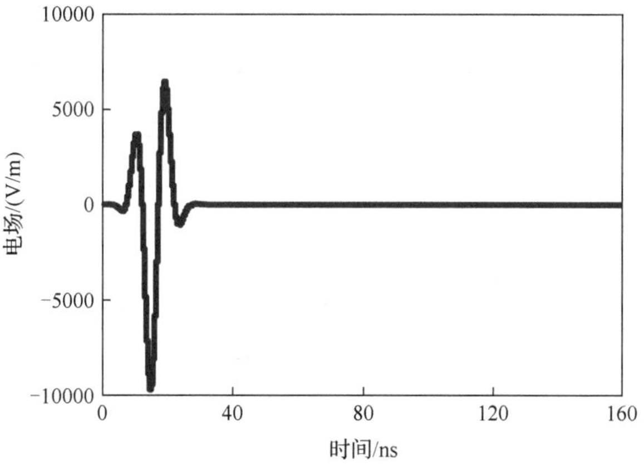

图 5-19　炮车模型入射波时域波形

在炮车表面选择一个观察点，坐标为（1.1, 1, −1.3），对比在强电磁脉冲作用下炮车表面观察点处的电场时域波形，如图 5-20 所示，PWTD 和 MOT 的计算效率对比如表 5-4 所示。

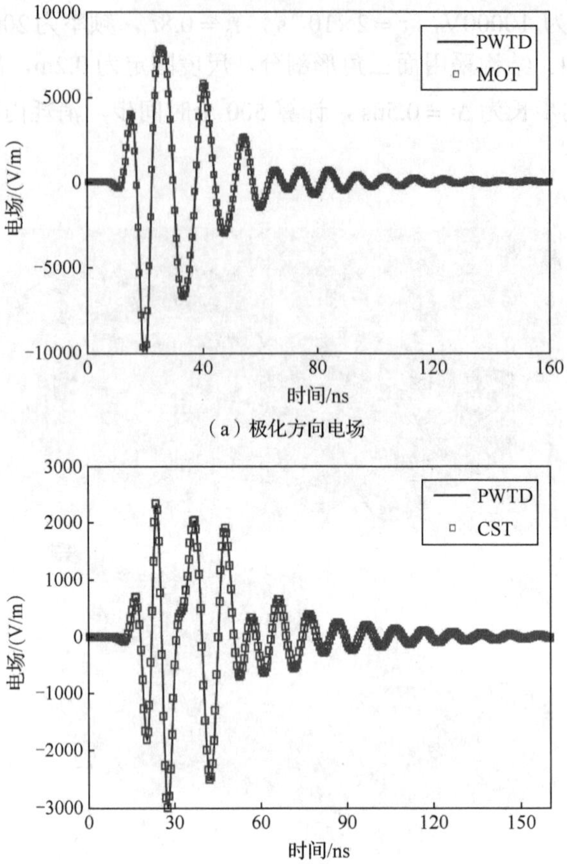

（a）极化方向电场

（b）入射方向电场

图 5-20　电场对比

表5-4　PWTD和MOT计算效率对比

求解方法	未知量数目/个	计算时间/s	内存/MB
PWTD	10802	6513	3377
MOT	10802	9624	6230

由图 5-20 可以看出，PWTD 计算结果与 MOT 计算结果吻合良好，相比 MOT，PWTD 计算时间节省 3111s，内存消耗节省约 2853MB。原本入射波为$-z$方向，电场为y方向，幅值为 10000V，以炮车为背景，炮车上表面的接收天线附近的电场变化复杂，电场会存在短暂的延迟，而且波形在入射波消失之后还有一定的振荡，所以在分析平台搭载天线时，必须要考虑到平台对天线处电磁场的影响。

2. 短波天线仿真

车载天线一般搭载的都是单极子天线，而短波天线由于高度限制不适合搭载在移动平台上，为了解决该问题，采用顶部加载的方式来降低天线的谐振频率，使其工作频带达到短波范围，如图 5-21 所示。半径为 1.5cm、高度为 150cm、金属底盘半径为 25cm、顶部加载长度为 200cm。顶部加载短波天线与单极子天线的 S_{11} 参数如图 5-22 所示。

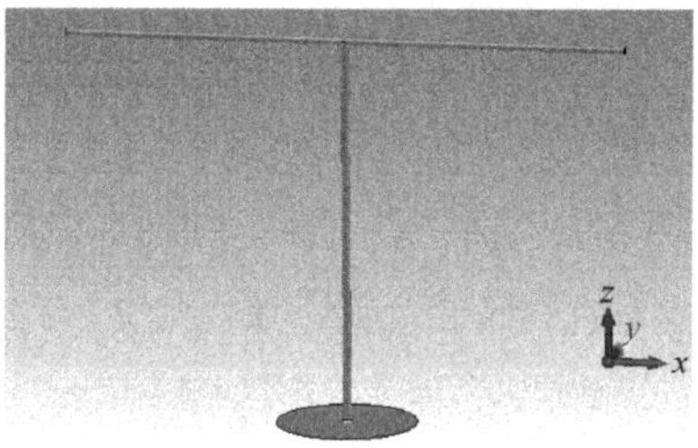

图 5-21　短波天线模型

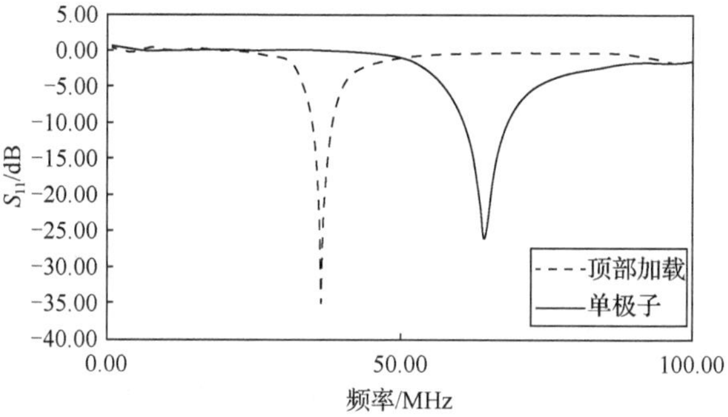

图 5-22　短波天线 S_{11}

3. 电磁脉冲下车载短波天线的辐照耦合

在核爆电磁脉冲环境中，分析车载短波天线负载上的感应电流变化。入射波为图 5-23 所示的核爆电磁脉冲，仿真模型如图 5-24 所示，在短波天线和炮车连接处接 50Ω匹配负载，仿真获得负载处时域电流。

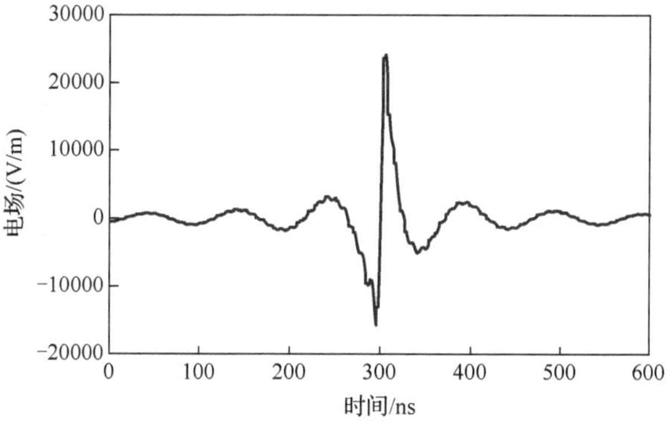

图 5-23　车载天线模型入射波时域波形

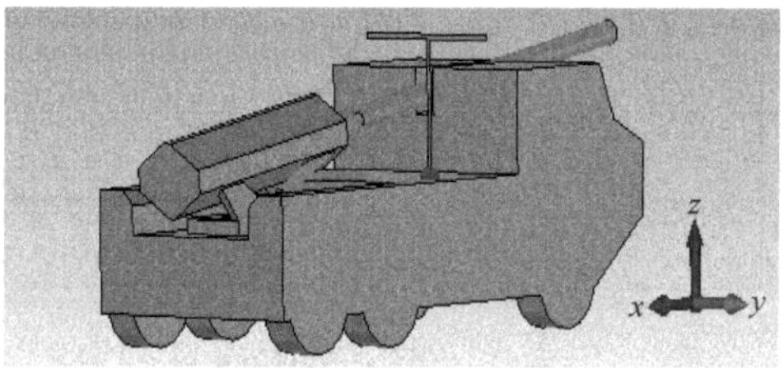

图 5-24　车载天线模型

根据图 5-25 的结果，TDIE 仿真结果与 CST 全波仿真结果吻合良好，负载处感应电流最大值能达到 100A，400ns 后电流幅值呈振荡衰减。

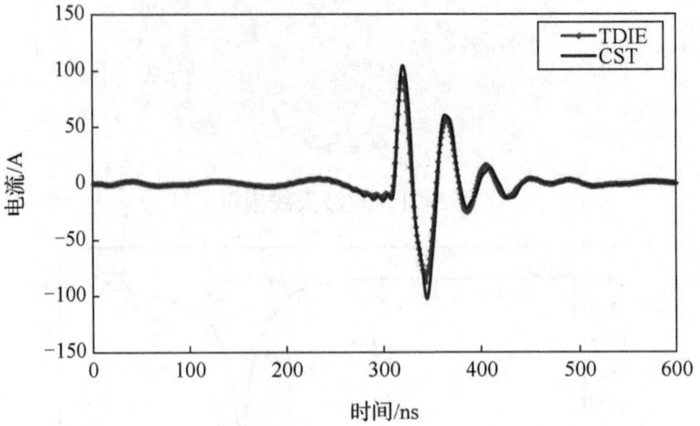

图 5-25　核爆电磁脉冲下车载天线负载电流值

4. 含物理模型 PIN 二极管的线路结构

仿真结构如图 5-26 所示，其中传输线长 $d=0.5\text{m}$， $R_1=100\Omega$， $R_2=200\Omega$。半导体 PIN 二极管的总长为 $3.5\mu\text{m}$。中间 I 层的厚度为 $1\mu\text{m}$，两侧的 P 结和 N 结的长度分别为 $2\mu\text{m}$ 和 $0.5\mu\text{m}$，截面积为 $1.257\times10^{-5}\text{cm}^2$。图 5-27 中给出掺杂浓度和 COMSOL 软件对比图，可以看出，中间 I 层的均匀掺杂浓度为 10^{15}cm^{-3}，两侧高斯掺杂的 P 层和 N 层的浓度分别为 10^{20}cm^{-3} 和 $4\times10^{19}\text{cm}^{-3}$。PIN 二极管的伏安特性曲线如图 5-28 所示。

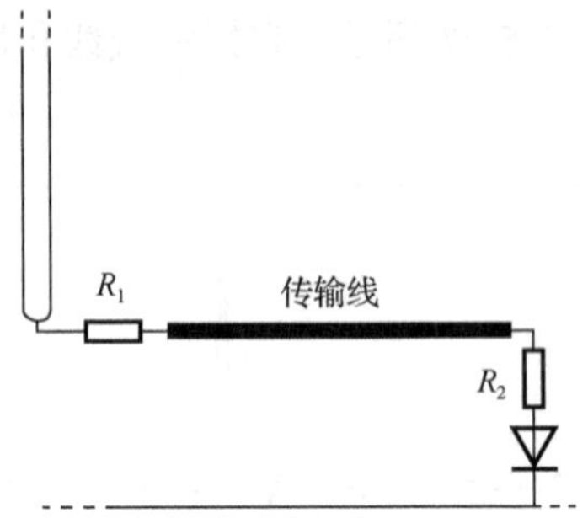

图 5-26　含物理模型 PIN 二极管的线路结构

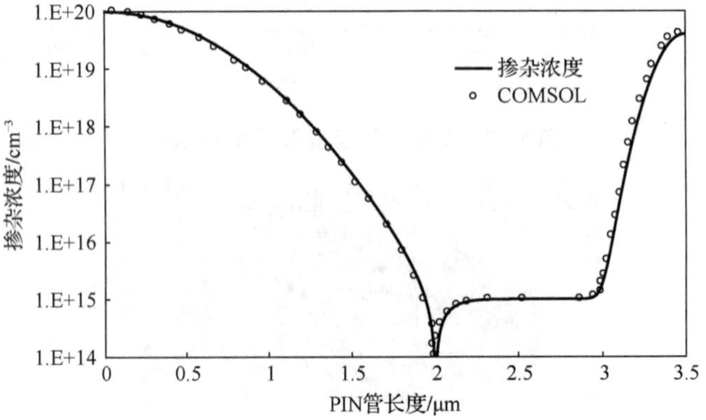

图 5-27　PIN 二极管内部掺杂浓度

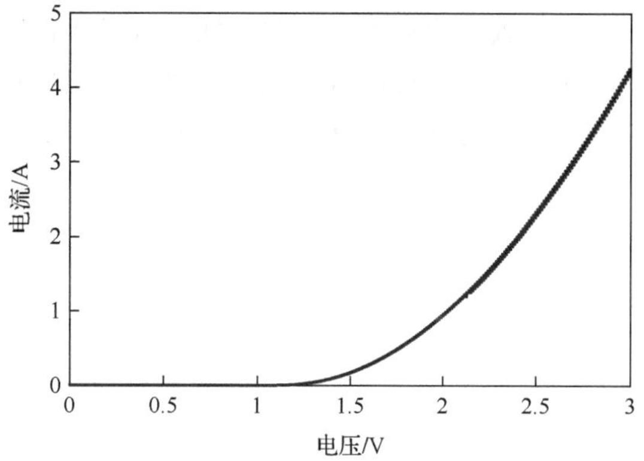

图 5-28　伏安特性曲线

入射波采用如图 5-29 所示的调制高斯脉冲。通过 TDIE 仿真车载天线模型获得天线负载两端的电压，将电压作为线路结构的输入源，仿真获得 PIN 二极管两端电压（图 5-30）以及内部温度变化曲线（图 5-31）。

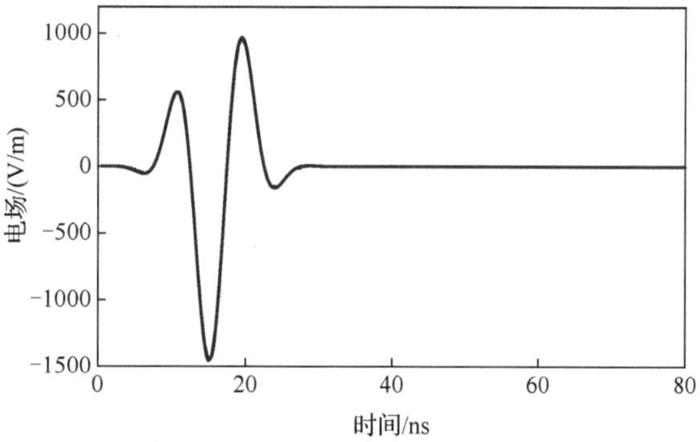

图 5-29　入射波时域波形

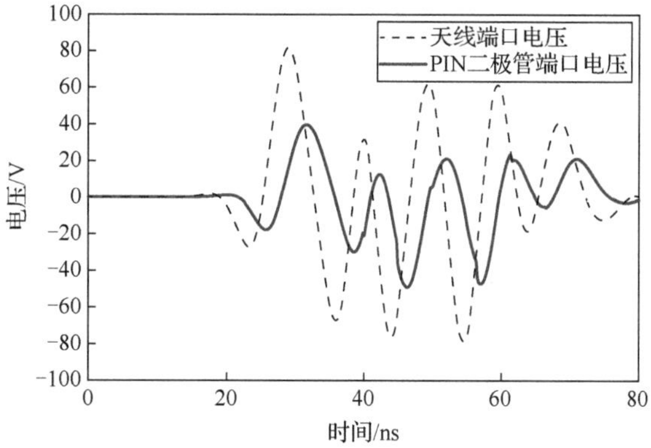

图 5-30　PIN 二极管两端电压

从图 5-30 可以看出，天线端口电压幅值约为 80V，经过限幅电路之后存在一定的延时，电压幅值约为 47V，PIN 二极管两端的反向电压在前 43ns 都很低，所以温度在前 43ns 上升缓慢，之后最高温度上升 2.4K。PIN 二极管温度上升的主要原因是反向电压增大，产生热积累，随着时域电压的变化，温度呈阶梯状。从 PIN 二极管两端电压可以看出，系统内部的传输线在接入滤波和限幅之后，电压有效地降低了，而对于实际环境中的电磁干扰，常用的保护手段有屏蔽、滤波、限幅等，现实情况下屏蔽只能选择在耦合的过程中，可以用隔离、吸收等方法，但对于内部系统的保护最方便有效的方法还是接入滤波和限幅电路。

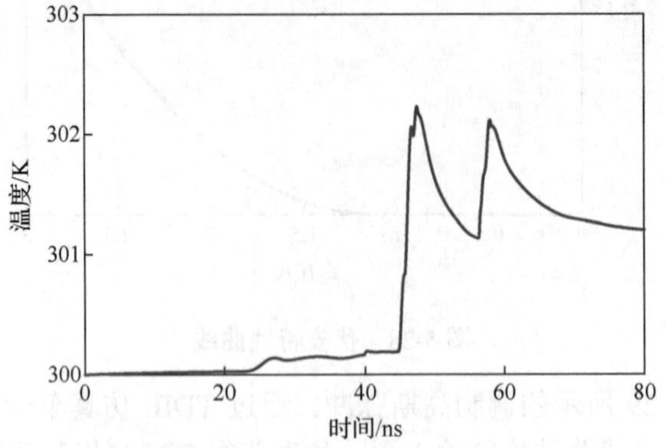

图 5-31　PIN 二极管内部温度变化曲线

5.3.4　无人机后门耦合分析

1. 无人机内部不同观察点处的电场

如图 5-32 所示，以 $7.3\text{m}\times1.3\text{m}\times4.1\text{m}$ 的腔体无人机为例，计算强电磁脉冲通过开窗口耦合到无人机内部不同位置处的电场，无人机厚度为 0.05m，如图 5-33 所示，入射波采用幅值为 10000V 的调制高斯脉冲平面波，中心频率为 150MHz，带宽为 200MHz，取 $\tau=2\times10^{-8}\text{s}$，$t_0=0.8\tau$，入射方向和极化方向分别为（0, 0, −1）、（0, 1, 0），采用面三角形剖分，剖分的尺度固定为 0.1m，离散之后得到的未知量数目为 6892 个，时间步长为 $\Delta t=0.33\text{ns}$，计算 500 个时间步，耗时 3225s。电场观察方向与极化方向一致，观察点选择为开窗中心位置坐标（0, 1, −0.6）以及无人机舱内中心坐标（0, 0.8, −0.6），如图 5-34 所示，得到的时域波形和 CST 进行比较，验证仿真结果的准确性，如图 5-35 和图 5-36 所示。

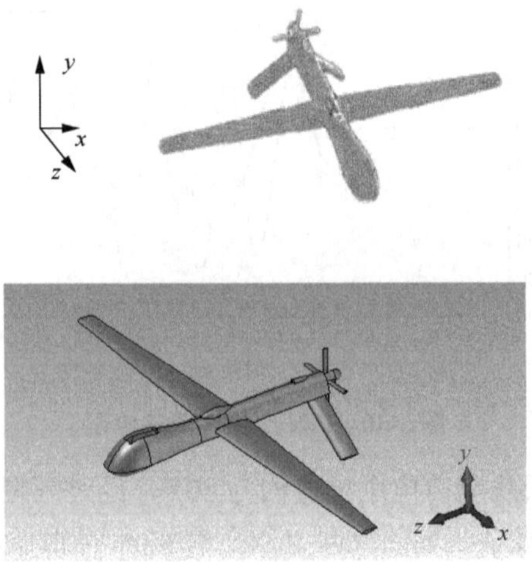

图 5-32　仿真计算模型

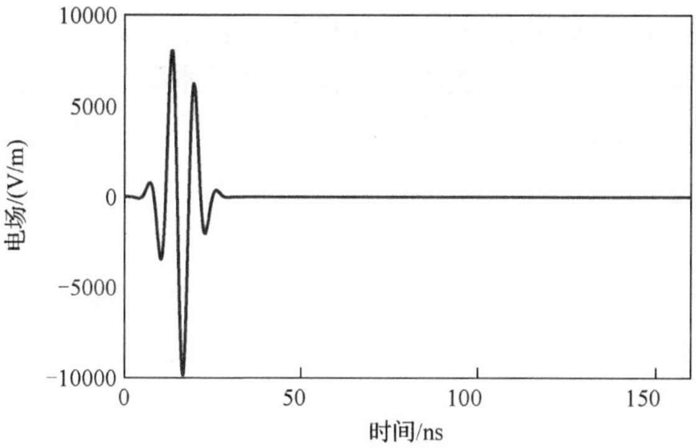

图 5-33　无人机模型入射波时域波形 1

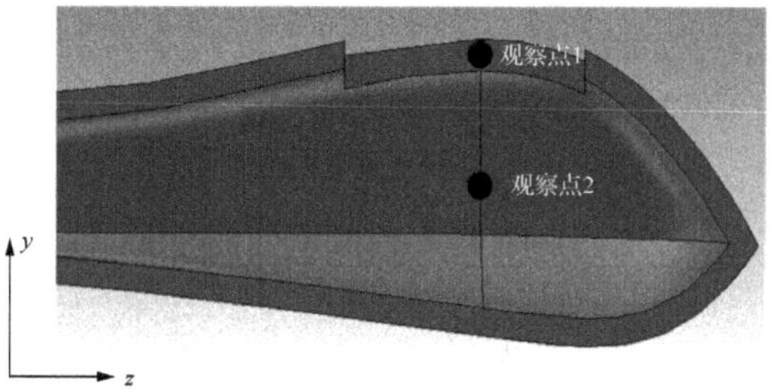

图 5-34　观察点位置示意图

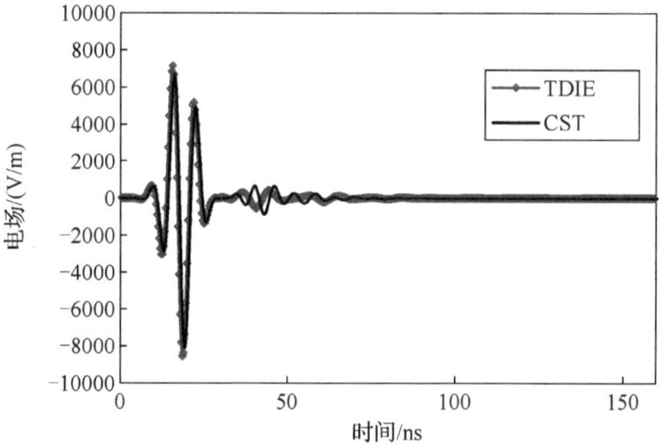

图 5-35　开窗处电场对比

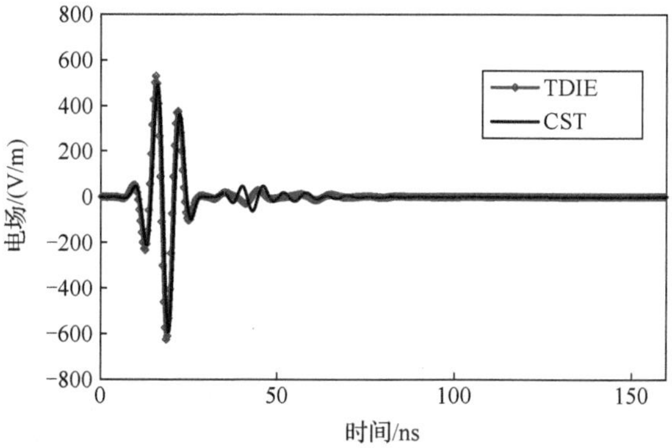

图 5-36　无人机内部电场对比

接下来考虑无人机为纯介质的情况，仿真模型和电磁环境保持不变，将理想金属改为相对介电常数为 3.5 的介质，观察点位置不变，采用时域体积分方程求解耦合进入无人机内部的电场。采用四面体剖分，剖分的尺度固定为 0.1m，离散之后得到的未知量数目为 6404 个，时间步长为 $\Delta t = 0.22\text{ns}$，计算 300 个时间步，耗时 1920s。仿真结果如图 5-37 和图 5-38 所示。

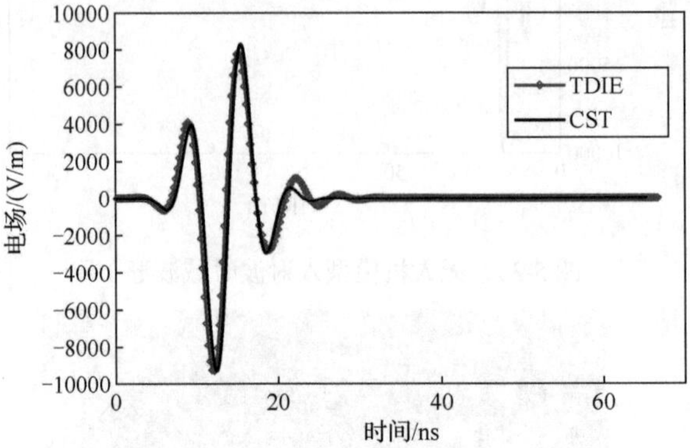

图 5-37　无人机开窗处电场对比

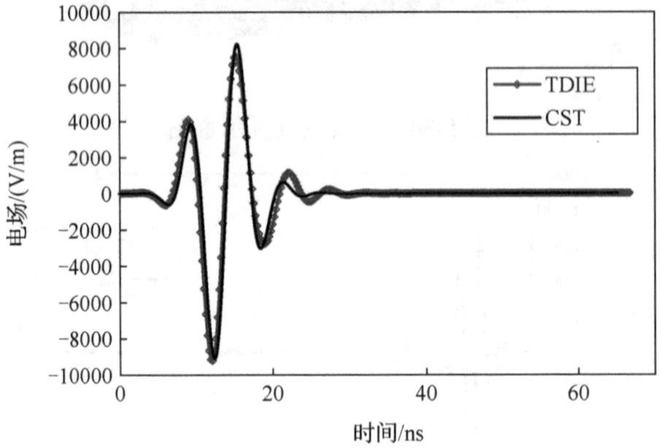

图 5-38　无人机内部电场对比（纯介质）

由图 5-35 和图 5-36 可以看出，无人机为理想金属时，内部电场幅值远小于开窗处的电场，如果考虑无人机为纯介质，由图 5-37 和图 5-38 可以看出，开窗处和内部电场幅值变化不明显。本节仿真采用时域积分方程方法，CST 使用有限体积法对三维目标进行求解，所以仿真结果略有差别。

2. 不同脉宽的时域波形耦合进入无人机内部的电场

接下来分析幅值相同、脉宽不同的调制高斯脉冲耦合进无人机内部电场的情况。时域波形图如图 5-39 所示，给出了幅值为 10000V，脉宽 t_0 分别为 32ns、50ns 和 100ns 的调制高斯脉冲时域波形。为了单纯分析高斯脉冲脉宽对耦合效应的影响，取窗口下方位置为观察点，保持入射波方向为 $-z$，极化方向为 y，仿真结果如图 5-40 所示。

对比耦合进入内部的电场，如图 5-40 所示，当入射电磁脉冲幅值不变，脉宽越窄，耦合进入无人机内部的电场幅值越小，脉宽为 32ns 的调制高斯脉冲耦合进入内部的电场幅值约为 150 V/m，脉宽为 50ns 的调制高斯脉冲耦合进入内部的电场幅值约为 180 V/m，脉宽为 100ns 的调制高斯脉冲耦合进入内部的电场幅值约为 200 V/m。

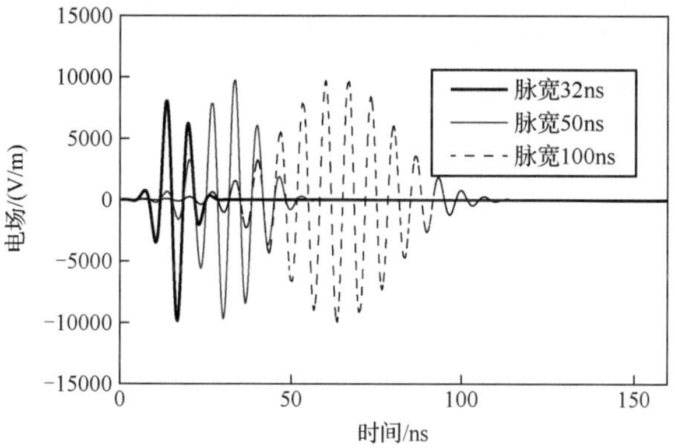

图 5-39　不同脉宽的调制高斯脉冲波形

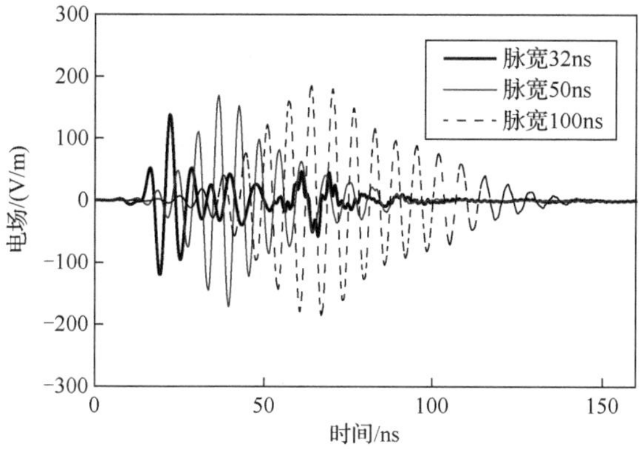

图 5-40　不同脉宽电磁波耦合进入无人机内部的电场

3. 无人机系统强电磁脉冲耦合仿真

接下来分析在强电磁脉冲干扰下，无人机内部线路（图 5-41）的瞬态响应，首先对无人机电磁结构进行全波分析。采用如图 5-42 所示的核爆电磁脉冲作为无人机电磁干扰耦合仿真中的入射波耦合进入内部的电场，将沿传输线各位置处的切向电场与法向电场提取出来。

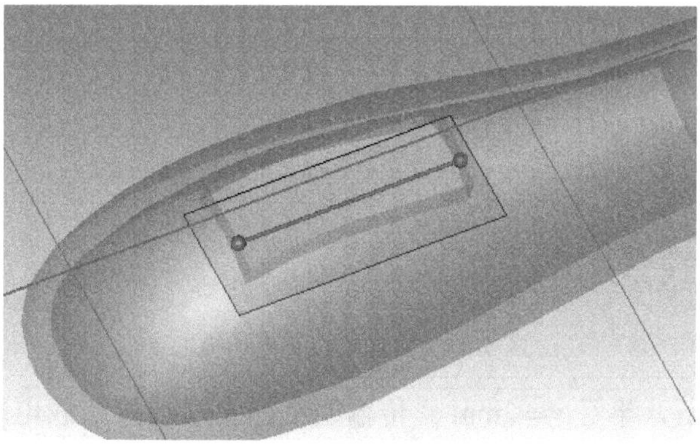

图 5-41　无人机内部线缆位置

无人机的尺寸为7.3m×1.3m×4.1m，其内部线路结构如图 5-43 所示。图 5-44 为提取传输线中间一点处的切向电场和法向电场。

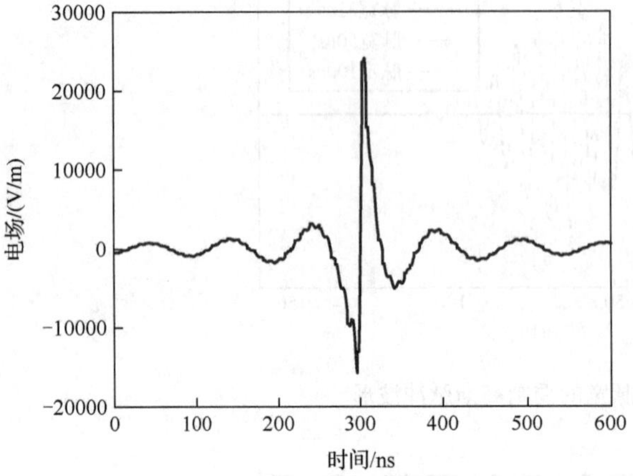

图 5-42　无人机模型入射波时域波形 2

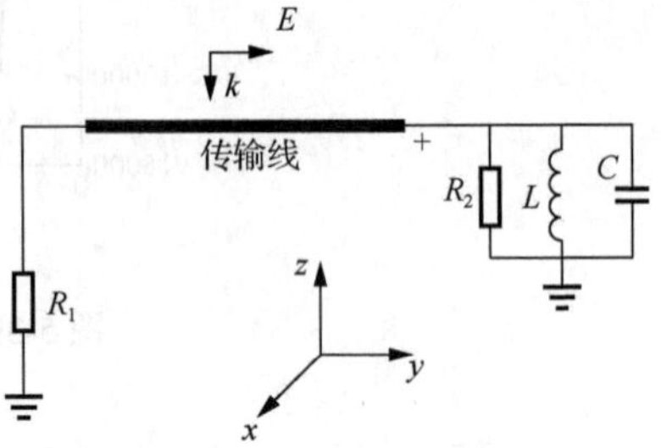

图 5-43　无人机内部线路结构

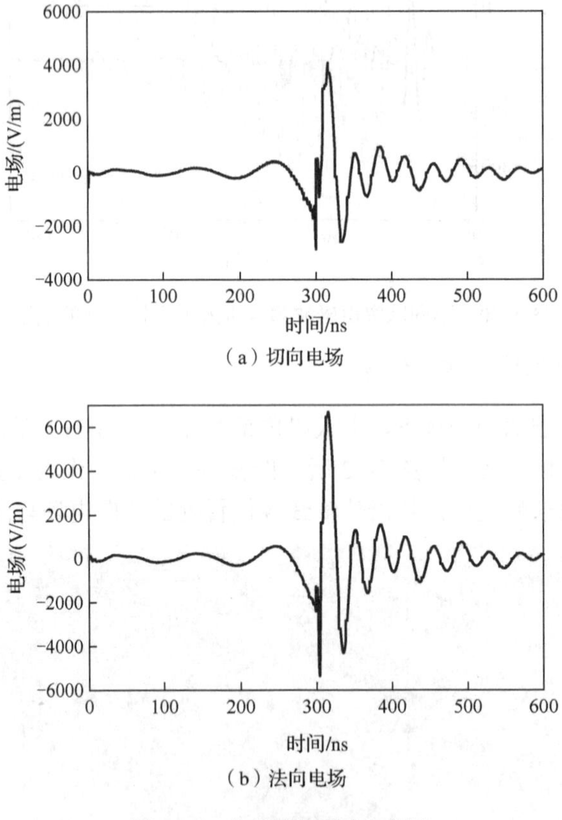

（a）切向电场

（b）法向电场

图 5-44　传输线位置电场提取

电缆长度 $d = 0.2\text{m}$，半径 $r = 2\text{mm}$。传输线结构中左端接负载电阻 $R_1 = 150\Omega$，右端接 RLC 并联电路，其中电阻 $R_2 = 100\Omega$，电感 $L = 5\mu\text{H}$，电容 $C = 20\text{pF}$。忽略传输线结构的辐射效应，计算结果和 CST 场路协同仿真进行对比，验证了算例的准确性。

从图 5-45 中可以看出，两种方法计算得到的结果吻合良好，这个算例中，传输线的结构并不是处在自由空间当中的，激励源也不是均匀平面波，而对无人机进行建模分析的时候并没有考虑传输线的存在，只提取了传输线位置处沿线的切向电场和法向电场，最后进行场线路的求解，得到了终端电路的感应电压。

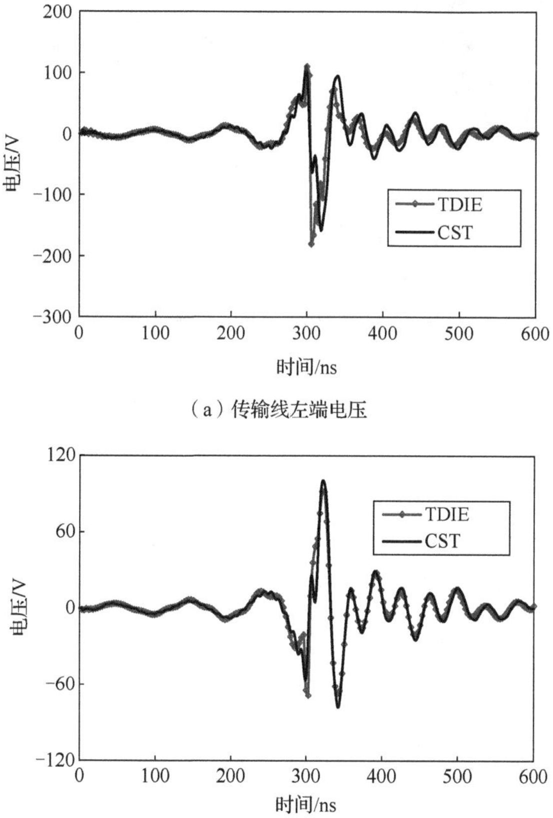

（a）传输线左端电压

（b）传输线右端电压

图 5-45 传输线端口电压对比

5.4 低秩分解矩量法一体化分析复杂平台电磁兼容

5.4.1 低秩压缩方法基本原理

矩量法离散电场积分方程、磁场积分方程，以及混合场积分方程离散产生的阻抗矩阵在远离主对角位置会有许多低秩的矩阵块。这是由于矩量法一般采用 1/10 波长离散分析问题表面来准确计算近场相互作用，但是对于远场相互作用，格林函数的值的变化趋于平滑，这个离散网格是冗余的。低秩压缩方法正是利用这一特性对远相互作用含有冗余信息的矩阵块进行压缩的。

可以采用自适应交叉近似（Adaptive Cross Approximation，ACA）等方法对矩量法中的低秩矩阵块进行分解，得到如图 5-46 所示的远小于远相互作用矩阵 $\boldsymbol{Z}$ 的长条形矩阵，实现计算效率的提高。这些方法的本质区别是得到低秩压缩分解的途径不同。ACA 通过给定的截断误差自适应地构造低秩压缩分解形式。

$$\boldsymbol{Z}=\boldsymbol{U}\boldsymbol{V} \tag{5-76}$$

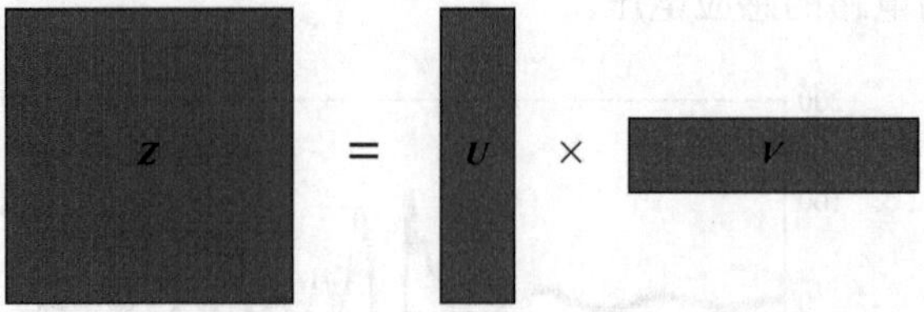

图 5-46　基于矩阵低秩压缩分解的低秩压缩方法原理示意图

基于阻抗矩阵的低秩压缩方法只需要对最终形成的阻抗做数学分解，因此这些方法在编程过程中不需要考虑格林函数的形式、基函数的形式，甚至积分方程的形式，被广泛用于大规模电磁计算问题。但是这些方法也面临低秩压缩分解过程非常耗时的难题。4.3 节提出了多层矩阵压缩方法（MLMCM），当组 i 和它的远场组作用时，只需要存储一个接收矩阵 $\boldsymbol{U}$ 和辐射矩阵 $\boldsymbol{V}$，以及规模远小于原矩阵的传递矩阵 $\boldsymbol{D}$，显著提升了计算效率[4]。

5.4.2　对称多层矩阵压缩分解方法

本节在 MLMCM 的基础上继续研究一种对称性多层矩阵压缩分解方法（Reciprocal MultiLevel Matrix Compression Method，rMLMCM）[5]。该方法的主要原理可重新定义为

$$\boldsymbol{Z}_{m\times I_m}=[\boldsymbol{Z}_{i,1},\boldsymbol{Z}_{i,2},\boldsymbol{Z}_{i,3},\cdots,\boldsymbol{Z}_{1,i}^{\mathrm{T}},\boldsymbol{Z}_{2,i}^{\mathrm{T}},\boldsymbol{Z}_{3,i}^{\mathrm{T}},\cdots] \tag{5-77}$$

可以发现式（5-77）既包含了组 i 对其远场组的作用，也包含了远场组对组 i 的作用。当使用 EFIE 时，有

$$[\boldsymbol{Z}_{i,1},\boldsymbol{Z}_{i,2},\boldsymbol{Z}_{i,3},\cdots]=[\boldsymbol{Z}_{1,i}^{\mathrm{T}},\boldsymbol{Z}_{2,i}^{\mathrm{T}},\boldsymbol{Z}_{3,i}^{\mathrm{T}},\cdots] \tag{5-78}$$

此时

$$\boldsymbol{Z}_{m\times I_m}=[\boldsymbol{Z}_{i,1},\boldsymbol{Z}_{i,2},\boldsymbol{Z}_{i,3},\cdots] \tag{5-79}$$

根据所应用的阻抗矩阵是否对称，分别对式（5-77）或式（5-79）采用 MGS。得到的接收矩阵 $[\boldsymbol{U}_i]_{m\times k}$ 和其辐射矩阵 $[\boldsymbol{V}_i]_{k\times m}$ 互为转置关系：

$$[\boldsymbol{V}_i]_{k\times m}=[\boldsymbol{U}_i]_{m\times k}^{\mathrm{T}} \tag{5-80}$$

所以对于一个特定的非空组只需要构造和存储一个接收矩阵 $[\boldsymbol{U}_i]_{m\times k}$，进一步缩短 MLMCM 低秩压缩分解时间。rMLMCM 与 MLMCM 具有相同的计算复杂度，但是却减小了计算复杂度的系数。

5.4.3　多层快速多极子加速和预条件技术

MLMCM 的计算复杂度和矩阵的平均截断秩 k 有关，对于中低频问题，k 是一个定值。但是对于高频（电大）问题，随着组尺寸的增大，k 增加非常迅速，这样会带来巨大的资源消耗。多层快速多极子方法对于三维电大问题的计算复杂度为 $O(N\log N)$，但是 MLFMA 在

低频时平面波展开会出现崩溃现象，所以使用混合的 MLMCM/MLFMA 分别处理多尺度问题中低频和高频部分是合理的。

本节介绍一种多分辨不完全 LU（Multi-Resolution-Incomplete LU，MR-ILU）分解技术，用于加速电磁兼容问题中的多尺度求解。MR 基函数具有天然的多尺度特性，如图 5-47 所示，这是由于 MR 基函数定义在不同尺寸的网格上，这些网格从第一层开始通过聚合相邻网格直到最顶层，最顶层网格的大小一般取为 1/8 波长。此时，这些网格不再是三角形，但是后一层的网格总是前一层相邻网格聚合在一起形成的。由于这时网格不再是三角形，所以需要在非三角形对上定义广义的 RWG（generalized RWG，gRWG）基函数。MR 基函数通过这些 gRWG 基函数表示，由于这些广义的网格在不同层上是叠层的，MR 基函数通过不同层的 gRWG 基函数嵌套表示，最终由原有网格上的 RWG 表示。

图 5-47　逐层聚合网格构造 MR 基函数

当把 MR-ILU 应用到具有“混合频率”特性的多尺度问题时，如图 5-47 所示，MR 基函数在粗网格层直接使用 gRWG 基函数，在细网格层使用 gRWG 基函数的线性组合。定义基函数转换矩阵 $\boldsymbol{T}$，矩阵 $\boldsymbol{T}$ 每一行的元素为 MR/gRWG 的线性表示，用来定义在原网格的 RWG 基函数的系数：

$$\boldsymbol{T}=\begin{bmatrix}\boldsymbol{T}_{\mathrm{MR}}\\ \boldsymbol{T}_{\mathrm{gRWG}}\end{bmatrix} \tag{5-81}$$

$N=N_{\mathrm{MR}}+N_{\mathrm{gRWG}}$ 为总的基函数个数，这里要指出 $\boldsymbol{T}$ 并没有压缩，它和原有阻抗矩阵的维数是相同的。构造 MR-ILU 预条件一般只用 MoM 的近相互作用矩阵 $\boldsymbol{Z}_{\mathrm{near}}$，$\boldsymbol{Z}_{\mathrm{near}}$ 经过 $\boldsymbol{T}$ 矩阵变换可以写为

$$\boldsymbol{Z}_p=\boldsymbol{T}^{\mathrm{T}}(\boldsymbol{Z}_{\mathrm{near}})\boldsymbol{T} \tag{5-82}$$

即如下形式：

$$\boldsymbol{Z}_p=\begin{bmatrix}\boldsymbol{Z}_{\mathrm{near}}\big|_{\mathrm{MR,MR}} & \boldsymbol{Z}_{\mathrm{near}}\big|_{\mathrm{MR,gRWG}}\\ \boldsymbol{Z}_{\mathrm{near}}\big|_{\mathrm{gRWG,MR}} & \boldsymbol{Z}_{\mathrm{near}}\big|_{\mathrm{gRWG,gRWG}}\end{bmatrix} \tag{5-83}$$

式中，$\boldsymbol{Z}_{\mathrm{near}}\big|_{\mathrm{MR,MR}}$ 为 MR 基函数之间形成的阻抗矩阵；$\boldsymbol{Z}_{\mathrm{near}}\big|_{\mathrm{MR,gRWG}}$ 和 $\boldsymbol{Z}_{\mathrm{near}}\big|_{\mathrm{gRWG,MR}}$ 为 RWG 基函数和 gRWG 基函数形成的阻抗矩阵；$\boldsymbol{Z}_{\mathrm{near}}\big|_{\mathrm{gRWG,gRWG}}$ 为 gRWG 基函数之间形成的阻抗矩阵。

对应多分辨基函数部分采用对角预条件 $\boldsymbol{D}\big|_{\mathrm{MR,MR}}$：

$$\boldsymbol{D}\big|_{\mathrm{MR,MR}}=\frac{1}{\sqrt{\mathrm{diag}(\boldsymbol{Z}_{\mathrm{near}}\big|_{\mathrm{MR,MR}})}} \tag{5-84}$$

对 gRWG 部分采用 ILU 预条件：

$$\boldsymbol{Z}_{\text{near}}\big|_{\text{gRWG,gRWG}} \approx \boldsymbol{LU} \tag{5-85}$$

把 MR-ILU 预条件加入 MoM 方程 $\boldsymbol{ZI}=\boldsymbol{V}$ 中，得到

$$\boldsymbol{Z}_{\text{MR-ILU}}\tilde{\boldsymbol{I}}=\tilde{\boldsymbol{V}} \tag{5-86}$$

其中

$$\boldsymbol{Z}_{\text{MR-ILU}}=\begin{bmatrix}\boldsymbol{D} & \\ & \boldsymbol{I}\end{bmatrix}\begin{bmatrix}\boldsymbol{Z}\big|_{\text{MR,MR}} & \boldsymbol{Z}\big|_{\text{MR,gRWG}} \\ \boldsymbol{Z}\big|_{\text{gRWG,MR}} & \boldsymbol{0}\end{bmatrix}\begin{bmatrix}\boldsymbol{D} & \\ & \boldsymbol{I}\end{bmatrix}+\begin{bmatrix}\boldsymbol{0} & \boldsymbol{0} \\ \boldsymbol{0} & (\boldsymbol{LU})^{-1}\boldsymbol{Z}\big|_{\text{gRWG,gRWG}}\end{bmatrix} \tag{5-87}$$

其中，$\tilde{\boldsymbol{I}}=\boldsymbol{TDI}$，$\tilde{\boldsymbol{V}}=\begin{bmatrix}\boldsymbol{I} & 0 \\ 0 & (\boldsymbol{LU})^{-1}\end{bmatrix}\begin{bmatrix}\boldsymbol{D} & 0 \\ 0 & \boldsymbol{I}\end{bmatrix}\boldsymbol{TV}$，计算 $\boldsymbol{T}^{\text{T}}\boldsymbol{ZT}=\begin{bmatrix}\boldsymbol{Z}\big|_{\text{MR,MR}} & \boldsymbol{Z}\big|_{\text{MR,gRWG}} \\ \boldsymbol{Z}\big|_{\text{gRWG,MR}} & \boldsymbol{Z}\big|_{\text{gRWG,gRWG}}\end{bmatrix}$ 可以用 MLMCM 或者 MLMCM/MLFMA 加速。

5.4.4 数值计算结果

1. 算法正确性验证

如图 5-48 所示，给出 3×3 多层螺旋电感的侧视图和俯视图，图 5-49 给出单个多层螺旋电感的侧视图，每个螺旋电感的线宽是 $w=5\mu\text{m}$，厚度为 $0.18\mu\text{m}$，图 5-48 和图 5-49 中 $a=65\mu\text{m}$，$b=1\mu\text{m}$，$d=10\mu\text{m}$，外径为 $D_{\text{out}}=45\mu\text{m}$，内径为 $D_{\text{in}}=20\mu\text{m}$，该结构处于相对介电常数为 3.9 的无限区域中，剖分尺寸为 $3\mu\text{m}$，离散未知量数目为 47262 个。表 5-5 给出了 MLMCM 计算的 3×3 多层螺旋电感结构的电容参数和 FastCap 对比，可以看出计算误差在 1%以内。图 5-50 是全波分析的稠密封装的弯曲互联线的结构和加源示意图，横纵坐标代表其真实尺寸（单位：mm）。互联线的面积占整个印制电路板（Printed Circuit Board，PCB）面积的 31%，互联线宽 1mm，介质层厚度为 0.25mm，介质层介电常数为 4，全波分析的频率为 20GHz。从左边数，第二根为加源边，加源位置为左下角端口，采用间隙端口（delta gap）电压源。图 5-51 是 8 根弯曲互联线结构示意图。图 5-52 给出了 8 根弯曲互联线左边第二根加源线上的电流分布 MoM、ACA 和 MLMCM 仿真结果。可以发现得到的结果吻合良好。同样定义了 ACA 和 MLMCM 相对 MoM 的误差为 $\dfrac{\left\|J_{\text{Fast method}}-J_{\text{MoM}}\right\|}{\left\|J_{\text{MoM}}\right\|}$，结果分别为 1.1%和 1.0%。

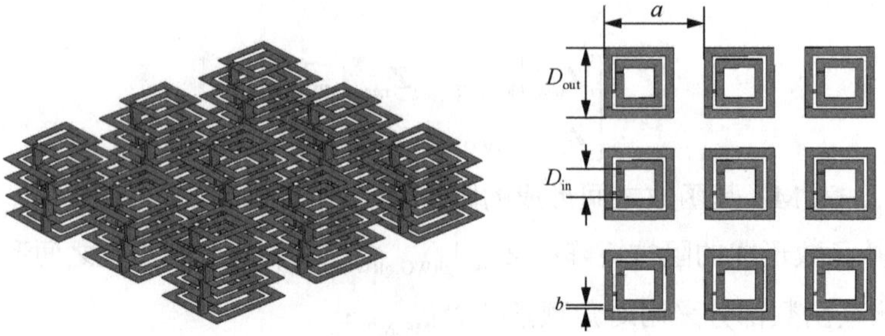

图 5-48　3×3 多层螺旋电感的侧视图和俯视图

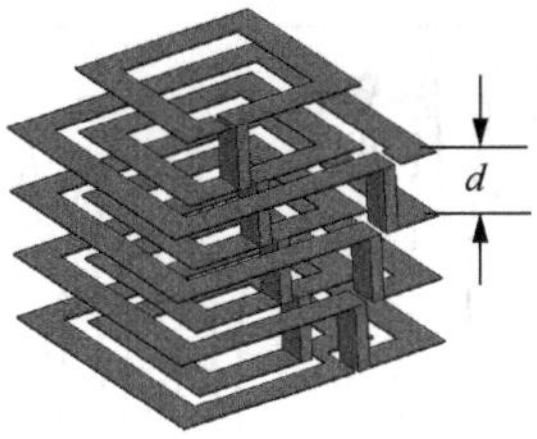

图 5-49　单个多层螺旋电感的侧视图

表5-5　3×3多层螺旋电感结构的提取电容结果　　　　（单位：aF）

电容	C_{11}	C_{22}	C_{33}	C_{44}	C_{55}	C_{12}, C_{21}	C_{16}, C_{61}
FastCap	16.2	18.1	16.2	18.1	19.7	−4.4	−0.23
MLMCM	16.3	18.2	16.3	18.2	19.8	−4.4	−0.24

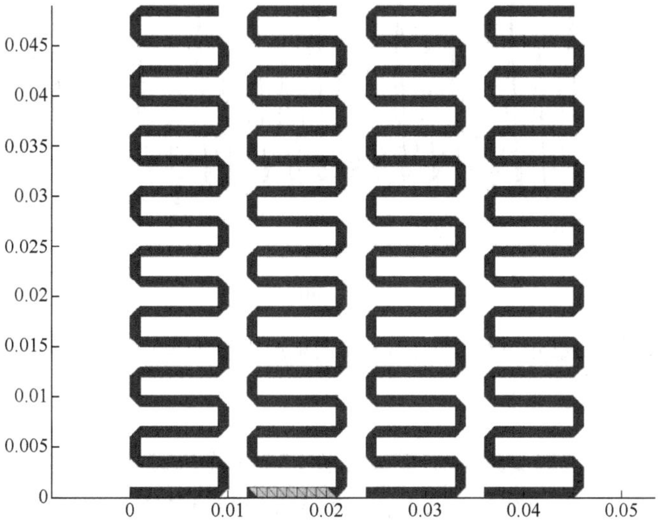

图 5-50　弯曲互联线结构和加源示意图

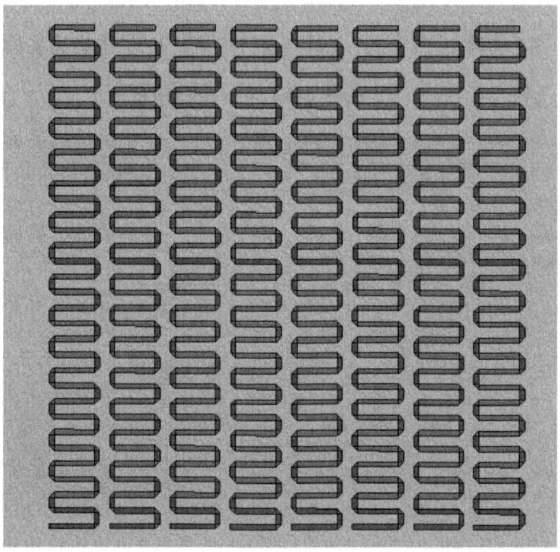

图 5-51　8 根弯曲互联线结构示意图

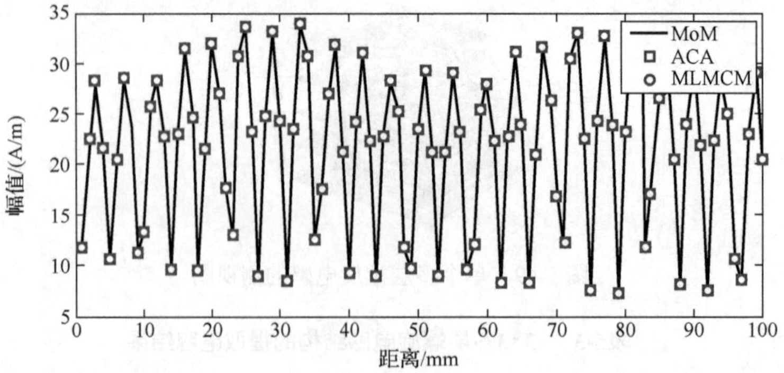

（a）幅值

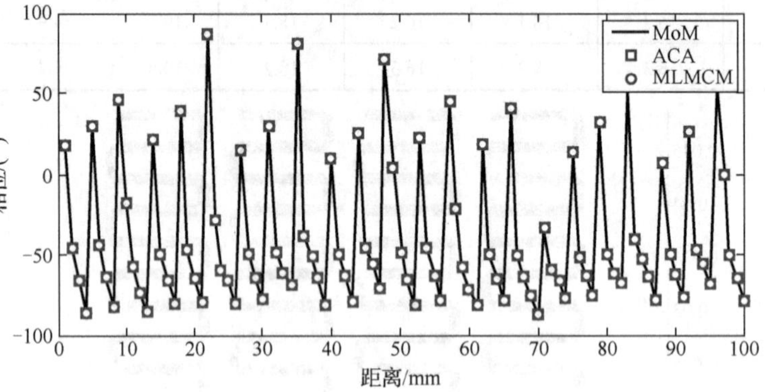

（b）相位

图 5-52　8 根弯曲互联线左边第二根加源线上的电流分布 MoM、ACA 和 MLMCM 仿真结果

2. EV-55 整机电磁兼容分析

本节分析了 Evektor 公司制造的一个真实的 EV-55 飞机模型，如图 5-53 所示。飞机长度为 14.2m，翅展为 16.1m。分别分析飞机在 75MHz 和 244MHz 频率下，入射平面波角度为 $\theta^i=90°,\varphi^i=225°$ 时的电磁特性。飞机网格离散尺寸 h 的范围为 $4.95\times10^{-3}\sim8.5\times10^{-2}$ m，在 75MHz 下对应 $1.2\times10^{-3}\ \lambda\sim2.1\times10^{-2}\ \lambda$；244MHz 对应 $3.6\times10^{-3}\lambda\sim6.3\times10^{-2}\ \lambda$；离散未知量数目为 171763 个。75MHz 时使用了 3 层 MLMCM 和 3 层 MLFMA（最细层尺寸为 0.03 λ）；244MHz 时使用了 1 层 MLMCM 和 5 层 MLFMA（最细层尺寸为 0.1 λ）。

图 5-53　EV-55 飞机

表 5-6 对比了 rMLMCM/MLFMA 分别使用对角（Diag）、MR-ILU 和 ILU 预条件时分析 244MHz 频率下 EV-55 飞机的表现。单纯的对角预条件在 2000 步之内不收敛。当使用 ILU 预条件，$p=1$ 时，ILU 分解不稳定，导致没有结果；当 $p=2$ 时，意味着 $\boldsymbol{L}$ 和 $\boldsymbol{U}$ 矩阵为 4 倍的近场（MLFMA 的近场）大小，计算 ILU 分解的时间（表 5-6 第四列）约是 MR-ILU 的 62 倍；表 5-6 第七列给出了 ILU 分解的内存，MR-ILU 需要 625MB，然而 ILU 需要 11 倍多的内存（p=1），另一方面，MR-ILU 和 ILU（$p=2$）迭代步数分别为 810 和 906。因此，使用 MR-ILU 可以显著地节约总的计算内存和时间消耗。图 5-54 分别给出了 EV-55 飞机在 75MHz 和 244MHz 下的表面电流分布图。机头和机舱交界面的电流不连续是由显示问题造成的，如表面电流图形显示过程中网格的 T 交界面处插值困难。图 5-55 为 EV-55 飞机中切面（xOy 平面）的电场分布。

表5-6　244MHz EV-55：比较MR-ILU和ILU预条件技术

预条件	p	条件数估计	$\boldsymbol{L}$ 和 $\boldsymbol{U}$ 构造间[hh:mm:ss]	迭代步数	总时间[hh: mm: ss]	ILU 内存/MB	总内存/GB
Diag	—	—	—	—	—	—	5.6
MR-ILU	4	4	00: 03: 56	810	04: 10: 32	625	6.2
ILU	1	NaN	01: 47: 28	—	—	7223	—
ILU	2	8.7×10^4	04: 09: 17	906	10: 25: 01	14446	20.0

（a）75MHz表面电流分布

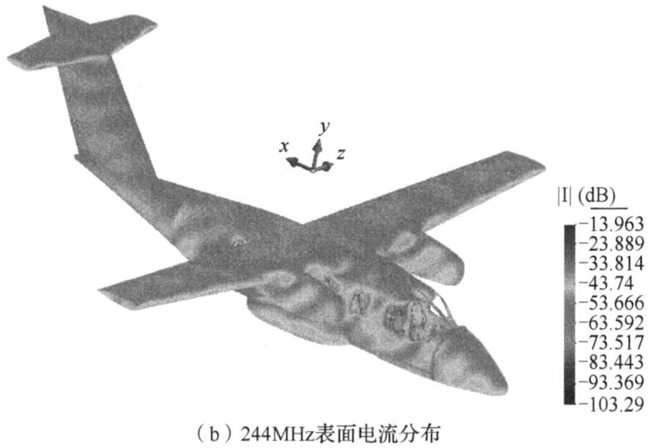

（b）244MHz表面电流分布

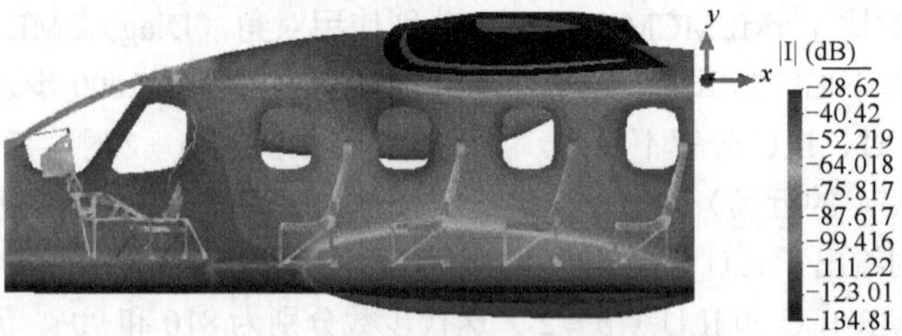

（c）75MHz机舱内部设备和座椅细节

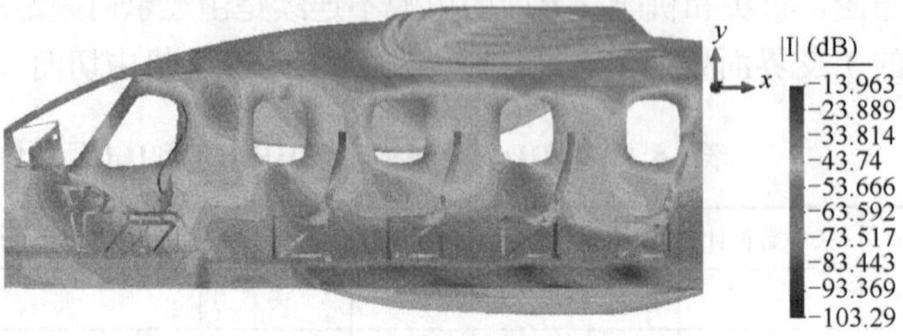

彩图

（d）244MHz机舱内部设备和座椅细节

图 5-54　EV-55 飞机表面电流分布图

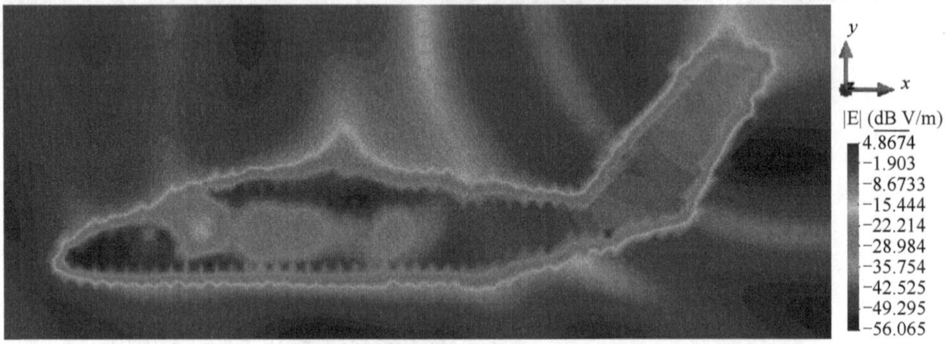

（a）75MHz

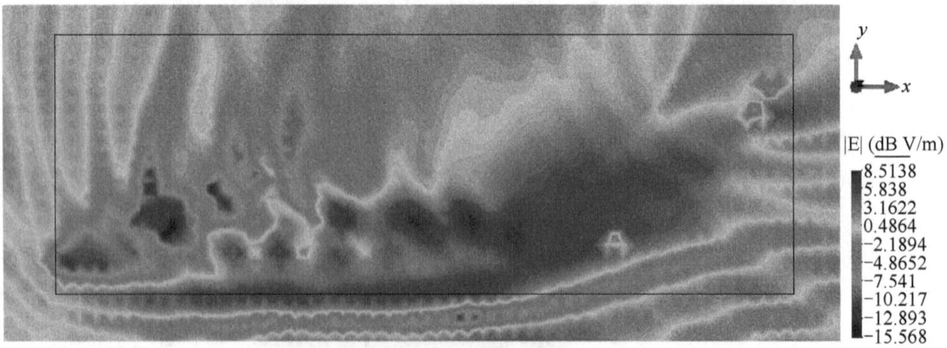

彩图

（b）244MHz

图 5-55　EV-55 飞机 xOy 中间切面电场分布（方框内为飞机区域）

使用 MR-ILU 预条件的 MLMCM/MLFMA 仿真了频率为 1GHz，相同平面波入射角度的电大尺寸 EV-55，此时 EV-55 对应的电尺寸为 53λ，离散未知量数目为 695629 个，MR-ILU

内存消耗为 5.9GB，总的计算内存和时间分别为 19GB 和 58h。图 5-56 为得到的表面电流分布。

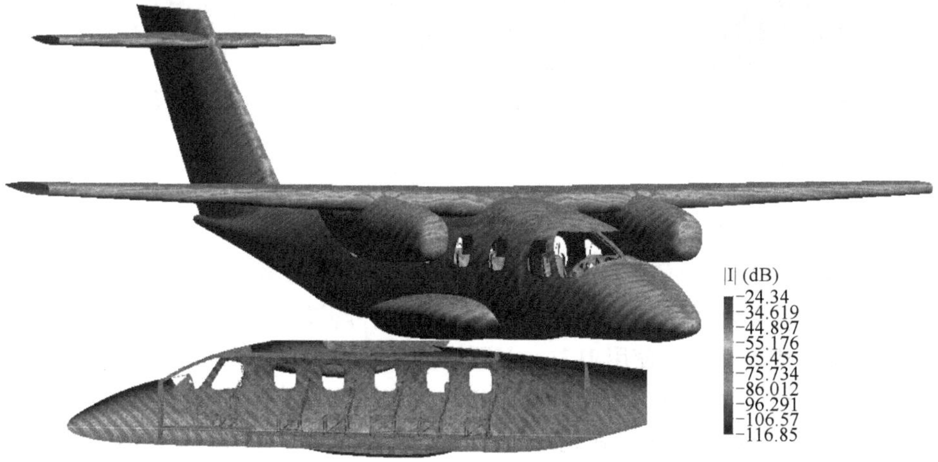

彩图

图 5-56　EV-55 飞机 1GHz 表面电流分布，离散未知量数目为 695629 个

3. 卫星平台天线之间互耦

最后，使用 MR-ILU 的 MLFMA/MLMCM 分析了卫星上 TT&C 天线和天线阵列之间的耦合。卫星的翅展为 12.5m，在仿真频率为 500MHz，对应的电尺寸为 21λ。离散网格尺寸 h 的范围为$1.7\times10^{-3}\sim7.2\times10^{-2}$ m，离散未知量数目为 212537 个，这里需要指出的是其中 111794 个未知量都集中在面积小于 λ^2 的天线阵列上，从而使网格离散非常不均匀。MR-ILU 方法分析了天线阵列右上角单元（端口 1）和 TT&C 天线（端口 2）直接的耦合，该算法使用了 2 层 MLMCM 和 5 层 MLFMA 来计算远相互作用。图 5-57（a）给出了馈源为端口 1 和端口 2 时的卫星表面电流分布，图 5-57（b）为天线阵列的模型细节，图 5-57（c）和（d）分别给出了端口 1 和端口 2 附件的表面电流分布，两个端口之间的耦合预估为−71dB。

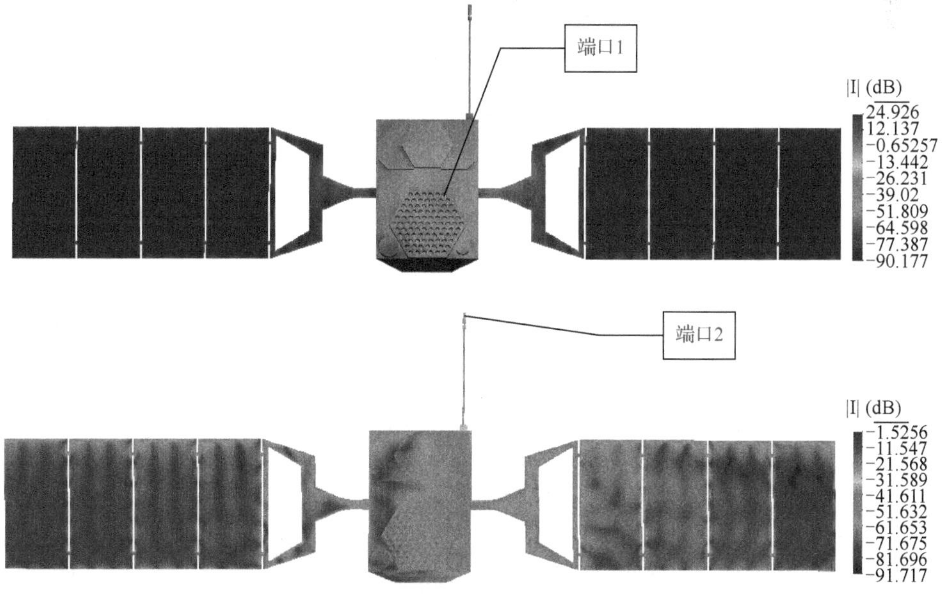

（a）频率为500MHz时馈源分别为端口1和端口2时的表面电流分布

彩图　（b）天线阵列的模型细节　（c）端口1附件的表面电流分布　（d）端口2附件的表面电流分布

图 5-57　带有天线阵列的卫星平台

当 MLMCM/MLFMA 使用对角预条件时，迭代 2000 步之内不收敛。当使用 ILU 预条件时，由于计算网格的不均匀导致近场很大，ILU 分解所需内存超过了计算机的固有内存。因而使用 MR-ILU 预条件，均匀网格层使用 ILU，密网格部分采用 MR 对角预条件，所以可以成功得到 LU 分解，预条件后的矩阵方程迭代收敛步数为 697。总的计算内存和时间分布为 11.4GB 和 15h。这个例子很好地证明了在构造资源消耗和收敛速度方面，采用叠层预条件 MR-ILU 处理多尺度问题具有的优势。

习题与思考题

1. 解释多天线间耦合形成的原因。

2. 说明高低频混合方法分析平台加载天线的优势，选用 FEKO 仿真软件高低频分析方法分析平台天线。

3. 说明时域积分方程方法与频域积分方程方法的优缺点。

4. 说明时域积分方程方法，分析前后门耦合效应时，分析精度的影响因素。

5. 矩量法的阻抗矩阵是一个满秩矩阵，能够对其进行低秩分解的原因是什么？说明采用低秩分解方法进行电磁兼容性分析的优缺点。

6. 根据低秩分解方法的基本原理，利用任意一种编程语言，实现对两组随机生成的 500 个点之间自由空间格林函数的矩阵分解，格林函数矩阵定义为 $G(\boldsymbol{r},\boldsymbol{r}')=\mathrm{e}^{-\mathrm{j}k|\boldsymbol{r}-\boldsymbol{r}'|}/|\boldsymbol{r}-\boldsymbol{r}'|$。

参 考 文 献

[1] LIU Z L, WANG C F. Efficient iterative method of moments—Physical optics hybrid technique for electrically large objects[J]. IEEE transactions on antennas and propagation, 2012, 60(7): 3520-3525.

[2] LIU Z L, WANG C F. An efficient iterative MoM-PO hybrid method for analysis of an onboard wire antenna array on a large-scale platform above an infinite ground[J]. IEEE antennas and propagation magazine, 2013, 55(6): 69-78.

[3] BLESZYNSKI E, BLESZYNSKI M, JAROSZEWICZ T. AIM: Adaptive integral method for solving large-scale electromagnetic scattering and radiation problems[J]. Radio science, 1996, 31(5): 1225-1251.

[4] LI M, LI C Y, ONG C J, et al. A novel multilevel matrix compression method for analysis of electromagnetic scattering from PEC targets[J]. IEEE transactions on antennas and propagation, 2012, 60(3): 1390-1399.

[5] LI M, FRANCAVILLA M A, VIPIANA F, et al. A doubly hierarchical MoM for high-fidelity modeling of multiscale structures[J]. IEEE transactions on electromagnetic compatibility, 2014, 56(5): 1103-1111.

第 6 章　系统级电磁兼容分析方法

本章介绍系统级电磁兼容分析方法。飞机、舰船等装备中，存在线缆、天线等带来的传导发射与辐射发射，从而对其他电子设备产生电磁干扰，带来系统性电磁兼容问题。内容主要包括系统级电磁兼容性设计概念和量化设计。正确理解电磁兼容性的设计概念，对于系统级电磁兼容性量化设计十分重要，内容包括系统级电磁兼容性分析典型对象、问题分类和特点。量化设计内容包括干扰关联关系与干扰关联矩阵、电磁兼容性要求及指标、设备隔离度、指标量化分配、电磁兼容性行为级建模与仿真、精确分析方法等。

6.1　系统级电磁兼容性设计概念

6.1.1　系统级电磁兼容性分析典型对象

机载平台上安装有大量的电子设备，这些设备也称为航空电子系统。航空电子系统可分为通用电子系统和任务电子系统两大类。通用电子系统是飞机为完成基本飞行任务所必需装备的电子系统。电子系统中通常都带有天线，通过天线完成与外界通信，如通信系统、仪表着陆系统、无线电测高系统、近地警告系统、全向信标系统、空中交通管制系统等。同时，飞机上也有不少不带天线的航空电子设备，如大气数据计算和仪表系统、惯性基准系统、飞行仪表系统、飞行管理和计算系统、飞行控制系统、发动机指示与机组警告系统、自动驾驶仪飞行指引系统等。

对于军用飞机或者专用于科学探测的飞机等，机上的电子设备不但有保障飞行任务的通用电子设备，还包括许多执行军事或科学等特定任务所需要的电子设备。由于飞机携带众多电子设备，所以飞机的电磁兼容问题在飞机总体设计中的地位相当重要[1,2]。

舰船系统由许多相互作用和相互依赖的子系统和设备组成，舰体平台承载作战系统，为它提供一个稳定和机动的平台，作战系统依托舰体平台，通过作战系统的协调指挥，充分发挥武器装备的打击和防御能力。作战平台包括动力、电力、通信导航等子系统。舰船作战系统包括雷达警戒探测、作战情报指挥、舰空导弹武器、舰舰导弹武器、火炮武器、近程防御武器、电子战、水声对抗、反潜、舰载机等子系统。这些子系统中包含大量的通信天线、雷达系统等，从而产生复杂的电磁干扰环境。

航天器系统包括航天器平台和有效载荷两大部分。航天器平台为有效载荷提供搭载平台，有效载荷完成特定任务。例如，典型的欧洲伽利略卫星，上面搭载了多种抛物面天线、指令天线、遥测定向天线等。与其他装备相比，航天器所处的环境中有剧烈的温度、压力、振动和冲击等条件变化，因此电磁兼容性设计条件具有特殊性。

系统级电磁兼容性研究经历了问题解决、规范设计和系统设计三个发展阶段[2]。对应的电磁兼容性研究方法为问题解决法、规范设计法和系统设计法。

（1）问题解决法：在系统设计时未做充分的电磁兼容性综合考虑，待出现电磁干扰问题时，再分析原因，寻找解决办法。解决方案，一般受限于现实中诸多因素，措施难以有效落实，而且对复杂系统，有效的电磁兼容性解决方案非常难于设计。

（2）规范设计法：依据规范和标准要求实施电磁兼容性设计。如电路板、元器件等已形成较为完善的电磁兼容性设计规范，在电磁兼容方面已形成定性或定量规范要求，可有效减少电磁兼容性问题。但对于复杂系统，由于系统的差异性和复杂性，仍然难以有效解决电磁兼容问题。

（3）系统设计法：对系统、分系统、设备、电路板、元器件电磁兼容性能进行分级设计，合理分配各项指标要求，在系统整个设计过程中不断迭代，逐步使系统达到最佳状态。通过顶层设计、过程控制、不断迭代，逐步满足系统电磁兼容需求。随着电磁仿真与建模技术的进步，系统设计法正朝着全数字化设计、数字-实物/半实物协同设计、异地协同设计方向发展。

6.1.2　系统级电磁兼容性问题分类

系统级电磁兼容按照分级分析与设计的原则。电磁兼容性问题可分为器件级、板级、设备级、分系统级和系统级 5 个层次，系统级为整个机载、舰载、星载等平台，并且需要特别指出的是，系统级的形态也发生了改变，从飞机、舰船等单实体构成的系统，发展成为多/群实体构成的系统。系统级电磁兼容性问题包括系统内、系统间和系统与环境间的电磁兼容性问题，下面逐一介绍这些概念。

（1）系统内电磁兼容性问题。设计完成既定的任务，同步实现相互电磁兼容性的整体称为“系统”。在研制阶段，为完成同一任务，系统内的子系统设计依据电磁兼容规范和标准，实现相互电磁兼容性。

（2）系统间电磁兼容性问题。多个系统相互协同，完成既定的任务，系统间依据电磁兼容规范和标准，实现相互兼容性。如编队飞机、舰船等，不同列装阶段的装备，需要考虑不同的装备之间的兼容性。

（3）系统与环境间电磁兼容性问题。系统需在复杂环境中完成既定任务时，需考虑系统与环境的电磁兼容性。

系统内电磁兼容性问题通过研制阶段的系统级电磁兼容性设计与量化，后两者通过研制阶段电磁兼容性设计、控制与考核，以及频谱管理等综合技术手段实现。

6.1.3　系统级电磁兼容性的特点

电磁兼容性指标、电磁兼容性设计、电磁兼容性试验有如下特殊性。

（1）电磁兼容性指标具有统计特性，这与其他电气指标不同。由于系统电磁兼容性是系统中所有分系统综合兼容性的表现，因此整个系统的电磁兼容性具有概率统计特征。因而系统级电磁兼容性的数据样本、获取方法和统计方法，对确定系统级电磁兼容性指标十分关键。

（2）电磁兼容性设计包括功能和非功能设计，与其他电气设计不同。功能设计是根据功能指标要求完成电气设计。例如，根据工作频率、带宽、方式、接收机灵敏度、解调方式、带外抑制杂散谐波、发射功率等完成电台分系统的设计。非功能设计是预测非功能信号可能对系统产生的影响，并通过设计使影响降为最低。

电磁兼容性设计由功能设计和非功能设计组成，因此包括正常信号设计和正常信号与非正常信号共同作为输入的设计两个流程。非正常信号是指诸如电台安装到系统平台上，由系统中其他分系统带来的干扰信号，以及机载电台空中电磁环境信号的总和等。电磁环境信号主要是指系统所处环境中的电磁干扰。

正常信号与非正常信号共同作为输入的设计特指将正常设计信号与系统内、外环境带来的干扰信号共同作为电台的输入，评估对电台的影响，只有当机载电台针对上述干扰信号有相应的防护性设计时，它才具备安装到系统的能力，并能与系统中其他设备兼容工作。

（3）电磁兼容性试验通过外部检测诊断故障，与其他试验不同。系统级电磁兼容性试验是一种对系统整体进行的试验，检测数据为整个系统工作时的综合数据。因此对飞机等系统级电磁兼容性问题，通过外观表象判断内部存在的问题。系统级电磁兼容性试验已经合格的分系统，由于分系统互连和耦合带来新的电磁兼容性问题。

（4）系统级电磁兼容性试验属于大尺度系统试验，与设备、分系统级试验不同。根据系统规模的大小，电磁兼容性问题分为器件级、板级、设备级、分系统级、系统级等不同层次。由于飞机、舰船等集合了大量电子信息及控制设备，且分布于大尺度上，因此无论是电磁泄漏还是电磁敏感试验，测试天线均只能覆盖系统局部设备，从而使系统级电磁兼容性试验在指标和方法上均与器件级、板级、设备级、分系统级的试验有本质区别。

6.2　系统级电磁兼容性量化设计

系统级电磁兼容性量化设计包括干扰关联关系、干扰关联矩阵、系统级电磁兼容性要求及指标、设备隔离度、指标量化分配、电磁兼容性行为级建模、电磁兼容性行为级仿真、电磁兼容性精确分析方法等。

6.2.1　干扰关联关系

系统中各分系统和设备间相互干扰的情况称为干扰关联关系。大型系统中电磁能量耦合关系十分复杂，分析干扰关联关系时，应采取分层次分析的方法。首先考虑由于收发系统的天线产生的能量耦合，然后考虑线缆、机箱等产生的耦合，最后考虑接地等产生的耦合。对于复杂的系统，如飞机、舰船等，电子设备间的干扰关联关系可以通过拓扑图形式表示[2]。飞机平台包括发射设备和接收设备，发射设备通过天线端口或者其他形式辐射，接收设备或者敏感设备通过天线端口或者其他形式接收，整机干扰关系复杂、设备数量多。图 6-1 中仅介绍了通信、雷达、高度表、塔康、气象雷达等机载设备通过天线端口的部分干扰关系。实际工程中，在系统级电磁兼容性分析时，分解出来的辐射源端口数量和敏感端口数量更多，耦合层次更复杂。

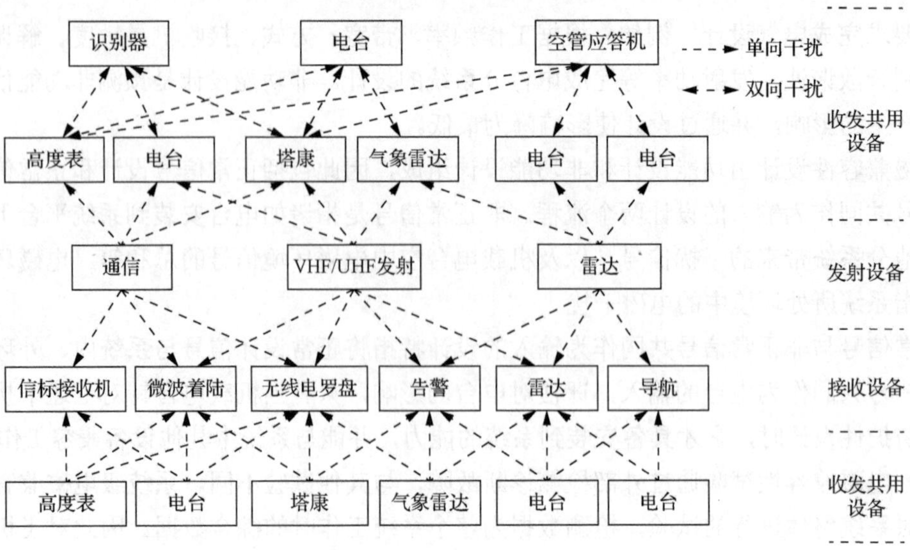

图 6-1 部分机载设备干扰关联关系拓扑图[2]

6.2.2 系统级干扰关联矩阵

定量描述干扰关联关系的数学模型称为干扰关联矩阵。干扰关联矩阵可以全面、清晰、准确地反映整机系统的相互干扰关系，为分析、评估、优化整机的电磁兼容性提供了重要的技术方法，并可用于飞机整机电磁兼容性指标向分系统/设备的分配。

干扰关联矩阵可以进一步划分为耦合干扰关联矩阵、隔离度干扰关联矩阵、阻抗干扰关联矩阵等多种形式，使用何种类型的干扰关联矩阵取决于具体的分析需求。式（6-1）描述了一个稳态系统的耦合干扰关联矩阵 $\boldsymbol{A}$，该系统中共有 M 个干扰端口和 N 个敏感端口，第 j 个敏感端口与第 i 个干扰端口的耦合函数为 $H_{i,j}(t,f)$：

$$\boldsymbol{A}=\begin{bmatrix} H_{1,1}(t,f) & \cdots & H_{1,j}(t,f) & \cdots & H_{1,N}(t,f) \\ \vdots & & \vdots & & \vdots \\ H_{i,1}(t,f) & \cdots & H_{i,j}(t,f) & \cdots & H_{i,N}(t,f) \\ \vdots & & \vdots & & \vdots \\ H_{M,1}(t,f) & \cdots & H_{M,j}(t,f) & \cdots & H_{M,N}(t,f) \end{bmatrix} \tag{6-1}$$

6.2.3 系统级电磁兼容性要求及指标

1. 系统级电磁兼容性要求

系统级电磁兼容性要求包括电磁兼容性总体要求、电磁兼容性总体技术要求和电磁兼容性管理要求三个方面。

制定系统电磁兼容性总体要求时，要综合考虑系统使用时面临的自然及人为电磁环境，以及系统功能发挥时产生的电磁泄漏、影响系统性能的电磁敏感性、系统曾经出现的电磁兼容性问题、系统电磁兼容性考核要求及考核方式等。

电磁兼容性总体技术要求是在总体要求基础上从技术层面提出要求。制定系统电磁兼容性总体技术要求时，将总体要求中明确的系统使用时将面临的自然及人为电磁环境、系统功能发挥时产生的电磁泄漏、影响系统功能发挥的电磁敏感性等以量值形式表示。例如，电磁环境对应的电场强度、磁场强度，瞬态场的时域特征量，频域信号的频谱占用度，脉冲信号的特征量等。

电磁兼容性管理要求是从质量与标准化角度提出的管理要求，一般在研制总要求中明确。通常包括电磁兼容性管理的运行机制、管理内容、控制措施（关键节点、控制内容、评估要素）等。

2. 系统级电磁兼容性指标

系统级电磁兼容性指标分为论证指标、设计指标和试验指标。如图 6-2 所示，论证指标是整体电磁兼容性能，在系统研制时明确；设计指标从论证指标而来，是系统电磁兼容性设计的输入指标，又可推算出系统电磁兼容性试验指标；试验指标规定了系统必须满足的电磁兼容性极限值要求，以试验方式检测系统电磁兼容性设计、系统实际电磁兼容性能是否满足电磁兼容性论证指标要求。

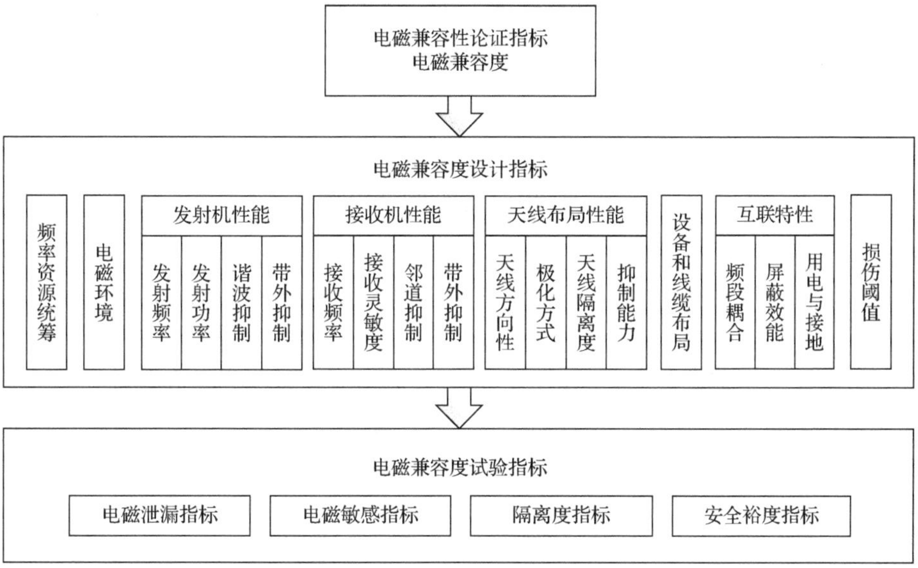

图 6-2　电磁兼容性指标体系逻辑关系

6.2.4　设备隔离度

在系统级电磁兼容性分析中，天线隔离度是重要的设计依据，关系到天线在平台中的安装位置，甚至会影响收发系统的几何布局、性能设计等。但是实际应用中经常出现已经满足天线隔离度设计要求的机载收发系统仍然存在相互干扰问题的情况。这是因为，天线隔离度只是发射天线—空间信道—接收天线之间的隔离效果，是收发系统电磁兼容性设计中的一个中间参数，不能全面反映收发设备的电磁兼容性。影响收发设备之间电磁兼容性的因素还包括接收机的接收特性、发射机的发射特性以及收发系统之间的连接器和连接线缆。此外，收发前端的非线性、带外特性、线缆和连接器的搭接特性、屏蔽特性等，都是收发设备电磁兼容性问题的因素。为此，需要研究设备隔离度，如图 6-3 所示为影响发射机到接收机间隔离的因素。

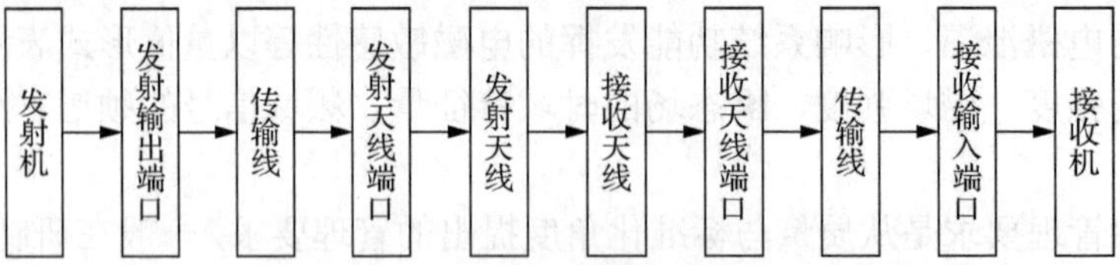

图 6-3　影响发射机到接收机间隔离的因素

求解天线隔离度还是设备隔离度，需要计算收发天线之间的空间隔离度。空间隔离度、天线隔离度和设备隔离度概念的基本定义如下。

（1）空间隔离度：假设接收天线和发射天线均为理想点源天线，此时收发天线之间的隔离度即为空间隔离度。它反映了收发天线所在位置点之间各种边界条件对隔离度的影响。

（2）天线隔离度：在空间隔离度基础上，进一步考虑接收天线装机后接收增益和发射天线装机后的发射增益。在天线隔离度中，收发天线一般是有方向性的，而且方向性受天线安装平台的影响。

（3）设备隔离度：在天线隔离度基础上，进一步考虑接收机前端特性、接收机与接收天线之间连接器和连接线缆特性，以及发射机前端特性、发射机与发射天线之间连接器和连接线缆特性。

6.2.5　指标量化分配

将系统电磁兼容性总体技术要求具体落实到系统/分系统，称为指标量化分配。指标量化分配通常是对电磁泄漏、电磁敏感和隔离度等电磁兼容性三要素进行分配。列举一个最简单的例子说明指标量化分配[2]，发射机与接收机之间的设备隔离度为 180dB，考虑发射机天线到接收机天线之间的隔离度后，推测电磁干扰源和敏感设备间隔离度不得低于 110dB。根据电磁干扰源和敏感设备实际具备能力的情况，可以有如下 5 种指标分配方案。

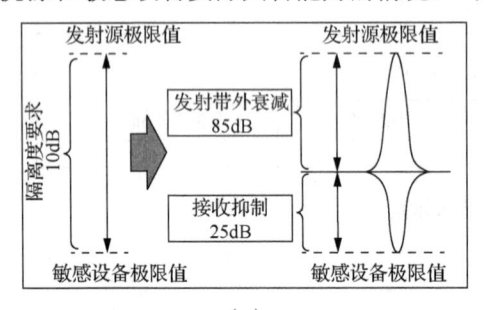

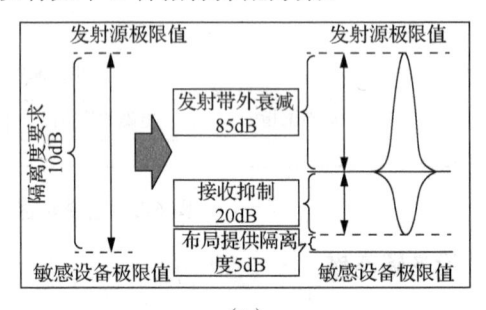

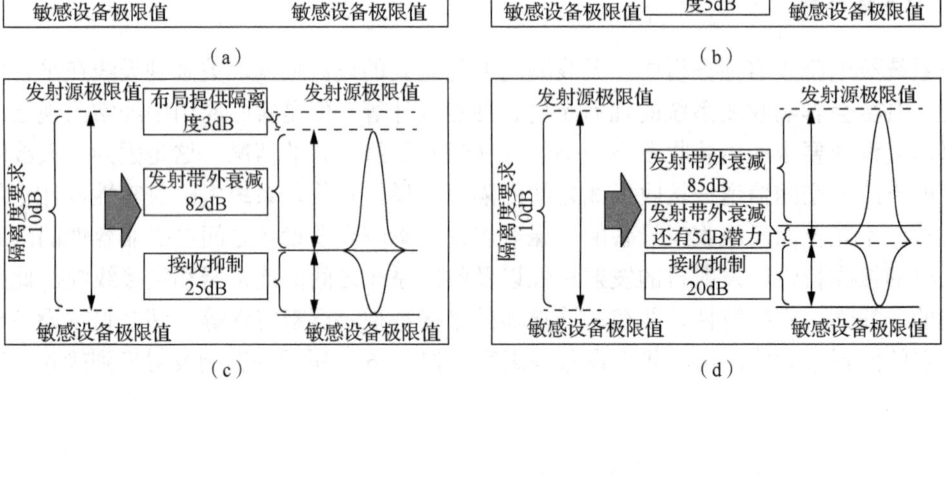

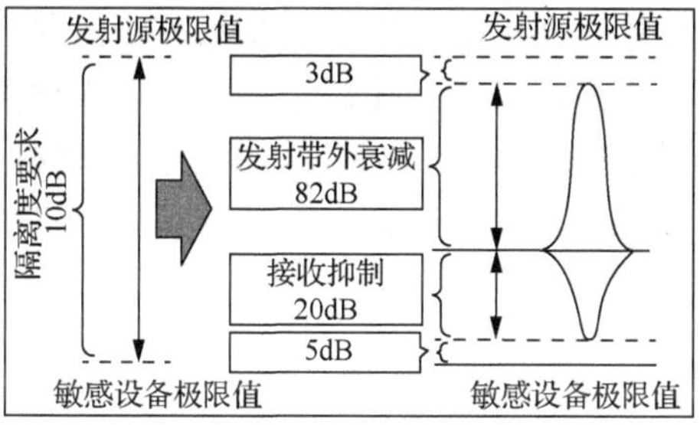

（e）

图 6-4　系统级电磁兼容性指标量化分配流程图[2]

（1）如图 6-4（a）所示，干扰源的带外发射衰减不低于 85dB，敏感设备对干扰源带外发射的抑制不低于 25dB。

（2）如图 6-4（b）所示，干扰源的带外发射衰减不低于 85dB，但敏感设备对干扰源带外发射的抑制只有 20dB。因此系统总体通过调整干扰源与敏感设备的相对布局，额外提供 5dB 的空间隔离度。电磁干扰源和敏感设备间隔离度要求变为“不得低于 105dB”。

（3）如图 6-4（c）所示，干扰源的带外发射衰减为 82dB，无法达到 85dB，敏感设备对干扰源带外发射的抑制不低于 25dB。因此系统总体通过调整干扰源与敏感设备的相对布局，额外提供 3dB 的空间隔离度。电磁干扰源和敏感设备间隔离度要求变为“不得低于 107dB”。

（4）如图 6-4（d）所示，敏感设备对干扰源带外发射的抑制为 20dB，干扰源的带外发射衰减为 90dB，为敏感设备分担 5dB 指标。

（5）如图 6-4（e）所示，发射源的带外发射衰减只能做到 82dB，敏感设备对干扰源带外发射的抑制能力为 20dB。此时需要系统总体来承担敏感设备无法做到的指标，或者降低隔离度要求。

6.2.6　电磁兼容性行为级建模

电磁兼容性行为级模型[2]是由北京航空航天大学苏东林院士提出的，解决系统电磁兼容性顶层量化论证和顶层量化设计问题。系统的外部特性是行为级建模的目标，而非系统的物理结构形式和内在结构。分析过程中，把系统、分系统、设备内部的电路和器件等效为黑盒，依据其向外部产生的电磁发射和对外部电磁信号的敏感响应建模分析。依据系统的工作原理及观测数据或参数，研究系统的行为趋势，通过统计归纳方法，建立系统的分析模型。对于观测到的系统测量数据，可以通过外推产生新的数据，生成模型数据，建立起系统的行为级模型。

例如，对电子系统仿真模型过程中最底层为半导体结构的物理模型，可以通过提取模型端口参数后建立等效电路模型，元器件的等效电路模型可以进一步用来搭建构成放大器、混频器等集成电路模型；顶层为复杂系统数字仿真模型，行为级模型建立了电路模型与系统仿真模型之间的联系，采用行为级模型代替电路模型，解决了由于存在大量元件导致系统计算复杂化的难题，提高了仿真效率。

6.2.7　电磁兼容性行为级仿真

电磁兼容性行为级仿真是将行为级模型应用于系统级电磁兼容性仿真，是为解决系统顶层电磁兼容性量化论证和量化设计而提出的。电子信息系统一般包含多个子系统及复杂耦合关系，通过对系统归类和分层，分为若干子系统，子系统表现电磁兼容性分析所需的非正常特性，逐次建立行为级模型。如图 6-5 所示为电磁兼容性行为级建模仿真流程图[2]，分类后提取子系统的性能参数，选取数学模型，建模过程中不断修正模型准确度，提高建模可信度，最后用于系统级电磁兼容性仿真。

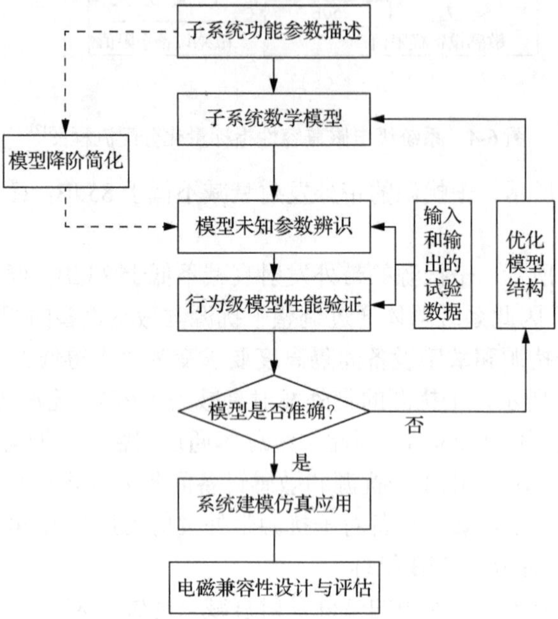

图 6-5　电磁兼容性行为级建模仿真流程图[2]

在系统电磁兼容性仿真中，不仅仅存在电路层面的问题，还存在大量的电磁场耦合问题。因此，在行为级模型中，必须要考虑电磁场的影响，将场、场路耦合、路-路分布参数等效为路层面的干扰源，才能构建出更为准确的行为级仿真模型。使用电磁兼容性行为级模型构建可用于飞机、舰船等平台电磁兼容性的模型，称为平台的电磁兼容性数字化模型。通过电磁兼容性数字化模型，可以预测与控制电磁发射特性，预测与防护电磁敏感特性，预测电磁易损性等。

行为级模型使系统电磁兼容性进行量化论证及设计成为可能，为实现电磁兼容性从概念设计到详细设计提供了必需的技术基础模型。如图 6-6 所示，设计阶段行为级模型建模、验模及仿真包括概念级描述、行为级建模、系统级应用三个阶段。

在实际工程中，无法得到系统中某些设备的关键输入、输出参数，从而难以获取电磁兼容性行为级模型。北京航空航天大学苏东林院士团队提出了电磁兼容性灰色关联量化建模方法[2]：为了获取设备的关键输入、输出参数，在实际应用中可以测试谐波干扰特性、电源的噪声谱等，来提取设备的电磁兼容特性，总结规律性表达式，在设计参数信息不完整条件下建立设备/模块的解析模型。依据测试数据，分析同一设备干扰频谱中不同的干扰因素，区分设备中不同的谐波干扰、宽带干扰，从而得到设备对外辐射的规律特性，即灰色模型。通过最小二乘准则下的设备最佳精度模型方法，在测试数据量小时，建立设备级的灰盒模型，提高仿真分析精度。电磁兼容性灰色关联量化建模方法可以对信息不完整的系统进行电磁兼容性建模，有效提高了系统级电磁兼容性研究的准确性和实用性。

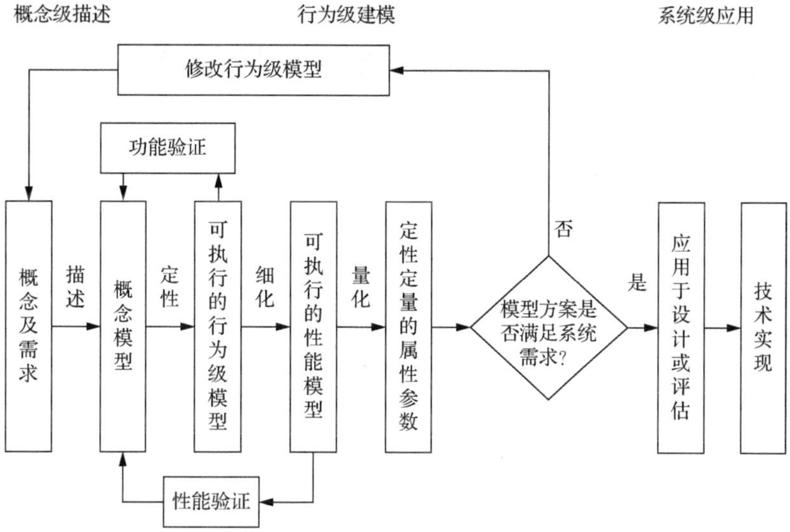

图 6-6　行为级模型建模、验模及仿真分析流程

6.2.8　电磁兼容性精确分析方法

目前主流的电磁分析软件有 HFSS、CST、FEKO 等，国产化的电磁分析软件成熟度逐渐提高，例如，无锡飞谱电子信息技术有限公司的 Rainbow、上海东峻信息科技有限公司的 EastWave，在电磁兼容性工程设计中发挥越来越重要的作用。电磁计算方法方面，矩量法（MoM）、有限元（FEM）、时域有限差分方法（FDTD）等精确计算方法的精度和计算效率经过不断改进，可以满足当前工程需求[3]。本书第 4～5 章重点介绍了作者团队基于电磁计算方法分析的典型电磁兼容性问题。精确的电磁计算方法结合系统级电磁兼容分析方法，可以实现对机载、舰载、星载等平台的一体化高效建模与分析。

习题与思考题

1. 列举工程实践中有哪些典型的对象需要系统级电磁兼容性分析。
2. 简述系统级电磁兼容性问题的分类有哪些。
3. 解释系统级电磁兼容性分析过程中的指标量化分析。
4. 阅读参考文献[2]，说明电磁兼容性行为级模型与仿真的基本原理及流程。

参 考 文 献

[1] 赵辉. 系统电磁兼容[M]. 北京: 国防工业出版社, 2019.

[2] 苏东林, 谢树果, 戴飞, 等. 系统级电磁兼容性量化设计理论与方法[M]. 北京: 国防工业出版社, 2015.

[3] OBELLEIRO F, TABOADA J M, RODRIGUEZ J L, et al. HEMCUVI: A software package for the electromagnetic analysis and design of radiating systems on board real platforms[J]. IEEE antennas and propagation magazine, 2002, 44(5): 44-61.

第 7 章　电磁兼容测量技术

本章介绍电磁兼容试验测试中的仪器设备及测试方法，内容包括典型的测试仪器及设备、测量场地、传导发射测量、辐射发射测量、抗扰度试验以及电磁兼容现场测量。

7.1　测量仪器及设备

7.1.1　频谱分析仪

频谱分析仪是 EMC 实验室中最常用的仪器之一。超外差式的频谱分析仪是宽带的测量工具，能够进行非常灵敏的测量，即使对于非常高的信号电平，仍具有较高的准确度。然而，在测量的过程中，必须采取一些措施。首先，频谱分析仪即使测量非常有限的频率，但它运行时对所有的频率都是开放的，例如，频谱分析仪的工作频率范围为 10kHz～6GHz，而测量的信号频率范围为 30～100MHz，但它仍对整个工作频率范围是敏感的。当一个频率为 250MHz 的高电平信号位于测量窗的外部时，就会出现问题。如果此 250MHz 的信号电平足够高，就会使频谱分析仪的前端出现过载，那么在 30～100MHz 进行测量时得到的测量结果可能会是错误的，测量值有可能被压缩，这称为增益压缩。这种情况也会产生很多的其他失真信号。

由于频谱分析仪为扫描式仪器，因此在扫描的过程中会一直给出读数。如果有一个宽带噪声，其仅周期出现，那么测量结果看起来像尖峰信号，但实际上它是一个非常宽的频率信号。将频谱分析仪设置在峰值保持模式，能对宽带尖峰信号进行测量，因此宽带信号更具有代表性。频谱分析仪为峰值检波仪器。这意味着它能捕获快速信号或者瞬态信号，并且能给出瞬态信号的全值电平。其他类型的检波器，如准峰值检波器或平均值检波器，使用的是基于时间的平滑或平均。

大多数的频谱分析仪仅有 3dB 分辨率带宽，但有的频谱分析仪可能具有 CISPR（International Special Committee on Radio Interference）分辨率带宽，即 9～150kHz（CISPR A 频段）为 200Hz、150kHz～30MHz（CISPR B 频段）为 9kHz、30～1000MHz（CISPR C 和 D 频段）为 120kHz、1～18GHz（CISPR E 频段）为 1MHz。频谱分析仪和电磁干扰（Electromagnetic Interference，EMI）接收机之间的差异详见 7.1.2 节。

7.1.2　EMI 接收机

EMI 接收机使用的不是大宽带的频谱分析仪技术，而是输入检波器的信号具有窄的频率带宽的调谐式测量仪器。这有助于阻止带外信号产生的过载，从而避免增益压缩和其他失真。当今的 EMI 接收机通常具有 6dB 分辨率带宽，即 9～150kHz 为 200Hz、150kHz～30MHz 为 9kHz、30～1000MHz 为 120kHz、1～18GHz 为 1MHz，具有四种检波器，即峰值检波器、准峰值检波器、平均值检波器和均方根值-平均值检波器。EMI 接收机需要校准的基本参数见表 7-1。

表7-1　EMI接收机需要校准的基本参数

参数	推荐的频率
电压驻波比（VSWR）	在以下调谐频率，输入衰减在 0dB 和≥10dB 时确定 VSWR：100kHz、15MHz、475MHz 和 8.5GHz
正弦波电压允差	在以下调谐频率进行验证：CISPR A/B/C 和 D/E 频段的起始频率、终止频率和中心频率
脉冲响应	在以下调谐频率进行验证：CISPR A/B/C 和 D/E 频段的起始频率、终止频率和中心频率
选择性	在以下调谐频率进行验证：CISPR A/B/C 和 D/E 频段的中心频率

图 7-1 分析了 EMI 接收机和频谱分析仪之间的主要差异，图中灰色的部分通常包含在 EMI 接收机内。EMI 接收机和频谱分析仪的主要差异如下。

（1）频谱分析仪为扫频设备，通过不断地调谐本地振荡器的频率以覆盖所选择的频率范围。而一些 EMI 接收机进行步进式扫频，即以规定的频率步长，通过调谐到固定的频率以覆盖所选择的频率范围；对每一个调谐频率的幅度进行测量并保持，以便做进一步处理或（输出）显示。

（2）大多数的频谱分析仪在第一个变频级前通常没有加装预选器（即输入端的滤波）。这常会导致准峰值检波器在进行低重复频率脉冲测量时动态范围不足，因此，在这种情况下会出现错误的测量结果。

（3）带有预选功能的商用频谱分析仪，这种类型的测量设备能够满足 EMI 接收机的所有要求。可以没有任何限制地进行所有的符合性发射测量。

（4）对于无预选功能的频谱分析仪，GB/T 6113.101—2021 对其准峰值检波技术指标没作严格要求，其对被测信号是有条件要求的。

（5）一些频谱分析仪可能没有内置预放大器，但 EMI 接收机通常在预选级之后具有内置预放大器。

（6）频谱分析仪可能并不满足对 EMI 接收机规定的频率选择性要求。原因是典型的频谱分析仪中所使用的高斯滤波器不满足该要求。

（7）一些频谱分析仪可能没有内置准峰值检波器。

（8）一些频谱分析仪对间歇的、不稳定的和漂移的窄带骚扰的响应可能会出现差错。

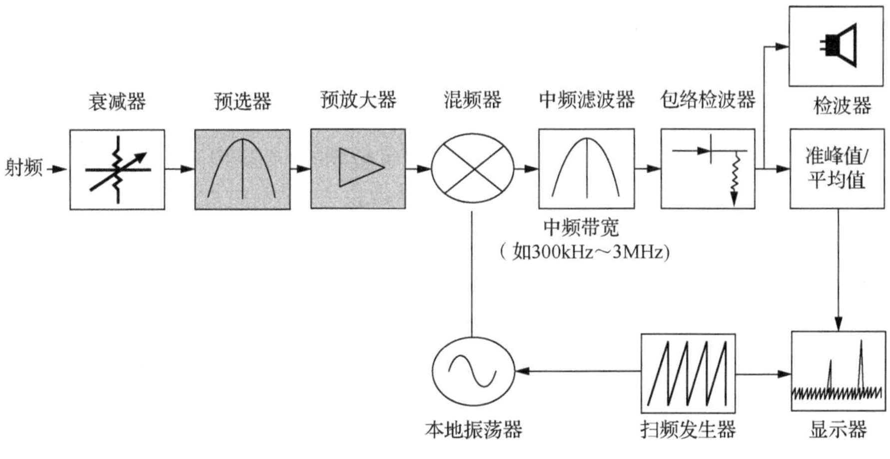

图 7-1　在频谱分析仪基础上加装预选器、预放大器和准峰值/平均值检波器构成的 EMI 接收机框图示例

7.1.3 检波器

在发射测量的读数过程中，频谱分析仪使用峰值检波电路。这种非常快速的响应电路能够捕获冲激或间歇信号并且能够给出全值。当频谱分析仪在非常宽的频率范围内扫描时，其能快速地获得数据。大多数的军用设备和航空航天设备的 EMI 测量以及在许多其他 EMC 标准中都要求使用这种检波器。

然而，在民品试验中，使用两种其他类型的检波器得到最终的测量值。首先是准峰值（Quasi-Peak，QP）检波器，其以模拟表的测量指针为模型，对干扰信号的重复率产生响应。信号重复率越低，产生的响应电平也就越低。这种典型检波器电路的充电时间正好近似大于 0.1s，放电时间大于 0.5s。因此，它记录的信号测量值通常要大于平均值。与峰值检波器电路相比，这种检波器电路的充电时间和放电时间较长。为了节约时间，对于不要求测量宽频率范围的情况，仅当对可疑信号进行最终测量时才使用 QP 检波器。

EMC 标准要求的第二种检波器为平均值检波器，并不是所有的频谱分析仪都具有为平均值限值规定的线性平均值检波器。因此，通过把频谱分析仪设置在线性幅值坐标模式，然后使用 10Hz 的带宽滤波器才能最佳地进行这种测量。

QP 检波器和平均值检波器都能给出连续信号（未调制的连续波）的全值。然而，取决于调制深度，幅度调制信号的准峰值会略小于峰值，但其平均值可能会远小于峰值。对于不连续信号，其无信号的时间远大于有信号的时间时，准峰值检波器的测量值将远小于峰值检波器的测量值。对于这种类型的信号，平均值检波器的测量电平将是非常的小。

7.1.4 人工电源网络

人工电源网络（Artificial Mains Network，AMN）用于电源端口传导发射测量，也称为线路阻抗稳定网络（LISN），其能在射频范围内向受试设备（Equipment Under Test，EUT）端子提供一规定阻抗，并能将试验电路与供电电源上的无用射频信号进行隔离，进而将骚扰电压耦合到测量接收机上。

AMN 有两种基本类型：用于耦合非对称电压的 V 型（V-AMN）和分别用于耦合对称电压和不对称电压的 Δ 型（Δ-AMN）。常用于 9kHz～30MHz 电源端口传导发射试验的为 50Ω/50μH+5Ω或 50Ω/50μH V 型 AMN。

对于每根电源线，AMN 都配有三个端：连接供电电源的电源端、连接 EUT 的设备端和连接测量设备的骚扰输出端。

AMN 的阻抗规范包括当骚扰输出端端接 50Ω负载阻抗时在 EUT 端测得的相对于参考地的阻抗的模和相角两个部分。AMN 的 EUT 端的阻抗定义为对 EUT 呈现的终端阻抗。因此，当骚扰输出端没有与测量接收机相连时，该输出端应端接 50Ω阻抗。为保证接收机端口具有准确的 50Ω终端阻抗，可在网络的内部或者外部使用 10dB 的衰减器，衰减器的驻波比（从任何一端看进去的）应小于或等于 1.2。该衰减器的衰减应包括在电压分压系数的测量中。

图 7-2 给出了典型 AMN 的实例，图 7-3 给出了 AMN 的原理图。从图 7-3 可看出 AMN 的工作原理。其在右侧与 EUT 相连，50μH 的电感能够阻止任何噪声（通常是射频含量）流进供电电源。噪声通过 0.1μF 的电容耦合给测量端口。在 AMN 的供电电源侧，50μH 的电感能够阻止电源侧存在的任何噪声流进测量端口。

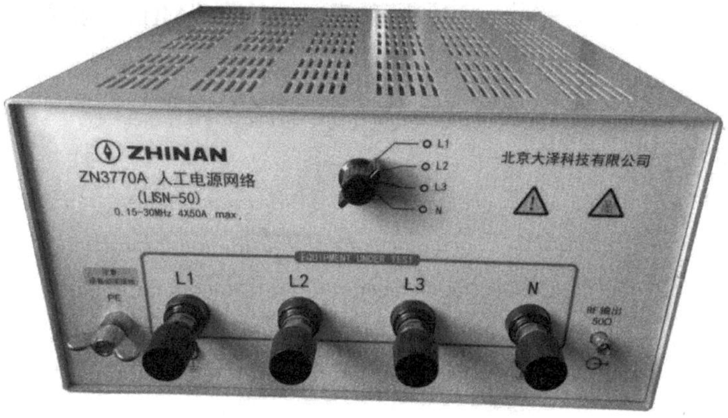

图 7-2　单相/三相人工电源网络

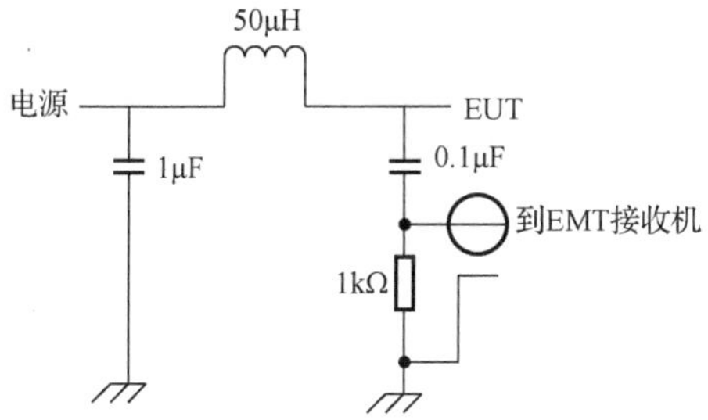

图 7-3　AMN 的原理图

7.1.5　不对称人工网络

不对称人工网络（Asymmetric Artificial Network，AAN），也称为阻抗稳定网络（ISN），用于测量非屏蔽平衡信号线（如通信线）上的不对称（共模）电压，同时用来抑制对称（差模）信号。AAN 的阻抗为 150Ω。对于 AAN，差模对共模的抑制比（V_{dm}/V_{cm}）是 AAN 至关重要的参数。该参数与纵向转换损耗（Longitudinal Conversion Loss，LCL）有关。LCL 的要求如下。

（1）对六类（或性能更好）非屏蔽平衡对线电缆所连接的端口进行测量时所用的 AAN。纵向转换损耗（即 α_{LCL}，单位：dB）随频率 f（单位：MHz）按式（7-1）变化：

$$\alpha_{LCL} = 75 - 10\lg\left[1 + \left(\frac{f}{5}\right)^2\right] \tag{7-1}$$

当 f <2MHz 时，α_{LCL} 允差为±3dB；当 2MHz≤ f ≤30MHz 时，α_{LCL} 允差为-3dB/+6dB。

（2）对五类（或性能更好）非屏蔽平衡对线电缆所连接的端口进行测量时所用的 AAN。纵向转换损耗（即 α_{LCL}，单位：dB）随频率 f（单位：MHz）按式（7-2）变化：

$$\alpha_{LCL} = 65 - 10\lg\left[1 + \left(\frac{f}{5}\right)^2\right] \tag{7-2}$$

当 f <2MHz 时，α_{LCL} 允差为±3dB；当 2MHz≤ f ≤30MHz 时，α_{LCL} 允差为-3dB/+4.5dB。

（3）对三类（或性能更好）非屏蔽平衡对线电缆所连接的端口进行测量时所用的 AAN。

纵向转换损耗（即 α_{LCL}，单位：dB）随频率 f（单位：MHz）按式（7-3）变化：

$$\alpha_{LCL} = 55 - 10\lg\left[1+\left(\frac{f}{5}\right)^2\right] \tag{7-3}$$

α_{LCL} 允差为±3dB。图 7-4 给出了典型 AAN 的实例。

图 7-4　不对称人工网络实例

7.1.6　电流探头

电流探头有时用于测量信号线的传导发射，测量的是探头所钳的导线束或电缆束中的共模射频电流，即测量不对称骚扰电流，或在抗扰度试验中，将骚扰电流注入受试导线。电流探头的构造使其能方便地卡住被测导线，被测导线作为一匝的初级线圈，次级线圈则包含在电流探头中。其优点是不需要与骚扰源导线的直接导电接触，也不用改变其电路。它们通常使用的是宽带铁氧体或类似材料的环形磁芯。电流探头的频率范围和选择性取决于所用的材料类型以及绕在磁芯上的绕线（作为拾取部件）数量。对于仅测量发射的探头，阻性网络用于控制阻抗以及使响应曲线平坦，这种响应曲线称为修正因子、传输阻抗或传感器因子。如果没有这些阻性网络且在磁芯上使用能承受大电流的绕组，那么这种电流探头可用作骚扰电流注入探头，通常也称为大电流注入（Bulk Current Injection，BCI）探头。

当使用电流探头进行测量但限值是以电压为单位时，电压限值必须除以信号线阻抗或终端阻抗（如为 150Ω）以获得相应的电流限值。

图 7-5 给出了典型电流探头的实例。

图 7-5　电流探头实例

7.1.7　天线

天线用于辐射发射测量或辐射抗扰度测量，用于发射测量时，测量的物理参数为电场或磁场，天线需要经过校准后才能使用。天线和插入在天线与测量接收机之间的电路不应对测量接收机的总的特性产生显著影响。天线应为线极化天线，并且极化方向应可以改变，以便能够测量入射辐射场的所有极化分量。

天线系数是天线的一个重要参数，接收天线系数用于计算入射到天线上的信号的场强。通过测量天线端口上的电压和考虑天线系数，能够计算场强，接收天线系数 AF 定义为

$$\mathrm{AF} = E - V - A \tag{7-4}$$

式中，AF 为天线系数（单位：dB/m）；E 为入射场强（单位：dBμV/m）；V 为 EMI 接收机输入端口上的电压（单位：dBμV）；A 为电缆损耗（单位：dB）。

发射天线系数（TAF）为

$$E_0 = \left(30 P_n G_a\right)^{1/2} / d \tag{7-5}$$

式中，E_0 为场强（单位：V/m）；P_n 为输入给天线的净功率（单位：W）；G_a 为天线的数值增益（$10^{\mathrm{dBi}/10}$）；d 为距离（单位：m）。

如果知道输入天线的发射功率和发射天线系数，就能够计算产生的场强。自由空间中的 TAF 定义为

$$\mathrm{TAF} = 20\lg f - \mathrm{AF} - 20\lg d - 32.0 \tag{7-6}$$

式中，TAF 为发射天线系数（单位：dB/m）；f 为频率（单位：MHz）；AF 为接收天线系数（单位：dB/m）；d 为距离（单位：m）。或者对于给定距离，TAF 定义为

$$\mathrm{TAF} = E - V_m \tag{7-7}$$

式中，E 为场强（单位：dBV/m）；V_m 为输入天线的电压（单位：dBV）。辐射发射测量天线按照频率范围分为以下几种。

1. 频率范围 9kHz～30MHz 的天线

磁场天线，测量辐射的磁场分量，通常使用的是直径为 60cm 电屏蔽的环天线。屏蔽得不够理想的环天线会对电场产生响应。对环天线的电场响应的鉴别应通过在均匀场旋转环平面使其平行于电场矢量的方法来评估。环平面平行于磁通量时测得的响应比环平面垂直于磁通量时测得的响应至少低 20dB。磁场强度单位为μA/m，用对数单位表示，20lg（μA/m）=dBμA/m。相应的骚扰限值用相同的单位表示。图 7-6 给出了用于频率范围 9kHz～30MHz 的磁场天线实例。

电场天线，测量辐射的电场分量，通常使用的是 1m 长的单极天线（杆天线）。当使用单极天线，即不对称天线时，测量仅表示电场对垂直杆天线的感应。测量结果中应注明所使用天线的类型。电场强度的单位为μV/m，采用对数单位表示为 20lg（μV/m）=dBμV/m，有关的骚扰限值也应采用相同的单位。图 7-7 给出了用于频率范围 9kHz～30MHz 的电场天线实例。

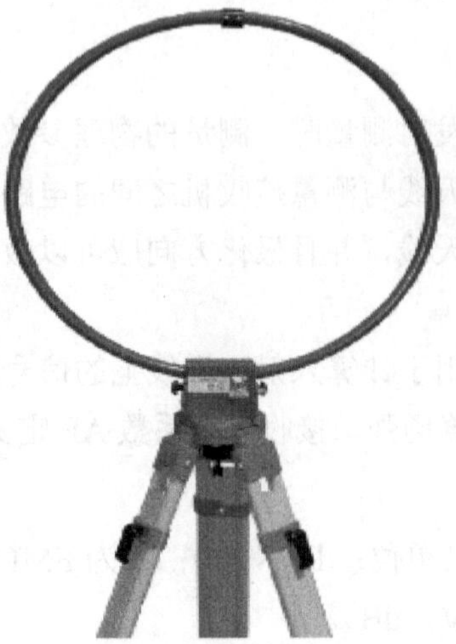

图 7-6　用于频率范围 9kHz～30MHz 的磁场天线实例

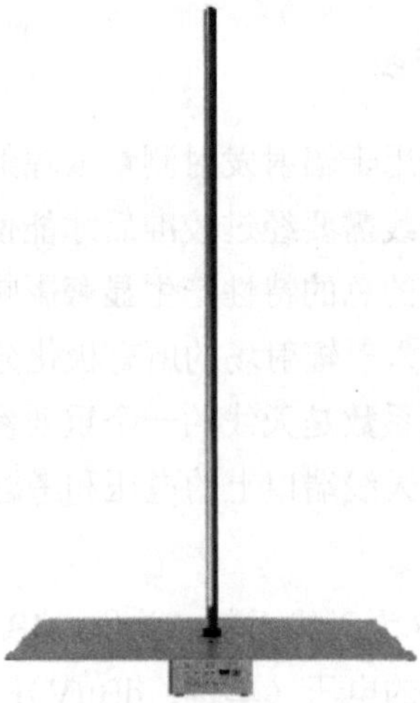

图 7-7　用于频率范围 9kHz～30MHz 的电场天线实例

2. 频率范围 30～1000MHz 的天线

在 30～1000MHz 频率范围内，测量的是电场。天线应为设计用来测量电场的偶极子类的天线，应使用自由空间的天线系数。天线类型包括：

（1）调谐偶极子天线，其振子为直杆或锥形；

（2）偶极子阵列，例如，对数周期偶极子阵列（Log-Periodic Dipole Antenna，LPDA）天线，由一系列交错的直杆振子组成；

（3）复合天线。

为了获得较小的测量不确定度，建议优先使用典型的双锥天线或 LPDA 天线测量电场值，特别是其优于复合天线。

频率范围为 300～1000MHz 时，简单偶极子天线的灵敏度较低，需要使用更为复杂的天线。这种天线应具有如下特性：

（1）天线应为线性极化；

（2）对称的偶极子天线，如调谐偶极子天线和双锥天线；

（3）与天线馈线相连的天线的回波损耗不应小于 10dB；

（4）应给出天线系数（AF）。

天线需要满足交叉极化性能，即当天线置于线极化的电磁场中时，天线与场交叉极化时的端电压应至少比共极化时的端电压低 20dB。

在辐射骚扰测量中，与接收天线相连的电缆（天线电缆）上存在共模（Common Mode，CM）电流。如果巴伦不是理想的平衡，则该共模电流会产生可被接收天线接收的电磁场，从而影响辐射骚扰测量结果。天线电缆上产生共模电流的主要因素如下：

（1）如果 EUT 产生的电场具有平行于天线电缆的分量；

（2）接收天线巴伦的非理想特性将差模（Differential Mode，DM）天线信号（有用信号）转换成共模信号。

一般情况下，LPDA 天线不存在明显的 DM/CM 转换，因此，对于偶极子天线和双锥天线，以及宽带偶极子部分工作频率范围内（大多数情况为 30～200MHz）的复合天线，需要核查巴伦的对称或天线的对称，即要求巴伦的差模/共模转换小于 1dB。

图 7-8 给出了用于频率范围 30～1000MHz 的复合天线实例。

图 7-8　用于频率范围 30～1000MHz 的复合天线实例

3. 频率范围 1～18GHz 的天线

1GHz 以上的辐射骚扰测量应使用经过校准的线极化天线，包括 LPDA 天线、双脊波导喇叭天线和标准增益喇叭天线。使用的任何天线的方向性图的“波束”或主瓣应足够大以覆盖在测量距离上的 EUT。天线主瓣宽度定义为天线的 3dB 波束宽度，在天线的文件中需给出确定这个参数的相关信息。对于喇叭天线，应满足式（7-8）的条件：

$$d \geqslant \frac{D^2}{2\lambda} \tag{7-8}$$

式中，d 为测量距离（单位：m）；D 为天线的最大口径（单位：m）；λ为测量频率上的自由空间波长（单位：m）。

天线需要满足交叉极化性能，即当天线置于线极化的电磁场中时，天线与场交叉极化时的端电压应至少比共极化时的端电压低 20dB。图 7-9 给出了用于频率范围 1～18GHz 的双脊波导喇叭天线实例。

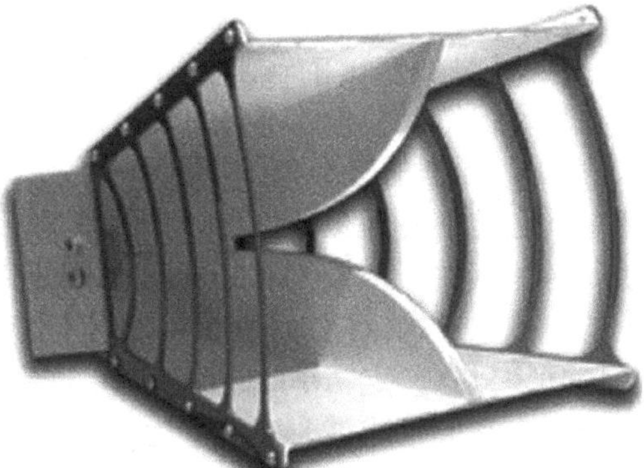

图 7-9　用于频率范围 1～18GHz 的双脊波导喇叭天线实例

4. 大环天线系统

在灯具的辐射发射测量中，在 9kHz～30MHz 频率范围内，单个 EUT 辐射的磁场分量可用大环天线系统（Large Loop Antenna System，LLAS）来确定。在 LLAS 中，该辐射骚扰是以磁场在 LLAS 的每个环天线（LLA）中的感应电流形式来测量的。LLAS 测量单个 EUT 的磁场分量的感应电流。LLAS 通常位于屏蔽室内。

LLAS 由 3 个相互垂直的、直径为 2m 的大圆环天线构成，由非金属底座支撑。3 个相互垂直的 LLA 能够以规定的准确度来测量所有极化方向上的辐射场的骚扰，而不用旋转 EUT 或改变 LLA 的方向。

7.1.8　功率放大器

在传导抗扰度和辐射抗扰度试验系统中最重要的一个组成部分为功率放大器，其用于信号发生器产生的试验信号的放大，配合耦合/去耦网络（Coupling Decoupling Network，CDN）、天线或电流注入探头使用。

功率放大器使用时要注意两个指标，即线性和增益。

功率放大器的线性指当其用于传导抗扰度或辐射抗扰度试验且使用调制信号源时，放大器必须在其整个频率范围内且在不大于最大功率的条件下都应保持线性状态。如果不能满足这种条件，则会产生下面两种结果：

（1）调制射频包络的峰值将被削平。这会产生调制信号（1kHz）的谐波，也会减小实际施加的场强峰值。

（2）将会产生载频的谐波。如果非线性严重，则谐波幅值能接近基波，这将导致在错误的频率上观察到敏感现象，这也减小了施加的载频场强。大功率放大器中使用的新合成器技术能够产生很低的谐波性能，即 30dB 或更大。GB/T 17626.3—2016 和 GB/T 17626.6—2017 规定谐波和失真必须至少低于载波电平 15dB（−15dBc）。在试验过程中，这种要求可通过在功率放大器的输出端使用定向耦合器和频谱分析仪进行核查。

简单的线性核查在任何时候都可进行，通过手动减小信号源电平 1dB 或 3dB，然后确认输出电平是否变化相同的幅值。放大器的线性通常用 1dB 增益压缩点的功率输出表示，规定的谐波性能仅为不大于该电平时所产生的。

功率放大器的增益通常规定为对于给定的输入电平（通常为 0dBm）能输出的最大功率。从输入到输出的功率增益在整个工作频率范围内都应是相对固定的。如果功率增益不是固定的，则通常在覆盖频率范围的两端需要较大的驱动信号电平。这对信号发生器的输出提出了额外的要求。信号发生器应有最大为+10dBm 的输出电平以对功率增益进行补偿。

功率放大器的最大输出功率和保持此输出功率时的带宽，由试验设施所要求的能力确定。带宽和功率要求取决于 EUT 试验时依据的标准和试验配置。功率和带宽之间存在一种基本的折中。具有几瓦输出的功率放大器能够覆盖数个十倍频程的带宽，如带宽 100kHz～1GHz。然而，随着输出功率的增加，输出级的设计限制意味着仅能实现较小的带宽。基于此，要在整个规定带宽内核查放大器的可用额定输出功率。例如，带宽可能被规定为 3dB 带宽，这可能意味着在频带的边沿，可用功率只有额定功率的一半。

放大器的功率要求取决于：在试验的电波暗室中，为天线增益和预期的试验距离；对于传导试验，为所使用的不同传感器的修正因子。

表 7-2 总结了使用双锥/对数周期天线进行辐射抗扰度试验时的计算功率，假设调制深度

为 80%时信号幅值增加 5.2dB，且场的均匀性为+3dB。

表7-2　辐射抗扰度试验的计算功率　　（单位：W）

频率	1m 距离			3m 距离		
	3V/m	10V/m	30V/m	3V/m	10V/m	30V/m
27MHz	25.4	282	254	228.8	2542	22880
80MHz	1.29	14.3	129	11.59	128	1159
200MHz	0.29	3.23	29	2.61	29.0	261
1GHz	0.33	3.64	33	2.95	32.7	295

7.1.9　场强测量探头

在辐射抗扰度测量中，场强测量探头用于监测和确定场强，使用时必须对其进行校准。大多数探头测量的是电磁波的电场分量。

为了避免进行多种极化的测量，场探头的各向同性应在±0.5dB 内。探头应由总线进行控制和读数。场探头最重要的是频率范围、大的动态范围或远程转换，以避免试验人员不必要的干扰。场探头对调制波的响应避免了在施加调制前应先确定无调制的场电平的问题。光纤接口最大限度地减小了对所测量的场的干扰。场探头的电池寿命和充电时间则很重要。准确度应为±1.0dB 或更优，稳定时间（影响试验时间）为 0.5μs 或更小。

7.1.10　耦合/去耦网络

耦合/去耦网络（CDN）是指集耦合网络和去耦网络两种功能于一体的电路，在射频传导抗扰度试验中，用于将骚扰信号合适地耦合到连接受试设备（EUT）的各种电缆上，并防止施加的试验信号影响 EUT 以外的装置、设备和系统，合适条件是覆盖全部试验频率，在受试设备端口上具有规定的共模阻抗。CDN 的主要参数为在 EUT 端口的共模阻抗$|Z_{ce}|$，见表 7-3。

表7-3　耦合/去耦网络的主要参数

参数	频段	
	0.15～24MHz	24～80MHz
$\|Z_{ce}\|$	150Ω±20Ω	150Ω+60Ω/−45Ω

CDN 的类型很多，用于直流电源线、交流电源线和接地线的为 CDN-Mx，用于屏蔽电缆的为 CDN-Sx，用于非屏蔽平衡线的 CDN-Tx 和用于非屏蔽不平衡线的 CDN-AFx。有关 CDN 的详细信息可参考 GB/T 17626.6—2017。

7.2　测 量 场 地

7.2.1　屏蔽室

屏蔽室是使内部不受外界电场、磁场的影响或使外部不受其内部电场、磁场影响的一种设施。它通常由金属材料建成，在金属板接缝和门等处采取一定的措施以保证连续的电连接。

高性能的屏蔽室在不同频率可以将电场、磁场抑制 1～7 个数量级。屏蔽室有单层屏蔽、双层屏蔽、双层电气隔离屏蔽、螺栓紧固、固定式、可拆卸式和焊接式；使用的屏蔽材料有铜、钢、铝等。

按照相关电磁兼容标准，传导发射试验、传导抗扰度试验和使用环天线系统（LLAS）的磁场发射试验需要使用屏蔽室。

7.2.2　开阔试验场地

开阔试验场地（Open Area Test Site，OATS）为具有空旷的水平地势和金属接地平板的一种试验场地。这种试验场地应避开建筑物、电力线、篱笆和树木等，并应远离地下电缆、管道等，通常用于 30～1000MHz 频率范围的辐射发射测量，也是 CISPR 标准首选的试验场地。

为了得到一个 OATS 环境，在 EUT 和场强测量天线之间需要一个无障碍区域。无障碍区域应远离较大的电磁场散射体，并且应足够大，使得无障碍区域以外的散射不会对天线测量的场强产生影响。无障碍区域的尺寸和形状取决于测量距离及 EUT 是否可被旋转。如果试验场地配备了转台，那么推荐使用椭圆形的无障碍区域，接收天线和 EUT 分别处于椭圆的两个焦点上，长轴的长度为测量距离的 2 倍，短轴的长度为测量距离的 $\sqrt{3}$ 倍（图 7-10）。

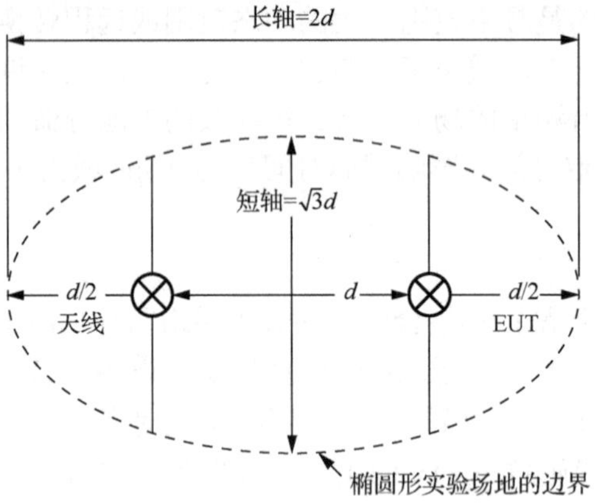

图 7-10　配备了转台的试验场地的无障碍区域示意图

对于该椭圆形的无障碍区域，其周界上任何物体的不期望反射波的路径距离均为两个焦点之间直射波路径距离的 2 倍。如果放置在转台上的 EUT 较大，那么就要扩展无障碍区域的周界，以保证从 EUT 周界到障碍物之间的净尺寸。

OATS 场地衰减测量，使用两副极化相同的天线，应分别在天线水平极化和垂直极化两个方向上进行。场地衰减为施加给发射天线的源电压 V_i 和接收天线在规定高度扫描过程中在其端口测得的最大接收电压 V_R 的差值。

将 OATS 上测得的场地衰减与理想 OATS 上得到的场地衰减进行比较，该比较得到的结果即为场地衰减的偏差 ΔA_S（单位：dB）。当 ΔA_S 值在允差±4dB 以内时，认为该场地符合要求。为了能使测得的骚扰电平与限值进行有效的比较，要求 OATS 周围的射频电平比骚扰限值至少低 6dB。由于广播电视信号的存在，在某些频段无法满足这个要求。

7.2.3　半电波暗室

由于 OATS 通常会受到环境无线电噪声和气候的影响，需要一种免受环境无线电噪声影响的可替换试验场地用于 30～1000MHz 辐射发射测量。半电波暗室（Semi-electric Anechoic Chamber，SAC）就是为了此目的所构建的一种试验场地，其所有壁面和天花板都装有合适的吸波材料，地面为金属接地平板以模拟 OATS。SAC 把接收天线和周围的射频环境相隔离，不管什么天气都可以对 EUT 进行试验。

和 OATS 一样，SAC 也要确认，即进行场地衰减测量，在 EUT 所占有的整个空间内的多个位置上进行确认测量，所有的确认结果都应落入±4dB 的允差中，才认为该替换试验场地的适用性与开阔试验场地是等效的。场地确认的详细信息见 GB/T 6113.104—2021。

对于 1～18GHz 辐射发射测量，试验场地应满足自由空间条件的开阔试验场地（FSOATS），其设计应尽量减小反射信号对接收信号的影响。要想达到这种自由空间的条件，需要在 SAC 中使用吸波材料来部分覆盖金属接地平板。放置吸波材料区域的大小，与试验场地的确认要求有关。也可以使用接地平板上都铺设了吸波材料的 SAC，即全电波暗室（Fully Anechoic Room，FAR）。

该试验场地是通过测量场地电压驻波比（S_{VSWR}）来确认的。场地确认方法要评估的是一个特定组合的试验空间，该组合包含试验场地、接收天线、测量距离和放置于接地平板上的吸波材料。

S_{VSWR} 是接收到的最大信号和最小信号之比，它是由直射信号（期望的）和反射信号相互干涉造成的，也可以用式（7-9）表示：

$$S_{\mathrm{VSWR}}=\frac{E_{\max}}{E_{\min}}=\frac{V_{\max}}{V_{\min}} \tag{7-9}$$

式中，$E_{\max}$ 和 $E_{\min}$ 分别是接收到信号的最大值和最小值；$V_{\max}$ 和 $V_{\min}$ 分别是用接收机或频谱分析仪接收时信号的最大值和最小值所对应的实测电压值。

用下面的方法将其转换为测量和计算中常用的分贝值（dB），见式（7-10）。

$$S_{\mathrm{VSWR,dB}}=20\lg\left(\frac{V_{\max}}{V_{\min}}\right)=20\lg\left(\frac{E_{\max}}{E_{\min}}\right)=V_{\max,\mathrm{dB}}-V_{\min,\mathrm{dB}}=E_{\max,\mathrm{dB}}-E_{\min,\mathrm{dB}} \tag{7-10}$$

S_{VSWR} 直接反映了不希望有的反射信号的影响。1～18GHz 场地确认的可接受准则为 $S_{\mathrm{VSWR}}\leqslant 2:1$ 或 $S_{\mathrm{VSWR,dB}}\leqslant 6.0\mathrm{dB}$。

频率范围为 1～18GHz，SAC 或 FAR 场地确认的信息详见 GB/T 6113.104—2021。

对于 80MHz～6GHz 的辐射抗扰度试验，为了在 EUT 的周围建立充分均匀的场，保证试验结果的有效性，也需要使用 FAR 或 SAC，对于 SAC，需要在放置 EUT 的试验桌和发射天线之间的接地平面上铺设吸波材料。目的是在场校准时能够满足场均匀性的要求，即在 1.5m×1.5m 的均匀场域内，测量的 16 个点中至少有 12 个点的场强幅值在标称值的 0～6dB 范围内，场均匀性的确认方法详见 GB/T 17626.3—2016。

7.3　传导发射测量

1. 使用人工电源网络进行电源端口传导发射测量

为了测量 EUT 的电源端口骚扰电压，EUT 通过 V 型 AMN 连接到供电电源，V 型 AMN 可为 50Ω/50μH+5Ω或 50Ω/50μH。AMN 要用一个低射频阻抗搭接到参考接地平板上，该接地平板为屏蔽室的金属地面或壁面。“低”射频阻抗是指在 30 MHz 时最好小于 10Ω。例如，将人工网络的壳体直接固定在参考接地平面上，或者用长宽比不大于 3:1 的金属条连接，就可达到这一要求。

台式 EUT 放在一个 80cm 高的由不导电材料制成的试验桌上，其离屏蔽室的任一墙面为 40cm；EUT 所有其他的导电平面与参考接地平板之间的距离要大于 40cm。EUT 的电缆连接如图 7-11 所示。EUT 的边界和 AMN 最近的一个表面之间的距离为 80cm。

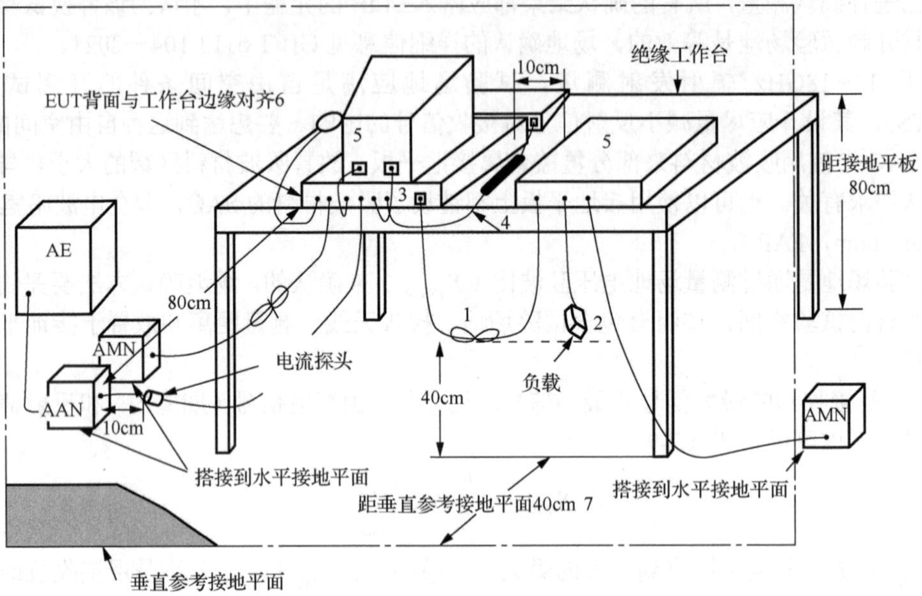

图 7-11　台式设备电源线传导骚扰测量的试验布置

落地式 EUT 应使用厚度不大于 15cm 的绝缘支撑物放置在接地的金属板上，EUT 本身用于接地的导体可以与这块金属板连接。该金属板可作为参考接地平面，其边界至少应超出 EUT 的边界 50cm，面积至少为 2m×2m。

如果 EUT 带有固定的电源线，该导线的长度应为 1m。若超过 1m，则该导线的一部分应来回折叠长度为 30～40cm 的线束，并布置成非感性的 S 形状，使电源线的总长度不超过 1m（图 7-11）。

将测量接收机连接到 AMN 的接收机端口上，依次在相线、中线上进行准峰值和平均值的最终测量，并记录测量结果最大的 6 个频点。

图 7-11 中标号说明如下：

1——离接地平面距离小于 40cm 的下垂的互连电缆应来回捆扎成不超过 40cm 长的线束，大约悬在接地平面与工作台的中间。电缆的弯曲不能超过电缆最小的弯曲半径。如果弯曲半径导致捆扎线束的长度超过 40cm，则应由弯曲半径来确定捆扎线束的长度。

2——连接到外部设备的 I/O 电缆应在其中心处捆扎起来。如要求使用规定的端接阻抗，电缆的末端应端接相应阻抗。如可能，其总长度应不超过 1m。

3——EUT 与一个 AMN 连接。如果不连接测量接收机，AMN 和 AAN 测量端应连接 50Ω 负载。如果垂直接地平面是参考接地平面，AMN 直接放置在水平接地平面上，距离 EUT 80cm，距离垂直接地平面 40cm。另外一种选择是，如果水平接地平面是参考接地平面，其位于 EUT 下方 40cm 处，则 AMN 放置于垂直接地平面，距离 EUT 80cm。为了满足 80cm 的距离，AMN

可能需要移至边缘。如果第二个 AMN 可以供电，所有 EUT 辅助设备连接至第二个 AMN。如果单个的 AMN 不能供电，可用几个 AMN 为辅助设备供电。AAN 用于 1 对、2 对、3 对或 4 对非屏蔽双绞线电缆测量，电流探头用于其他线缆（非屏蔽或屏蔽）的测量。

4——用手操作的装置，如键盘、鼠标等，其电缆应尽可能地接近主机放置。

5——非 EUT 受试组件。

6——EUT 及外部设备的后部都应排成一排，并与工作台面的后部齐平。

7——工作台面的后部应与接到地平面上的垂直导电平面相距 40cm。

电缆长度和距离允差尽可能接近实际应用。

测量 EUT 的电源端口骚扰电压时，通常会使用峰值检波器与平均值检波器进行预扫描，图 7-12 中标注了峰值扫描曲线和平均值扫描曲线，该扫描曲线反映了 EUT 在 150kHz～30MHz 电源端口频谱特性，扫描曲线中的每一频点测量值需满足相应标准中规定的限值，即图 7-12 中准峰值限值线和平均值限值线，所以需要在相线、中线上的峰值扫描曲线和平均值扫描曲线中选取最大的 6 个点，使用准峰值检波器与平均值检波器进行最终扫描，得到选取频点的准峰值和平均值，与准峰值限值线和平均值限值线相比较，如图 7-12 所示，若选取频点的准峰值和平均值低于准峰值限值线和平均值限值线，则判定该产品符合该标准要求，反之，若选取频点的准峰值或平均值高于准峰值限值线和平均值限值线，则判定该产品不符合该标准要求。

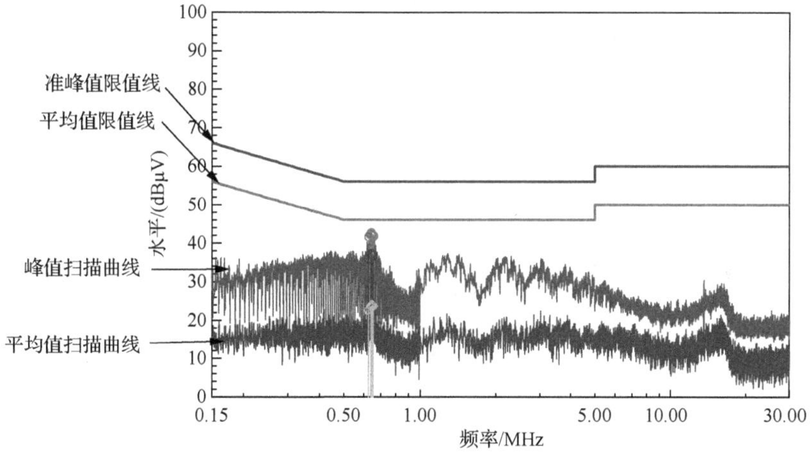

图 7-12　台式设备电源线传导骚扰测量的试验结果示例

2. 使用不对称人工网络进行电信端口传导发射测量

为了测量 EUT 的电信端口骚扰电压，EUT 通过 AAN 连接到辅助设备，AAN 的布置与 AMN 的布置相同，见图 7-11。EUT 需要与辅助设备处于通信状态，数据流量要处于正常流量的 10%以上。

将测量接收机连接到 AAN 的接收机端口上，在被测通信端口上进行准峰值和平均值的最终测量，并记录测量结果最大的 6 个频点。

3. 使用电流探头进行信号端口传导发射测量

对于不能使用 AAN 进行测量的信号线，需要使用电流探头进行传导发射测量，电流探头的布置见图 7-11。EUT 需要与辅助设备处于通信状态，数据流量要处于正常流量的 10%以上。

将测量接收机连接到电流探头的接收机端口上，在被测信号端口上进行准峰值和平均值的最终测量，并记录测量结果最大的 6 个频点。

7.4 辐射发射测量

7.4.1 磁场辐射发射测量

环天线系统（LLAS）适用于在屏蔽室内测量频率范围为 9kHz～30MHz 由单个 EUT 发射的磁场。该磁场强度是根据 EUT 的骚扰磁场在 LAS 中感应到的电流来测量的。该系统通常用于灯具的辐射发射测量。

LAS 测量的一般原理如图 7-13 所示。LAS 的外径与周围地板、墙壁等物体之间的距离至少应为 0.5m。为了避免 EUT 与 LAS 之间的无用电容性耦合，EUT 的最大尺寸应使 EUT 与 LAS 的直径为 2m 的标准大环天线之间至少有 20cm 的距离。EUT 放置在 LAS 的中心。由 EUT 的磁场感应到 LAS 中三个大环天线的电流，用与测量接收机相连接的大环天线上的电流探头来测量。在测量期间 EUT 要保持在固定位置上。

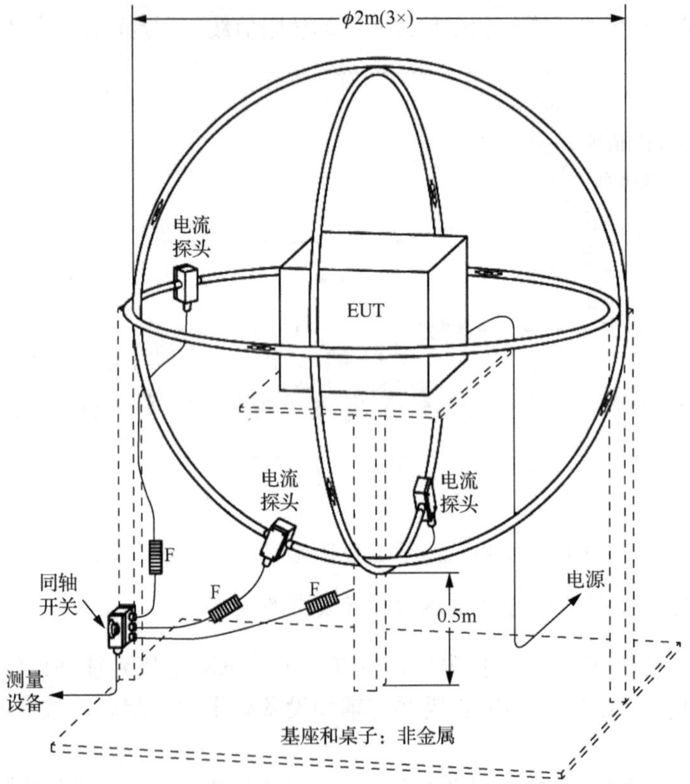

图 7-13　用环天线系统进行磁场感应电流测量的原理图（图中 F 为铁氧体吸收装置）

依次测量三个相互正交的磁场分量在三个大环天线内所产生的电流。每次测得的电流都应符合产品 EMC 标准中所规定的发射限值，并用 dBμA 表示。发射限值适用于直径为 2m 的标准 LAS 大环天线。

7.4.2　电场辐射发射测量

1. 开阔试验场或半电波暗室进行的辐射发射测量（30MHz～1GHz）

图 7-14 给出了在开阔试验场（OATS）或半电波暗室（SAC）中接收天线接收直射波和反射波测量电场强度的原理图，试验场地确认要求见 7.2.2 节。当 EUT 不通电时，在试验场地测到的环境噪声和信号电平至少应低于限值 6dB。

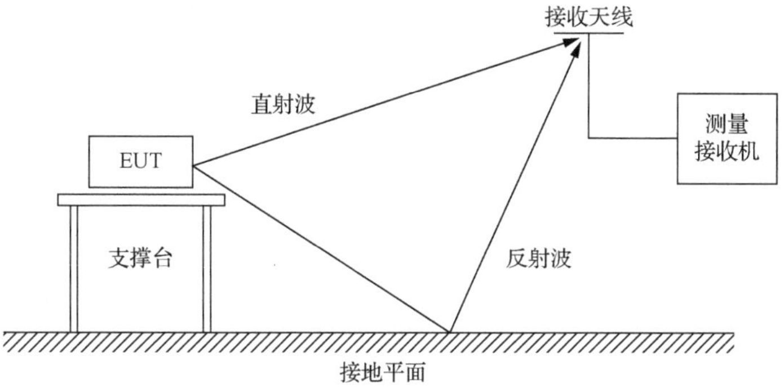

图 7-14　开阔试验场或半电波暗室在接收天线接收到直射波和反射波的情况下测量电场强度的原理图

被测量 E 由最大电平读数 V_r 和自由空间天线系数 F_a 导出，见式（7-11）：

$$E = V_r + A_c + F_a \tag{7-11}$$

式中，E 为被测电场强度，单位为 dB（μV/m）；V_r 为被测量最大接收电压，单位为 dBμV；A_c 为天线和接收机之间的电缆损耗，单位为 dB。

EUT 的布置同电源端口传导发射测量，EUT 和测量天线之间的距离通常为 10m。EUT 水平旋转 360°，测量天线在水平极化和垂直极化时在 1～4m 进行高度扫描，测量接收机使用准峰值检波器进行最终测量，并记录测量结果最大的 6 个频点。

测量 EUT 的辐射骚扰时，同样会使用峰值检波器进行预扫描，图 7-15 中的峰值扫描曲线反映了 EUT 在 30～1000MHz 的辐射发射频谱特性，扫描带宽曲线中的测量值需满足相应标准中规定的限值，即图 7-15 中准峰值限值线，所以需要在接收天线垂直极化及水平极化上的峰值扫描曲线中选取最大的 6 个点，使用准峰值检波器进行最终扫描，得到选取频点的准峰值，与准峰值限值线相比较，如图 7-15 所示，选取频点的准峰值低于准峰值限值线，则判定该产品符合该标准要求，反之，若选取频点的准峰值高于准峰值限值线，则判定该产品不符合该标准要求。

2. 全电波暗室和铺有吸波材料的 OATS/SAC 进行的辐射发射测量（1～18GHz）

在 1～18GHz 的辐射发射测量中，测量的是 EUT 发射的电场强度。在一些标准中，设备在 1GHz 以上的发射限值用有效辐射功率 P_{RE} 表示，单位为 dBpW。在自由空间远场条件下，测量距离为 3m 的 P_{RE} 与场强的转换公式为

$$E_{3m} = P_{RE} + 7.4 \tag{7-12}$$

首选测量距离为 3m，如图 7-16 所示，试验距离 d 为 EUT 的边缘到接收天线参考点的水平距离，EUT 指 EUT 的所有部分，包括线缆架、支持设备、最短 30cm 的线缆。试验场地为 FAR 或铺有吸波材料的 OATS/SAC，满足场地确认的电压驻波比要求。测量天线满足 1～18GHz 的频率范围。使用具有 1MHz 测量带宽（脉冲带宽）的峰值和平均值的频谱分析仪或

EMI 接收机。

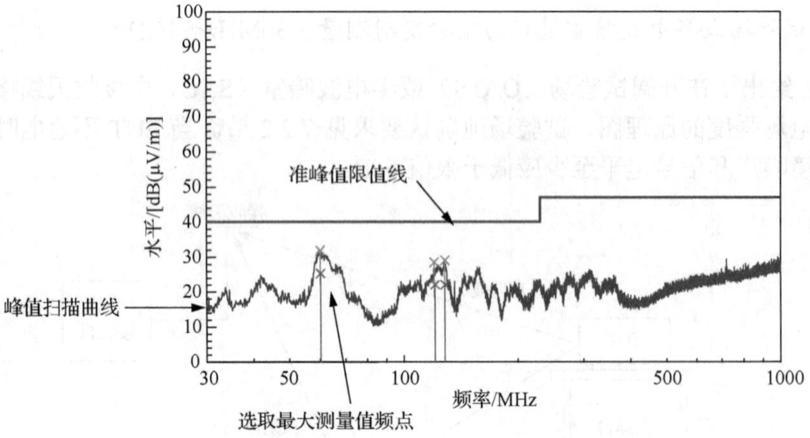

图 7-15　辐射测量的试验结果示例

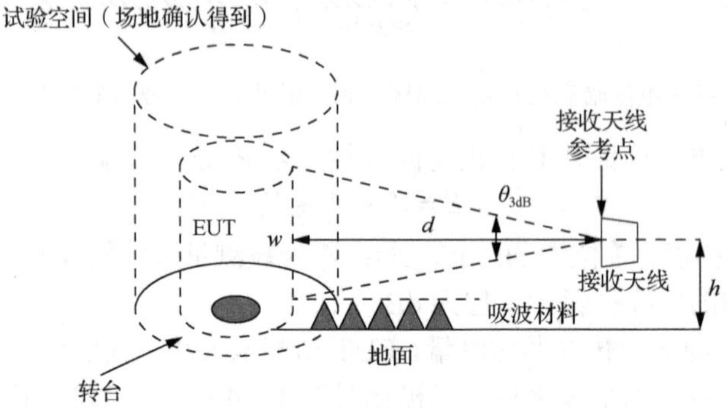

图 7-16　1～18GHz 以上的测量方法（天线垂直极化）

EUT 在 1～18GHz 的测量布置见图 7-16。30MHz～1GHz 的辐射场强测量是基于 EUT 的最大电场发射测量，布置如图 7-14 所示。

图 7-16 的参数、条件如下。

试验空间：场地确认程序所确认的空间（见 GB/T 6113.104—2021）。其决定了能在其中进行试验的 EUT 的最大尺寸。

EUT（空间）：可容纳整个 EUT（包括线缆支架，最短为 30cm 的线缆）的最小直径的圆柱体。通过远程控制转台，位于这个圆柱体内的 EUT 可以绕其中心转动。EUT 一定要处于有效试验空间之内。当 EUT 为落地式设备且无法抬升到高于吸波材料高度时，w（见下面的定义）可低于地面上吸波材料的高度，不能低于 30cm。

$\theta_{3\text{dB}}$：在每个目标频率上，接收天线的最小 3dB 波瓣宽度。在 E 平面和 H 平面上，$\theta_{3\text{dB}}$ 是在每个频率处 3dB 波瓣宽度的最小值，此参数可以在接收天线制造商提供的数据中得到。

d：测量距离（单位为 m），指 EUT 的边缘到接收天线的参考点之间的水平距离。

w：在测量距离 d 处，由 $\theta_{3\text{dB}}$ 所确定的到 EUT 两条正切线之间的距离。对于每一个实际使用的天线与试验距离用式（7-13）来计算。w 的值应该在试验报告中体现。此计算可参考接收天线制造商提供的波瓣宽度。

$$w = 2d\tan(0.5\theta_{3\text{dB}}) \tag{7-13}$$

w 的最小尺寸，如表 7-4 所示，h 为接收天线高度，即天线参考点到地面的距离。

表7-4　w 的最小尺寸(w_{min})

频率/GHz	$\theta_{3dB,\ min}$	w_{min}/m
1.00	60	1.15
2.00	35	0.63
4.00	35	0.63
6.00	27	0.48
8.00	25	0.44
10.00	25	0.44
12.00	25	0.44
14.00	25	0.44
16.00	5	0.09
18.00	5	0.09

通过升降天线的高度和旋转转台的角度（0°～360°）来测量 EUT 的最大发射值。图 7-17 描述和规定了对于两种不同类型的 EUT 进行测量时的天线高度扫描范围。

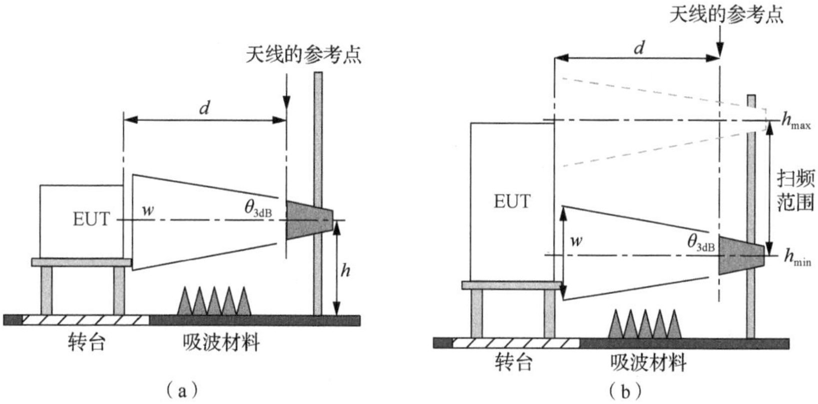

图 7-17　两种类型 EUT 的扫描高度描述

如图 7-17（a）所示，任何最大尺寸小于或等于 w 的 EUT，接收天线的中心应固定在与 EUT 中心位置相同的高度。如图 7-17（b）所示，对于最大垂直尺寸大于 w 的 EUT，接收天线的中心应沿着平行于 w 的线进行垂直扫频。扫描高度 h 的范围为 1～4m。如果 EUT 的高度小于 4m，接收天线的中心不需要扫描 EUT 的顶部以上高度。测量接收机使用峰值检波器和平均值检波器进行最终测量，并记录测量结果最大的 6 个频点。

7.5　抗扰度试验

7.5.1　传导抗扰度试验

传导抗扰度试验是确定外部的低频辐射场是否会通过输入/输出电缆或电源电缆耦合进入 EUT。该项试验依据的标准为 GB/T 17626.6—2017。试验的频率范围通常为 150kHz～80MHz（有的产品标准需要到 230MHz），取决于产品所处的电磁环境或其实际使用的电磁环境，施加的电压电平的有效值为 1V、3V 或 10V。试验信号通常为调制频率为 1kHz 的正弦 AM 调制，调制深度为 80%。

该项试验通常需要在屏蔽室中进行，试验布置见图 7-18，试验信号发生器（射频信号源和功率放大器组成）经过 6dB 衰减器（即 T2）将试验信号通过 CDN（或电流注入探头、电磁注入钳）注入 EUT 的电源端口或者信号端口。试验中需要注意 EUT 和线缆布置、线缆长度的要求。

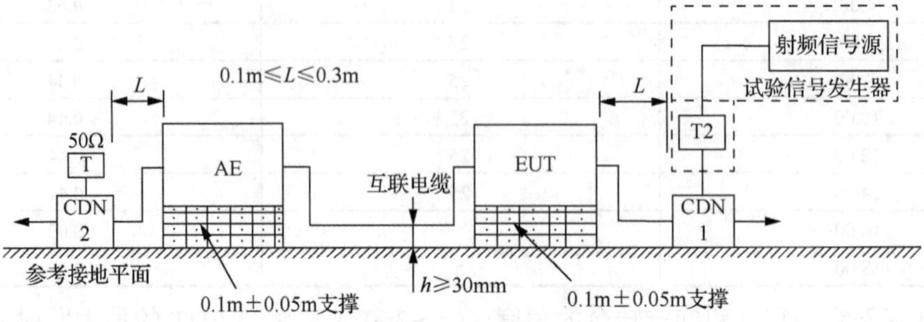

图 7-18　传导抗扰度试验布置

7.5.2　辐射抗扰度试验

辐射抗扰度试验是确定外部的射频场是否会对 EUT 产生影响。该项试验依据的标准为 GB/T 17626.3—2016。试验的频率范围通常为 80MHz～6GHz，取决于产品所处的电磁环境或其实际使用的电磁环境，施加的场强幅值的有效值为 1V/m、3V/m、10V/m 或 30V/m。试验信号通常为调制频率为 1kHz 的正弦 AM 调制，调制深度为 80%。

该项试验通常在 FAR 或 SAC 中进行，试验前需确保场均匀性满足要求。试验距离通常为 3m。试验布置见图 7-19，试验信号由信号发生器和功率放大器产生，通过宽带天线将场强辐射给 EUT 及其电缆。试验中需要注意 EUT 和线缆布置、线缆长度的要求。

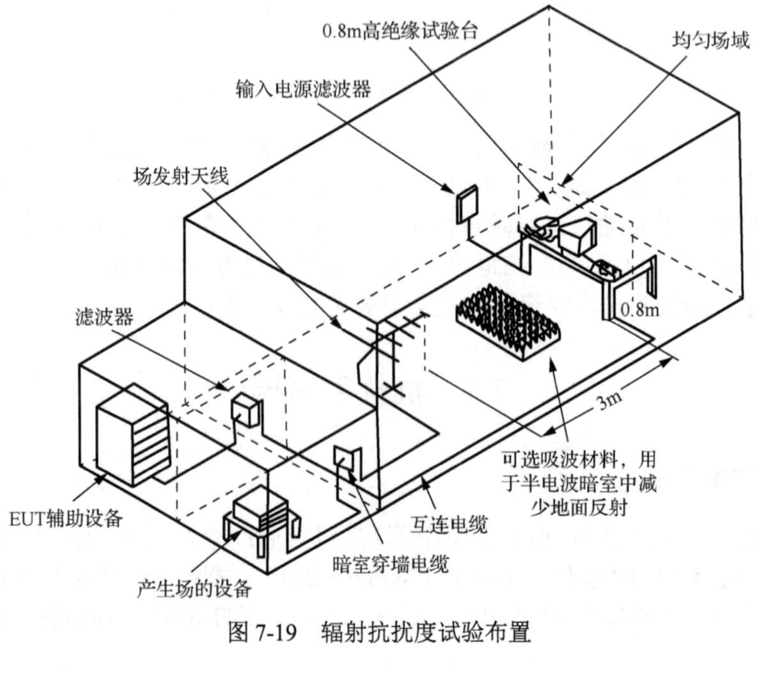

图 7-19　辐射抗扰度试验布置

7.6　电磁兼容现场测量

传导抗扰度试验可在设备安装现场进行，试验前需要确认外部电磁环境不会影响试验信号电平。对于辐射抗扰度试验，在设备安装现场进行试验时，由于产生的辐射场强可能会干扰无线电业务，因此不推荐在设备安装现场进行辐射抗扰度试验。

对于辐射发射测量，在设备安装现场进行测量时，由于存在电磁环境噪声，如广播电视信号，在某些测量频段，当 EUT 不通电时，在安装现场测到的环境噪声和信号电平可能不满足低于限值 6dB 的要求，这使判断 EUT 是否符合限值产生了一定的困难。存在环境发射时的辐射发射测量可参考 GB/T 6113.203—2020。

习题与思考题

1. 列举常用的电磁兼容测量仪器设备，并说明测量仪器的测试原理和对象。
2. 列举常用的电磁兼容测量的场地，并说明各类测量场地适用的测试场景。
3. 简述如何测量传导发射和传导抗扰度。
4. 简述如何测量辐射发射和辐射抗扰度。

第 8 章　电磁兼容防护

本章主要介绍电磁兼容防护的方法及机理分析。内容主要包括接地技术、搭接技术、屏蔽技术、滤波技术、限幅器电磁防护机理分析、能量选择表面的电磁防护机理分析。随着电磁兼容防护技术设计的要求不断提高，对防护机理的分析越发重要。其中，限幅器电磁防护机理分析方法包括低精度等效模型和高精度物理模型的限幅器防护机理分析；能量选择表面的电磁防护机理分析方法包括场路同步和异步协同仿真方法，对比了两种方法的效率。基于数值方法分析电磁防护机理，为集成化、现代化的电磁兼容防护技术设计提供了有效支撑作用。

8.1　接 地 技 术

接地是抑制电磁干扰、保证设备电磁兼容性、实现电磁兼容防护的重要技术手段之一。

8.1.1　接地的分类

地分为两种：一种是实际“大地”，另一种是“系统基准地”。以地球的电位作为基准，并以大地作为零电位是“接大地”，把电子设备的金属外壳、线路选定点等通过接地装置与大地相连接。定义信号回路的基准导体，如电子设备的金属底座、机壳、屏蔽罩或粗铜线、铜带等，为相对零电位，称为“系统基准地”（简称系统地）。接“系统基准地”就是指线路选定点与基准导体间的连接[1]。

通常，电路、用电设备的接地按其作用可分为安全接地和信号接地两大类。其中，安全接地又分为设备安全接地、接零保护接地和防雷接地；信号接地又分为单点接地、多点接地、混合接地和悬浮接地。

8.1.2　安全接地

安全接地是将用电设备的外壳连接到大地上，防止设备外壳漏电或故障放电而发生触电危险。安全接地还包括建筑物、输电线铁架、高压电力设备的接地，目的是防止累积放电造成设施破坏和人身伤亡。

1. 设备安全接地

如图 8-1（a）所示，U_1为设备中电路的电压，Z_1为电路与机壳间的杂散阻抗，Z_2为机壳与地之间的杂散阻抗，U_2为机壳与地之间的电压，机壳对地阻抗为Z_2，可以得出电压U_2为

$$U_2 = \frac{Z_2}{Z_1 + Z_2} U_1 \tag{8-1}$$

如果机壳与地绝缘，处于开路状态，那么$Z_2 \gg Z_1$，此时$U_2 \approx U_1$，对于高压情况，会有机壳触电的安全隐患。若机壳作了接地的设计，为短路状态，$Z_2 \approx 0$，$U_2 \approx 0$，此时机壳不

会有电击的危险。

图 8-1（b）中，若机壳因绝缘击穿带电，保险丝会有保护作用，图中显示了带有保险丝的电流经电力线引入封闭机壳内的情况。如果电力线触及机壳，机壳能提供保险丝所能承受的电流至机壳外；倘若人员触及机壳，电力线电流将直接经人体进入地端，使电力线上有大量电流流动，从而烧掉保险丝，避免电击的危险。

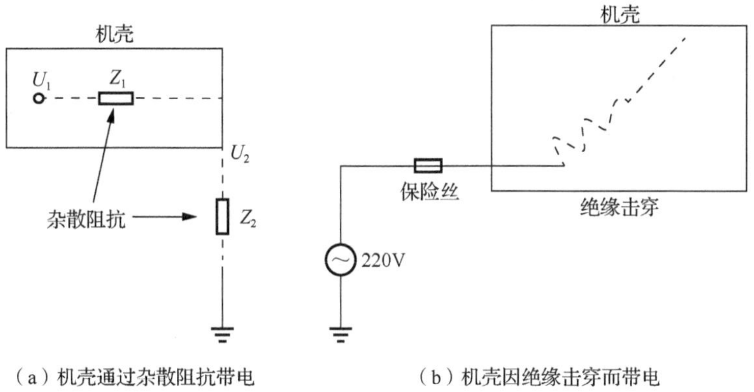

图 8-1　设备机壳接地

2. 接零保护接地

设备的金属外壳除了正常接地以外，还应与供电电网的零线相连接，称为接零保护接地。

接零保护接地示意图如图 8-2 所示，其中用电设备通常采用 220V（单相三线制）或者 380V（双相四线制）电源提供电力。当用电设备外壳接地后，一旦人体与机壳接触，人体便处于与接地电阻并联的位置，因接地电阻远小于人体电阻，漏电电流绝大部分从地线中流过。但是接地电阻与电网中性点接地的接触电阻相比，在数量上是相当的，故接地线上的电压降几乎为 220V 电压的 1/2，使接触设备外壳的人体上流过的电流超过安全限度，从而导致触电的危险。为此，应该把金属设备外壳接到供电电网的零线上，才能保证用电安全。

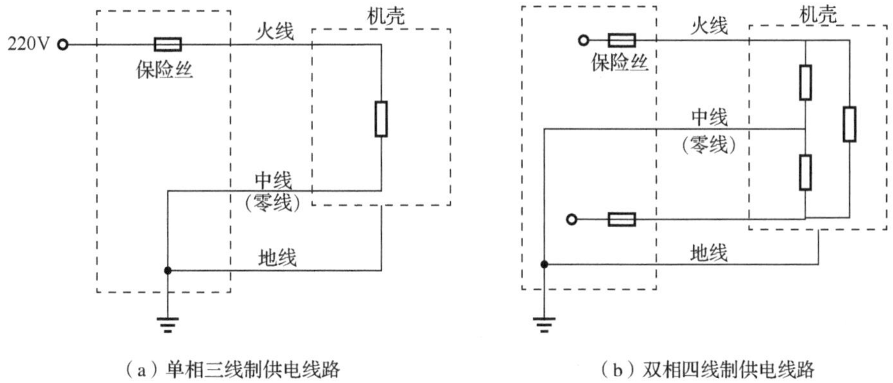

图 8-2　接零保护接地示意图

3. 防雷接地

防雷接地就是将建筑物等设施和电气设备的外壳与大地连接，将雷电电流引入大地，从而保护设施、设备和人身安全，使之免遭雷击，同时消除雷击电流窜入信号接地系统，避免影响电气设备的正常工作。

8.1.3 信号接地

理想的信号地被定义为一个作为参考点的等电位平面，也称为接地平面。信号接地就是通过信号地为电流回流到信号源提供一个低阻抗通路。信号接地的目的除了防止内部高压回路与外壳相接以保证工作安全外，更重要的是为电子设备内部提供一个作为电位理想的基准导体，即接地面，以保证设备工作稳定。

理想的基准导体必须是一个零电位、零阻抗的物理实体，基准导体为等电位，可以作为系统中所有信号电路的参考点。一个理想的接地平面，可以为系统中的任何位置的信号提供公共的电位参考点。工程实践中常采用模拟信号地和数字信号地分别设置，直流电源地和交流电源地分别设置，大信号地与小信号分别设置，以及干扰源器件、设备的接地系统与其他电子、电路系统的接地系统分别设置的方法来抑制电磁干扰[1]。

信号接地可以分为单点接地、多点接地、悬浮接地（简称浮地）和混合接地。

1. 单点接地

单点接地是指整个电路系统中，只有一个物理点被定义为接地参考点，每一个子系统都要接到互相隔开的接地面上。这些子系统的单独接地面最终将以最短途径统一连至参考电位的系统接地点。

单点接地方式在低频时工作更好，这时互连线的物理长度与工作频率波长相比很小。若系统的工作频率较高，以致工作波长与系统的接地平面的尺寸或接地引线的长度相比拟时，就不能采用单点接地方式，此时地线等效为辐射天线，而不能起到“地”的作用。所以分析单点接地效果时，必须分析接地系统中的信号频谱成分和干扰频谱成分。

2. 多点接地

多点接地指系统中各个接地点都直接接到距离它最近的接地面上，使接地引线的长度最短。采用多点接地，接地线上可能出现的高频驻波现象就显著减少。但是，采用多点接地以后，设备内部就形成了许多地线回路，它们对设备内较低的频率会产生不良影响。

3. 浮地

对电子设备而言，浮地是指设备的地线系统在电气上与大地绝缘，避免接地系统中存在噪声电流耦合环，不让它们在信号电路中流动，减小由地电流引起的电磁干扰。

4. 混合接地

混合接地指单点和多点接地的混合。如果电路的工作频带很宽，在低频情况下需采用单点接地，而在高频情况下又需要采用多点接地，此时，可以采用混合接地方法。如图 8-3 所示，为这种接地方式的图示电路，对于如图所示的同轴线，外导体连接至底壳接地，对地电容可免除低频电流环路，而在高频情况下电容产生低阻抗使得电缆屏蔽体接地。这一电路结构可同时实现低频时单点接地及高频时的多点接地。

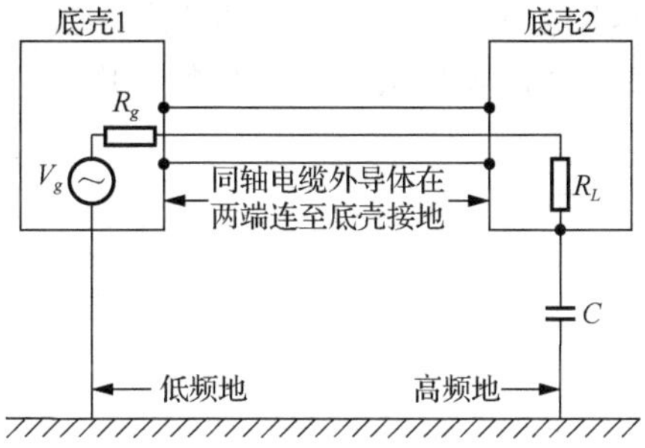

图 8-3　混合接地示意图[1]

本节所讨论的地线是指电子设备中各种电路单元电位基准的连接线，它是理想的地线。理想的地线是一个零阻抗、零电位的物理实体。但是实际中，这种理想地线是不存在的。任何地线既有电阻又有电抗，当有电流通过时，地线上必然产生压降，并且地线还可能与其他线路形成环路。当时变的磁场与环路交链时，不论是地电流在地线上产生的压降，还是地环路所引起的感应电势，都会在地线中产生感应电势。因此，需要进一步考虑共用地线中各电路单元的相互干扰[1]。

8.2　搭 接 技 术

电气搭接是指用低阻抗导体将装置、设备或电子系统的元件或微型组件进行电气连接。

8.2.1　搭接的分类

搭接的目的是在两金属间为电流建立低阻抗的通路，以避免在相互连接的两金属之间形成电位差，因为这种电位差会产生电磁干扰。搭接可保证系统电气性能的稳定，有效地防止由雷电、静电放电和电冲击造成的危害，实现对射频干扰的抑制。

基本的搭接方式有两种：直接搭接和间接搭接。

直接搭接是在互连的元件之间不用辅助导体，而是直接建立一条有效的电气通路。

间接搭接是利用搭接条等中间过渡导体，把欲搭接的两金属构件连接在一起。优先的搭接方法是不用额外的导体把物体搭接在一起，但在某些情况，由于操作要求或者设备的位置关系，往往不能直接进行搭接，这时就必须引入辅助导体作为搭接条或搭接片来进行间接搭接。

8.2.2　搭接的方法和原则

通过熔接、钎焊、熔焊、低温焊接、冷锻、螺栓连接、导电胶等手段，可以实现两金属体之间的永久性接合。搭接的首选方法是熔焊，其次是铜焊和锡焊。对欲搭接的金属表面进行机械加工处理，清除接触面上各种非金属覆盖层，采用螺栓、铆钉等紧固件对两金属进行半永久性接合，也可得到满意的效果。

图 8-4 显示了不良搭接造成的后果，由于不良搭接所产生的接触电阻对电源干线的干扰电流不能提供所需的地阻抗通路，滤波电路失效。在干扰源与敏感设备之间接一 Π 型滤波器，该滤波器的作用是使来自干扰源的电流流经图中的路径①，而不影响敏感设备的工作。但是

由于 B 处搭接不良而形成了搭接电感和电阻，当该搭接阻抗达到一定值时，将有干扰电流流经图中回路②而到达敏感设备，滤波器失去隔离干扰的作用。

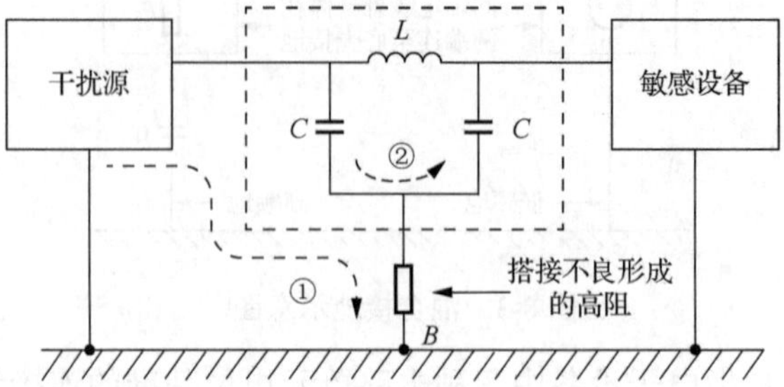

图 8-4　不良搭接的影响[1]

8.3　屏 蔽 技 术

屏蔽是利用屏蔽体阻挡或减小电磁能传输，是抑制电磁干扰的有效方法之一。

8.3.1　屏蔽技术的分类

屏蔽有两个目的：一是限制内部辐射的电磁能量泄漏出该内部区域，二是防止外来的辐射干扰进入某一区域。利用屏蔽体对电磁能流的反射、吸收，实现对电磁能量的屏蔽。根据屏蔽的工作原理，可将屏蔽分为电场屏蔽、磁场屏蔽和电磁屏蔽三大类。

1. 电场屏蔽

电场屏蔽包含静电屏蔽和交变电场屏蔽。其实质是在保证良好的接地条件下，将干扰源发生的电力线中止于由良导体制成的屏蔽体，从而防止相互干扰的产生。

2. 磁场屏蔽

磁场屏蔽可以分为低频磁场屏蔽和高频磁场屏蔽。低频磁场屏蔽体用高磁导率材料构成低磁阻通路，把磁力线封闭在屏蔽体内，阻挡内部磁场向外扩散或外界磁场干扰进入，有效防止低频磁场的干扰。高频磁场屏蔽体由低电阻率的良导体材料构成。利用电磁感应现象在屏蔽体表面所产生的涡流的反磁场来达到屏蔽的目的，即利用涡流反磁场对于受骚扰磁场的排斥作用来抑制和抵消屏蔽体外的磁场。

3. 电磁屏蔽

电磁屏蔽主要用于高频，其原理是利用电磁波在导体表面的反射和在导体中传播的急剧衰减来隔离时变电磁场的相互耦合。

8.3.2　屏蔽的基本原理

1. 电场屏蔽

电场屏蔽是为了防止两个回路间电容性耦合引起的干扰。

1）静电屏蔽

由静电屏蔽原理可知，导体内部电场为零，是等势体，即使其内部存在空腔的导体，在静电场中也有上述性质。因此，空腔导体起到了隔离外部电场的作用。

2）交变电场的屏蔽

交变电场的屏蔽原理采用电路理论加以解释较为直观、方便，因为干扰源和接收器之间的电场感应耦合可用它们之间的耦合电容进行描述。

如图 8-5 所示，设干扰源 g 上有一交变电压 U_g，在其附近产生交变电场，置于交变电场中的接收器 s 通过阻抗 Z_s 接地，干扰源对接收器的电场感应耦合可以等效为分布电容 C_e 的耦合，于是形成了由 U_g、Z_g、C_e 和 Z_s 构成的耦合回路。接收器上产生的骚扰电压 U_s 为

$$U_s = \frac{\mathrm{j}\omega C_e Z_s}{1+\mathrm{j}\omega C_e(Z_s+Z_g)} U_g \tag{8-2}$$

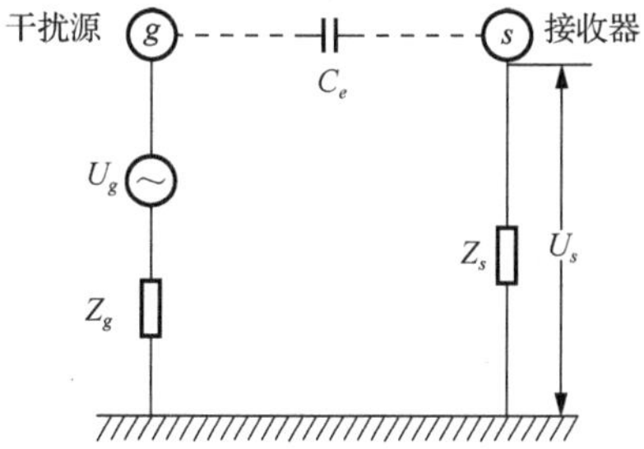

图 8-5　交变电场的耦合

可以看出，骚扰电压 U_s 的大小与耦合电容 C_e 的大小有关。为了减小骚扰电压 U_s，可使骚扰源和接收器尽量远离，从而减小 C_e。

如图 8-6 所示，为了减少骚扰源和接收器之间的交变电场耦合，可在两者之间插入屏蔽体，原来的耦合电容 C_e 的作用现在变成耦合电容 C_1、C_2 和 C_3 的作用。由于在干扰源和接收器之间插入屏蔽体后，直接耦合作用非常小，耦合电容 C_3 的作用可以忽略。

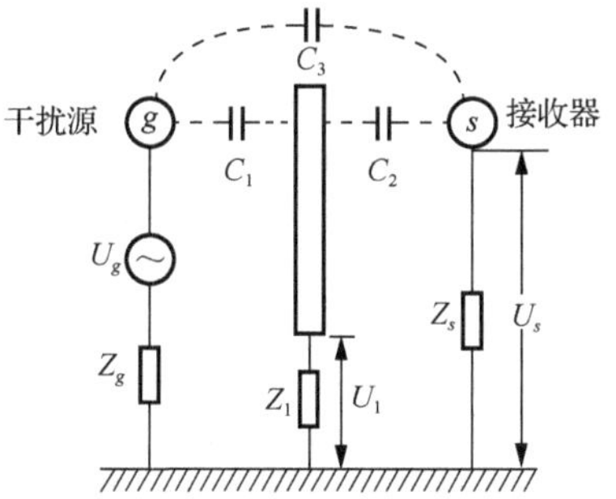

图 8-6　交变电场的屏蔽

设金属屏蔽体的对地阻抗为 Z_1，则屏蔽体的感应电压为

$$U_1 = \frac{\mathrm{j}\omega C_1 Z_1}{1+\mathrm{j}\omega C_1(Z_1+Z_g)} U_g \tag{8-3}$$

接收器的感应电压为

$$U_s = \frac{j\omega C_2 Z_s}{1 + j\omega C_2 (Z_1 + Z_s)} U_1 \tag{8-4}$$

若使 U_s 比较小，则必须使 C_1、C_2 和 Z_1 减小。由式(8-3)可知，只有 $Z_1 = 0$，才能使 $U_1 = 0$，进而 $U_s = 0$。也就是说，屏蔽体必须良好接地，才能真正将骚扰源产生的骚扰电场的耦合抑制或消除，保护接收器免受骚扰。

如果屏蔽导体没有接地或接地不良，因为平板电容器的电容量与极板面积成正比，与两极板间距成反比，所以耦合电容 C_1、C_2 均大于 C_e，接收器上的感应骚扰电压比没有屏蔽导体时大，骚扰比不加屏蔽体时更为严重。因此，屏蔽体必须是良导体，必须有良好的接地。

2. *磁场屏蔽*

载有电流的导线、线圈或变压器周围空间都存在磁场。为了减小磁场干扰，除了在结构上合理布线、安置元部件外，就是采取磁场屏蔽。

1）低频磁场的屏蔽

100kHz 以下低频磁场的屏蔽，利用磁导率高、磁阻小的铁磁性材料来实现屏蔽，其对磁场有分路作用。由磁通连续性原理可知，磁力线是连续的闭合曲线，这样可把磁通管所构成的闭合回路称为磁路，如图 8-7 所示。

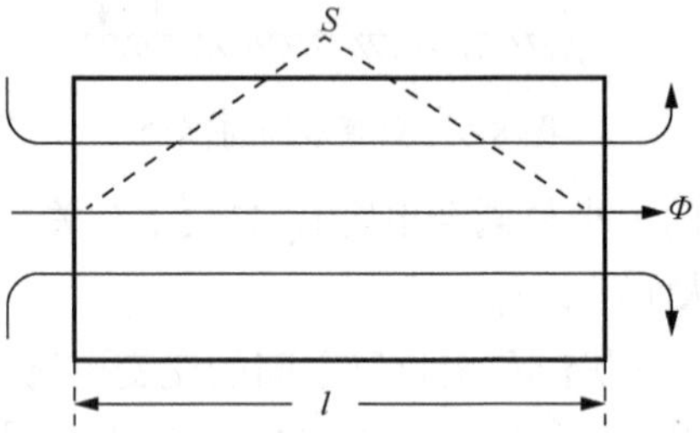

图 8-7 磁路与磁阻[1]

磁路理论表明：

$$U_m = R_m \cdot \varPhi_m \tag{8-5}$$

式中，U_m 为磁路中两点间的磁路差；$\varPhi_m$ 为通过磁路的磁通量，即

$$\varPhi_m = \int_S B \cdot dS \tag{8-6}$$

R_m 为磁路中两点 a、b 间的磁阻：

$$R_m = \frac{\int_a^b H \cdot dl}{\int_S B \cdot dS} \tag{8-7}$$

如果磁路横截面是均匀的，且磁场也是均匀的，则式（8-7）可简化为

$$R_m = \frac{Hl}{BS} = \frac{l}{\mu S} \tag{8-8}$$

式中，μ 为铁磁材料的磁导率（H/m）；S 为磁路的横截面积（m^2）；l 为磁路的长度（m）。

磁导率大，磁阻小，磁通主要沿着磁阻小的途径形成回路。由于铁磁材料的磁导率比空

气的磁导率大很多，所以铁磁材料的磁阻很小。将铁磁材料置于磁场中时，磁通主要通过铁磁材料，而通过空气的磁通将大大减小，从而起到磁场屏蔽作用。

2）高频磁场的屏蔽

铜、铝等低电阻率的良导体材料用来屏蔽高频磁场。高频磁场屏蔽是利用电磁感应现象在屏蔽体表面所产生的涡流的反磁场来达到屏蔽的目的。

根据法拉第电磁感应定律，闭合回路上所产生的感应电动势等于穿过该回路的磁通量的时变率。感应电动势引起感应电流，感应电流所产生的磁通要阻止原来的磁通的变化，即感应电流所产生的磁通方向和原来磁通的变化方向相反。当高频磁场穿过金属板时，在金属板中就会产生感应电动势，从而形成涡流，涡流产生的反向磁场将抵消穿过金属板的原磁场。同时，感应涡流产生的反磁场增强了金属板侧面的磁场，使磁力线在金属板侧面绕过。

把线圈置于良导体做成的屏蔽盒内，则线圈所产生的磁场将被屏蔽盒的涡流反磁场排斥而被限制在屏蔽盒内。同样，外界磁场也将被屏蔽盒的涡流反磁场排斥而不能进入屏蔽盒内，从而达到磁场屏蔽的目的。

3. 电磁屏蔽

通常所说的屏蔽，多半是指电磁屏蔽，同时削弱电场和磁场，采用屏蔽体阻止高频电磁能量在空间传播的一种措施。屏蔽体的材料是金属导体或其他对电磁波有衰减作用的材料。屏蔽效能与电磁波的性质以及屏蔽体的材料性质有关。

时变场中，电场和磁场是耦合的。在低频率范围内，电磁骚扰一般出现在近场区。高电压小电流骚扰源以电场为主，可以只考虑电场屏蔽，磁场骚扰忽略不计；低电压高电流骚扰源以磁场骚扰为主，可以只考虑磁场屏蔽，电场骚扰忽略不计。

随着频率增高，电磁辐射能力增强，产生辐射电磁场，并趋向于远场骚扰。远场骚扰中的电场骚扰和磁场骚扰都不可忽略，因此需要将电场和磁场同时屏蔽，即电磁屏蔽。

8.3.3　屏蔽效能的定义

1. 屏蔽效能

屏蔽效能（Shielding Effectiveness，SE）定义为对给定源进行屏蔽时，在某一点上屏蔽体安放前后的电场强度或磁场强度的比值，即

$$\mathrm{SE}_E = \frac{|\boldsymbol{E}_0|}{|\boldsymbol{E}_S|} \tag{8-9}$$

或

$$\mathrm{SE}_H = \frac{|\boldsymbol{H}_0|}{|\boldsymbol{H}_S|} \tag{8-10}$$

式中，$|\boldsymbol{E}_0|$、$|\boldsymbol{H}_0|$ 为无屏蔽体时测试点的电场强度与磁场强度；$|\boldsymbol{E}_S|$、$|\boldsymbol{H}_S|$ 为安放屏蔽体后测试点的电场强度与磁场强度。

屏蔽效能以分贝（dB）为单位时，可以进一步表示为

$$\mathrm{SE}_E = 20\lg\frac{|\boldsymbol{E}_0|}{|\boldsymbol{E}_S|} \tag{8-11}$$

$$\mathrm{SE}_H = 20\lg\frac{|\boldsymbol{H}_0|}{|\boldsymbol{H}_S|} \tag{8-12}$$

对于电路来说，屏蔽可用屏蔽前后电路某点的电压或电流之比来定义，由于电屏蔽能有效地屏蔽电场耦合，而磁屏蔽能有效地屏蔽磁场耦合，对于辐射近场或低频场，由公式给出的SE_E和SE_H一般是不相等的，而对于辐射远场，电磁场是统一的整体，电场强度E和磁场强度H的比值（波阻抗）为常数，此时两公式所计算的屏蔽效能结果是相同的，即$\mathrm{SE}_E = \mathrm{SE}_H$。

2. 屏蔽的传输理论

1）电磁波传输理论解释电磁屏蔽

将屏蔽体看成一个连续均匀的无限金属板，或全封闭壳体的一种屏蔽。虽然这是一种理想情况，但对无限大金属板屏蔽体的研究易于揭开关于屏蔽的各种现象的物理实质，容易引出一些重要公式。而这种屏蔽的效能将作为一个因子，被引入球形和圆柱形屏蔽体屏蔽效能的计算公式中。图 8-8 为无限大平面均匀屏蔽体对平面电磁波进行半空间屏蔽的情形。

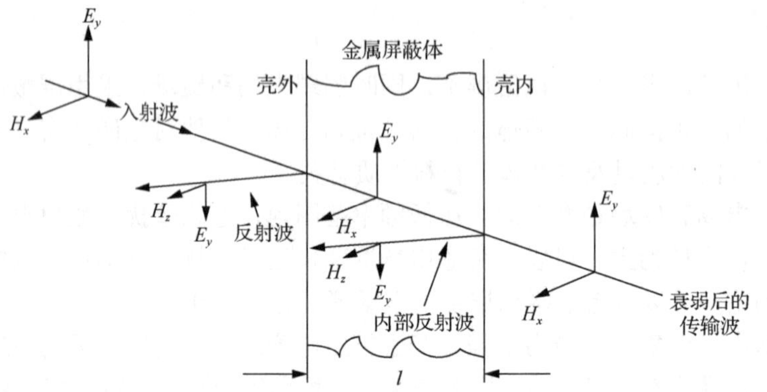

图 8-8　无限大均匀平面对平面波的屏蔽

图 8-8 中，假如电磁波向厚度为l的金属良导体入射，金属平板左右两侧均为空气，因此电磁波在传输过程中在左右两个界面上出现波阻抗突变，入射电磁波在界面上产生反射和透射。在屏蔽体边界面上，一部分入射波被反射。部分电磁能量被反射，就是屏蔽体对电磁波衰减的第一种机理，称为反射损耗，用R表示。一部分电磁波透射入金属板内继续传播，而电磁波在金属中传播时，其场量幅度按指数规律衰减。场量幅度的衰减反映了屏蔽体对透射的电磁能量的吸收，称为吸收损耗，用A表示。在金属板内尚未衰减掉的剩余能量达到金属板的右边界面上时，又要发生反射，并在金属板的两个界面之间多次反射。剩余的一小部分电磁能量透过屏蔽体右边界进入被屏蔽的空间。电磁波在金属板的两个界面之间的多次反射现象，就是屏蔽体对电磁波衰减的第三种机理，称为多次反射修正因子，用B表示。因此，无限大平面均匀屏蔽体的屏蔽效能可用式（8-13）确定：

$$\mathrm{SE} = R + A + B \tag{8-13}$$

电磁波在传输过程中，透射系数T_E是指存在屏蔽体时某处的电场强度E_S与不存在屏蔽体时同一处的电场强度之比，或存在屏蔽体时某处的磁场强度与不存在屏蔽体时同一处的磁场强度H_0比：

$$T_E = \frac{|\boldsymbol{E}_S|}{|\boldsymbol{E}_0|} \tag{8-14}$$

或

$$T_H = \frac{|\boldsymbol{H}_S|}{|\boldsymbol{H}_0|} \tag{8-15}$$

显然，传输系数（或透射系数）与屏蔽效能互为倒数关系，以 dB 为单位时可以写为

$$\mathrm{SE}_E = 20\lg\left(\frac{1}{T_E}\right) \tag{8-16}$$

或

$$\mathrm{SE}_H = 20\lg\left(\frac{1}{T_H}\right) \tag{8-17}$$

屏蔽传输理论是一种理想的情况，实际的屏蔽效能和频率、干扰源与屏蔽墙的距离、场的极化、屏蔽体的不连续性等紧密相关。

2）电磁场理论解释电磁屏蔽

严格说来，电磁场理论是分析电磁屏蔽原理和计算屏蔽效能的经典学说，利用高效率的计算电磁学理论与仿真软件可以实现电磁屏蔽的计算。

8.3.4　屏蔽效能的计算

计算和分析屏蔽效能的主要方法有解析方法、数值方法和近似方法。解析方法在数值方法出现之前，具有广泛的应用，在实际工程中也常常使用。解析方法一般只对球壳、柱壳、平板规则形状屏蔽体的屏蔽效能有效。随着计算电磁学和计算机计算能力的发展，数值方法显得越来越重要，数值方法可以用来计算任意形状屏蔽体的屏蔽效能。但是，数值方法又面临计算时间和内存消耗过高的问题。因而，各种近似方法在评估屏蔽体效能中就显得更为重要。

1. 金属板屏蔽效能的计算

这里，把图 8-8 作为计算金属平板屏蔽效能的示意图。经过理论分析得出，当屏蔽体两侧媒质相同时，总的磁场传输系数 T_H 与总的电场传输系数 T_E 为

$$T_H = T_E = T = t\left(1-\gamma \mathrm{e}^{-2kl}\right)^{-1} \mathrm{e}^{(k_0-k)l} \tag{8-18}$$

式中，$t=\dfrac{4q}{(1+q)^2}$，$\gamma=\dfrac{(q-1)^2}{(q+1)^2}$，$q = Z_\omega / \eta$ 为入射波波阻抗与屏蔽材料特性阻抗之比。

屏蔽效能（单位为 dB）为

$$\begin{aligned}\mathrm{SE} &= -20\lg|T| \\ &= 20\lg\left|\mathrm{e}^{(k_0-k)l}\right| - 20\lg|t| + 20\lg\left|1-\gamma \mathrm{e}^{-2kl}\right| \\ &= A+R+B\end{aligned} \tag{8-19}$$

式中，$A = 20\lg\left|\mathrm{e}^{(k_0-k)l}\right|$，是电磁波在屏蔽中的传输损耗；$R=-20\lg|t|$，是电磁波在屏蔽体的

表面产生的反射损耗；$B = 20\lg\left|1-\gamma e^{-2kl}\right|$，是电磁波在屏蔽体内多次反射的损耗。每一项的计算可以参考文献[1]。

2. 非实心型的屏蔽体屏蔽效能

金属屏蔽体孔阵所形成的电磁泄漏，仍可采用等效传输线法来分析，其屏蔽效能表达式为

$$SE = A_a + R_a + B_a + K_1 + K_2 + K_3 \tag{8-20}$$

式中，A_a 为孔的传输衰减；R_a 为孔的单次反射损耗；B_a 为多次反射损耗；K_1 为与孔个数有关的修正项；K_2 为由集肤深度不同而引入的低频修正项；K_3 为由相邻孔间相互耦合而引入的修正项。式中各参数的单位均为分贝（dB）[1]。

3. 多层屏蔽体屏蔽效能计算

在屏蔽要求很高的情况下，单层屏蔽往往难以满足要求，这就需要采用多层屏蔽，图 8-9 给出了三层屏蔽体的示意图。

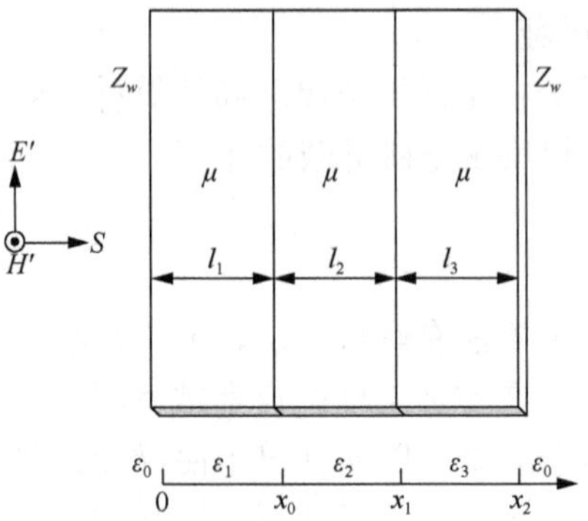

图 8-9　三层平板屏蔽

理论分析得出，三层屏蔽的屏蔽效能为

$$SE = \sum_{n=1}^{3}\left(A_n + B_n + R_n\right) \tag{8-21}$$

式中，A_n、R_n、B_n 分别为单层屏蔽的吸收损耗、反射损耗和多次反射损耗。其单位均为 dB。

同理，可得出 N 层屏蔽体的屏蔽效能为

$$SE = \sum_{n=1}^{N}\left(A_n + B_n + R_n\right)(\text{dB}) \tag{8-22}$$

4. 导体球壳屏蔽效能计算

前面所用的分析方法是将实际具有各种形状的屏蔽体作为无限大平板处理，所得屏蔽效能仅仅是屏蔽体材料、厚度以及频率的函数，而忽略了屏蔽体形状的影响。该方法适用于屏蔽体的几何尺寸比干扰波长大以及屏蔽体与干扰源间距离相对较大的情况，即只适用于频率较高的情况。

利用电磁场边值问题的各种解法，可求出屏蔽前后某点的场强，从而可以进行屏蔽效能计算。电磁场边值问题的解法很多，对求解导体球壳的屏蔽问题，可用严格解析法来计算，

也可用似稳场法，首先求解出低频场的屏蔽效能公式。利用似稳场解法所求得的导体薄壁空心球壳在电屏蔽和磁屏蔽两种情况下的屏蔽效能公式[1]如下。

（1）电屏蔽情况下导体球壳在低频和高频的屏蔽效能 SE_{LFH} 和 SE_{HFH}，分别为

$$SE_{LFH} = -20\lg\left(\frac{3\omega\varepsilon_0 a}{2\sigma d}\right),\quad d \leqslant \delta \tag{8-23}$$

$$SE_{HFH} = -20\lg\left(\frac{3\sqrt{2}\omega\varepsilon_0 a e^{-d/\delta}}{\sigma\delta}\right),\quad d > \delta \tag{8-24}$$

（2）磁屏蔽情况下导体球壳在低频和高频的屏蔽效能 SE_{LFH} 和 SE_{HFH}，分别为

$$SE_{LFH} = 20\lg\left(1+\frac{2\mu_r a}{3a}\right)+20\lg\left|1+j\frac{ad\omega\mu_r\sigma}{3}\right|,\quad d \leqslant \delta \tag{8-25}$$

$$SE_{HFH} = 20\lg\left(1+\frac{2\mu_r a}{3a}\right)+20\lg\left|\frac{be^{d/\delta}}{3\sqrt{2}\delta}\right|,\quad d > \delta \tag{8-26}$$

在式（8-23）～式（8-26）中，a 为球壳的半径，d 为壳壁的厚度，且 $a \gg d$ 。σ 为电导率，δ 为集肤深度，μ_r 为屏蔽材料的相对磁导率。

8.3.5 几种实用的屏蔽技术

前面讲述了屏蔽的原理和分析以及屏蔽效能的计算，下面将介绍电子设备中常用到的几种屏蔽技术：双层屏蔽、薄膜屏蔽和通风孔的屏蔽。

1. 双层屏蔽

如果要求屏蔽体有很高的屏蔽效能，可采用双层屏蔽来实现。

2. 薄膜屏蔽

工程塑料机箱因其造型美观、加工方便、重量轻等优点，得到越来越广泛的应用，尤其是计算机等小型电子设备多使用工程塑料机箱，为使机箱具有屏蔽作用，通常用喷涂、真空沉积以及粘贴等技术在机箱上包覆一层导电薄膜。设该导电薄膜的厚度为 t，电磁波在导电薄膜中传播时的波长为 λ_t，若 $t < \lambda_t / 4$ 满足薄膜屏蔽要求，则称这种屏蔽层为薄膜屏蔽。

由于薄膜屏蔽导电层很薄，吸收损耗可以忽略不计。薄膜屏蔽的屏蔽效能主要由反射损耗和多次反射修正因子确定，当 $t < \lambda_t / 4$ 时，薄膜的屏蔽效能几乎与频率无关。但当屏蔽层厚度 $t > \lambda_t / 4$ 时，屏蔽效能将随频率升高而增加。这是因为薄膜厚度增大时，屏蔽层的吸收损耗增加，多次反射修正因子趋于零。

3. 通风孔的屏蔽

对于电子设备的机壳需要空气自然对流或强迫风冷，因此需在外壳上开通风孔。通风孔将损害屏蔽结构的完整性，故必须对通风孔进行处理或安装适当的电磁防护罩。下面介绍三种屏蔽性能较好的通风孔形式。

1）通风孔上加金属丝网罩

将大面积通风孔通过网丝构成的许多小孔来减少电磁泄漏。金属丝网的屏蔽作用主要靠反射损耗。实验结果表明，对于孔隙率≥50%，且在所需衰减的电磁波的每个波长上有 60 根

以上的金属网丝时，就可得到与金属板的反射损耗相近的值。丝网的吸收损耗远小于金属板的吸收损耗，所以丝网的屏蔽效能低于金属板。通风孔上加金属丝网，结构简单，成本低，适用于屏蔽要求低的工程应用场合。

2）用打孔金属板作通风孔

在金属板上打许多阵列小孔，既可以通风散热，又不会过多泄漏电磁能量。实际应用汇总，既可以直接在屏蔽体的壁上打孔，也可以将打好孔的金属板安装在屏蔽体的通风孔上。

3）蜂窝式通风孔

在进行电子设备的结构设计时，为获得足够大的通风流量，设计中把多根截止波导排列成一组截止波导通风孔阵。进一步采用双层蜂窝式通风板，提高屏蔽效能。通常，蜂窝材料的深宽比约为 4∶1，而衰减可达 100dB 以上。蜂窝形通风板屏蔽效能高，对空气阻力小，结构牢固，但是体积大、加工复杂、成本高，且难以实现在同一平面安装，通常用在屏蔽性能要求高，通风散热量大的屏蔽室或安装空间大的设备的通风孔处。

8.3.6 电磁屏蔽的设计要点

电磁屏蔽设计要点如下。

1. 确定屏蔽对象，判断电磁兼容要素

首先要分析哪个是干扰源，哪个是敏感设备，以及干扰源和敏感设备之间的耦合方式。一般来说，高电平电路是干扰源，低电平电路是敏感设备。工程中，干扰产生的原因很复杂，可能有数个干扰源，通过不同的耦合途径同时作用于一个敏感设备。这时，首先需要抑制较强的干扰，然后对其他的干扰采取相应的抑制措施。

2. 确定屏蔽效能

设计之前，分别获取待设计电子设备未实施屏蔽时存在的干扰发射电平，以及按电磁兼容性标准和规范允许的干扰发射电平极限值，或者干扰辐射敏感度电平极限值，得出设备所必需的屏蔽效能值。对于一些大、中功率信号发生器或发射机的功放级，可直接依据其辐射发射电平极限值和其自身的辐射场强来确定对屏蔽效能的要求。

3. 确定屏蔽的类型

根据屏蔽效能要求，并结合具体结构形式确定采用哪种屏蔽才适合。屏蔽要求不高的设备，可以采用导电塑料制成的机壳来屏蔽，或者在工程塑料机壳上涂覆导电层构成薄膜屏蔽。若屏蔽要求较高，则采用金属板作单层屏蔽。为获得更高的屏蔽效能，一般应采用双层屏蔽。

4. 设计屏蔽结构

屏蔽的要求往往与系统或设备功能等要求有矛盾。例如，系统通风散热需要有孔洞，加工时必然存在孔缝，会降低屏蔽效能。需要采取相应屏蔽设计抑制因存在电气不连续性而产生的电磁泄漏。

5. 检查屏蔽体谐振

在射频范围内，一个屏蔽体可能成为具有一系列固有频率的谐振腔。当干扰波频率与屏

蔽体某一固有频率一致时，屏蔽体就产生谐振现象，增强干扰波幅度，导致屏蔽效能大幅度下降。因此在设计的工作频段内，需要检查是否存在谐振点。

8.4 滤 波 技 术

在保证设备或系统的电磁兼容性中，屏蔽和滤波都起着重要的作用。如果说屏蔽主要是为了防护辐射性电磁干扰，那么滤波则主要是为了抑制传导性电磁干扰。

8.4.1 滤波器的分类

根据应用特点，滤波器可分为信号选择滤波器和电磁干扰（EMI）滤波器两大类。信号选择滤波器在设计、应用和安装时，主要考虑对所选择信号的幅度相位影响最小；EMI 滤波器主要考虑对 EMI 的有效抑制。

电磁干扰滤波器的显著特点是：其往往工作在阻抗不匹配的条件下，源阻抗和负载阻抗均随频率变化而变化；干扰的电平变化幅度大，有可能使电磁干扰滤波器出现饱和效应，干扰的频率范围要求高，由 Hz 至 GHz。在滤波器设计中，存在宽频段范围滤波等难题。

8.4.2 滤波器的频率特性

分离信号、抑制干扰是滤波器的基本应用，利用滤波器使需要的频率信号顺利通过，不需要的频率信号被衰减或者被抑制。

滤波器的性能参数包括额定电压、额定电流、输入/输出阻抗、插入损耗、通带衰减、可靠性等。插入损耗是描述滤波器一定带宽范围特性的最主要参量。插入损耗的定义为

$$\mathrm{IL} = 20\lg(U_1 / U_2) \tag{8-27}$$

式中，IL（Insertion Loss）为插入损耗（dB）；U_1为信号通过滤波器在负载阻抗上建立的电压（V）；U_2为未接滤波器时信号源在同一负载上建立的电压（V）。插入损耗随工作频率变化的特性称为滤波器的频率特性。

如图 8-10 所示，按照频率特性，滤波器可分为低通滤波器、高通滤波器、带通滤波器和带阻滤波器。

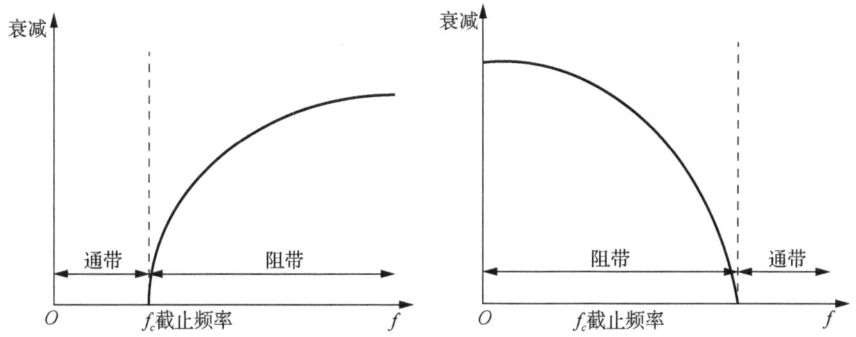

（a）低通滤波器　　（b）高通滤波器

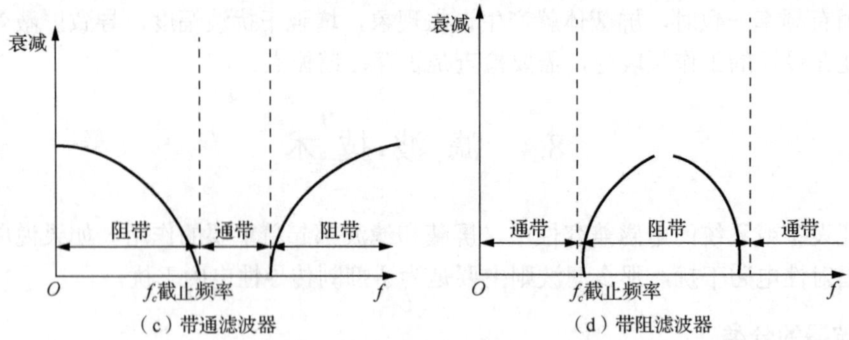

图 8-10　滤波器的频率特性曲线[1]

8.4.3　常用电磁干扰滤波器的工作原理

滤波器可以由无源元件或有源器件组成选择性网络，它作为电路中的传输网络，有选择地阻止有用频带以外的其余成分通过，完成滤波作用，也可以由有损耗材料（如铁氧体材料）组成，它把不希望的频率成分吸收掉，以达到滤波的目的。

下面介绍几种常用的电磁干扰滤波器。

1. 反射滤波器

反射滤波器通常由电抗元件（如电感器和电容器）组成，也就是对干扰电流建立起一个高的串联阻抗和低的并联阻抗，实现不需要频率成分的噪声电流阻塞或者旁路，达到抑制干扰电流的目的。

1）低通滤波器

滤波器传输的信号频带称为通带，衰减的信号频带称为阻带，所以低通滤波器是让低频信号几乎无衰减地通过，并且阻止高频信号通过。低通滤波器既可以用于交流、直流电源线路，也可用于放大器电路及发射机输入和输出电路，具有衰减脉冲噪声、尖峰噪声、减少谐波和其他杂波信号等多种功能。

低通滤波器按电路形式可分为并联电容滤波器、串联电感滤波器及 L 型、Π 型和 T 型滤波器等。

如图 8-11 所示，并联电容滤波器由单个电容构成，并联电容连接在带干扰的导体与大地之间，高频信号旁路而使期望的低频信号电流通过。其插入损耗为

$$\mathrm{IL} = 10\lg\left[1+(\pi fRC)^2\right] \tag{8-28}$$

式中，f 为频率，单位为 Hz；R 为驱动电阻或终端电阻，单位为 Ω；C 为滤波器的电容值，单位为 F。

在实际工程中，由于电容器极板的电感、引线电感、极板电阻以及引线至极板的接触电阻，电容器会同时含有串接的电阻及电感，电容器会存在谐振效应，滤波器在谐振频率以下呈现容抗，而在谐振频率以上呈现感抗。

如图 8-12 所示，串联电感滤波器中电感与带有干扰的导线串联，其插入损耗为

$$\mathrm{IL} = 10\lg\left[1+(\pi fRC)^2\right] \tag{8-29}$$

式中，f 为频率，单位为 Hz；R 为驱动电阻或终端电阻，单位为 Ω；L 为滤波器的电感，单

位为 H。实际的电感绕组中总是存在电阻和电容，因此实际的电感可以等效为电感与电抗串联再与电容并联。在非理想效应下，电感与寄生电容会产生并联谐振，电感器在谐振频率以下呈现感抗；在谐振频率以上，电感会呈现伴随阻抗相应下降的容抗。

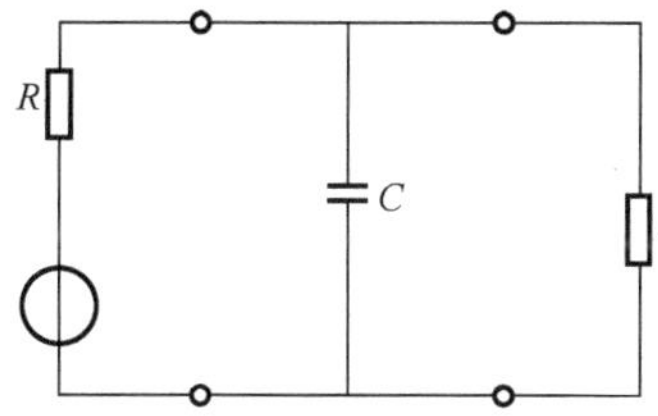

图 8-11　并联电容滤波器

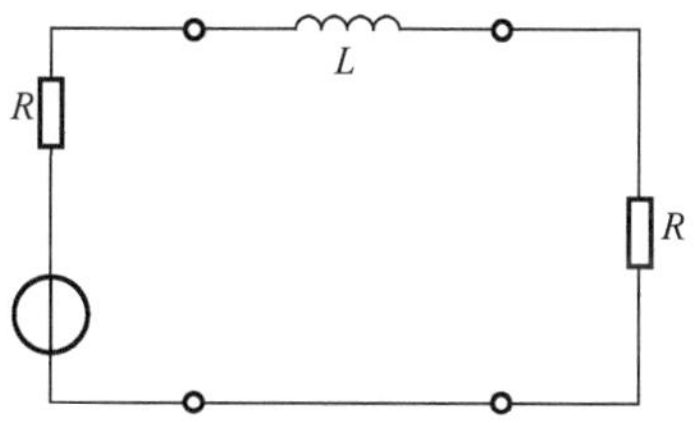

图 8-12　串联电感滤波器

如图 8-13 所示，为 L 型滤波器的电路结构。如果源阻抗与负载阻抗相等，L 型滤波器的插入损耗与电容器的插入线路的方向无关。当源阻抗不等于负载阻抗时，通常将获得最大插入损耗。源阻抗与负载阻抗相等时的插入损耗为

$$\mathrm{IL}=10\lg\left\{\frac{1}{4}\left[\left(2-\omega^2LC\right)^2+\left(\omega CR+\frac{\omega L}{R}\right)^2\right]\right\} \tag{8-30}$$

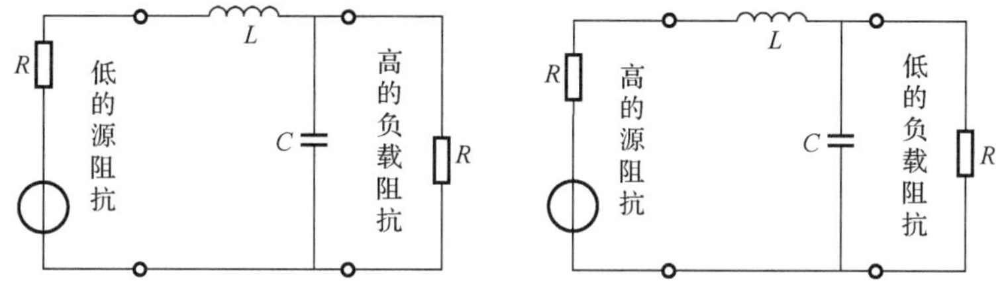

（a）　　（b）

图 8-13　L 型滤波器

如图 8-14 所示，为 Π 型滤波器的电路结构，Π 型滤波器的插入损耗为

$$\mathrm{IL}=10\lg\left[\left(1-\omega^2LC\right)^2+\left(\frac{\omega L}{2R}-\frac{\omega^2LC^2R}{2}+\omega CR\right)^2\right] \tag{8-31}$$

Π 型滤波器适用于很低频率需要大衰减的场所，例如，屏蔽是电源线的滤波。但是对瞬态干扰不是十分有效，可以采用金属壳体屏蔽滤波器的方法改善其高频滤波性能。

如图 8-15 所示，为 T 型滤波器的结构，T 型滤波器能够有效地抑制瞬态干扰。插入损耗为

$$\mathrm{IL}=10\lg\left[\left(1-\omega^2LC\right)^2+\left(\frac{\omega L}{R}-\frac{\omega^3L^2C}{2R}+\frac{\omega CR}{2}\right)^2\right] \tag{8-32}$$

2）高通滤波器

高通滤波器是从信号通道中去除交流电源及其他低频外界干扰，高通滤波器可由低通滤波器转换而成。当转换成具有相同终端和截止频率的高通频率时，其转换方法是：把每个电感 L (H)转换成数值为 $\frac{1}{L}$ (F)的电容 C 或者把每个电容 C (F)转换成数值为 $\frac{1}{C}$ (H)的电感 L。

图 8-16 给出了一种由低通滤波器向高通滤波器转换的例子。

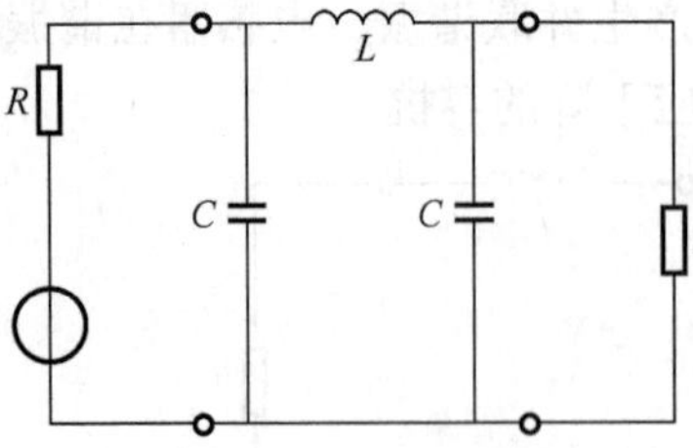

图 8-14　Π 型滤波器

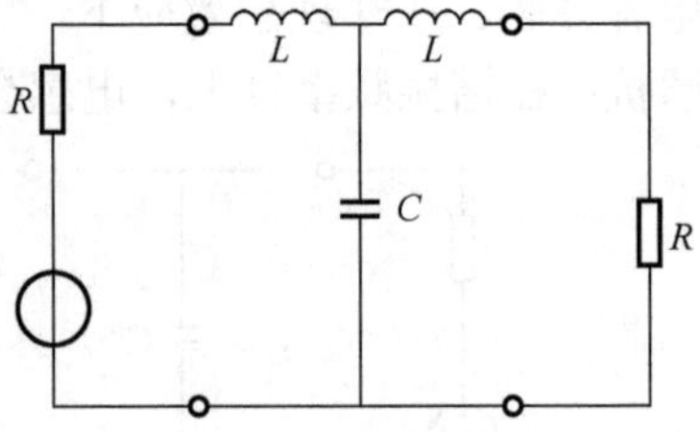

图 8-15　T 型滤波器

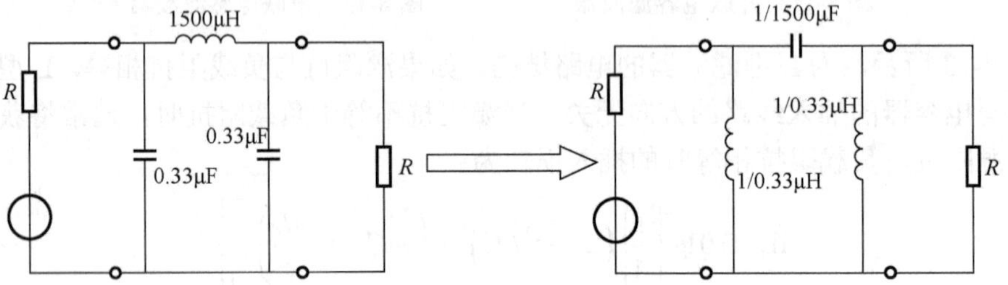

图 8-16　由低通滤波器向高通滤波器的转换[1]

3）带通滤波器与带阻滤波器

带通滤波器是对通带之外的高频干扰能量进行衰减，其基本构成方法是由低通滤波器经过转换而成为带通滤波器，带阻滤波器是对特定频段的干扰信号进行抑制。

4）有源滤波器

采用电路技术模拟电感和电容的特性，可制成有源滤波器。它具有功率大、体积小、重量轻的特点。有源滤波器通常有三种类型。

如图 8-17 所示，有源元件模拟电感线圈的频率特性，形成一个高阻抗电路，称为有源电感滤波器；有源元件模拟电容器的频率特性，形成一个低阻抗电路，将干扰信号短路到地，称为有源电容滤波器；产生与干扰电流振幅相等、相位相反的电流，通过高增益反馈电路把电磁干扰抵消掉的电路，称为对消滤波器。

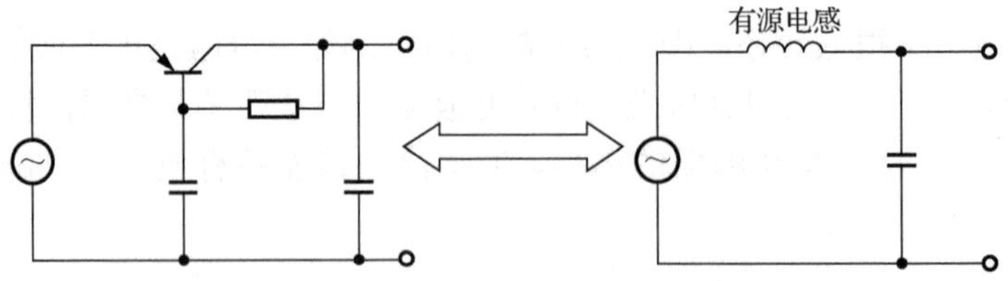

（a）有源电感滤波器

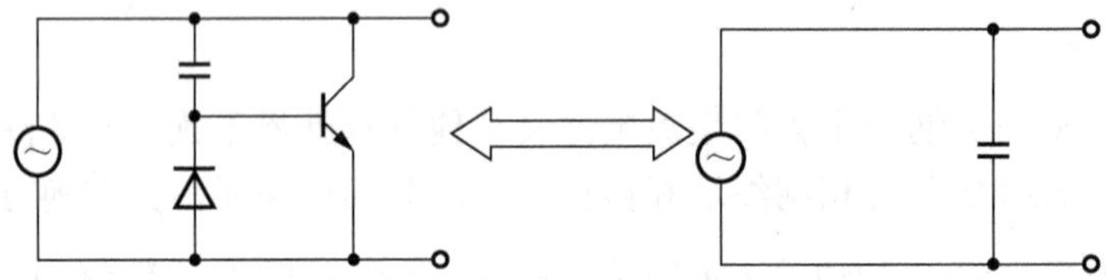

（b）有源电容滤波器

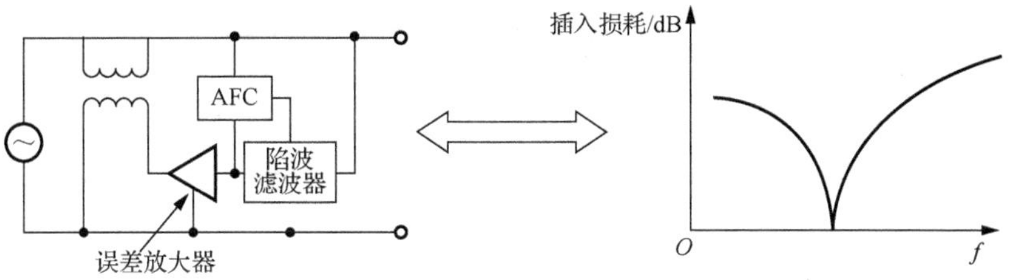

（c）对消滤波器

图 8-17　有源电磁干扰滤波器

图 8-17（c）为根据相位抵消原理构成的有源滤波器，输入功率通过调谐于电源频率的陷波滤波器，随后馈送到放大器，再通过串接于电源线上的变压器，反相地回输到电源线上。这样一来，除了电源和基波频率外，其他所有的频率成分即将因反相回输的作用而被衰减。通过自动频率控制（Automatic Frequency Control，AFC）电路在有限范围内调节陷波滤波器来补偿陷波滤波器调整元件的可能变化，从而使谐振频率始终保持在电源基频上。

2. 吸收型滤波器

如果反射型滤波器与信号不匹配，将有一部分有用能量反射回信号源，导致干扰电平的增加。这时，可选用吸收型滤波器来抑制干扰信号的能量使之转化为热损耗。

吸收型滤波器一般做成介质传输线形式，所用的介质可以是铁氧体材料，也可以是其他损耗材料。

3. 铁氧体磁环

铁氧体材料是一种应用广泛的有耗器件，能将电磁干扰的能量吸收后转化为热损耗，从而起到滤波作用，可用来构成吸收式低通滤波器。

铁氧体材料的磁导率是体现其抑制电磁干扰的重要参数，它与铁氧体磁芯的阻抗成正比。铁氧体一般通过三种方式抑制传导和辐射干扰信号。

（1）将铁氧体作为屏蔽层，使导体、元器件或电路与环境中的干扰信号隔离开。

（2）将铁氧体作为电感器，构成低通滤波器。

（3）将铁氧体直接用于元器件的引线或线路板极电路上，抑制任何寄生振荡和衰减感应或传输到元器件引线上或与之相连的电缆线中的高频无用信号。

铁氧体电磁干扰抑制元件有着各种各样的规格，管状铁氧体磁环是一种抑制通过导线的高频噪声或正弦成分的有效方法。当导线穿过磁环时，在磁环附近的一段导线将具有单匝扼流圈的特性，在低频时具有低阻抗。阻抗随着流过电流的频率升高而增大，在高频带内，具有适中的高阻抗，阻止高频电流的流通，可以构成低通滤波器。

如图 8-18 所示，近来已出现用于导线对的大型磁环，磁环既可抑制共模电流，又不影响有用信号。

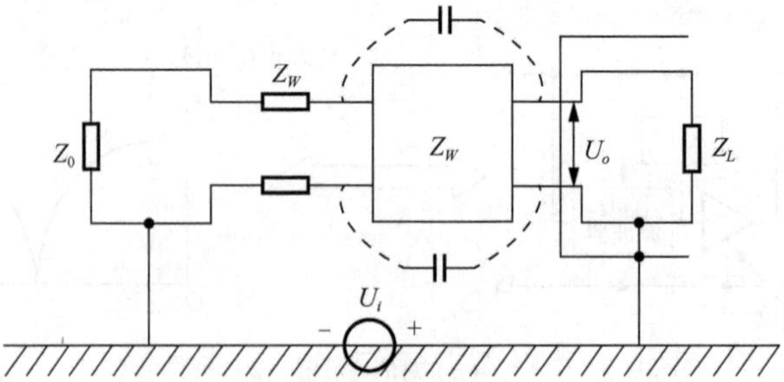

图 8-18　用于导线对的共模磁环

对共模干扰的插入损耗为

$$\mathrm{IL} = 20\lg\left|\frac{\dfrac{U_o}{U_i}(\text{无磁环})}{\dfrac{U_o}{U_i}(\text{有磁环})}\right| = 20\lg\left|1+\frac{Z_F}{Z_L+Z_W+Z_G}\right| \tag{8-33}$$

式中，Z_L 为负载阻抗；Z_W 为传输线阻抗；Z_G 包括信号源的内阻及接地阻抗；Z_F 为磁环呈现的阻抗。$|Z_F|$ 与回路阻抗 $|Z_L+Z_W+Z_G|$ 的比值越大，磁环对共模干扰的作用就越强。

4. 穿心电容滤波

如图 8-19 所示，穿心电容是用薄膜卷绕的短引线电容、穿心电容的物理结构，使其自谐振频率可达 1GHz 以上，适用于高频滤波。图 8-20 给出了穿心电容对高频共模干扰的旁路作用。穿心电容与磁环经常一起用于抑制高频干扰，如图 8-21 所示，电动机碳刷发出的高频干扰将向外辐射或通过接线端传导至低电平电路，解决措施是首先加屏蔽层防止辐射耦合，然后将磁环与穿心电容加于导线上，穿心电容安装在屏蔽层上。由穿心电容和磁环组成的高频滤波电路将有效抑制干扰的高频耦合。

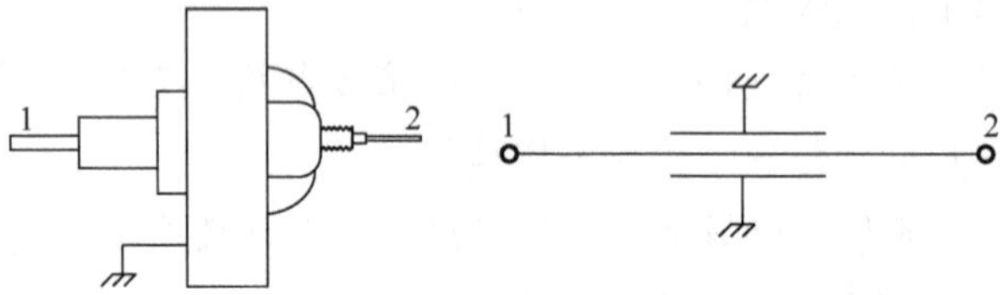

（a）安置于外壳上　　（b）电路表示法

图 8-19　穿心电容

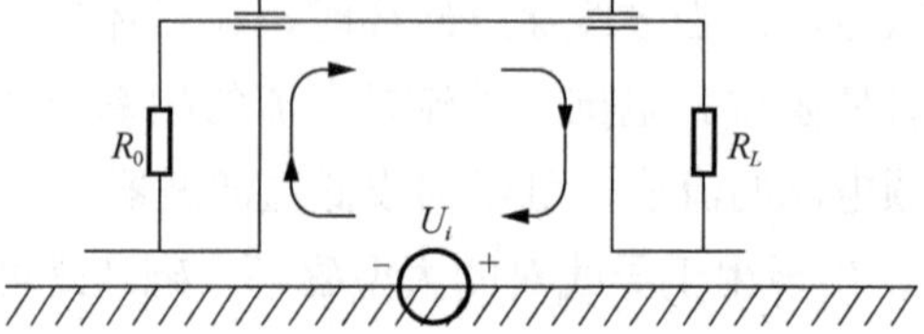

图 8-20　穿心电容对共模电流的旁路

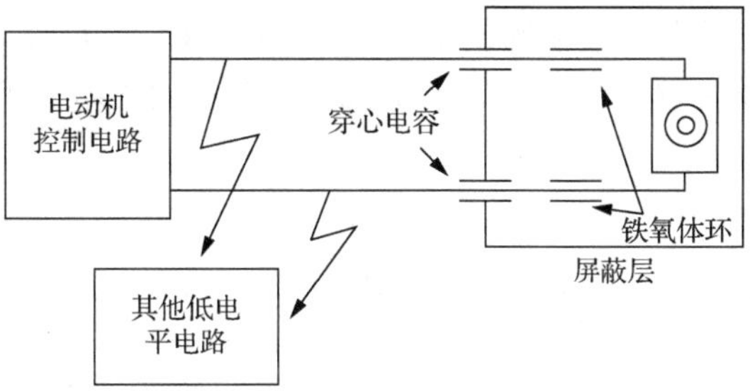

图 8-21　穿心电容器与磁环的组合应用

5. 电源线滤波器

电源线 EMI 滤波器是一种低通滤波器，它毫无衰减地把直流或低频电源功率传送到设备上，并衰减经电源传入的干扰信号；同时，又能抑制设备本身产生的干扰信号，防止它进入电源，危害其他设备。共模干扰和差模干扰的插入损耗是电源线滤波器的重要指标。

1）共模干扰和差模干扰信号

如图 8-22 所示，把相线（P）与地（G）、中线（N）与地（G）间存在的干扰信号（电压 U_{NG} 和 U_{PG}）称为共模干扰信号，对 P 线、N 线而言，共模干扰信号可视为在 P 线和 N 线上传输的电位相等、相位相同的噪声信号。把 P 线与 N 线之间存在的干扰信号 U_{PN} 称作差模干扰信号，也可把它视为在 P 线和 N 线上有 180°相位差的共模干扰信号。对任何电源系统内的传导干扰信号，都可以用共模和差模干扰信号来表示。

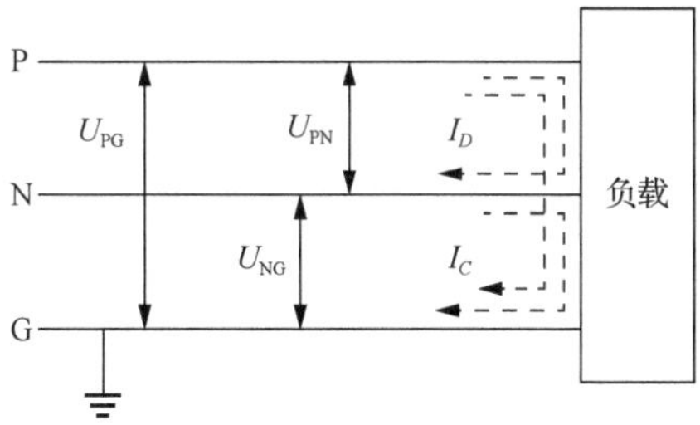

图 8-22　电源线上的差模干扰和共模干扰信号

2）电源线滤波器的网络结构

为了抑制中线-地线、相线-地线和相线-中线之间的共模干扰和差模干扰，电源线滤波器采用许多 LC 低通网络构成，图 8-23 显示了电源线 EMI 滤波器的基本网络结构。

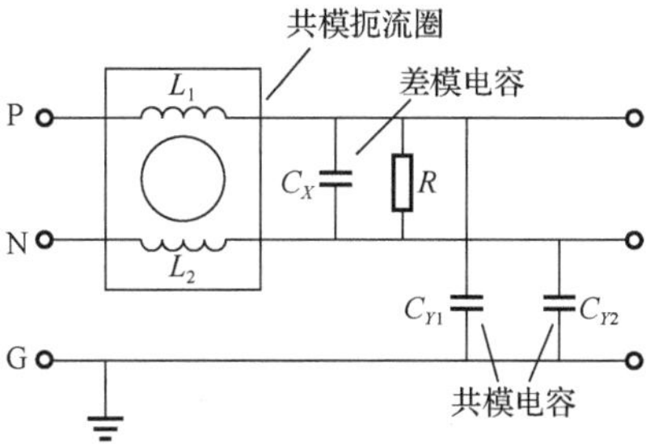

图 8-23　电源线滤波器的基本电路图

当把这个滤波器插入被干扰设备（负载）的供电电源入口处时，即把滤波器的电源端接电源的进线，滤波器的负载端接被干扰设备。这样，L_1、C_{Y1}、L_2和C_{Y2}分别构成P-G和N-G两对独立端口间的低通滤波器，用来抑制电源系统内存在的共模干扰信号，C_{Y1}、C_{Y2}也被称为共模电容。

L_1和L_2是绕在同一磁环上的两只独立线圈，称为共模电感线圈或共模扼流圈[1]。它们所绕圈数相同，线圈绕向相反，致使滤波器接入电路后，两线圈内电流产生的磁通在磁环内相互抵消，不会使磁环达到磁饱和状态，从而使两只线圈L_1和L_2的电感量值保持不变。但是，由于种种原因，如磁环的材料不可能做到绝对均匀，两只线圈的绕制也不可能完全对称等，L_1和L_2的电感量不相等。于是L_1和L_2之差$(L_1 - L_2)$称为差模电感。它和C_X又组成P-N独立端口间的一只低通滤波器，用来抑制电源上存在的差模干扰信号（C_X也称为差模电容），从而实现对电源系统干扰信号的抑制，保护电源系统内的设备不受影响。

8.4.4 滤波器的选择和使用

工程中主要依据干扰特性和系统要求设计或选择滤波器。应调查干扰的频率范围、估计干扰的大致量级、了解使用环境，如使用电压、负载电流、环境温度、湿度、振动和冲击强度等环境条件。另外，还需对滤波器在设备上的安装位置和允许的外形尺寸等因素有所考虑。除了选择合适的滤波器外，还需注意把滤波器正确地安装到设备上，这样才能获得预期的干扰衰减特性。安装滤波器应注意以下几点。

（1）电源线路滤波器应尽量靠近设备电源入口，不要让未经过滤波器的电源线在设备框体内迂回，滤波器应加屏蔽。

（2）为了避免引线感抗和容抗在较低频率上谐振，滤波器中的电容器引线应尽可能短。

（3）应对滤波器元件本身进行良好的屏蔽和接地处理，避免滤波器的接地导线上有很大的短路电流通过，引起附加电磁辐射。

（4）滤波器的输入和输出线不能交叉，否则会因滤波器的输入-输出电容耦合通路引起串扰，从而降低滤波特性。

8.5　限幅器电磁防护机理分析

强电磁脉冲对设备系统造成了巨大的威胁，主要通过前门耦合和后门耦合两种途径耦合到系统内部，对系统内部的一些敏感元件如低噪声放大器等造成损毁。本节主要介绍前门耦合防护问题。对于射频前端接收电路的防护加固方法，可以使用PIN限幅器实现防护需求。本节介绍PIN二极管的等效电路模型和物理模型，通过场路异步协同仿真方法将电磁场结构和电路结构分步计算后耦合分析PIN限幅器的瞬态响应，分析了PIN限幅器在高功率情况下的输入和输出限幅效果以及内部的热效应。

8.5.1 基于等效模型的PIN限幅器防护机理分析

1. PIN二极管特性与PIN二极管的等效集总电荷模型

PIN限幅器是一种可以保护接收机后级敏感电路不受高功率微波（High-Power Microwave，HPM）损伤的器件。PIN二极管是PIN限幅器最为重要的半导体单元，由低掺杂的 I 层和高掺杂的 P 区与 N 区组成，当高功率信号进入 PIN 二极管时，随着信号幅度的增加，正半周向 I 区注入载流子时，负半周由于复合，吸收载流子速度无法跟上注入载流子速度，因此 I 区积累的载流子越来越多，I 区阻抗也因此变小。当注入 PIN 二极管的信号功率足够大时，PIN 二极管的阻抗会变得很小[2]。它可以描述为一个压控可变电阻。

PIN 二极管一般并联在主信号路径上，如图 8-24 所示。PIN 限幅器利用这种 I 区电导调制效应实现限幅功能，几次循环后，在 I 区形成稳定的储存电荷，其电导率的增加将限制高功率微波信号的幅度，只允许抑制后的功率通过。当入射波功率较小时，PIN 二极管处于高阻状态，因此限幅器的插入损耗较小，一般小于 0.5dB，当入射波功率较大时，PIN 二极管两端电压增大，其阻抗迅速降低，导致负载阻抗不匹配，从而反射大部分的功率。入射波功率降低后，经过一段恢复时间，PIN 二极管的阻抗会重新变为高阻状态[3]。

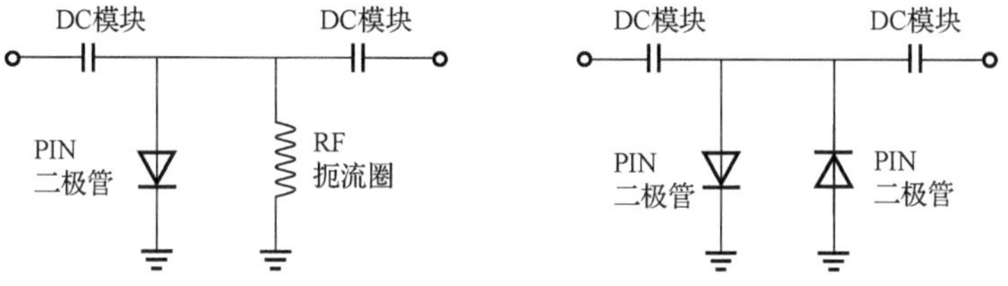

（a）单级限幅器　　（b）双级反向并联限幅器

图 8-24　PIN 限幅器

在微波电路分析中，PIN 二极管建模对于功率电子电路仿真极为重要。传统的 PIN 二极管模型分为等效电路模型和物理模型两种，等效电路模型由宏观电路组成，这种等效模型是无法模拟出电荷运动过程的，因此该模型只能在窄带的工作条件下才有效。例如，SPICE、ADS 电路仿真软件，其提供的 PIN 二极管模型没有包含反向恢复等描述电荷运动的方程，而是有很多方程组和物理参数描述的包含电子空穴漂移扩散现象的物理模型，计算相对复杂。

此处介绍的二极管模型是简化的物理模型，该模型是使用 Linvill[4]的集总电荷概念对基本电荷控制二极管模型进行的扩展，通过载流子的掺杂浓度与漂移等描述二极管内部特性，相比于等效电路模型，这种方法更能近似反映电荷运动的真实情况，比真实物理模型要简单。

首先介绍 PIN 二极管的反向恢复，反向恢复现象会在导通的二极管突然断开时出现。内部存储的电荷会形成很高的反向电压和很大的反向电流。图 8-25 描述了反向恢复电流波形。

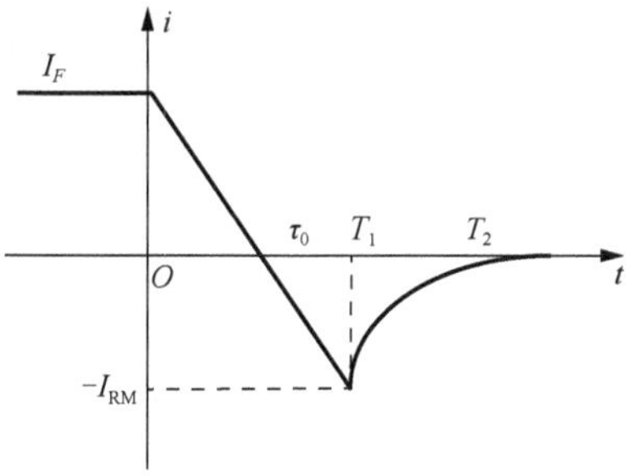

图 8-25　PIN 二极管电流示意图

图 8-26 显示了正向传导时 PIN 二极管导通的电荷分布。按照 Linvill 的集总模型方法，I 区的电荷对称分布于 I 区四个存储节点。为便于分析问题，将电荷对称分布，规定电子迁移

率、空穴迁移率一致，只需要分析模型的一半。

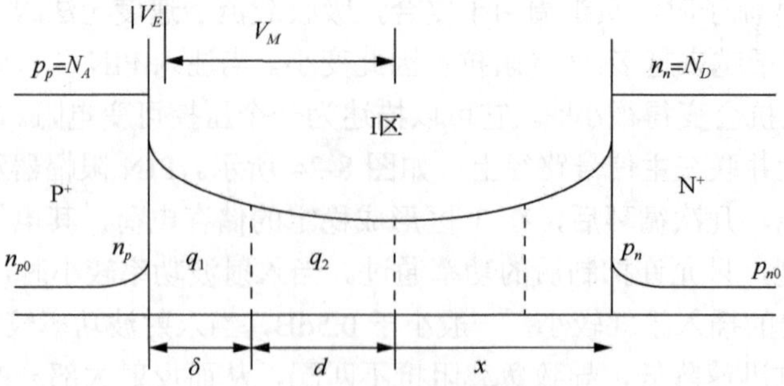

图 8-26　PIN 二极管电荷分布示意图

这里有$q_2 = qS_A\delta_{p2}$，其中，q_2是q_1旁边节点的电荷，$q_1 = qS_A\delta_{p1}$，q_1是q_2旁边节点的电荷。S_A代表结面积，q为单位电荷，δ、d分别表示q_1和q_2的宽度，p_1、p_2表示左右两边的平均空穴浓度，节点间电流i_M可以记作：

$$i_M(t) = -2qS_AD_1\frac{\mathrm{d}p}{\mathrm{d}x} = \frac{4qS_AD_1(p_1 - p_2)}{\delta + d} \tag{8-34}$$

式中，D_1为双极扩散常数。当施加反向偏压时，最先被消耗完的是电荷q_1，一旦q_1变为 0，包含q_2的相邻节点会将多余的电荷扩散出来。瞬时的反向电流会在$t = T_1$时刻发生跃变，这里令δ趋近于 0，可以使q_1趋近于 0，从而规避瞬时反向电流跃变的现象。$q_0 = qAdp_1$是δ趋向于 0 后余下的量，即

$$i_M(t) - \frac{q_0 - q_2}{T_{12}} = 0 \tag{8-35}$$

在这里$T_{12} = d^2/(4D_1)$是扩散时间，q_2的电荷控制连续性方程为$\mathrm{d}q_2/\mathrm{d}t + q_2/\tau - (q_0 - q_2)/2T_{12} = 0$。其中，$\mathrm{d}q_2/\mathrm{d}t$表示电荷随时间的变化情况，$(q_0 - q_2)/2T_{12}$表示从$q_0$到$q_2$电荷的扩散。电荷量$q_0$与结电压$V_E$相关：

$$q_0 = I_{S0}\tau(\mathrm{e}^{V_E/V_T} - 1) \tag{8-36}$$

式中，I_{S0}是二极管的饱和电流值；V_T是热电压值。通过式（8-35）、q_2的电荷控制连续性方程和式（8-36）所构成的方程组就能够描述出 PIN 二极管的反向恢复过程。在给 PIN 二极管施加反偏压时，T_{12}不会随着耗尽层宽度的变化而变化，反向偏压与反向恢复在该等效集总电荷模型中相互独立[5]。

前向恢复出现在 PIN 二极管短时间内快速地从导通变为截止的时候，因为 I 区最初的导电率很低，二极管两端会产生一个大电压，I 区两端电势会随着注入 I 区的载流子浓度的变大而降低，最终达到稳态正向压降。该模型中注入载流子浓度由q_2决定，因此电流i可以写为：

$$i = qS_A\mu(p_2 + p_{M0})\frac{V_M}{d} = \mu(q_2 + q_{M0})\frac{V_M}{d^2} = \frac{(q_2 + q_{M0})V_M}{4T_{12}V_T} \tag{8-37}$$

式中，μ为双极迁移率；$q_{M0} = qdAp_{M0}$。令$q_{M0} = 2V_TT_{12}/R_{M0}$，因此，式（8-37）可以写为

$$V_M = \frac{2V_TT_{12}R_{M0}i}{q_2R_{M0} + 2V_TT_{12}} \tag{8-38}$$

接下来，讨论载流子复合的过程。当电流较大时，发射区会产生载流子复合，该现象是不可忽略的，所以需要额外考虑：

$$i_E=\frac{(n_p-n_{p0})qAL_p}{\tau_p}=I_{\mathrm{SE}}\left(\mathrm{e}^{\frac{2V_E}{V_T}}-1\right) \tag{8-39}$$

式中，L_p 为电子的扩散长度；n_p 为注入 P^+ 区的电子浓度；n_{p0} 为最初电子浓度；i_E 为边界处电流；n_p 可以表示为

$$n_p=n_1\mathrm{e}^{-\frac{\phi_B-V_E}{V_T}} \tag{8-40}$$

式中，ϕ_B 为内建电势。将式中的 n_1 用 p_1 进行替换：

$$n_p=p_1\mathrm{e}^{-\frac{\phi_B-V_E}{V_T}}=N_A \tag{8-41}$$

就可以得到

$$n_p=N_A\mathrm{e}^{-\frac{2(\phi_B-V_E)}{V_T}}=N_A\mathrm{e}^{-\frac{2\phi_B}{V_T}}\mathrm{e}^{\frac{2V_E}{V_T}} \tag{8-42}$$

$$I_{\mathrm{SE}}=\frac{qAL_pN_A}{\tau_p}\mathrm{e}^{-\frac{-2\phi_B}{V_T}} \tag{8-43}$$

为了将集总电荷模型进一步完善，在模型中引入结电容以及接触电阻[5]。图 8-27 为接触电阻 R_s。

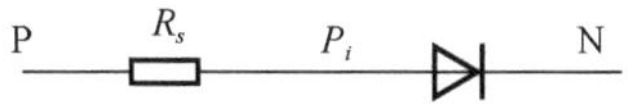

图 8-27　PIN 二极管的接触电阻

P-N 结的结电压为 $2V_E$，C_{j0} 表示零偏结电容，因此有

$$\begin{cases} C_j=\dfrac{C_{j0}{\phi_B}^m}{\left(\phi_B-2V_E\right)^m}, & 2V_E<\phi_B/2 \\ C_j=\dfrac{m}{\phi_B}\dfrac{C_{j0}(2V_E)}{2^{-m-1}}-(m-1)\dfrac{C_{j0}}{2^{-m}}, & 2V_E\geqslant\phi_B/2 \end{cases} \tag{8-44}$$

经过上述推导后，利用关系式 $q_E=2q_0$，$q_m=2q_2$，$T_m=2T_{12}$，$I_S=2I_{S0}$ 进行代换后，可以得到如下七个等式，这七个等式就可以将等效物理模型描述出来[6]。

$$i_M=\frac{q_E-q_M}{T_M}$$

$$\frac{\mathrm{d}q_M}{\mathrm{d}t}+\frac{q_M}{\tau}-\frac{q_E-q_M}{T_M}=0$$

$$q_E=I_S\tau\left[\exp\left(\frac{V_E}{V_T}\right)-1\right]$$

$$V_M = \frac{V_T T_M R_{M0} i}{q_M R_{M0} + V_T T_M}$$

$$i_E = I_{SE}\left[\exp\left(\frac{2V_E}{V_T}\right) - 1\right] \tag{8-45}$$

$$V = 2V_E + 2V_M$$

$$i = i_E + i_M$$

可以通过改变等效集总电荷模型中的一些重要参数拟合出不同的 PIN 二极管模型，如改变τ、I_{SE}、R_{M0}、I_S、T_M等，通过优化算法调节这些参数，拟合出 Skyworks 公司生产的 SMP1330 限幅二极管，在 Skyworks 官网找到 SMP1330 限幅二极管的 datasheet，在其 datasheet 中找到电阻-前向电流（Resistance- Forward Current）关系图，图 8-28 是拟合出的 PIN 二极管的 *R-I* 关系图与厂商 datasheet 中提供的 *R-I* 关系图对比。

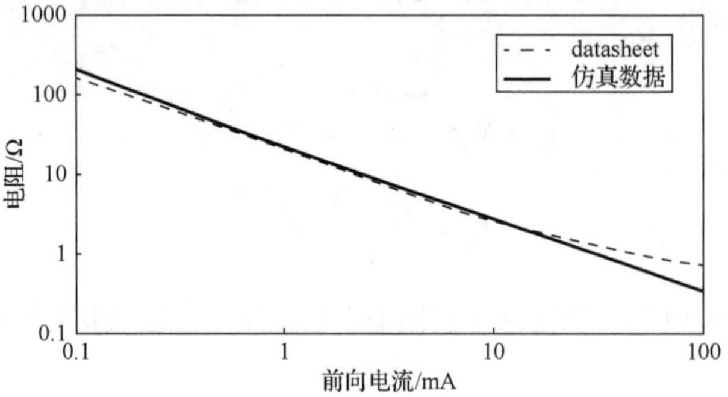

图 8-28　集总电荷模型优化参数的 *R-I* 与 datasheet 中 *R-I* 曲线对比

最终可以通过优化获得参数值：$I_S = 1.0\times10^{-10}\,\text{A}$，$I_{SE} = 5.0\times10^{-22}\,\text{A}$，$T_M = 1.0\times10^{-9}\,\text{s}$，$\tau = 1.0\times10^{-5}\,\text{s}$，$R_{M0} = 1000\Omega$。8.5 节与 8.6 节所采用的 PIN 二极管都是该模型。

2. 基于 FDTD 的场路异步协同方法分析非线性微波电路

首先介绍 FDTD 方法的原理。微分形式的麦克斯韦旋度方程如下：

$$\nabla\times\boldsymbol{H} = \varepsilon\frac{\partial\boldsymbol{E}}{\partial t} + \sigma\boldsymbol{E} \tag{8-46}$$

$$\nabla\times\boldsymbol{E} = -\mu\frac{\partial\boldsymbol{H}}{\partial t} - \sigma_m\boldsymbol{H} \tag{8-47}$$

式中，$\boldsymbol{H}$为磁场强度；$\boldsymbol{E}$为电场强度；μ为磁导率；ε为介质的介电常数；σ为电导率；σ_m为磁损耗。

在直角坐标系中，如果介质是无耗、线性、各向同性且非色散媒质，麦克斯韦旋度方程可以表示如下：

$$\begin{cases}\varepsilon\dfrac{\partial E_x}{\partial t} = \dfrac{\partial H_z}{\partial y} - \dfrac{\partial H_y}{\partial z}\\[2ex]\varepsilon\dfrac{\partial E_y}{\partial t} = \dfrac{\partial H_x}{\partial z} - \dfrac{\partial H_z}{\partial x}\\[2ex]\varepsilon\dfrac{\partial E_z}{\partial t} = \dfrac{\partial H_y}{\partial x} - \dfrac{\partial H_x}{\partial y}\end{cases} \tag{8-48}$$

以及

$$\begin{cases} \mu\dfrac{\partial H_x}{\partial t}=\dfrac{\partial E_y}{\partial z}-\dfrac{\partial E_z}{\partial y} \\ \mu\dfrac{\partial H_y}{\partial t}=\dfrac{\partial E_z}{\partial x}-\dfrac{\partial E_x}{\partial z} \\ \mu\dfrac{\partial H_z}{\partial t}=\dfrac{\partial E_x}{\partial y}-\dfrac{\partial E_y}{\partial x} \end{cases} \tag{8-49}$$

设函数 $g(x,y,z,t)$，对函数 $g(x,y,z,t)$ 进行空间和时间上的离散得到

$$\begin{aligned} g(x,y,z,t) &= g(i\Delta x, j\Delta y, k\Delta z, n\Delta t) \\ &= g^n(i,j,k) \end{aligned} \tag{8-50}$$

对式（8-50）进行中心差分离散，可以得到

$$\frac{\partial g^n(i,j,k)}{\partial x}=\frac{g^n(i+1/2,j,k)-g^n(i-1/2,j,k)}{\Delta x}+O(\Delta x^2) \tag{8-51}$$

$$\frac{\partial g^n(i,j,k)}{\partial t}=\frac{g^{n+1/2}(i,j,k)-g^{n-1/2}(i,j,k)}{\Delta t}+O(\Delta t^2) \tag{8-52}$$

图 8-29 所示结构称为 Yee 元胞，通过 FDTD 离散后得到的电场和磁场的各个节点按如图所示空间排布。

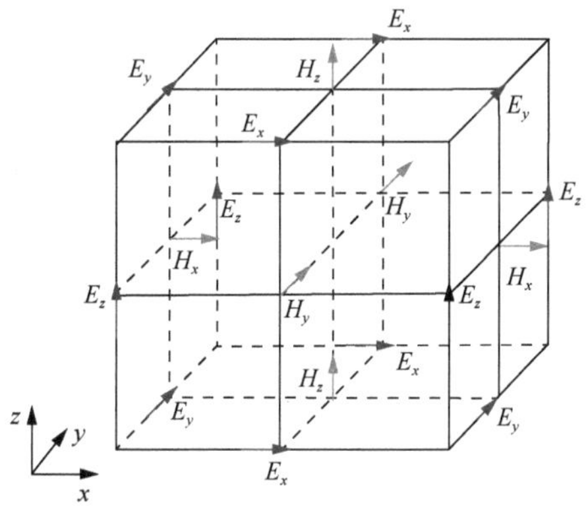

图 8-29　Yee 式离散网格[7]

x、y、z 三个方向上的电场分量分别为

$$E_x^n(i+1/2,j,k)=E_x^{n-1}(i+1/2,j,k)$$
$$+\frac{\Delta t}{\varepsilon}\left[\begin{aligned} &\frac{H_z^{n-\frac{1}{2}}(i+1/2,j+1/2,k)-H_z^{n-\frac{1}{2}}(i+1/2,j-1/2,k)}{\Delta y} \\ &-\frac{H_y^{n-\frac{1}{2}}(i+1/2,j,k+1/2)-H_z^{n-\frac{1}{2}}(i+1/2,j,k-1/2)}{\Delta z} \end{aligned}\right] \tag{8-53}$$

$$E_y^n(i,j+1/2,k)=E_y^{n-1}(i,j+1/2,k)+\frac{\Delta t}{\varepsilon}\left[\frac{H_x^{n-\frac{1}{2}}(i,j+1/2,k+1/2)-H_x^{n-\frac{1}{2}}(i,j+1/2,k-1/2)}{\Delta z}-\frac{H_z^{n-\frac{1}{2}}(i+1/2,j+1/2,k)-H_z^{n-\frac{1}{2}}(i-1/2,j+1/2,k)}{\Delta x}\right] \tag{8-54}$$

$$E_z^n(i,j,k+1/2)=E_z^{n-1}(i,j,k+1/2)+\frac{\Delta t}{\varepsilon}\left[\frac{H_y^{n-\frac{1}{2}}(i+1/2,j,k+1/2)-H_y^{n-\frac{1}{2}}(i-1/2,j,k+1/2)}{\Delta x}-\frac{H_x^{n-\frac{1}{2}}(i,j+1/2,k+1/2)-H_x^{n-\frac{1}{2}}(i,j-1/2,k+1/2)}{\Delta y}\right] \tag{8-55}$$

x、y、z 三个方向上的磁场分量分别为

$$H_x^{n+\frac{1}{2}}(i,j+1/2,k+1/2)=H_x^{n-\frac{1}{2}}(i,j+1/2,k+1/2)-\frac{\Delta t}{\mu}\left[\frac{E_z^n(i,j+1,k+1/2)-E_z^n(i,j,k+1/2)}{\Delta y}-\frac{E_y^n(i,j+1/2,k+1)-E_y^n(i,j+1/2,k)}{\Delta z}\right] \tag{8-56}$$

$$H_y^{n+\frac{1}{2}}(i+1/2,j,k+1/2)=H_y^{n-\frac{1}{2}}(i+1/2,j,k+1/2)-\frac{\Delta t}{\mu}\left[\frac{E_x^n(i+1/2,j,k+1)-E_x^n(i+1/2,j,k)}{\Delta z}-\frac{E_z^n(i+1,j,k+1/2)-E_z^n(i,j,k+1/2)}{\Delta x}\right] \tag{8-57}$$

$$H_z^{n+\frac{1}{2}}(i+1/2,j+1/2,k)=H_z^{n-\frac{1}{2}}(i+1/2,j+1/2,k)-\frac{\Delta t}{\mu}\left[\frac{E_y^n(i+1,j+1/2,k)-E_y^n(i,j+1/2,k)}{\Delta x}-\frac{E_x^n(i+1/2,j+1,k)-E_x^n(i+1/2,j,k)}{\Delta y}\right] \tag{8-58}$$

式（8-53）～式（8-58）就是 FDTD 迭代公式，整个求解只需要保存最后一个时间步的电磁场即可。

下面介绍场路异步协同仿真方法分析含有非线性器件的微波电路的过程。场路异步协同仿真就是将线性的电磁场结构部分和含有非线性部分的电路分开计算。首先将微波电路分成两部分，第一部分是线性电磁结构，包含微带线介质基板等，第二部分是端口加载的集总元件。使用 FDTD 对线性电磁场结构进行全波分析得到其 S 参数（Y 参数或者端口电压关系等参数都可以）来替代场结构，将 S 参数和集总元件的电路部分进行耦合，计算整个微波电路的端口电压和电流，这样每个时间步的牛顿迭代不再需要直接将场的未知量与电路的未知量耦合求解，可以节省大量计算时间，这就是场路异步协同仿真思想，又称为 Diakoptics 方法。

下面通过一个二端口结构来介绍 Diakoptics 方法。对于一个二端口网络而言，如图 8-30 所示，假设该二端口网络的线性是不变电磁结构，二端口左右两个端口分别接非线性电路 1 和非线性电路 2，如图 8-30 所示。

图 8-30　二端口网络模型

对于端口 i 而言，$V_i^f(t)$ 为端口 i 入射电压，$V_i^r(t)$ 为端口 i 反射电压，$V_i^t(t)$ 为端口 i 总电压；$I_i^f(t)$ 为端口 i 入射电流，$I_i^r(t)$ 为端口 i 反射电流，$I_i^t(t)$ 为端口 i 总电流。

端口的总电压是入射电压与反射电压的叠加，因此，端口 1 总电压表示为入射电压和反射电压之和。由传输线任意位置的总电压和电流通解可知，在端口位置处，有

$$V_1^t(t) = V_1^f(t) + V_1^r(t) \tag{8-59}$$

$$I_1^t(t) = \frac{V_1^f(t) - V_1^r(t)}{Z_{01}} \tag{8-60}$$

Z_{01}、Z_{02} 为特性阻抗。将式（8-58）进行变换：

$$V_1^f(t) - V_1^r(t) = Z_{01} I_1^t(t) \tag{8-61}$$

由式（8-61）可得

$$V_1^f(t) = V_1^f(t) - V_1^r(t) + V_1^r(t) = Z_{01} I_1^t(t) + V_1^r(t) \tag{8-62}$$

将式（8-61）代入式（8-62）可知：

$$V_1^t(t) = V_1^f(t) + V_1^r(t) = Z_{01} I_1^t(t) + V_1^r(t) + V_1^r(t) \tag{8-63}$$

考虑式（8-62）中端口 1 的反射电压未知，所以利用冲激响应函数来表达端口反射电压。二端口网络的入射与反射电压的时域冲激响应分别为 $g_{11}^r(t)$、$g_{21}^f(t)$、$g_{22}^r(t)$、$g_{12}^f(t)$，有

$$V_1^r(t) = V_1^f(t) * g_{11}^r(t) + V_2^f(t) * g_{12}^f(t) \tag{8-64}$$

这里，电压信号是实际电路的总的入射和多次反射信号。

将式（8-64）代入式（8-63）得

$$V_1^t(t) = Z_{01} I_1^t(t) + 2[V_1^f(t) * g_{11}^r(t) + V_2^f(t) * g_{12}^f(t)] \tag{8-65}$$

同时由式（8-58）和式（8-59）可得

$$\begin{cases} V_1^t(t) = 2V_1^f(t) - V_1^f(t) + V_1^r(t) = 2V_1^f(t) - Z_{01} I_1^t(t) \\ V_2^t(t) = 2V_2^f(t) - V_2^f(t) + V_2^r(t) = 2V_2^f(t) - Z_{02} I_2^t(t) \end{cases}$$
$$\begin{cases} 2V_1^f(t) = V_1^t(t) + Z_{01} I_1^t(t) \\ 2V_2^f(t) = V_2^t(t) + Z_{02} I_2^t(t) \end{cases} \tag{8-66}$$

其中，由式（8-65）可以得到关于 $V_1^f(t)$、$V_2^f(t)$ 的表达式：

$$V_2^f(t) = \frac{V_2^t(t) + Z_{02} I_2^t(t)}{2} \tag{8-67}$$

$$V_1^f(t)=\frac{V_1^t(t)+Z_{01}I_1^t(t)}{2} \tag{8-68}$$

将式（8-67）、式（8-68）代入式（8-65）可得

$$\begin{aligned}V_1^t(t)=&Z_{01}I_1^t(t)+Z_{01}I_1^t(t)*g_{11}^r(t)+V_1^t(t)*g_{11}^r(t)\\&+V_2^t(t)*g_{12}^f(t)+Z_{02}I_2^t(t)*g_{12}^f(t)\end{aligned} \tag{8-69}$$

至此，得到端口 1 电压的表达式。端口 2 的总电压也同样表示为入射电压和反射电压之和。由传输线任意位置的总电压和电流通解可知（端口位置）：

$$V_2^t(t)=V_2^f(t)+V_2^r(t) \tag{8-70}$$

$$I_2^t(t)=\frac{V_2^f(t)-V_2^r(t)}{Z_{02}} \tag{8-71}$$

由式（8-71）可知：

$$V_2^f(t)-V_2^r(t)=Z_{02}I_2^t(t) \tag{8-72}$$

将式（8-72）代入式（8-60）得

$$V_2^t(t)=V_2^f(t)+V_2^r(t)=Z_{02}I_2^t(t)+V_2^r(t)+V_2^r(t) \tag{8-73}$$

考虑式（8-73）中端口 2 的反射电压未知，所以利用冲激响应函数来表达端口反射电压。

$$V_2^r(t)=V_2^f(t)*g_{22}^r(t)+V_1^f(t)*g_{21}^f(t) \tag{8-74}$$

将式（8-74）代入式（8-73）得

$$V_2^t(t)=V_2^f(t)+V_2^r(t)=Z_{02}I_2^t(t)+2[V_2^f(t)*g_{22}^r(t)+V_1^f(t)*g_{21}^f(t)] \tag{8-75}$$

将式（8-67）、式（8-68）代入式（8-75）可得

$$\begin{aligned}V_2^t(t)=&Z_{02}I_2^t(t)+Z_{02}I_2^t(t)*g_{22}^r(t)+V_2^t(t)*g_{22}^r(t)\\&+V_1^t(t)*g_{21}^f(t)+Z_{01}I_1^t(t)*g_{21}^f(t)\end{aligned} \tag{8-76}$$

至此，得到端口 2 总电压的表达式。由两端口总电压和总电流与 S 参数的关系式结合非线性电路的方程重新构成求解系统。

其中，非线性电路 1 和非线性电路 2 的抽象函数分别为

$$I_1^t(t)=f_1[V_1^t(t)] \tag{8-77}$$

$$I_2^t(t)=f_2[V_2^t(t)] \tag{8-78}$$

因此可以得到线性的电磁场结构和非线性电路的场路耦合的方程组：

$$\begin{cases}V_1^t(t)=Z_{01}I_1^t(t)+Z_{01}I_1^t(t)*g_{11}^r(t)+V_1^t(t)*g_{11}^r(t)+V_2^t(t)*g_{12}^f(t)+Z_{02}I_2^t(t)*g_{12}^f(t)\\V_2^t(t)=Z_{02}I_2^t(t)+Z_{02}I_2^t(t)*g_{22}^r(t)+V_2^t(t)*g_{22}^r(t)+V_1^t(t)*g_{21}^f(t)+Z_{01}I_1^t(t)*g_{21}^f(t)\\I_1^t(t)=f_1\left[V_1^t(t)\right]\\I_2^t(t)=f_2\left[V_2^t(t)\right]\end{cases} \tag{8-79}$$

然而，冲激响应耦合方程组（8-79）存在一个缺陷，即方程中含有端口的特性阻抗，在实际情况下，端口的特性阻抗不一定能精确获得，而且有些不符合传输线结构的端口也不能用传输线理论中的特性阻抗来表征端口特性。因此，这种冲激响应结合方法不具有通用性。下面推导任意线性时不变系统的端口电压和电流关系。对于一个确定的线性时不变系统端口

电压和总电压之间的关系：

$$\begin{bmatrix} V_1^t(t) \\ \vdots \\ V_m^t(t) \\ \vdots \\ V_n^t(t) \end{bmatrix} = \begin{bmatrix} g_{11}(t) & \cdots & g_{1m}(t) & \cdots & g_{1n}(t) \\ \vdots & & \vdots & & \vdots \\ g_{m1}(t) & \cdots & g_{mm}(t) & \cdots & g_{mn}(t) \\ \vdots & & \vdots & & \vdots \\ g_{n1}(t) & \cdots & g_{nm}(t) & \cdots & g_{nn}(t) \end{bmatrix} * \begin{bmatrix} V_{s1}(t) \\ \vdots \\ V_{sm}(t) \\ \vdots \\ V_{sn}(t) \end{bmatrix} \tag{8-80}$$

式中，$V_m^t(t)$表示端口 m 位置的总电压；$V_{sm}(t)$是冲激信号。式（8-80）成立的前提是线性的电磁结构任意一个端口的时域冲激响应电压是该端口以及其余端口的时域冲激响应在该端口位置的叠加。以端口 2 为例，利用冲激响应函数来表达端口总电压：

$$\begin{aligned} V_1^t(t) &= V_{g1}(t) * g_{11}(t) + V_{g2}(t) * g_{12}(t) \\ V_2^t(t) &= V_{g1}(t) * g_{21}(t) + V_{g2}(t) * g_{22}(t) \end{aligned} \tag{8-81}$$

在提取 $g_{ij}(t)$时，在每个端口接入电阻 R_i，因此在端口 i 处的电压满足关系：

$$V_{gi} = V_i^t + I_i^t R_i \tag{8-82}$$

因此可以得到下列关系：

$$\begin{aligned} V_1^t(t) &= \left[V_1^t(t) + I_1^t(t)R_1\right] * g_{11}(t) + \left[V_2^t(t) + I_2^t(t)R_2\right] * g_{12}(t) \\ V_2^t(t) &= \left[V_1^t(t) + I_1^t(t)R_1\right] * g_{21}(t) + \left[V_2^t(t) + I_2^t(t)R_2\right] * g_{22}(t) \end{aligned} \tag{8-83}$$

其中，端口 1 和端口 2 接的电路 1 和电路 2 的抽象函数分别为

$$I_1^t(t) = f_1[V_1^t(t)] \tag{8-84}$$

$$I_2^t(t) = f_2[V_2^t(t)] \tag{8-85}$$

将式（8-83）进行整理，并进行时域离散，与电路方程联立可以得到线性时不变系统与端口器件构建的耦合矩阵：

$$\begin{bmatrix} g_{11}^1(\Delta t)-1 & g_{12}^1(\Delta t) & R_{01}g_{11}^1(\Delta t) & R_{02}g_{12}^1(\Delta t) \\ g_{21}^1(\Delta t) & g_{22}^1(\Delta t)-1 & R_{01}g_{21}^1(\Delta t) & R_{02}g_{22}^1(\Delta t) \\ 0 & 0 & 1 & 0 \\ 0 & 0 & 0 & 1 \end{bmatrix} \cdot \begin{bmatrix} V_1^t(j\Delta t) \\ V_2^t(j\Delta t) \\ I_1^t(j\Delta t) \\ I_2^t(j\Delta t) \end{bmatrix} + \begin{bmatrix} 0 \\ 0 \\ -f_1\left[V_1^t(j\Delta t)\right] \\ -f_2\left[V_2^t(j\Delta t)\right] \end{bmatrix} = \begin{bmatrix} b_1 \\ b_2 \\ 0 \\ 0 \end{bmatrix} \tag{8-86}$$

简写为

$$\boldsymbol{AX} + \boldsymbol{F} = \boldsymbol{B} \tag{8-87}$$

式中

$$\boldsymbol{A} = \begin{bmatrix} g_{11}^1(\Delta t)-1 & g_{12}^1(\Delta t) & R_{01}g_{11}^1(\Delta t) & R_{02}g_{12}^1(\Delta t) \\ g_{21}^1(\Delta t) & g_{22}^1(\Delta t)-1 & R_{01}g_{21}^1(\Delta t) & R_{02}g_{22}^1(\Delta t) \\ 0 & 0 & 1 & 0 \\ 0 & 0 & 0 & 1 \end{bmatrix} \tag{8-88}$$

$$
\boldsymbol{F}=\begin{bmatrix}0\\0\\-f_1\left[V_1^t(j\Delta t)\right]\\-f_2\left[V_2^t(j\Delta t)\right]\end{bmatrix} \tag{8-89}
$$

$$
\boldsymbol{B}=\begin{bmatrix}
b_1=-\sum_{i=1}^{j-1}V_1^t(i\Delta t)g_{11}\left[(j-i+1)\Delta t\right]-\sum_{i=1}^{j-1}V_2(i\Delta t)g_{12}^f\left[(j-i+1)\Delta t\right]\\
\quad-R_{01}\sum_{i=1}^{j-1}I_1^t(i\Delta t)g_{11}\left[(j-i+1)\Delta t\right]-R_{02}\sum_{i=1}^{j-1}I_2^t(i\Delta t)g_{12}\left[(j-i+1)\Delta t\right]\\
b_2=-\sum_{i=1}^{j-1}V_2(i\Delta t)g_{22}^r\left[(j-i+1)\Delta t\right]-\sum_{i=1}^{j-1}V_1^t(i\Delta t)g_{21}\left[(j-i+1)\Delta t\right]\\
\quad-R_{02}\sum_{i=1}^{j-1}I_2(i\Delta t)g_{22}\left[(j-i+1)\Delta t\right]-R_{01}\sum_{i=1}^{j-1}I_1^t(i\Delta t)g_{21}\left[(j-i+1)\Delta t\right]\\
0\\
0
\end{bmatrix} \tag{8-90}
$$

以上矩阵方程采用离散的牛顿迭代法求解，所以基于 FDTD 的场路异步协同方法分析非线性微波电路的过程分为两步：第一步使用 FDTD 对微波电路的线性电磁结构进行全波仿真分析，确定好该线性电磁结构有几个端口，每个端口加载负载，这里是 50Ω。给其中一个端口加载时域冲激信号后提取该端口和其他端口的时域冲激响应，每个端口都进行一次这样类似的操作，最终得到所有端口的冲激响应信息。第二步是将第一步提取的时域冲激响应代入式（8-87）的矩阵中，最终求解出电路的未知量。

接下来，通过一个简单的算例验证该方法的正确性。使用前面得到的 SMP1330 二极管作为基本单元，分析下面的单级限幅电路。图 8-31 为限幅器示意图，这里限幅器为三端口模型，输入、输出端为端口 1 和端口 2，微带中间接一对并联反向的 PIN 二极管，终端接地，PIN 二极管连接微带线的地方为端口 3。微带线宽 2.286mm，长 32mm，介质基板介电常数为 2.33，高度为 0.7874mm，R_s 和终端负载 R_0 都是 50Ω。注入一个幅值为 20V、频率为 1.34GHz 的正弦源。

FDTD Yee 元胞的剖分尺寸为 $\Delta x=0.3937\text{mm}$，$\Delta y=0.762\text{mm}$，$\Delta z=0.8\text{mm}$，总的网格数为 $8\times30\times44$，线性电磁结构计算时间为 1.864s，非线性电路计算时间为 25s，如图 8-31 所示。

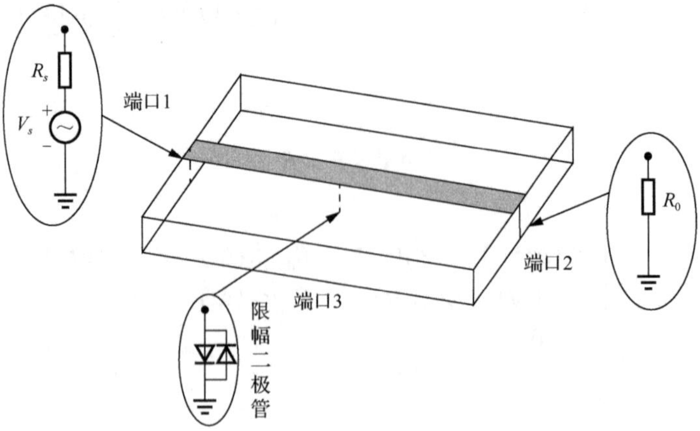

图 8-31　限幅器示意图

首先计算线性的微带传输线结构部分的时域冲激响应信息。在微带结构的 3 个端口位置均加载一个 50Ω的电阻。在端口 1 处加载冲激信号，得到在端口 1 加载冲激信号的三个端口的冲激响应。同样的方法加载到其他两个端口，最终可以得到 9 组时域冲激响应的信息。将提取出的 9 组时域冲激响应信号代入式（8-88）和式（8-90）中，对于该算例而言，式（8-89）中的电路抽象函数有三个，分别对应三个端口，端口 1 和端口 2 由于未加载非线性器件，电路抽象函数是线性的。端口 3 的电路抽象函数即为 PIN 二极管集总电荷模型方程组。将三组电路抽象函数代入式（8-89）的矩阵中，此时矩阵信息填充完毕，通过离散牛顿迭代法即可求解出式（8-87）的解，从而得到 PIN 对管位置处的时域电压波形，与 ADS 结果进行对比，如图 8-32 所示。

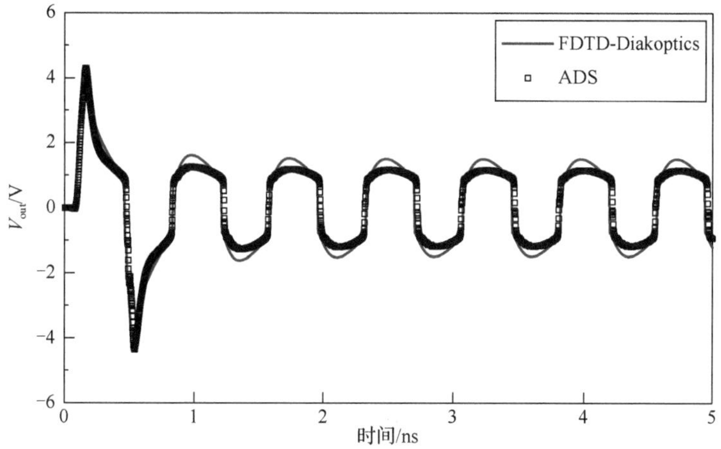

图 8-32　FDTD-Diakoptics 和 ADS 得到的限幅器输出时域波形图

可以看出，采用 FDTD-Diakoptics 方法得到的限幅器时域输出波形不管是尖峰泄漏还是平坦泄漏，与 ADS 的输出都很接近，有些许误差是由于本节使用的 PIN 二极管是拟合出的 SMP1330，拟合出的 SMP1330 的 *R-I* 与 datasheet 中 *R-I* 曲线有略微差异，因此限幅器与 ADS 建模也会存在略微差异，但输出电压走势与幅值基本吻合，验证了 FDTD-Diakoptics 方法的准确性。

为了进一步减少尖峰泄漏，提高功率容量，限幅器可以采用两级限幅器，如图 8-33 所示。图 8-34 为单级限幅器和两级限幅器输入 20V 正弦波的防护模块输出时域波形对比。FDTD Yee 元胞的剖分尺寸为 $\Delta x = 0.3937\text{mm}$，$\Delta y = 0.762\text{mm}$，$\Delta z = 0.8\text{mm}$，总的网格数为 $8\times30\times70$。

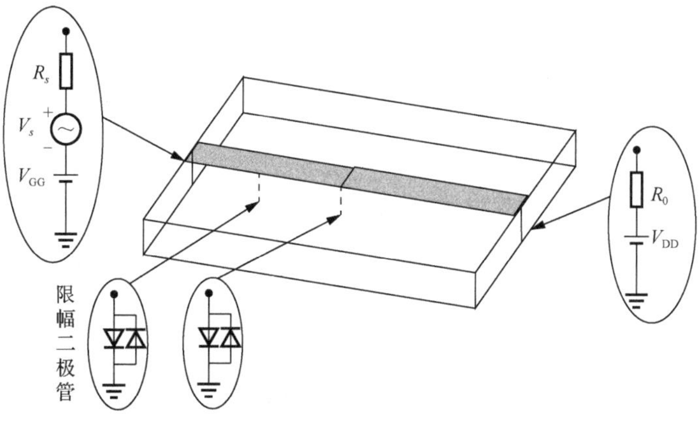

图 8-33　两级对管限幅器

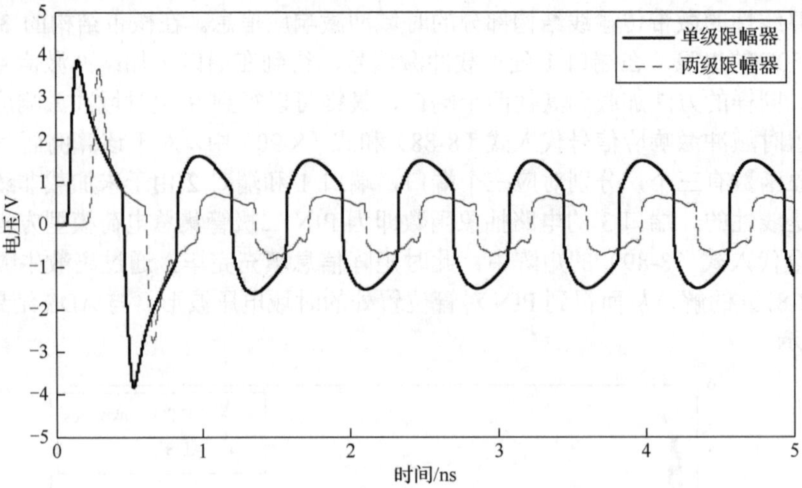

图 8-34 单级与两级限幅器输出对比

从图 8-34 可以看出，在输入为 20V 正弦波的情况下，两级限幅器的输出尖峰泄漏相比于单级限幅器小，尖峰泄漏得到改善，平坦泄漏相比于单级限幅器约小 1V，可以看出两级限幅器相比于单级限幅器抗高功率能力更强。

相比于单级限幅器，两级限幅器采用了两组对接 PIN 二极管代替单级限幅器的对管，其中，第一级的 PIN 二极管的 I 层宽度需要比第二级 I 层宽度宽。当高功率波进入两级限幅器中时，在短时间内两对 PIN 二极管都处于高阻状态，第一级 PIN 二极管的 I 层较厚，载流子通过第一级 PIN 二极管 I 层的时间要比通过第二级 PIN 二极管 I 层的时间长一些，第二级 PIN 二极管先导通，自身阻抗也因此变小，第一级 PIN 二极管的电压大于第二级 PIN 二极管的电压，在微带传输线上会产生一个驻波，由于两级之间相距 1/4 波长的奇数倍，这时会有一个大电压将第二级 PIN 二极管的载流子打入其 I 层中，第一级 PIN 二极管也因此导通，阻抗变小，限幅器从尖峰泄漏区进入平坦泄漏区。此时限幅器两级 PIN 二极管都导通，第一级主要决定平坦泄漏，第二级决定尖峰泄漏和限幅电平。

但是在考虑生产实物时，两级限幅器会比单级限幅器尺寸大，因此，限幅器尺寸和尖峰泄漏的需求都需要权衡考虑。两级限幅器的耐功率比单级限幅器耐功率大，对于接收系统可以进一步提高其抗高功率的能力，选取 I 层厚度不同的二极管进行组合（后级比前级的厚度小），可以改善限幅器的耐功率和尖峰泄漏，从而达到更高的抗高功率要求。

8.5.2 基于物理模型的 PIN 限幅器防护机理分析

1. 漂移扩散方程与热传导方程

为了进一步研究接收电路中强电磁脉冲下半导体器件的毁伤机理，下面采用时域谱元法分析物理模型 PIN 二极管的电热特性。PIN 二极管为微米级别，采用漂移扩散模 I 型，包括以下方程。

泊松方程：

$$\nabla^2\varphi = -\frac{q}{\varepsilon}\left(N - n + p\right) \tag{8-91}$$

电子和空穴电流连续性方程：

$$\begin{cases}\dfrac{\partial n}{\partial t}=\dfrac{1}{q}\nabla\cdot\boldsymbol{J}_n-R+G\\\dfrac{\partial p}{\partial t}=-\dfrac{1}{q}\nabla\cdot\boldsymbol{J}_p-R+G\end{cases}\tag{8-92}$$

电子和空穴电流密度方程：

$$\begin{cases}\boldsymbol{J}_n+qn\mu_n\nabla\phi_n=0\\\boldsymbol{J}_p+qp\mu_p\nabla\phi_p=0\end{cases}\tag{8-93}$$

式（8-91）～式（8-93）中，φ 为电势；q 为单位电荷电量；N 为净掺杂浓度；p 为空穴浓度；n 为电子浓度；ϕ_n 为电子准费米势；ϕ_p 为空穴准费米势；$\boldsymbol{J}_n$ 为电子电流密度；$\boldsymbol{J}_p$ 为空穴电流密度；μ_n 为电子迁移率；μ_p 空穴迁移率；G 与 R 为载流子产生复合过程。

电子和空穴浓度可以表示为

$$\begin{cases}\phi_n-\varphi+\dfrac{KT}{q}\ln\dfrac{n}{n_i}=0\\\phi_p-\varphi-\dfrac{KT}{q}\ln\dfrac{p}{p_i}=0\end{cases}\tag{8-94}$$

式中，K 为玻尔兹曼常量；T 为温度；n_i 和 p_i 为本征载流子浓度。由于以上方程的一些物理量的数值波动范围很大，为了防止出现数据过大而溢出问题，常采用归一化处理[8]。结合式（8-91）～式（8-94）可得到归一化处理后的漂移扩散模型方程：

$$\begin{cases}\dfrac{\partial n}{\partial t}=\dfrac{1}{q}\nabla\cdot(-qn\mu_n\nabla\varphi+KT\mu_n\nabla n)+G-R\\\dfrac{\partial p}{\partial t}=\dfrac{1}{q}\nabla\cdot(qp\mu_p\nabla\varphi+KT\mu_p\nabla p)+G-R\\\nabla^2\varphi=-\dfrac{q}{\varepsilon}(p-n+N_0)\end{cases}\tag{8-95}$$

半导体产生复合率：

$$G-R=(G-R)_{\text{SRH}}+(G)_{\text{avalanche}}+(G-R)_{\text{Auger}}\tag{8-96}$$

式中，$(G-R)_{\text{SRH}}$ 为肖克利-里德-霍尔复合（Shockley-Read-Hall，SRH），雪崩效应产生的载流子产生项记为 $(G)_{\text{avalanche}}$，将俄歇复合记为 $(G-R)_{\text{Auger}}$。对于载流子的复合，一般只计算最有效的 SRH 复合：

$$R_{\text{SRH}}=\frac{pn-n_i^2}{\tau_n(n+n_i)+\tau_p(p+p_i)}\tag{8-97}$$

对于大电压的情况，此时碰撞离化会较为明显，雪崩击穿最大的原因就是碰撞离化，所以考虑雪崩产生项：

$$G_{\text{avalanche}}=\frac{1}{q}(\alpha_n|\boldsymbol{J}_n|+\alpha_p|\boldsymbol{J}_p|)\tag{8-98}$$

式中，α_n 为电子离化系数；α_p 为空穴离化系数。半导体内部除了电子和空穴电流密度，也会有位移电流的产生，该位移电流由时变电场引起，因此 PIN 二极管电流密度记为

$$\boldsymbol{J} = \boldsymbol{J}_n + \boldsymbol{J}_p + \varepsilon_r \varepsilon_0 \frac{\partial \boldsymbol{E}}{\partial t} \tag{8-99}$$

半导体内部主要通过热传导方式传递热量，热传导方程表达式[9]为

$$\rho_m c_m \frac{\partial T}{\partial t} = K_t \nabla^2 T - V_s (T - T_a) + P_d \tag{8-100}$$

式中，c_m 为材料的比定压热容；ρ_m 为半导体的密度；K_t 为导热系数；V_s 为冷却流的热流容积；T_a 为冷却流的温度；P_d 为热源的功率密度。一般将 ρ_m、c_m 与 K_t 设为定值，忽略冷却流的作用，则式（8-100）可写为

$$\frac{\partial T}{\partial t} = D_t \left(\nabla^2 T + \frac{P_d}{K_t} \right) \tag{8-101}$$

式中，$D_t = K_t / \rho_m c_m$，D_t 是热扩散功率，表征了物体内部热量传播的速度。

2. 时域谱元法基本原理

使用时域谱元法对上述半导体漂移扩散模型进行数值求解。时域谱元法采用高阶正交基函数 GLL（Gauss-Lobatto-Legendre，高斯-洛巴托-勒让德）[10]。

在一维标准参考单元 $\xi \in [-1,1]$ 中，N 阶 GLL 基函数为

$$\phi_j^{(N)}(\xi) = \frac{-1}{N(N+1)L_N(\xi_j)} \frac{(1-\xi^2)L_N'(\xi)}{\xi - \xi_j} \tag{8-102}$$

式中，$L_N(\xi)$ 和 $L_N'(\xi)$ 是 N 阶的勒让德多项式，$L_N'(\xi)$ 是它的导数，点 $\{\xi_j, j=0,1,\cdots,N\}$ 是方程 $(1-\xi^2)L_N'(\xi_j) = 0$ 的零点。

需要建立物理坐标系与参量坐标系下的映射关系，这个 N 阶的 GLL 基函数在立方体元胞中可以表示为

$$\Phi_{\text{rst}}(\xi,\eta,\zeta) = \phi_r^{(N_\xi)}(\xi)\phi_s^{(N_\eta)}(\eta)\phi_t^{(N_\zeta)}(\zeta) \tag{8-103}$$

其中

$$(\xi,\eta,\zeta) \in [-1,1]\times[-1,1]\times[-1,1]$$
$$r = 0,1,\cdots,N_\xi;\quad s = 0,1,\cdots,N_\eta;\quad t = 0,1,\cdots,N_\zeta$$

三维情况下参量映射关系可表示为

$$\begin{cases} x = \sum_{i=1}^{m} P_i(\xi,\eta,\zeta)x_i \\ y = \sum_{i=1}^{m} P_i(\xi,\eta,\zeta)y_i \\ z = \sum_{i=1}^{m} P_i(\xi,\eta,\zeta)z_i \end{cases} \tag{8-104}$$

对于 8 个节点的直六面体单元：

$$P_i = \frac{1}{8}(1+\xi_i\xi)(1+\eta_i\eta)(1+\zeta_i\zeta)$$

对于 20 个节点的曲六面体单元：

$$\begin{aligned}P_i = &\frac{\xi_i^2\eta_i^2\zeta_i^2}{8}(1+\xi_i\xi)(1+\eta_i\eta)(1+\zeta_i\zeta)(\xi_i\xi+\eta_i\eta+\zeta_i\zeta-2)\\ &+\frac{\eta_i^2\zeta_i^2}{4}(1-\xi^2)(1+\eta_i\eta)(1+\zeta_i\zeta)(1-\xi_i^2)\\ &+\frac{\xi_i^2\zeta_i^2}{4}(1-\eta^2)(1+\zeta_i\zeta)(1+\xi_i\xi)(1-\eta_i^2)\\ &+\frac{\xi_i^2\eta_i^2}{4}(1-\zeta^2)(1+\xi_i\xi)(1+\eta_i\eta)(1-\zeta_i^2)\end{aligned}$$

在半导体数值计算中，采用的基函数为标量基函数，利用上面的参量映射关系，参量坐标系下的基函数 Φ_i 和物理坐标系下的基函数 N_i 有如下映射关系：

$$\begin{cases}N_i = \Phi_i \\ \nabla N_i = J^{-1}\nabla\Phi_i\end{cases} \tag{8-105}$$

其中，$\boldsymbol{J}$ 是雅可比矩阵：

$$\boldsymbol{J} = \begin{bmatrix}\dfrac{\partial x}{\partial \xi} & \dfrac{\partial y}{\partial \xi} & \dfrac{\partial z}{\partial \xi}\\ \dfrac{\partial x}{\partial \eta} & \dfrac{\partial y}{\partial \eta} & \dfrac{\partial z}{\partial \eta}\\ \dfrac{\partial x}{\partial \zeta} & \dfrac{\partial y}{\partial \zeta} & \dfrac{\partial z}{\partial \zeta}\end{bmatrix} \tag{8-106}$$

式中，(x,y,z) 是参考单元内的节点坐标。

通过空间离散、基函数展开、伽辽金测试、选择合适的时间差分格式，最终实现数值求解。

3. PIN 二极管的瞬态电热耦合特性分析

下面采用时域谱元法分析物理模型 PIN 二极管的电热特性。图 8-35 为 PIN 二极管物理模型示意图。

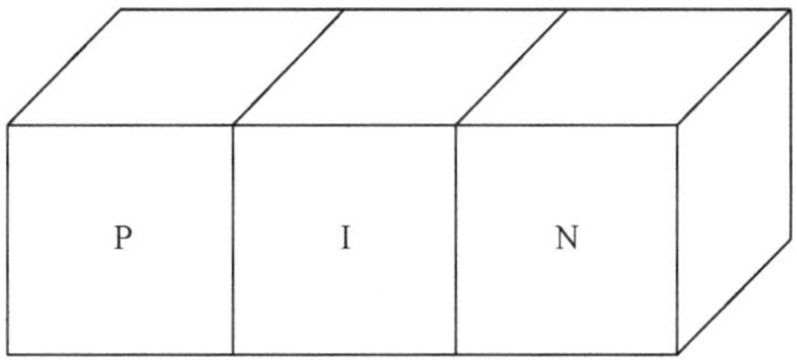

图 8-35　PIN 二极管物理模型示意图

对电子电流连续性方程的时间导数采用后向欧拉展开：

$$\frac{n^t - n^{t-1}}{\Delta t} = \nabla\cdot(\mu_n \nabla n^t - \mu_n n^t \nabla\varphi^t) - (R-G)^t \tag{8-107}$$

进一步写成：

$$F_n(n^t, p^t, \varphi^t) = \Delta t\left[\nabla\cdot(\mu_n \nabla n^t - \mu_n n^t \nabla\varphi^t) - (R-G)^t\right] - \left(n^t - n^{t-1}\right) = 0 \tag{8-108}$$

对式（8-107）采用牛顿迭代法求解：

$$\begin{aligned}&F_n(n^t, p^t, \varphi^t) + \frac{\partial F_n(n^t, p^t, \varphi^t)}{\partial n^t}\cdot\left(n^{t,m+1} - n^{t,m}\right) + \frac{\partial F_n\left(n^t, p^t, \varphi^t\right)}{\partial p^t}\cdot\left(p^{t,m+1} - p^{t,m}\right)\\&+\frac{\partial F_n\left(n^t, p^t, \varphi^t\right)}{\partial \varphi^t}\cdot\left(\varphi^{t,m+1} - \varphi^{t,m}\right) = 0\end{aligned} \tag{8-109}$$

上标 m+1 为当前牛顿迭代步求解量的值，上标 m 表示上一步牛顿迭代步已求解的变量值。

利用 GLL 基函数将电子、空穴和电势展开，采用伽辽金测试，整理得

$$\begin{aligned}&-\Delta t\cdot\int_V \nabla N_i\cdot\left[-\mu_n\left(n^{t,m}\cdot\nabla\varphi^t - \nabla n^{t,m}\right)\right]\mathrm{d}V - \Delta t\cdot\int_V N_i\cdot(R-G)^t\mathrm{d}V - \int_V N_i\cdot(n^{t,m} - n^{t-1})\mathrm{d}V\\&-\Delta t\cdot\sum_{j=1}^{N}\int_V \nabla N_i\cdot\left[-\mu_n\left(\nabla\varphi\cdot N_j - \nabla N_j\right)\right]\mathrm{d}V\cdot\delta_{nj} - \Delta t\cdot\sum_{j=1}^{N}\int_V N_i\cdot\frac{\partial(R-G)^t}{\partial n^t}\cdot N_j\mathrm{d}V\cdot\delta_{nj} - \sum_{j=1}^{N}\int_V N_i\cdot N_j\mathrm{d}V\cdot\delta_{nj}\\&-\Delta t\cdot\sum_{j=1}^{N}\int_V N_i\cdot N_j\cdot\frac{\partial(R-G)^t}{\partial p^t}\mathrm{d}V\cdot\delta_{pj} - \Delta t\cdot\sum_{j=1}^{N}\int_V \nabla N_i\cdot(-\mu_n\cdot n^{t,m}\cdot\nabla N_j)\mathrm{d}V\cdot\delta_{\varphi j} = 0\end{aligned} \tag{8-110}$$

整理可得

$$\{[\mathrm{SN}]+[\mathrm{TN}]\}(n^{t,m+1} - n^{t,m}) + [\mathrm{TNN}](p^{t,m+1} - p^{t,m}) + [\mathrm{KXN}](\varphi^{t,m+1} - \varphi^{t,m}) = -[\mathrm{FN}] - [\mathrm{RN}] \tag{8-111}$$

其中

$$[\mathrm{FN}]_i = -\Delta t\sum_{j=1}^{N}\int \nabla N_i\cdot\left[-\mu_n(\nabla\varphi^t\cdot N_j - \nabla N_j)\right]\mathrm{d}V\cdot n_j^{t,m}$$

$$[\mathrm{RN}]_i = -\Delta t\int N_i\cdot(R-G)^t\mathrm{d}V - \int N_i\cdot(n^{t,m} - n^{t-1})\mathrm{d}V$$

$$[\mathrm{SN}]_{ij} = -\Delta t\int \nabla N_i\cdot\left[-\mu_n(\nabla\varphi^t\cdot N_j - \nabla N_j)\right]\mathrm{d}V$$

$$[\mathrm{TN}]_{ij} = -\Delta t\int N_i\cdot N_j\frac{\partial(R-G)^t}{\partial n}\mathrm{d}V - \int N_i\cdot N_j\mathrm{d}V$$

$$[\mathrm{TNN}]_{ij} = -\Delta t\int N_i\cdot N_j\frac{\partial(R-G)^t}{\partial p}\mathrm{d}V$$

$$[\mathrm{KXN}]_{ij} = \Delta t\int \mu_n n^{t,m}\nabla N_i\cdot\nabla N_j\mathrm{d}V$$

用同样的方法处理空穴连续性方程，可得

$$[\mathrm{TPP}](n^{t,m+1} - n^{t,m}) + \{[\mathrm{SP}]+[\mathrm{TP}]\}(p^{t,m+1} - p^{t,m}) + [\mathrm{KXN}](\varphi^{t,m+1} - \varphi^{t,m}) = -[\mathrm{FP}] - [\mathrm{RP}] \tag{8-112}$$

其中

$$[\mathrm{FP}]_i = \Delta t \sum_{j=1}^{N} \int \nabla N_i \cdot \left[-\mu_p (\nabla \varphi^t \cdot N_j + \nabla N_j) \right] \mathrm{d}V \cdot p_j^{t,m}$$

$$[\mathrm{RP}]_i = -\Delta t \int N_i \cdot (R-G)^t \mathrm{d}V - \int N_i \cdot (p^{t,m} - p^{t-1}) \mathrm{d}V$$

$$[\mathrm{SP}]_{ij} = \Delta t \sum_{j=1}^{N} \int \nabla N_i \cdot \left[-\mu_p (\nabla \varphi^t \cdot N_j + \nabla N_j) \right] \mathrm{d}V$$

$$[\mathrm{TP}]_{ij} = -\Delta t \int N_i \cdot N_j \frac{\partial (R-G)^t}{\partial p} \mathrm{d}V - \int N_i \cdot N_j \mathrm{d}V$$

$$[\mathrm{TPP}]_{ij} = -\Delta t \int N_i \cdot N_j \frac{\partial (R-G)^t}{\partial n} \mathrm{d}V$$

$$[\mathrm{KXP}]_{ij} = -\Delta t \int \mu_p p^{t,m} \nabla N_i \cdot \nabla N_j \mathrm{d}V$$

经泊松方程处理后可得

$$[T](n^{t,m+1} - n^{t,m}) - [T](p^{t,m+1} - p^{t,m}) + [\mathrm{GX}](\varphi^{t,m+1} - \varphi^{t,m}) = -[\mathrm{FX}] - [\mathrm{RX}] \tag{8-113}$$

其中

$$[T]_{ij} = \int N_i \cdot N_j \mathrm{d}V$$

$$[\mathrm{GX}]_{ij} \int \nabla N_i \cdot \nabla N_j \mathrm{d}V$$

$$[\mathrm{FX}]_i = \int \nabla N_i \cdot \nabla \varphi^{t,m} \mathrm{d}V$$

$$[\mathrm{RX}]_i = \int N_i \cdot (n^{t,m} - p^{t,m} - \Gamma) \mathrm{d}V$$

最终将上述方程联立，采用全耦合的方式求解，得到迭代方程：

$$\begin{bmatrix} [\mathrm{SN}]+[\mathrm{TN}] & [\mathrm{TNN}] & [\mathrm{KXN}] \\ [\mathrm{TPP}] & [\mathrm{SP}]+[\mathrm{TP}] & [\mathrm{KXP}] \\ [T] & -[T] & [\mathrm{GX}] \end{bmatrix} \begin{bmatrix} n^{t,m+1} - n^{t,m} \\ p^{t,m+1} - p^{t,m} \\ \varphi^{t,m+1} - \varphi^{t,m} \end{bmatrix} = \begin{bmatrix} -[\mathrm{FN}]-[\mathrm{RN}] \\ -[\mathrm{FP}]-[\mathrm{RP}] \\ -[\mathrm{FX}]-[\mathrm{RX}] \end{bmatrix} \tag{8-114}$$

对上述矩阵方程直接进行求解，可以求出变量的前后两步差值，通过上一步牛顿迭代得到的解可以求解出当前迭代步的变量的解。通过不断求解，当满足精度需求时，就可以求出当前时刻的电子、空穴和电势的解，进而得出 PIN 二极管的电流密度。

下面介绍计算 PIN 二极管电热时需要用到的边界条件。如图 8-35 所示，PIN 二极管左右两个电极为固定边界条件，两端使用欧姆接触，即狄利克雷边界条件。PIN 二极管除了两个电极之外的面都为浮置边界条件，即纽曼边界条件。V_A 为金属电极处的电压：

$$\begin{cases} n - p - N = 0 \\ pn = 1 \\ \varphi = V_A + \ln N \\ \varphi = V_A - \ln(-N) \end{cases} \tag{8-115}$$

电子、空穴浓度和电势在浮置边界条件处满足：

$$\frac{\partial n}{\partial \boldsymbol{n}} = \frac{\partial p}{\partial \boldsymbol{n}} = \frac{\partial \varphi}{\partial \boldsymbol{n}} = 0 \tag{8-116}$$

4. 基于物理模型的 PIN 单管限幅器瞬态响应分析

在 8.5.1 节中，介绍了 FDTD-Diakoptics 方法分析等效电路模型的限幅器，并给出了限幅器输入和输出特性。为了进一步分析限幅器抗强电磁脉冲的能力以及在 HPM 作用下内部半导体的电热响应，接下来使用该方法分析物理模型的限幅器瞬态响应。

如图 8-36 所示，R_s 为端口 1 的内阻，V_s 为输入源，R_0 为终端负载，与 PIN 二极管并联。$V_1^t(t)$ 为端口 1 的电压，$I_1^t(t)$ 为端口 1 的总电流，$V_2^t(t)$ 为端口 2 的电压，$I_2^t(t)$ 为端口 2 的总电流。

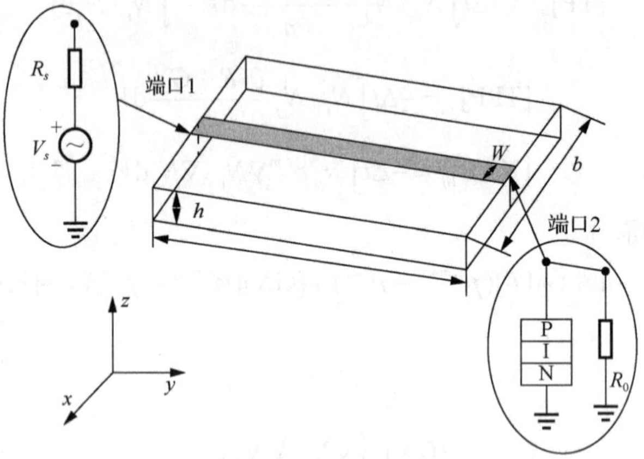

图 8-36 PIN 单管限幅器

FDTD-Diakoptics 方法分析基于物理模型的 PIN 二极管限幅器电路，PIN 二极管与上一个算例一致，该模型为二端口结构，端口 1 为输入端口，端口 2 为输出端口。在 8.5.1 节已经推导出二端口非线性电路的 FDTD-Diakoptics 方法的相关公式，如下：

$$\begin{bmatrix} g_{11}^r-1 & g_{12}^f & R_{01}g_{11}^r & R_{02}g_{12}^f \\ g_{21}^f & g_{22}^r-1 & R_{01}g_{21}^f & R_{02}g_{22}^r \\ 0 & 0 & 1 & 0 \\ 0 & 0 & 0 & 1 \end{bmatrix} \cdot \begin{bmatrix} V_1^t \\ V_2^t \\ I_1^t \\ I_2^t \end{bmatrix} + \begin{bmatrix} 0 \\ 0 \\ -f_1(V_1^t) \\ -f_2(V_2^t) \end{bmatrix} = \begin{bmatrix} b_1 \\ b_2 \\ 0 \\ 0 \end{bmatrix} \tag{8-117}$$

简写成：

$$\boldsymbol{AX} + f = \boldsymbol{B} \tag{8-118}$$

对于 PIN 二极管的物理模型而言，其电压、电流满足瞬态关系：

$$I_D = f_t(V_D) \tag{8-119}$$

式中，I_D 为流经二极管的电流；V_D 为二极管两端的电压。

对于端口 1 而言：

$$f_1(V_1^t)=I_1^t(t) = \frac{V_s - V_1^t}{Z_0} \tag{8-120}$$

对于端口 2 而言：

$$f_2(V_2^t)=I_2^t = \frac{V_2^t}{Z_0} + I_D = \frac{V_2^t}{Z_0} + f_t(V_2^t) \tag{8-121}$$

式中，$V_2^t(t)=V_D$ 即为二极管两端电压。求解式（8-117），首先设

$$\boldsymbol{F}(\boldsymbol{X})=\boldsymbol{AX}+f(\boldsymbol{X})-\boldsymbol{B} \tag{8-122}$$

$\boldsymbol{X}$ 为求解项，即 V_1^t、I_1^t、V_2^t 和 I_2^t，$f(x)$ 为式（8-117）中的非线性项 f_1 和 f_2，采用牛顿法求解矩阵方程（8-122）。对式（8-122）进行泰勒级数展开，并且忽略二次以上高阶项，得到牛顿迭代式：

$$\boldsymbol{F}(\boldsymbol{X}_1)+\boldsymbol{F}'(\boldsymbol{X}_1)(\boldsymbol{X}_2-\boldsymbol{X}_1)=0 \tag{8-123}$$

式中，$\boldsymbol{X}_1$ 表示当前牛顿迭代步所要求解的电路的电流、电压；$\boldsymbol{X}_2$ 表示前一步牛顿迭代求得的电路的电流、电压。对式（8-122）左右两边求导后得到

$$\boldsymbol{F}'(\boldsymbol{X})=\boldsymbol{A}+f'(\boldsymbol{X}) \tag{8-124}$$

矩阵 $f'(\boldsymbol{X})$ 为

$$f'(\boldsymbol{X})=\begin{bmatrix} \frac{\partial f_1}{\partial x_1} & \frac{\partial f_1}{\partial x_2} & \frac{\partial f_1}{\partial x_3} & \frac{\partial f_1}{\partial x_4} \\ \frac{\partial f_2}{\partial x_1} & \frac{\partial f_2}{\partial x_2} & \frac{\partial f_2}{\partial x_3} & \frac{\partial f_2}{\partial x_4} \\ \frac{\partial f_3}{\partial x_1} & \frac{\partial f_3}{\partial x_2} & \frac{\partial f_3}{\partial x_3} & \frac{\partial f_3}{\partial x_4} \\ \frac{\partial f_4}{\partial x_1} & \frac{\partial f_4}{\partial x_2} & \frac{\partial f_4}{\partial x_3} & \frac{\partial f_4}{\partial x_4} \end{bmatrix} \tag{8-125}$$

因为该网络为二端口网络，可知该矩阵只有 $\dfrac{\partial f_3}{\partial x_1}$ 和 $\dfrac{\partial f_4}{\partial x_2}$ 不为 0，因此 Jacobi 矩阵 $\boldsymbol{F}'(\boldsymbol{X})$ 为

$$\boldsymbol{F}'(\boldsymbol{X})=\begin{bmatrix} g_{11}^r-1 & g_{12}^f & R_{01}g_{11}^r & R_{02}g_{12}^f \\ g_{21}^f & g_{22}^r-1 & R_{01}g_{21}^f & R_{02}g_{22}^r \\ \frac{\partial f_1(V_1^t)}{V_1^t} & 0 & 1 & 0 \\ 0 & \frac{\partial f_2(V_2^t)}{\partial V_2^t} & 0 & 1 \end{bmatrix} \tag{8-126}$$

Jacobi 矩阵 $\boldsymbol{F}'(\boldsymbol{X})$ 中的 $\dfrac{\partial f_1(V_1^t)}{V_1^t}$ 和 $\dfrac{\partial f_2(V_2^t)}{\partial V_2^t}$ 表示为

$$\begin{gathered} \frac{\partial f_1(V_1^t)}{V_1^t}=-\frac{1}{Z_0} \\ \frac{\partial f_2(V_2^t)}{\partial V_2^t}=\frac{1}{Z_0}+\frac{\partial f_t(V_2^t)}{\partial V_2^t} \end{gathered} \tag{8-127}$$

导数 $\dfrac{\partial f_t(V_2^t)}{\partial V_2^t}$ 可以近似表示为

$$\frac{\partial f_t(V_2^t)}{\partial V_2^t}=\frac{I_D-I_{D0}}{V_D-V_{D0}} \tag{8-128}$$

式中，I_D、V_D 表示此迭代步 PIN 二极管的电流、电压值；I_{D0}、V_{D0} 是为了求解 $f_t'(V_D)$ 而人为设定的，$V_{D0}=V_D+\Delta V$ 为 V_D 附近很小范围内的数值，再通过求解漂移扩散方程组求得 I_{D0}，这里 ΔV 取 0.0001V。所以最终需要求解的牛顿迭代式为

$$\boldsymbol{X}_2=\boldsymbol{X}_1-\boldsymbol{F}(\boldsymbol{X}_1)\left[\boldsymbol{F}'(\boldsymbol{X}_1)\right]^{-1} \tag{8-129}$$

其中

$$\boldsymbol{X}_1=\begin{bmatrix} V_{11}^t \\ V_{21}^t \\ I_{11}^t \\ I_{21}^t \end{bmatrix},\quad \boldsymbol{X}_2=\begin{bmatrix} V_{12}^t \\ V_{22}^t \\ I_{12}^t \\ I_{22}^t \end{bmatrix} \tag{8-130}$$

$$\boldsymbol{F}'(\boldsymbol{X}_1)=\begin{bmatrix} g_{11}^r-1 & g_{12}^f & R_{01}g_{11}^r & R_{02}g_{12}^f \\ g_{21}^f & g_{22}^r-1 & R_{01}g_{21}^f & R_{02}g_{22}^r \\ -\dfrac{1}{Z_0} & 0 & 1 & 0 \\ 0 & \dfrac{1}{Z_0}-\dfrac{I_D-I_{D0}}{\Delta V} & 0 & 1 \end{bmatrix}^{-1} \tag{8-131}$$

式中，V_{ij}^t、I_{ij}^t 中 i 表示端口，$j=1,2$ 表示前一时刻迭代步和当前时刻迭代步。牛顿迭代的收敛条件为 $\sqrt{\boldsymbol{F}^2(V_{12}^t)+\boldsymbol{F}^2(V_{22}^t)+\boldsymbol{F}^2(I_{12}^t)+\boldsymbol{F}^2(I_{22}^t)}<\varepsilon$，满足该条件的 $\boldsymbol{X}_2$ 即为该时刻的解，ε 为 10^{-4}。

使用 FDTD 求解不含 PIN 二极管的线性电路的冲激响应，填写 ***A***、***B***、***F*** 矩阵。预先设定 V_{D1}、I_{D1} 为 0，$V_{D0}=V_{D1}-\Delta V$，ΔV 为一个尽可能小的值，ΔV 过大，程序不容易收敛，尤其是输入电压较大时，ΔV 过大会导致程序发散。给定 V_{D0} 后通过求解漂移扩散方程组求得 PIN 二极管电流 I_{D0}，进而求得电压 V_{D2} 作为下一次迭代的 V_{D1}，再由漂移扩散方程组求得电流 I_{D2} 作为下一次迭代的 I_{D1}，如此循环迭代，直至满足牛顿迭代的收敛条件 $\sqrt{\boldsymbol{F}^2(V_{12}^t)+\boldsymbol{F}^2(V_{22}^t)+\boldsymbol{F}^2(I_{12}^t)+\boldsymbol{F}^2(I_{22}^t)}<\varepsilon$ 时停止，此时求得的 V_{D1} 便为 PIN 二极管两端的电压，求得的 $\boldsymbol{X}_2$ 为电路的电压和电流。

下面通过算例验证该方法。物理模型 PIN 二极管的总长为 $10\mu\text{m}$。I 层厚 $5\mu\text{m}$，均匀掺杂浓度为 $10^{13}\,\text{cm}^{-3}$，两侧的 P 结和 N 结分别为 $3\mu\text{m}$ 和 $2\mu\text{m}$，高斯掺杂浓度分别为 $10^{20}\,\text{cm}^{-3}$ 和 $10^{19}\,\text{cm}^{-3}$，限幅器介质板长 $a=32\text{ mm}$，宽 $b=10\text{ mm}$，高 $h=1\text{ mm}$ 以及微带线的宽度 $W=2\text{ mm}$。FDTD Yee 元胞的剖分尺寸为 $\Delta x=0.3937\text{mm}$，$\Delta y=0.762\text{mm}$，$\Delta z=0.8\text{mm}$，总的网格数为 $8\times30\times44$，PIN 二极管部分采用时域谱元方法计算，未知量数目为 7320 个。

给 PIN 单管限幅器分别注入频率为 0.7GHz、1.5GHz 和 2GHz，幅值为 35V 的正弦波，如图 8-37～图 8-39 所示，观察限幅器输出波形和半导体内部温度变化曲线图，FDTD-Diakoptics 方法的曲线与 COMSOL 方法的曲线吻合较好。

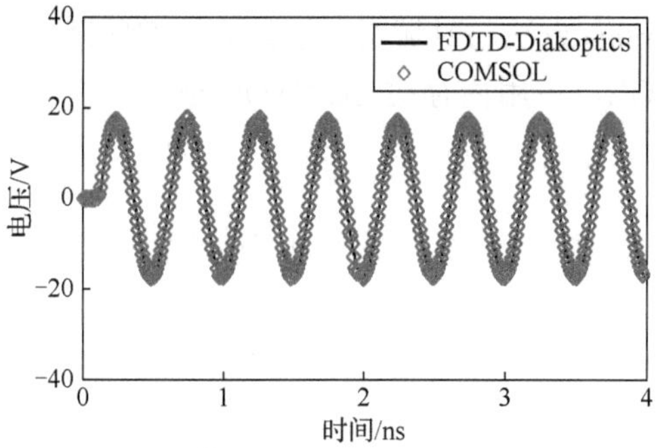

（a）输出电压与COMSOL对比图

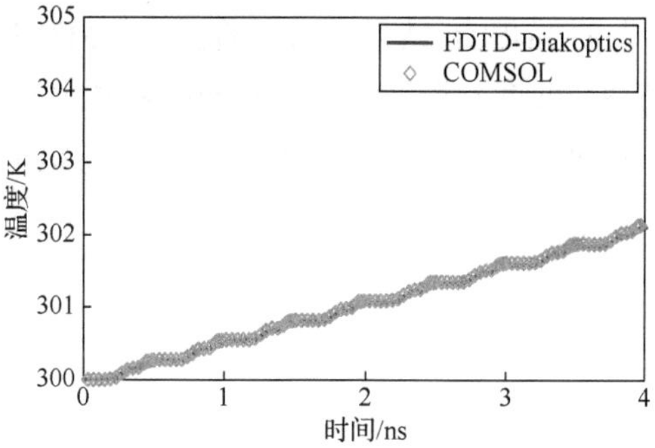

（b）PIN单管限幅器温度变化

图 8-37　0.7GHz 正弦波输入 PIN 单管限幅器电热响应

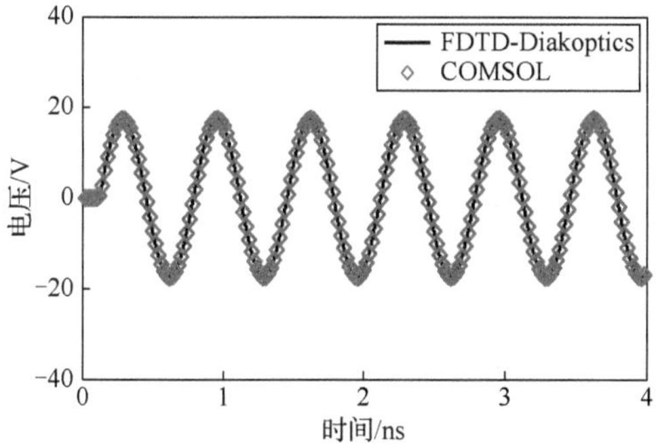

（a）输出电压与COMSOL对比图

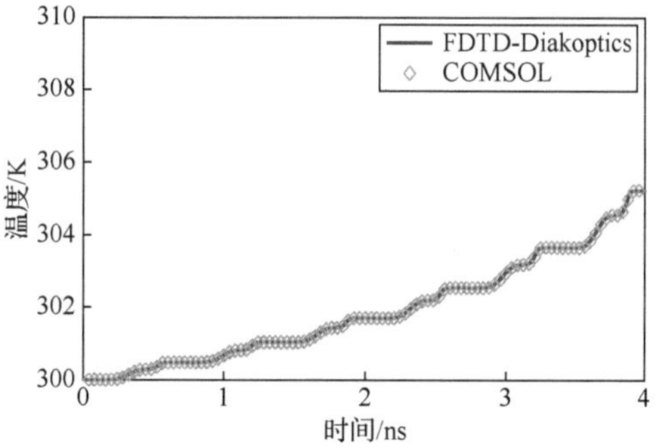

（b）PIN单管限幅器温度变化

图 8-38　1.5GHz 正弦波输入 PIN 单管限幅器电热响应

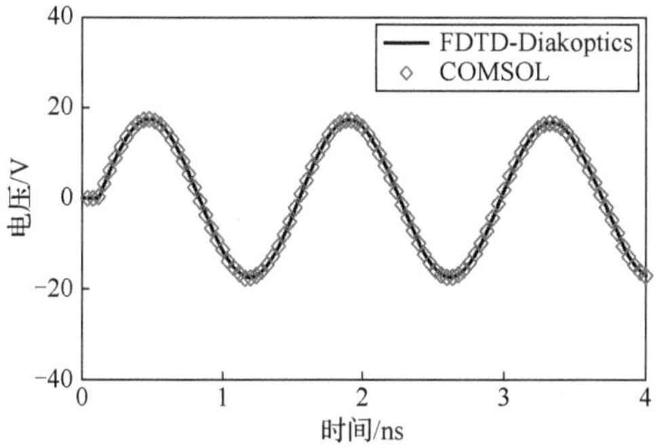

（a）输出电压与COMSOL对比图

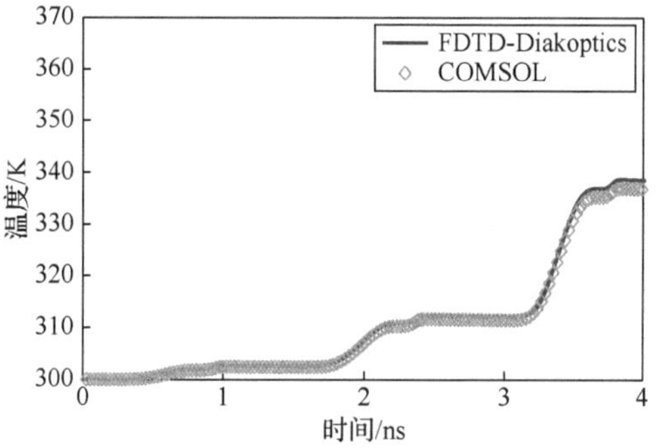

（b）PIN单管限幅器温度变化

图 8-39　2GHz 正弦波输入 PIN 单管限幅器电热响应

FDTD-Diakoptics 方法端口电压与 COMSOL 吻合较好，温度变化趋势相同。可以看出，相同幅值的正弦波注入下，正弦波频率低，PIN 二极管温度上升更快，这是由于一个周期内频率低的正弦波在负半周期具有更多的能量，反向导通的时间更长，温度上升更快。表 8-1 是 FDTD-Diakoptics 方法与 COMSOL 效率的对比。

表8-1　FDTD-Diakoptics方法和COMSOL比较结果

求解方案	未知量数目/个	总计算时间/s	内存/MB
COMSOL	62899	21654	2270
FDTD-Diakoptics 方法	17880	18050	296

与 COMSOL 结果相吻合验证了 FDTD-Diakoptics 方法与时域谱元法结合计算物理模型半导体器件的准确性，且计算效率明显高于 COMSOL，占用内存比 COMSOL 小。

5. 基于物理模型的对管 PIN 限幅器瞬态响应分析

为了能更好地抑制尖峰泄漏，提高限幅电路的限幅水平，接下来分析物理模型的对管 PIN 限幅器。

如图 8-40 所示，R_s 为端口 1 的内阻，V_s 为输入源，R_0 为终端负载，与 PIN 二极管并联。$V_1^t(t)$ 为端口 1 的电压，$I_1^t(t)$ 为端口 1 的总电流，$V_2^t(t)$ 为端口 2 的电压，$I_2^t(t)$ 为端口 2 的总电流。D_1 和 D_2 分别表示两个反向并联的 PIN 二极管。

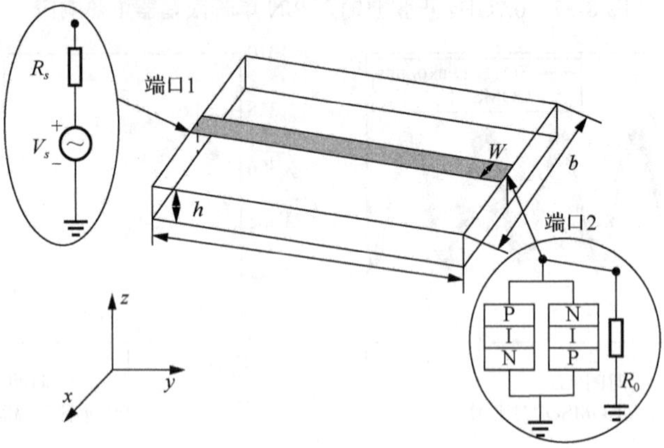

图 8-40　双管 PIN 限幅器结构

对于正向、反向的 PIN 二极管的物理模型而言，其电压和电流分别满足瞬态关系：

$$\begin{aligned} I_{D1} &= f_{t1}(V_{D1}) \\ I_{D2} &= f_{t2}(V_{D2}) \end{aligned} \tag{8-132}$$

式中，V_{D1}、I_{D1} 分别表示正接 PIN 二极管两端的电压和流过 PIN 二极管的电流；V_{D2}、I_{D2} 分别表示反接 PIN 二极管两端的电压和流过 PIN 二极管的电流。

对于端口 1 而言：

$$f_1(V_1^t)=I_1^t(t)=\frac{V_s-V_1^t}{Z_0} \tag{8-133}$$

对于端口 2 而言：

$$f_2(V_2^t)=I_2^t=\frac{V_2^t}{Z_0}+I_{D1}+I_{D2}=\frac{V_2^t}{Z_0}+f_{t1}(V_{D1}^t)+f_{t2}(V_{D2}^t) \tag{8-134}$$

式中，$V_{D1}=V_{D2}=V_2^t$。求解式（8-104），首先设：

$$\boldsymbol{F}(\boldsymbol{X})=\boldsymbol{A}\boldsymbol{X}+f(\boldsymbol{X})-\boldsymbol{B} \tag{8-135}$$

$\boldsymbol{X}$ 为求解项，即 V_1^t、I_1^t、V_2^t 和 I_2^t，$f(x)$ 为式（8-132）中的非线性项 f_{t_1} 和 f_{t_2}，采用牛顿法求解矩阵方程（8-135）。对式（8-135）进行泰勒级数展开，并且忽略二次以上高阶项，得到牛顿迭代式：

$$\boldsymbol{F}(\boldsymbol{X}_1)+\boldsymbol{F}'(\boldsymbol{X}_1)(\boldsymbol{X}_2-\boldsymbol{X}_1)=0 \tag{8-136}$$

式中，$\boldsymbol{X}_1$ 表示当前牛顿迭代步所要求解电路的电流和电压；$\boldsymbol{X}_2$ 为前一步牛顿迭代求得的电

路的电流和电压。对式（8-135）左右两边求导后得到

$$\boldsymbol{F}'(\boldsymbol{X})=\boldsymbol{A}+f'(\boldsymbol{X}) \tag{8-137}$$

因为该网络为二端口网络，由式(8-124)可知矩阵 $f'(\boldsymbol{X})$ 只有 $\dfrac{\partial f_3}{\partial x_1}$ 和 $\dfrac{\partial f_4}{\partial x_2}$ 不为 0，因此 Jacobi 矩阵 $\boldsymbol{F}'(\boldsymbol{X})$ 为

$$\boldsymbol{F}'(\boldsymbol{X})=\begin{bmatrix} g_{11}^r-1 & g_{12}^f & R_{01}g_{11}^r & R_{02}g_{12}^f \\ g_{21}^f & g_{22}^r-1 & R_{01}g_{21}^f & R_{02}g_{22}^r \\ \dfrac{\partial f_1(V_1^t)}{V_1^t} & 0 & 1 & 0 \\ 0 & \dfrac{\partial f_2(V_2^t)}{\partial V_2^t} & 0 & 1 \end{bmatrix} \tag{8-138}$$

Jacobi 矩阵 $\boldsymbol{F}'(\boldsymbol{X})$ 中的 $\dfrac{\partial f_1(V_1^t)}{V_1^t}$ 和 $\dfrac{\partial f_2(V_2^t)}{\partial V_2^t}$ 表示为

$$\begin{gathered} \frac{\partial f_1(V_1^t)}{V_1^t}=-\frac{1}{Z_0} \\ \frac{\partial f_2(V_2^t)}{\partial V_2^t}=\frac{1}{Z_0}+\frac{\partial f_{t1}(V_2^t)}{\partial V_2^t}+\frac{\partial f_{t2}(V_2^t)}{\partial V_2^t} \end{gathered} \tag{8-139}$$

导数 $\dfrac{\partial f_{t1}(V_2^t)}{\partial V_2^t}$、$\dfrac{\partial f_{t2}(V_2^t)}{\partial V_2^t}$ 可以近似表示为

$$\begin{gathered} \frac{\partial f_{t1}(V_2^t)}{\partial V_2^t}=\frac{I_{D1}-I_{D10}}{V_D-V_{D0}} \\ \frac{\partial f_{t2}(V_2^t)}{\partial V_2^t}=\frac{I_{D2}-I_{D20}}{V_D-V_{D0}} \end{gathered} \tag{8-140}$$

式中，I_{D1}、I_{D2}、V_D 分别表示此时正接 PIN 二极管的电流、反接 PIN 二极管的电流、PIN 二极管两端的电压值；I_{D10}、I_{D20}、V_{D0} 是为了求解 $f_t'(V_{D1})$、$f_t'(V_{D2})$ 而人为设定的，一般取 $V_{D0}=V_{D1}-\Delta V$ 为 V_D 附近很小范围内的数值，再通过求解漂移扩散方程组求得 I_{D10}、I_{D20}，这里，ΔV 取 0.0001V。所以最终需要求解的牛顿迭代式为

$$\boldsymbol{X}_2=\boldsymbol{X}_1-\boldsymbol{F}(\boldsymbol{X}_1)\left[\boldsymbol{F}'(\boldsymbol{X}_1)\right]^{-1} \tag{8-141}$$

其中

$$\boldsymbol{X}_1=\begin{bmatrix} V_{11}^t \\ V_{21}^t \\ I_{11}^t \\ I_{21}^t \end{bmatrix},\quad \boldsymbol{X}_2=\begin{bmatrix} V_{12}^t \\ V_{22}^t \\ I_{12}^t \\ I_{22}^t \end{bmatrix} \tag{8-142}$$

$$\boldsymbol{F}'(\boldsymbol{X}_1)=\begin{bmatrix} g_{11}^r-1 & g_{12}^f & R_{01}g_{11}^r & R_{02}g_{12}^f \\ g_{21}^f & g_{22}^r-1 & R_{01}g_{21}^f & R_{02}g_{22}^r \\ -\dfrac{1}{Z_0} & 0 & 1 & 0 \\ 0 & \dfrac{1}{Z_0}-\dfrac{I_{D1}-I_{D10}}{\Delta V}-\dfrac{I_{D2}-I_{D20}}{\Delta V} & 0 & 1 \end{bmatrix}^{-1} \tag{8-143}$$

式中，V_{ij}^t、I_{ij}^t 中 i 表示端口，$j=1,2$ 表示前一时刻迭代步和当前时刻迭代步。牛顿迭代的收敛条件为 $\sqrt{\boldsymbol{F}^2(V_{12}^t)+\boldsymbol{F}^2(V_{22}^t)+\boldsymbol{F}^2(I_{12}^t)+\boldsymbol{F}^2(I_{22}^t)}<\varepsilon$，满足该条件的 $\boldsymbol{X}_2$ 即为该时刻的解，进而求得端口 1 和端口 2 的电压与电流。

下面通过算例验证上述公式推导的正确性。物理模型 PIN 二极管的总长为10μm，I 层厚5μm，均匀掺杂浓度为$10^{13}\,\text{cm}^{-3}$，两侧的 P 结和 N 结分别为3μm 和 2μm，高斯掺杂浓度分别为$10^{20}\,\text{cm}^{-3}$和$10^{19}\,\text{cm}^{-3}$。给限幅器注入 2GHz 幅度为 20V 的正弦信号，限幅器瞬态响应如图 8-41 所示。FDTD Yee 元胞的剖分尺寸为$\Delta x=0.3937\text{mm}$，$\Delta y=0.762\text{mm}$，$\Delta z=0.8\text{mm}$，总的网格数为$8\times30\times44$，PIN 二极管部分采用时域谱元方法计算，未知量数目为 7320 个。

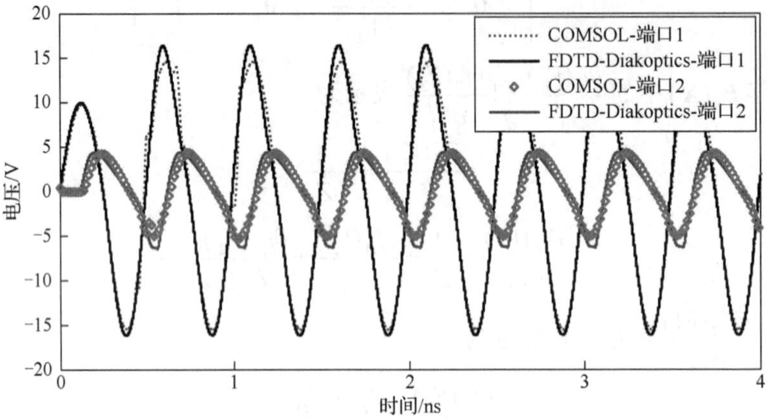

图 8-41　端口电压与 COMSOL 对比

计算结果与 COMSOL 结果吻合良好，通过物理模型 PIN 限幅器的算例进一步凸显FDTD-Diakoptics 方法的优势。在计算含有物理模型的微波电路时，半导体部分并不容易收敛，因此需要减小计算的时间间隔以保证其收敛性，而微波电路的线性部分往往不需要很小的时间间隔就可以达到收敛条件。传统场路耦合方法往往将两者直接一起计算，这样需要保证半导体部分和线性电路部分的时间间隔一致，从而导致计算线性电路部分的时间间隔很小，增加了计算线性区的计算时长。而 FDTD-Diakoptics 方法将线性电路和非线性半导体部分分开计算，线性电路的冲激响应是固定的，因此可以在计算线性电路时尽可能地使时间间隔取大一些，半导体部分时间间隔取小一些，然后通过插值的方法统一两者的时间间隔，从而缩短整体分析含有物理模型的微波电路的时间。下面通过算例体现该优势。图 8-42 计算的单级对管限幅器线性电磁结构部分和非线性半导体部分都取时间间隔为 1ps，下面分别取线性电磁结构部分时间间隔为 1ps，非线性半导体部分时间间隔为 0.5ps 和 0.25ps，对比计算结果，如图 8-42 和图 8-43 所示。

从图 8-42 和 8-43 可以看出，对冲激响应采取插值处理得出的限幅器输出端口电压与未插值处理得出的限幅器输出电压基本吻合，说明该优化处理的可行性，图 8-42 的非线性半导体计算时间间隔取 0.5ps，冲激响应提取时间相比于未插值处理提取时间节省 1/2。

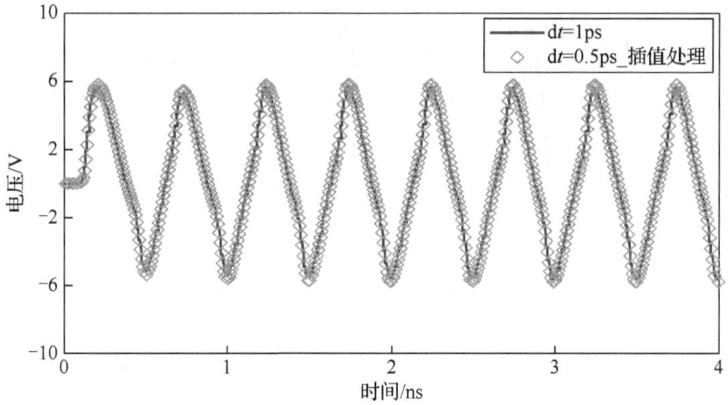

图 8-42　未插值处理和插值处理得出的限幅器输出端电压对比一

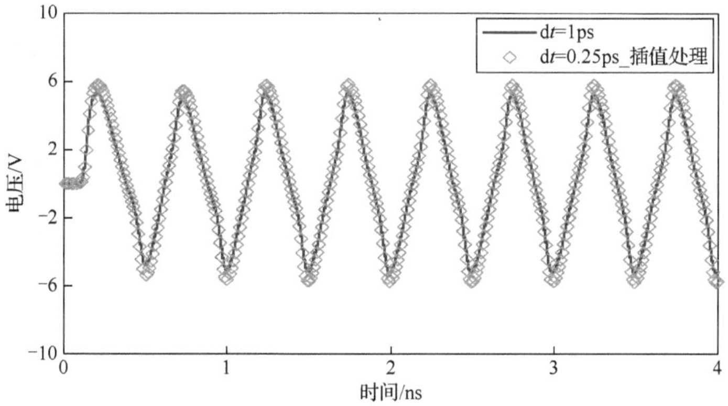

图 8-43　未插值处理和插值处理得出的限幅器输出端电压对比二

本章分别分析了单级单管限幅器和单级对管限幅器，这两种限幅器的线性电路部分相同，即微带线、介质基板以及非线性半导体放置位置是相同的，因此在后续的单管、对管限幅器电路计算中仅需要提取一次线性电路的冲激响应。同样，对于分析同一个限幅器的不同输入信号时限幅器的响应问题，仅需提取一次冲激响应。对于场路耦合的不同输入源，显著节省了计算线性电路的时间。图 8-44～图 8-47 给出了输入源频率固定为 2GHz，而幅值分别为 100V、250V、400V 时限幅电路的输出响应，以及 PIN 二极管温度变化曲线对比。

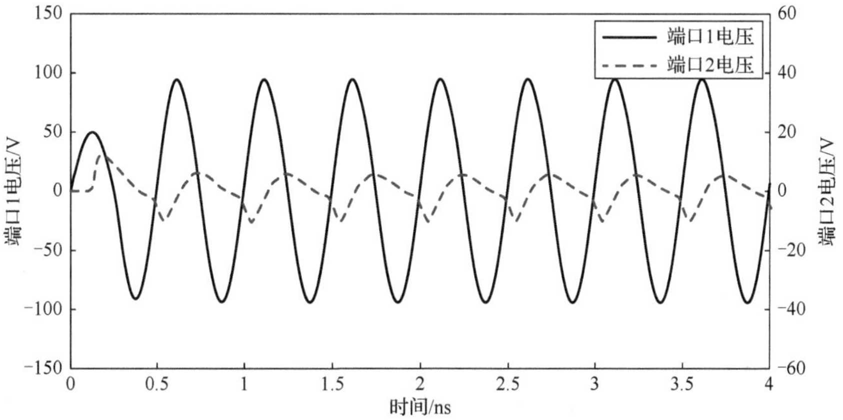

图 8-44　单级对管限幅器限幅效果（V=100V）

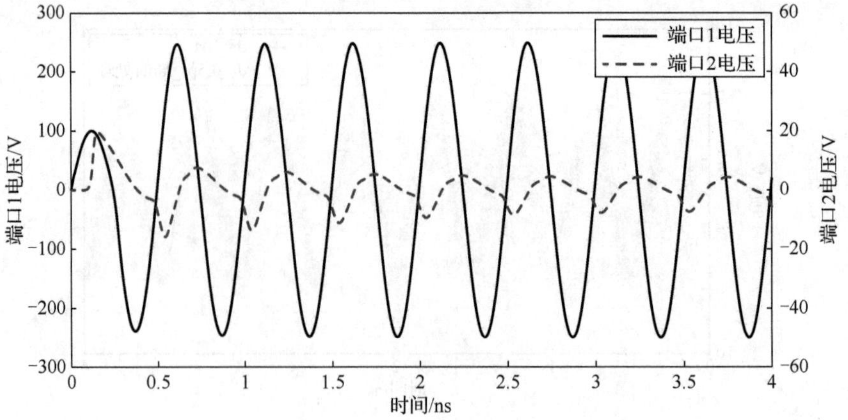

图 8-45　单级对管限幅器限幅效果（V=250V）

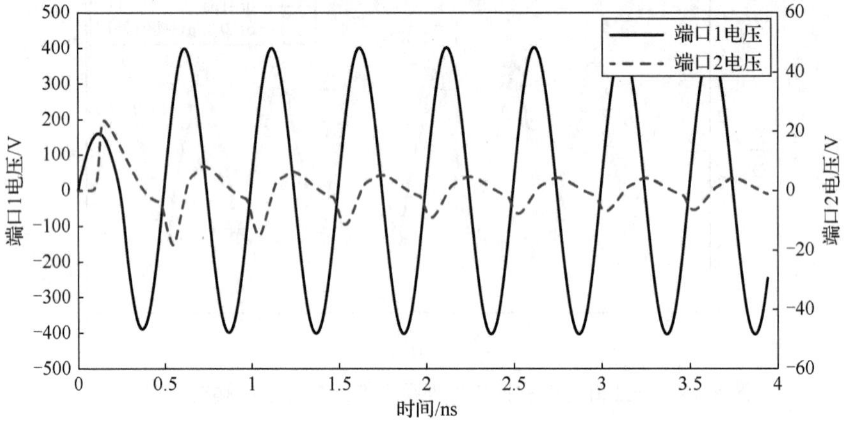

图 8-46　单级对管限幅器限幅效果（V=400V）

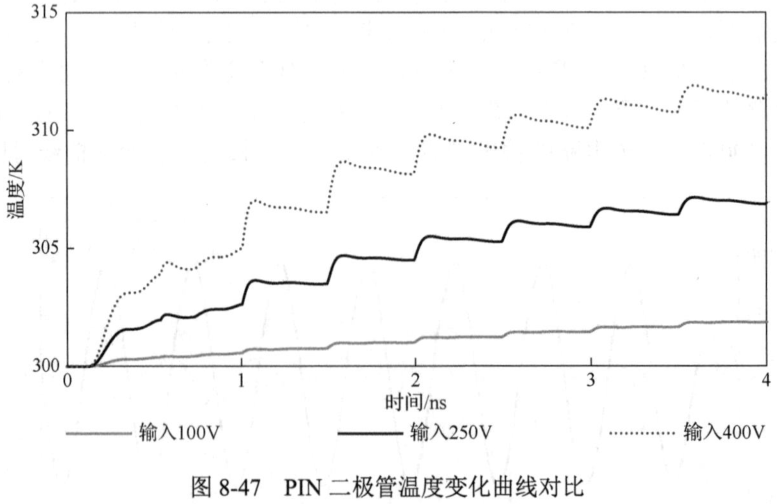

图 8-47　PIN 二极管温度变化曲线对比

分析这几种不同幅值输入源下限幅器的输出响应，是采用同一个冲激响应计算的，因此，相比常规场路耦合求解方法，冲激响应场路耦合方法节省了两次计算线性电路的时间。对于输入源幅值较大的情况，时间间隔取 1ps，算法求解会发散，因此半导体部分需要采用更小的时间间隔确保计算精度，而冲激响应部分依旧采用 1ps 时间间隔，进一步突出了图 8-42 的冲激响应插值方法的优势。

8.6　能量选择表面的电磁防护机理分析

8.6.1　基于场路同步协同仿真方法的防护机理分析

1. 含有非线性集总元件的 FDTD

下面使用 FDTD 方法分析周期能量选择表面（Energy Selective Surface，ESS）瞬态响应，二极管采用简化模型，其电流 I_d 和电压 U_d 满足：

$$I_d=\begin{cases}G_s U_d, & U_d<0\\ I_0\left[\exp\left(\dfrac{U_d q}{kT}\right)-1\right], & U_d>0\end{cases} \tag{8-144}$$

式中，G_s 为反向偏压，是二极管对应的电导，此处为 0；I_0 为二极管反向饱和电流，通常取 1.0×10^{-14} A；q 为电子电荷；k 为玻尔兹曼常量；T 为二极管温度，通常取 300K。

从集总元件镶嵌在 Yee 元胞开始推导，对 ESS 单元 x 和 y 反向引入周期边界条件对 ESS 进行建模瞬态仿真。假设一个二极管镶嵌在 FDTD 的空间网格中，二极管对电路的作用可以用等效电流 J_L 来替代，然后将二极管的电压、电流关系代入迭代公式中即可求得二极管的电流和电压。

$$\nabla\times\boldsymbol{H}=J_c+\varepsilon\frac{\partial\boldsymbol{E}}{\partial t}+J_L \tag{8-145}$$

式中，$J_c=\sigma E$ 为传导电流；ε 为介质的介电参数（F/m）；σ 为电导率（S/m）；J_L 为二极管模型的电流密度。假设 J_L 沿 z 方向，则二极管电流密度 J_L 与电流 I_L 的关系可以表示为电流和流经面积之比：

$$J_L=\frac{I_L}{\Delta x\Delta y} \tag{8-146}$$

因此得到 z 方向的 FDTD 迭代关系式为

$$E_z^{n+1}(i,j,k+1/2)=E_z^n(i,j,k+1/2)+\frac{\Delta t}{\varepsilon_0\Delta x\Delta y}(\nabla\times H)_z\Big|_{i,j,k+1/2}^{n+1/2}-\frac{\Delta t}{\varepsilon_0\Delta x\Delta y}I_{zL}^{n+1}(i,j,k+1/2) \tag{8-147}$$

将二极管电压和电流关系式离散：

$$\begin{aligned}I_{zL}^{n+1}(i,j,k+1/2)&=I_0\left\{\exp\left[\frac{q\Delta z E_z^{n+\frac{1}{2}}(i,j,k+1/2)}{kT}\right]-1\right\}\\&=I_0\left\{\exp\left[\frac{q\Delta z(E_z^{n+1}(i,j,k+1/2)+E_z^n(i,j,k+1/2))}{2kT}\right]-1\right\}\end{aligned} \tag{8-148}$$

使用均值关系将 E_z 展开，并代入式（8-148）中，得到二极管所在位置的 FDTD 电场迭代关系式。

$$E_z^{n+1}(i,j,k+1/2)=E_z^{n}(i,j,k+1/2)+\frac{\Delta t}{\varepsilon_0\Delta x\Delta y}(\nabla\times H)_z\Big|_{i,j,k+1/2}^{n+1/2}$$
$$-\frac{\Delta t}{\varepsilon_0\Delta x\Delta y}I_0\left\{\exp\left[\frac{q\Delta z(E_z^{n+1}(i,j,k+1/2)+E_z^{n}(i,j,k+1/2))}{2kT}\right]-1\right\} \tag{8-149}$$

式（8-149）需要用牛顿法求解出 E_z^{n+1}，从而实现 E_z^n 到 E_z^{n+1} 的时间步进，同时该式对于二极管大信号情况下 FDTD 计算仍然稳定。

2. Floquet 定理与周期边界条件

由于 ESS 为二维周期电磁结构，设周期结构在 x 方向和 y 方向周期延伸，周期间隔分别为 T_x 和 T_y。入射平面波为

$$E_z=E_0\mathrm{e}^{\mathrm{j}\left(\omega t-k_x x-k_y y-k_z z\right)} \tag{8-150}$$

$k_x=k\cos\phi\sin\theta$，$k_y=k\sin\phi\sin\theta$，$k_z=k\cos\theta$。假设两个周期单元在 x 方向和 y 方向分别相差 m 个周期和 n 个周期，这两个单元之间有关系式：

$$\tilde{\psi}\left(x+mT_x,y+nT_y,z,\omega\right)=\tilde{\psi}\left(x,y,z,\omega\right)\mathrm{e}^{-\mathrm{j}mk_xT}\mathrm{e}^{-\mathrm{j}nk_yT_y} \tag{8-151}$$

在 $n=m=1$ 的情况下，将式（8-150）从频域形式转换成时域形式：

$$\psi\left(x+T_x,y+T_y,t\right)=\psi\left(x,y,t-\frac{T_x}{\upsilon_{\varphi x}}-\frac{T_y}{\upsilon_{\varphi y}}\right) \tag{8-152}$$

以上即二维周期结构中的 Floquet 定理[7]。

下面介绍二维周期边界条件。对于二维周期边界条件，假设 T_x 为 x 方向周期，T_y 为 y 方向的周期，设平面波入射角 $\theta=0°$，即垂直入射时，由式（8-151）可得

$$\psi\left(x+T_x,y+T_y,t\right)=\psi\left(x,y,t\right) \tag{8-153}$$

首先，假设周期边界的前边界和后边界分别用 $i=1$ 和 $i=M$ 来表示，那么在 $i=1$ 和 $i=M$ 的两个边界周围的节点的电磁场可以有如下处理。E_z 可以由场量 H_y 计算表示，而 $H_y^{n+\frac{1}{2}}\left(1-1/2,j,k+1/2\right)$ 在计算网格区域之外，根据周期边界条件，$H_y^{n+\frac{1}{2}}\left(1-1/2,j,k+1/2\right)$ 可以由 $H_y^{n+\frac{1}{2}}\left(M-1/2,j,k+1/2\right)$ 表示[11]，如式（8-154）所示。

$$\begin{cases}H_y^{n+\frac{1}{2}}\left(1-1/2,j,k+1/2\right)=H_y^{n+\frac{1}{2}}\left(M-1/2,j,k+1/2\right)\\ H_y^{n+\frac{1}{2}}\left(M+1/2,j,k+1/2\right)=H_y^{n+\frac{1}{2}}\left(1+1/2,j,k+1/2\right)\end{cases} \tag{8-154}$$

同理，求解 E_y 时，周期边界上和周期边界外侧的 H_z 节点的关系是

$$\begin{cases}H_z^{n+\frac{1}{2}}\left(1-1/2,j+1/2,k\right)=H_z^{n+\frac{1}{2}}\left(M-1/2,j+1/2,k\right)\\ H_z^{n+\frac{1}{2}}\left(M+1/2,j+1/2,k\right)=H_z^{n+\frac{1}{2}}\left(1+1/2,j+1/2,k\right)\end{cases} \tag{8-155}$$

假设周期边界的左边界和右边界分别用 $j=1$ 和 $j=N$ 来表示，那么在 $j=1$ 和 $j=N$ 的两个边界周围的节点的电磁场可以有如下处理。

求解 E_z 时，周期边界上和周期边界外侧的 H_x 节点的关系是

$$\begin{cases} H_x^{n+\frac{1}{2}}(i,1-1/2,k+1/2)=H_x^{n+\frac{1}{2}}(i,N-1/2,k+1/2) \\ H_x^{n+\frac{1}{2}}(i,N+1/2,k+1/2)=H_x^{n+\frac{1}{2}}(i,1+1/2,k+1/2) \end{cases} \tag{8-156}$$

求解 E_x 时，周期边界上和与周期边界外侧的 H_z 节点的关系是

$$\begin{cases} H_z^{n+\frac{1}{2}}(i+1/2,1-1/2,k)=H_z^{n+\frac{1}{2}}(i+1/2,N-1/2,k) \\ H_z^{n+\frac{1}{2}}(i+1/2,N+1/2,k)=H_z^{n+\frac{1}{2}}(i+1/2,1+1/2,k) \end{cases} \tag{8-157}$$

周期边界上的 E_z 为

$$E_z^{n+1}(1,j,k)=E_z^n(1,j,k)+\frac{\Delta t}{\varepsilon}\left[\begin{array}{c}\dfrac{H_y^{n+\frac{1}{2}}(1+1/2,j,k)-H_y^{n+\frac{1}{2}}(N-1/2,j,k)}{\Delta x} \\ -\dfrac{H_x^{n+\frac{1}{2}}(1,j+1/2,k+1/2)-H_x^{n+\frac{1}{2}}(1,j-1/2,k)}{\Delta y}\end{array}\right] \tag{8-158}$$

$$E_z^{n+1}(N,j,k)=E_z^n(N,j,k)+\frac{\Delta t}{\varepsilon}\left[\begin{array}{c}\dfrac{H_y^{n+\frac{1}{2}}(i+1/2,j,k)-H_y^{n+\frac{1}{2}}(N-1/2,j,k)}{\Delta x} \\ -\dfrac{H_x^{n+\frac{1}{2}}(N,j+1/2,k+1/2)-H_x^{n+\frac{1}{2}}(N,j-1/2,k)}{\Delta y}\end{array}\right] \tag{8-159}$$

3. 周期结构 ESS 瞬态响应分析

在 ESS 中，二极管的排布方向与所需屏蔽的电磁波极化方向是密切相关的。对于垂直极化波而言，想要实现表面阻抗可变结构，需要将 PIN 二极管垂直排布，PIN 二极管排列方向与电场极化方向相同。PIN 二极管与一字金属边依次排列形成的一字单元结构就是最简单的垂直极化 ESS 结构。

通过几个实例分析 ESS 的瞬态响应，如图 8-48 所示，分析垂直极化一字单管 ESS。电场的极化方向和二极管排列方向相同，电磁波沿+z 方向传播，主要从透射波性能、二极管两端电压、透射波波形几个方面研究 ESS 的空间防护能力。

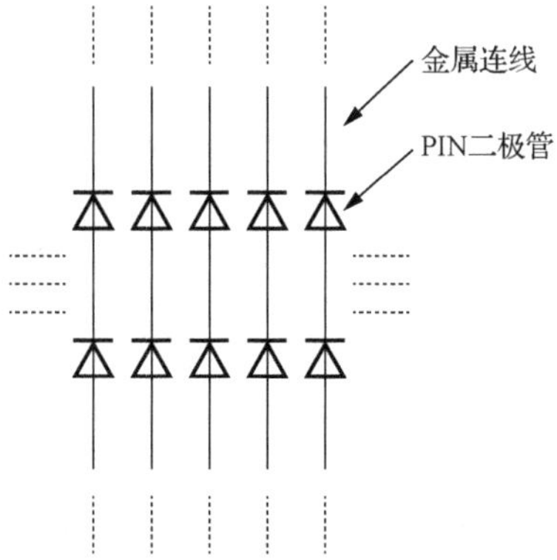

图 8-48　一字单管 ESS 示意图

首先分析一字单管 ESS 的瞬态响应。根据上述分析，该结构 ESS 对 $+z$ 方向传播的垂直极化的波具有能量低通特性。ESS 单元周期为 10mm，一字金属贴片长 4mm，宽 2mm，介质基板厚度为 0.5mm。图 8-49 为入射波幅值为 150V、中心频率为 1.5GHz 的正弦平面波。

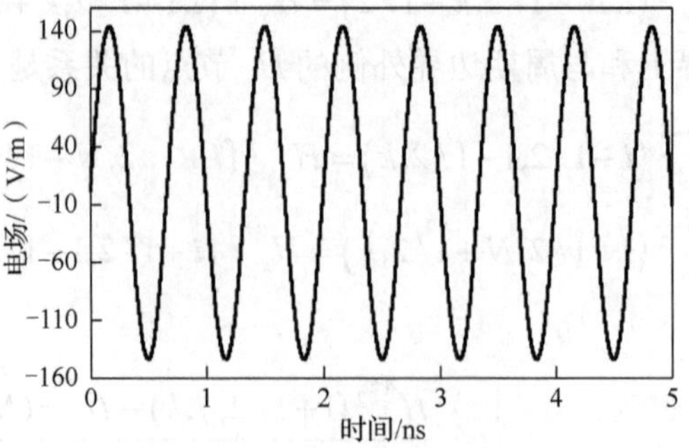

图 8-49　入射波波形

FDTD 剖分尺寸设置为 dx=dy=2mm，dz=0.5mm。FDTD 运行时间为 3.6s，CST 运行时间约 5s。图 8-50（a）为透过 ESS 观察点位置处的透射波，图 8-50（b）为此时二极管两端电压随时间变化的曲线。从图 8-50（b）中可以看出，透过 ESS 的电磁波有明显的衰减，此时 ESS 的作用类似于一个具有能量低通特性的限幅器。由于二极管是单向排布的，所以透射波形是单边限幅，限幅的方向电场幅值为 100V/m。此时，二极管两端的正向电压达到 0.7V，二极管已经彻底导通，二极管阻抗很小，ESS 类似于连续金属网，可以反射部分电磁波，从而达到衰减强场的效果。表 8-2 列出了本章所采用的 FDTD 方法与商用软件 CST 的计算自旋消耗对比，可以明显看出，FDTD 计算时间和所需内存均小于 CST。

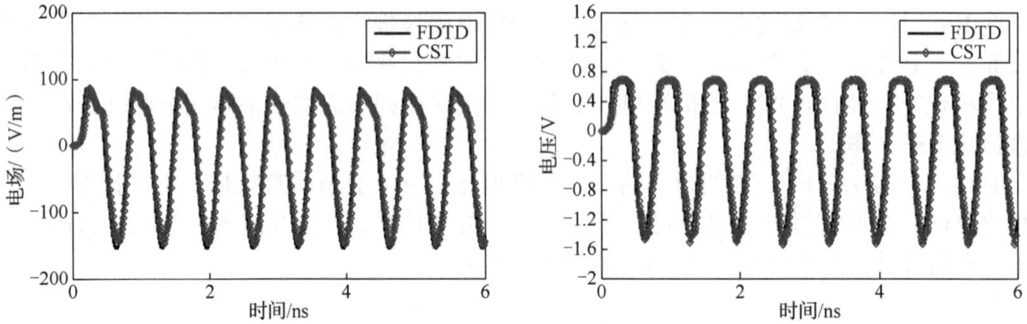

（a）透射波波形　　（b）二极管感应电压

图 8-50　一字单管 ESS 的瞬态响应

表8-2　FDTD和商用软件CST比较结果

方案	未知量数目/个	总的计算时间/s	内存/MB
商用软件 CST	19488	5	171
FDTD	6150	3.6	24

从图 8-51 可以看出，在 150V 左右，ESS 开始限幅，随着入射电场值的增大，ESS 的屏蔽效能也会随之增大。图 8-52 为各个入射电场幅值下二极管两端电压的变化图。

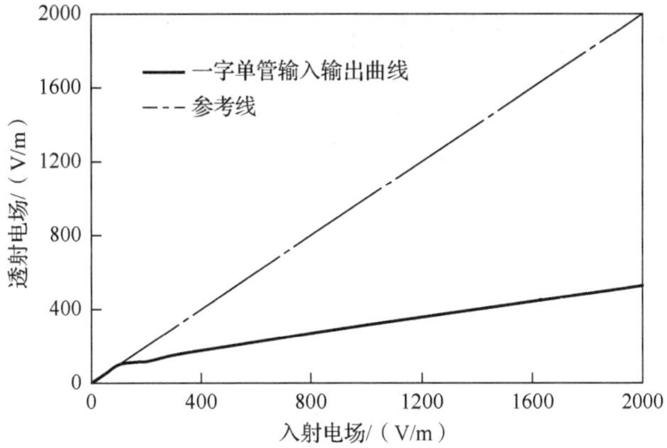

图 8-51　ESS 透波特性

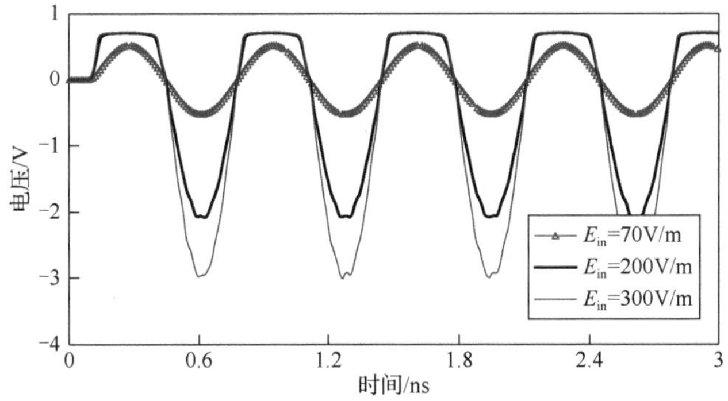

图 8-52　二极管感应电压随入射电场幅值变化情况

如图 8-52 所示，随着入射电场值的增大，二极管两端的感应电压也随之增大，当入射波峰值小于 150V/m 时，二极管感应电压小于 0.7V，此时二极管还未完全导通，ESS 限幅效果不明显。当入射场值达到 200V 时，二极管感应电压达到 0.7V，完全导通，ESS 表面阻抗因此变小，反射大部分的电磁波。

接着利用 FDTD 分析一字对管 ESS 结构以及双极化十字对管 ESS 结构。如图 8-53 所示，该结构为一字对管 ESS 结构，ESS 单元周期为 10mm，一字金属贴片长 4mm，宽 2mm，介质基板厚度为 0.5mm，FDTD 剖分尺寸设置为 dx=dy=2mm，dz=0.5mm，z 方向 PML（Perfectly Matched Layer）设置 10 层，x 和 y 方向设置周期边界条件。当入射波为 2GHz、幅值为 15000V/m 的正弦波，垂直照射到 ESS 上时，ESS 的二极管排列方向与波的极化方向一致。图 8-54 为入射波波形以及观察点处的透射波波形。

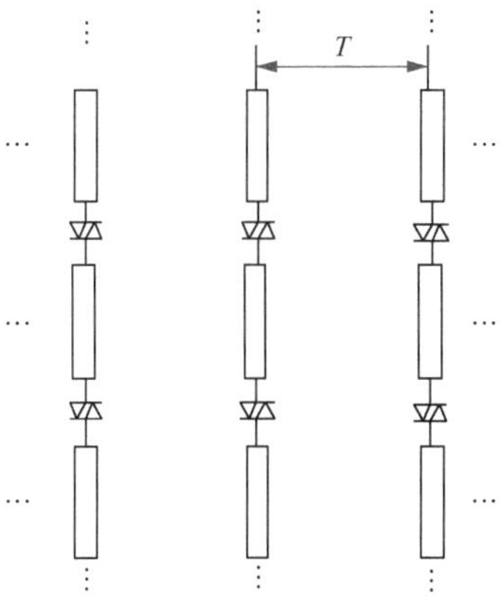

图 8-53　一字对管 ESS

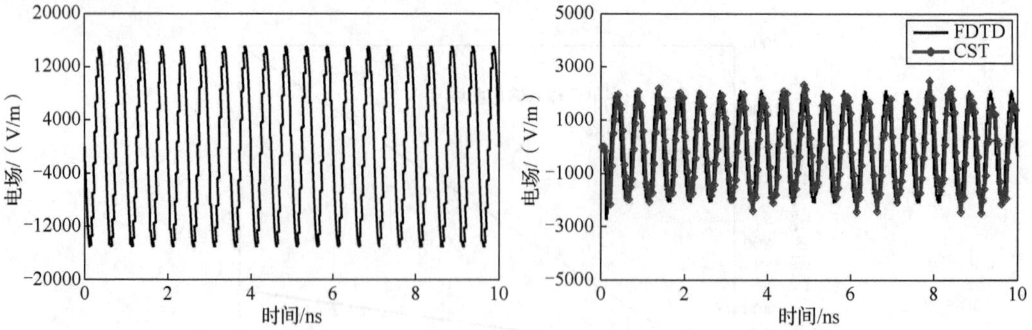

（a）EMP时域波形　　（b）透射波

图 8-54　核爆脉冲照射 ESS 的输入和输出

由图 8-54 可以看出，正弦波透过 ESS 后，极化方向的电场分量的峰值由 14000 V/m 限幅到 2000V/m。表 8-3 是 FDTD 和商用软件 CST 的效率对比，由于 CST 是不均匀剖分，且 CST 的时间间隔 d*t* 比 FDTD 大，FDTD 计算速度比 CST 要慢一些，但是 CST 内存消耗远大于 FDTD。

表8-3　FDTD和商用软件CST比较结果

方案	未知量数目/个	总的计算时间/s	内存/MB
商用软件 CST	16154	110	433.2
FDTD	6150	135.54	24.5

如图 8-55 所示，下面分析一字对管 ESS 对 UWB（Ultra Wide Band）的防护效果。入射波幅值为 15.5kV/m，t_s=10ns，脉宽为 1ns，场强为 15.5kV/m，其垂直照射到 ESS 上。经过 ESS 的限幅后，透射波的幅值约为 2000V/m，但是透射波持续时间较短，约 2ns 后能量趋于 0，耦合到天线中的能量通过限幅器二次保护后，接收电路不会被耦合的能量烧毁。

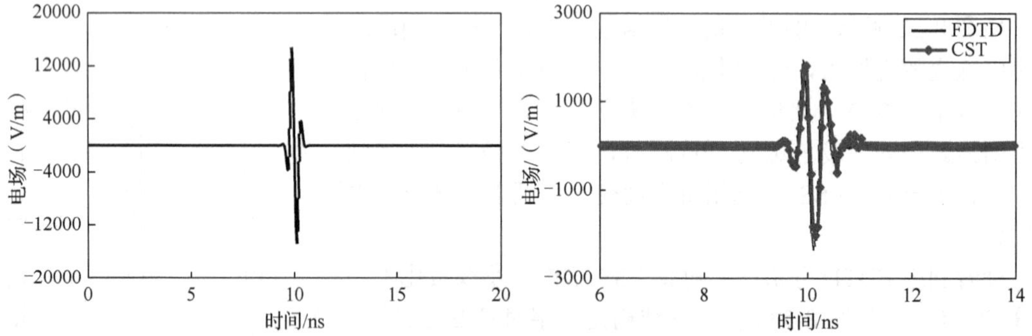

（a）UWB时域波形　　（b）透射波

图 8-55　UWB 照射 ESS 的输入和输出

一字对管 ESS 由于只在单一方向加载二极管，只能够实现垂直极化或水平极化单一极化方向的入射波限幅，下面分析如图 8-56 所示的十字对管 ESS。十字对管在 x 方向和 y 方向都排布了二极管，ESS 单元周期为 10mm，d_1 长 4mm，d_2 长 2mm，介质基板厚度为 0.5mm，介质板介电常数为 4.3。FDTD 剖分尺寸设置为 dx=dy=dz=0.25mm，z 方向 PML 设置 10 层，x 和 y 方向设置周期边界条件。如图 8-57 所示，假设中心频率为 1.5GHz、幅值为 15000V/m 的 HPM 垂直照射十字对管 ESS。HPM 上升沿和下降沿都为 10ns，脉宽 50ns。由图 8-58 可以看出，HPM 经过十字对管 ESS 后，透射波峰值为 2000V/m，此时通过限幅器进一步限幅后，此电压对后级电路来说已经在安全工作范围内。

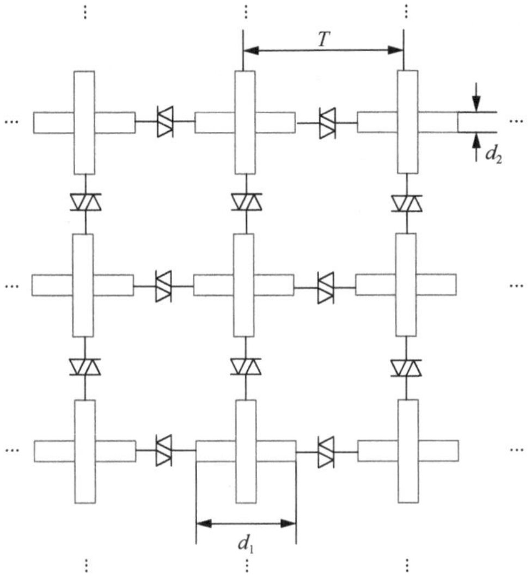

图 8-56　十字对管 ESS 示意图

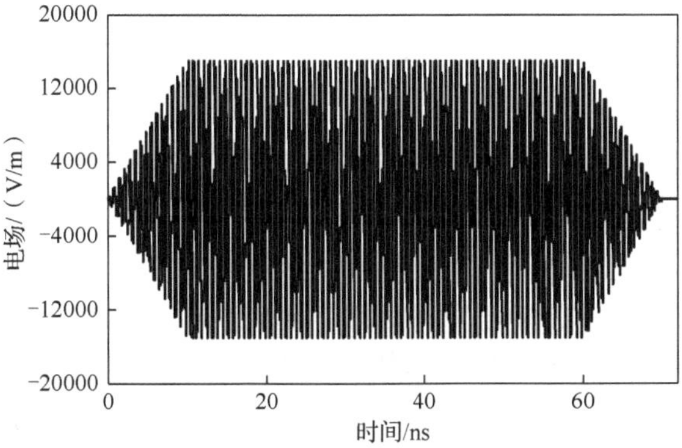

图 8-57　HPM 波形

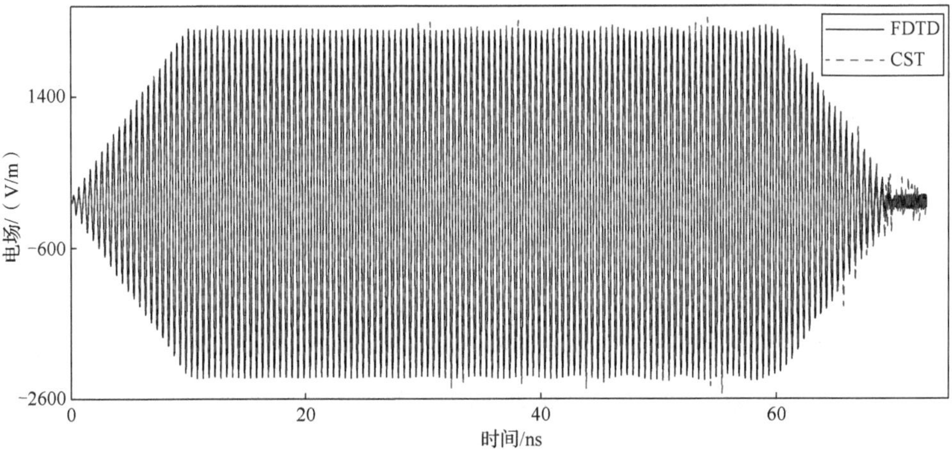

图 8-58　观察点处透射波

4. 有限大准周期 ESS 瞬态响应分析

接下来使用 FDTD 方法分析有限大准周期 ESS，此时 x 方向和 y 方向周期边界条件不再适用，而对于 ESS 这种包含精细结构的电磁目标，由于要确保计算精度，且满足柯朗稳定条件，网格剖分的尺寸会较为精细，因此网格数较多，计算机的内存需求会变高，由于 FDTD 方法具有并行性，可以并行解决这个问题。在求解电场值时，只需要前一时刻的电场值和周围磁场值，同样计算磁场只需要周围电场值和前一时刻的磁场值，并不需要其他时刻和其他区域的电磁场，只有在两个子域交界面才需要数据传递。FDTD 方法进行并行计算时，首先将整个计算区域划分为若干子域，子域由人为设定。分析 ESS 问题，由于其结构在 x 方向和 y 方向是准周期结构，因此划分子域主要沿 x 方向和 y 方向，这样划分可以确保单元的完整性，也可以尽可能地减小子域间交界面的面积，从而减小数据传输量。如图 8-59 所示的子域与子域之间只有相邻的子域需要数据传输，子域 1 的边界上的电场值需要其相邻子域 2 中的磁场值才能计算。

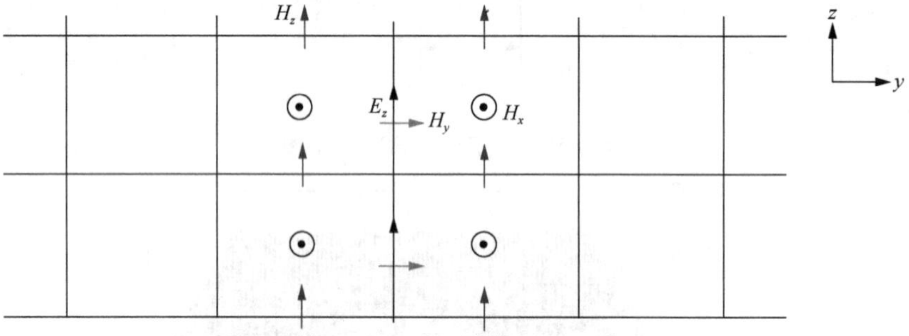

图 8-59　相邻子域数据传输示意图

电磁结构的电场与磁场计算需要数据传输，如何更高效地传输数据是有必要考虑的，前面分析在 FDTD 并行中，只需要子域与相邻子域边界面进行信息交互。通过将进程排列成三维网格模式的拓扑结构，就能够反映出三维相邻进程的逻辑关系。在有拓扑结构之后，优化并行的数据传输，加强子域与相邻子域的传输效率。

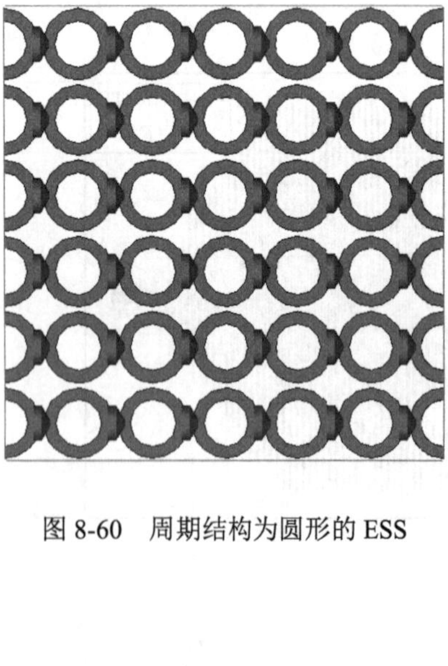

图 8-60　周期结构为圆形的 ESS

接下来，通过并行 FDTD 分析有限大 ESS 的瞬态响应。图 8-60 为金属贴片为圆形的 ESS，单元数为 6×6，单元长和宽均为 6.5mm，入射波为+z 方向，电场极化方向为二极管排布方向的调制高斯脉冲，幅值为 350V/m，dx=dy=0.5mm，dz=0.1mm，dt=3.35×10^{-13}s，时间步数为 15000。未知量共 24829684 个，调用 2 个核，计算时长 6.2h，相比于串行计算效率提高约 91%。

由于是单管结构，从图 8-61 可以看到正半周有限幅效果，输出峰值为 200V/m，负半周没有明显的限幅效果，且在 2.9ns 后能量集中在负半周。

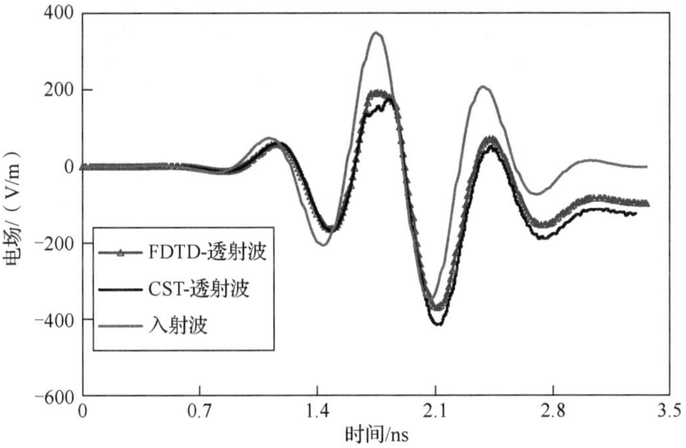

图 8-61　入射场与透射场波形

8.6.2　基于场路异步协同仿真方法的防护机理分析

1. 基于 FDTD 的场路异步协同方法分析 ESS 结构

基于场路异步协同仿真方法分析能量选择表面的防护。需要与 8.5 节场路异步协同仿真方法相区别的是，此时分析的结构引入了平面波，并且分析结构为周期结构。在强电磁脉冲环境下，可以将周期结构能量选择表面分成 3 个部分：第一部分为有源区，图 8-62 包含电压源、电流源以及空间场激励；第二部分为周期结构线性的无源电磁结构；第三部分为端口加载的集总元件。

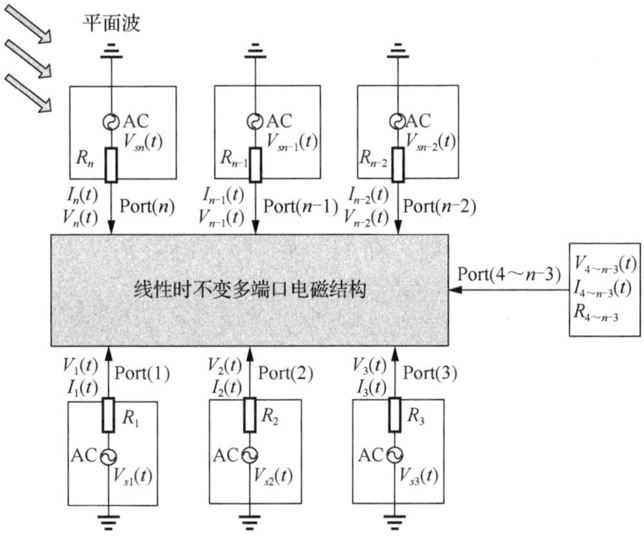

图 8-62　有限大能量选择表面示意图

计算周期结构 ESS 瞬态响应，第一步，将线性无源周期电磁结构看作一个线性时不变结构，由于结构的周期性，可以通过分析一个单元加上周期边界条件从而得到周期 ESS 的瞬态响应。对于周期结构的一个单元而言，可以将每个加载集总元件的地方视为一个端口，如一个一字对管结构，将正接和反接的两个管子加载处视为两个端口，对于这个单元里的端口，存在以下关系：

$$\begin{bmatrix} V_1^t(t) \\ \vdots \\ V_m^t(t) \\ \vdots \\ V_n^t(t) \end{bmatrix} = \begin{bmatrix} g_{11}(t) & \cdots & g_{1m}(t) & \cdots & g_{1n}(t) \\ \vdots & & \vdots & & \vdots \\ g_{m1}(t) & \cdots & g_{mm}(t) & \cdots & g_{mn}(t) \\ \vdots & & \vdots & & \vdots \\ g_{n1}(t) & \cdots & g_{nm}(t) & \cdots & g_{nn}(t) \end{bmatrix} \begin{bmatrix} V_{s1}(t) \\ \vdots \\ V_{sm}(t) \\ \vdots \\ V_{sn}(t) \end{bmatrix} \tag{8-160}$$

这里，$V_m(t)$ 表示每个时间在每个端口 m 位置的总的电压。$V_{sm}(t)$ 是时域冲激信号源的信息。式（8-160）成立的思想是认为线性的电磁结构任意一个端口的时域冲激响应电压是该端口以及其余端口的时域冲激响应在该端口位置的叠加。提取方法参考第 3 章，在此不再赘述。

第二步，用电磁脉冲平面波激励周期线性电磁结构，根据戴维南定理，平面波在各个端口的等效源就是该端口的开路电压，这里可以在端口加载 100MΩ的电阻等效成开路状态[12]，提取开路电压即等效电压源。

第三步，将第一步得到的电压和电流关系（冲激响应）以及第二步得到的等效电压源代入相应的耦合矩阵中计算加载的集总元件的感应电压和电流。

第四步，对于加载了集总元件的 FDTD 迭代公式而言，此处的感应电流就是集总元件的贡献项，代入式中，即可求解空间任一点的电场分布[13]。

对于端口 i 而言，$V_i^t(t)$ 为端口 i 的总电压，$I_i^t(t)$ 为端口 i 的总电流，$V_{gi}(t)$ 为端口 i 施加的冲激信号，$V_{si}(t)$ 为端口 i 施加的等效电压源，这里的等效电压源就是平面波照射线性电磁结构时端口提取的开路电压，$g_{ij}(t)$ 为冲激响应，为 j 端口加源对 i 端口的电压贡献。利用传递响应函数来表达端口总电压：

$$\begin{gathered}
V_1^t(t)=V_{g1}(t)g_{11}(t)+V_{g2}(t)g_{12}(t)+\cdots+V_{gn}(t)g_{1n}(t)+V_{s1}(t)\\
V_2^t(t)=V_{g1}(t)g_{21}(t)+V_{g2}(t)g_{22}(t)+\cdots+V_{gn}(t)g_{2n}(t)+V_{s2}(t)\\
\vdots\\
V_m^t(t)=V_{g1}(t)g_{m1}(t)+V_{g2}(t)g_{m2}(t)+\cdots+V_{gn}(t)g_{mn}(t)+V_{sm}(t)\\
\vdots\\
V_n^t(t)=V_{g1}(t)g_{n1}(t)+V_{g2}(t)g_{n2}(t)+\cdots+V_{gn}(t)g_{nn}(t)+V_{sn}(t)
\end{gathered}\tag{8-161}$$

在提取 $g_{ij}(t)$ 时，在每个端口接入电阻 R_i，因此在端口 i 处，该端口的电压满足关系：

$$V_{gi}=V_i^t+I_i^tR_i-V_{si}\tag{8-162}$$

因此可以得到下列关系：

$$\begin{aligned}
V_1^t(t)=&\left[V_1^t(t)+I_1^t(t)R_1-V_{s1}(t)\right]g_{11}(t)+\left[V_2^t(t)+I_2^t(t)R_2-V_{s2}(t)\right]g_{12}(t)\\
&+\cdots+\left[V_n^t(t)+I_n^t(t)R_n-V_{sn}(t)\right]g_{1n}(t)+V_{s1}(t)\\
V_2^t(t)=&\left[V_1^t(t)+I_1^t(t)R_1-V_{s1}(t)\right]g_{21}(t)+\left[V_2^t(t)+I_2^t(t)R_2-V_{s2}(t)\right]g_{22}(t)\\
&+\cdots+\left[V_n^t(t)+I_n^t(t)R_n-V_{sn}(t)\right]g_{2n}(t)+V_{s2}(t)\\
&\vdots\\
V_m^t(t)=&\left[V_1^t(t)+I_1^t(t)R_1-V_{s1}(t)\right]g_{m1}(t)+\left[V_2^t(t)+I_2^t(t)R_2-V_{s2}(t)\right]g_{m2}(t)\\
&+\cdots+\left[V_n^t(t)+I_n^t(t)R_n-V_{sn}(t)\right]g_{mn}(t)+V_{sm}(t)\\
&\vdots\\
V_n^t(t)=&\left[V_1^t(t)+I_1^t(t)R_1-V_{s1}(t)\right]g_{n1}(t)+\left[V_2^t(t)+I_2^t(t)R_2-V_{s2}(t)\right]g_{n2}(t)\\
&+\cdots+\left[V_n^t(t)+I_n^t(t)R_n-V_{sn}(t)\right]g_{nn}(t)+V_{sn}(t)
\end{aligned}\tag{8-163}$$

因为对于一个确定线性时不变系统，电压与电流的关系是确定的，所以 R_i 的取值以及施加的等效电压源不改变电压与电流的关系式。

其中，端口 n 接电路 n 的抽象函数分别为

$$\begin{gathered}I_1^t(t)=f_1[V_1^t(t)]\\ I_2^t(t)=f_2[V_2^t(t)]\\ \vdots\\ I_n^t(t)=f_n[V_n^t(t)]\end{gathered}\tag{8-164}$$

因此可以得到含有平面波照射的线性的电磁场结构和非线性电路的场路耦合的方程组：

$$\begin{cases}V_1^t(t)=R_{01}I_1^t(t)g_{11}(t)+R_{02}I_2^t(t)g_{12}(t)+\cdots+R_{0n}I_n^t(t)g_{1n}(t)\\ \qquad +V_1^t(t)g_{11}(t)+V_2^t(t)g_{12}(t)+\cdots+V_n^t(t)g_{1n}(t)\\ \qquad -V_{s1}(t)g_{11}(t)-V_{s2}(t)g_{12}(t)-\cdots-V_{sn}(t)g_{1n}(t)+V_{s1}(t)\\ V_2^t(t)=R_{01}I_1^t(t)g_{21}(t)+R_{02}I_2^t(t)g_{22}(t)+\cdots+R_{0n}I_n^t(t)g_{2n}(t)\\ \qquad +V_1^t(t)g_{21}(t)+V_2^t(t)g_{22}(t)+\cdots+V_n^t(t)g_{2n}(t)\\ \qquad -V_{s1}(t)g_{21}(t)-V_{s2}(t)g_{22}(t)-\cdots-V_{sn}(t)g_{2n}(t)+V_{s2}(t)\\ \quad\vdots\\ V_n^t(t)=R_{01}I_1^t(t)g_{n1}(t)+R_{02}I_2^t(t)g_{n2}(t)+\cdots+R_{0n}I_n^t(t)g_{nn}(t)\\ \qquad +V_1^t(t)g_{n1}(t)+V_2^t(t)g_{n2}(t)+\cdots+V_n^t(t)g_{nn}(t)\\ \qquad -V_{s1}(t)g_{n1}(t)-V_{s2}(t)g_{n2}(t)-\cdots-V_{sn}(t)g_{nn}(t)+V_{sn}(t)\\ \quad\vdots\\ I_1^t(t)=f_1\left[V_1^t(t)\right]\\ I_2^t(t)=f_2\left[V_2^t(t)\right]\\ \quad\vdots\\ I_n^t(t)=f_n\left[V_n^t(t)\right]\end{cases}\tag{8-165}$$

对式（8-165）进行时间上的离散，联立后可以得到含源线性时不变系统与端口器件构建的耦合矩阵：

$$\begin{bmatrix}\boldsymbol{G} & \boldsymbol{G}'\\ \boldsymbol{0} & \boldsymbol{I}\end{bmatrix}\begin{bmatrix}\boldsymbol{I}^t\\ \boldsymbol{V}^t\end{bmatrix}=\begin{bmatrix}\boldsymbol{b}_n\\ \boldsymbol{0}\end{bmatrix}\tag{8-166}$$

其中

$$\boldsymbol{G}=\begin{bmatrix}g_{11}(t)-1 & \ldots & g_{1m}(t) & \cdots & g_{1n}(t)\\ \vdots & & \vdots & & \vdots\\ g_{m1}(t) & \ldots & g_{mm}(t)-1 & \ldots & g_{mn}(t)\\ \vdots & & \vdots & & \vdots\\ g_{n1}(t) & \ldots & g_{nm}(t) & \ldots & g_{nn}(t)-1\end{bmatrix}$$

$$\boldsymbol{G}'=\begin{bmatrix}R_1g_{11}(t) & \ldots & R_mg_{1m}(t) & \cdots & R_ng_{1n}(t)\\ \vdots & & \vdots & & \vdots\\ R_1g_{m1}(t) & \ldots & R_mg_{mm}(t) & \ldots & R_ng_{mn}(t)\\ \vdots & & \vdots & & \vdots\\ R_1g_{n1}(t) & \ldots & R_mg_{nm}(t) & \ldots & R_ng_{nn}(t)\end{bmatrix}$$

$$\boldsymbol{I}=\begin{bmatrix}1&0&0&\cdots&0\\0&1&0&\cdots&0\\0&0&1&\cdots&0\\\vdots&\vdots&\vdots&&\vdots\\0&0&0&\cdots&1\end{bmatrix}_{n*n}$$

$$\boldsymbol{B}=\begin{bmatrix}-\sum_{i=1}^{j-1}V_1^t(i\Delta t)g_{11}\left[(j-i+1)\Delta t\right]-\cdots-\sum_{i=1}^{j-1}V_n^t(i\Delta t)g_{1n}\left[(j-i+1)\Delta t\right]\\-R_1\sum_{i=1}^{j-1}I_1^t(i\Delta t)g_{11}\left[(j-i+1)\Delta t\right]-\cdots-R_n\sum_{i=1}^{j-1}I_n^t(i\Delta t)g_{1n}\left[(j-i+1)\Delta t\right]\\+\sum_{i=1}^{j}V_{s1}^t(i\Delta t)g_{11}\left[(j-i+1)\Delta t\right]+\cdots+\sum_{i=1}^{j}V_{sn}(i\Delta t)g_{1n}\left[(j-i+1)\Delta t\right]-V_{s1}(j\Delta t)\\\vdots\\-\sum_{i=1}^{j-1}V_1^t(i\Delta t)g_{n1}\left[(j-i+1)\Delta t\right]-\cdots-\sum_{i=1}^{j-1}V_n^t(i\Delta t)g_{nn}\left[(j-i+1)\Delta t\right]\\-R_1\sum_{i=1}^{j-1}I_1^t(i\Delta t)g_{n1}\left[(j-i+1)\Delta t\right]-\cdots-R_n\sum_{i=1}^{j-1}I_n^t(i\Delta t)g_{nn}\left[(j-i+1)\Delta t\right]\\+\sum_{i=1}^{j}V_{s1}^t(i\Delta t)g_{n1}\left[(j-i+1)\Delta t\right]+\cdots+\sum_{i=1}^{j}V_{sn}(i\Delta t)g_{nn}\left[(j-i+1)\Delta t\right]-V_{sn}(j\Delta t)\\0\\\vdots\\0\end{bmatrix}$$

计算出集总元件的端口电压和端口电流后，根据已有集总元件 FDTD 迭代公式：

$$\nabla\times\boldsymbol{H}=J_c+\varepsilon\frac{\partial\boldsymbol{E}}{\partial t}+J_L \tag{8-167}$$

式中，$J_c=\sigma E$，为传导电流；ε 为介质的介电常数（F/m）；σ 为电导率（S/m）；J_L 是求得的此处的集总元件的电流贡献。假设 J_L 沿 z 方向，则集总元件电流密度 J_L 与电流 I_L 的关系可以表示为电流和流经面积之比：

$$J_L=\frac{I_L}{\Delta x\Delta y} \tag{8-168}$$

因此得到 z 方向的 FDTD 迭代关系式为

$$\begin{aligned}E_z^{n+1}(i,j,k+1/2)&=E_z^n(i,j,k+1/2)+\frac{\Delta t}{\varepsilon_0\Delta x\Delta y}(\nabla\times H)_z\Big|_{i,j,k+1/2}^{n+1/2}\\&\quad-\frac{\Delta t}{\varepsilon_0\Delta x\Delta y}[I_{zL}^{n+1}(i,j,k+1/2)+I_{zL}^n(i,j,k+1/2)]\end{aligned} \tag{8-169}$$

此时，将集总元件看作一个等效电流源代入式（8-169）中，即可求得空间中的场分布。

2. 周期结构 ESS 瞬态响应

如图 8-63 所示，分析一字对管周期 ESS 结构，ESS 单元周期 10mm，一字金属贴片长 4mm，宽 2mm，介质基板厚度为 0.5mm。以下是入射波幅值为 180kV/m，中心频率为 2GHz 的正弦平面波垂直照射 ESS 结构的分析。

第一步，如图 8-64 所示，提取端口信息——冲激响应。

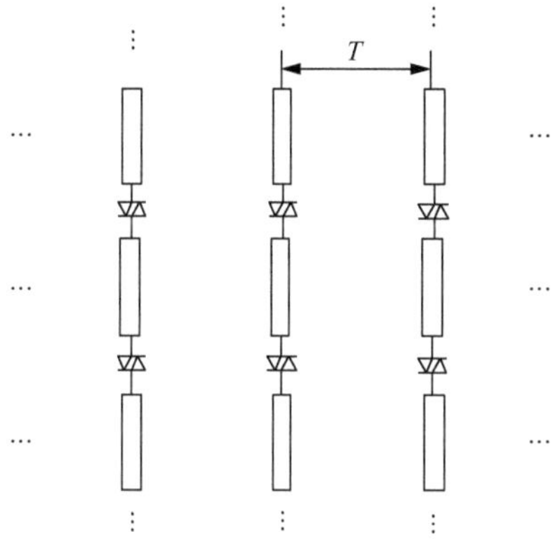

图 8-63　一字对管周期 ESS

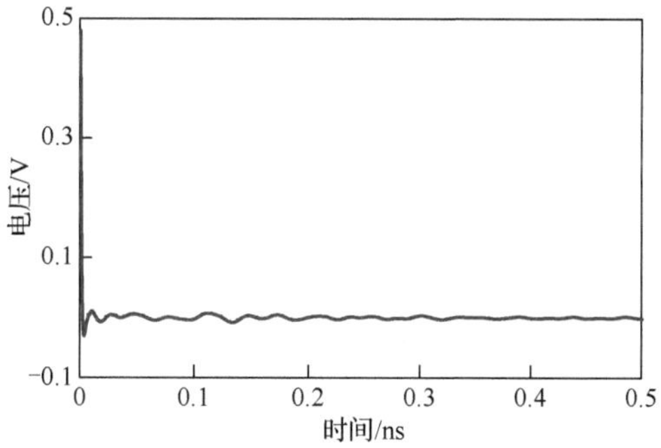

图 8-64　端口冲激响应电压信息

第二步，如图 8-65 所示，提取平面波照射下的周期线性结构端口的开路电压作为等效电压源。

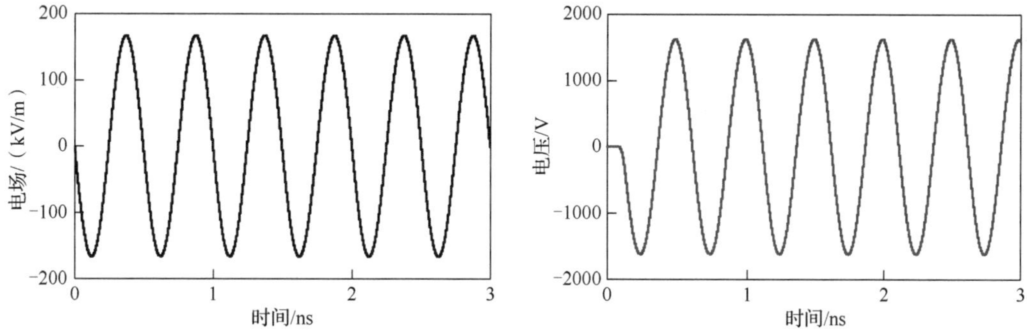

（a）入射波　　（b）提取的端口开路电压

图 8-65　提取等效电压源信息

第三步，如图 8-66 所示，将冲激响应和开路电压代入耦合矩阵求解二极管的感应电压和感应电流。

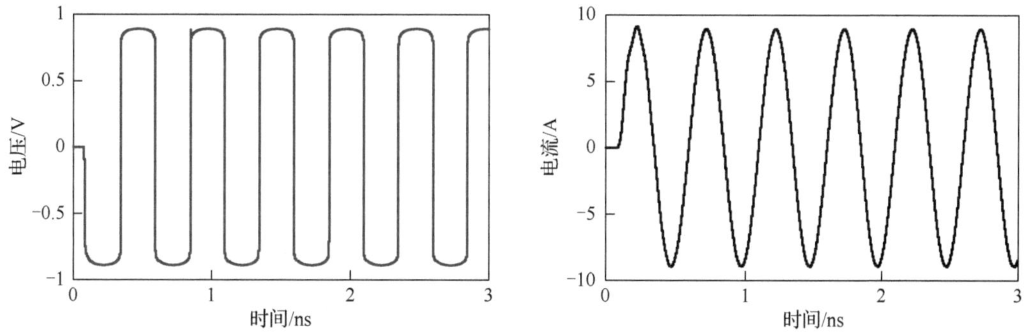

（a）计算得出端口电压　　（b）计算得出端口电流

图 8-66　端口集总元件感应电压和感应电流

第四步，如图 8-67 所示，通过求解的端口电流进而得到集总元件的电流密度贡献项，通过 FDTD 求解空间场分布。可以看出，场路异步协同仿真方法与 CST 结果吻合较好，验证了该方法的正确性。

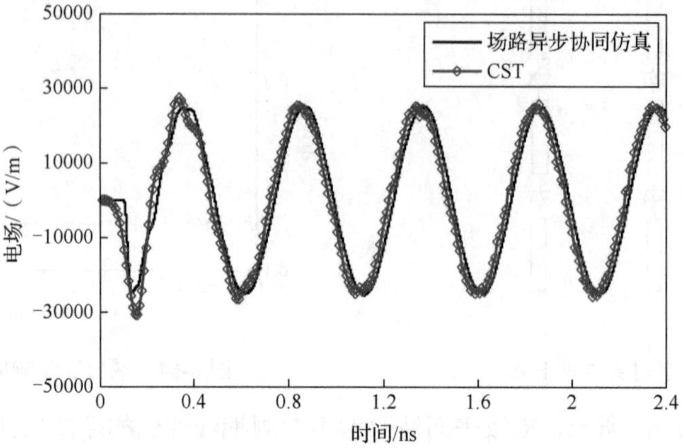

图 8-67　观察点电场（透射波）1

下面分析如图 8-68 所示的一个 4 端口 ESS 结构，ESS 介质基板长、宽均为 10mm，厚 1mm，长臂长 10mm，宽 1mm，单元加载 4 个同向二极管。正面是经典的一字结构连接在两个平行的金属线之间，两两相邻金属线之间有间隙，ESS 背面是与二极管排列方向正交的周期金属网格。入射波为 2GHz 的 10000V/m 的正弦信号。如图 8-69 所示，可以发现场路异步协同仿真方法与 CST 结果吻合较好。

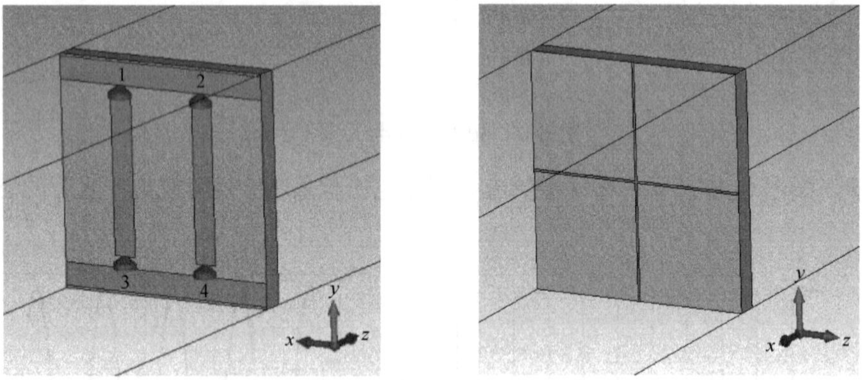

（a）ESS正面　　（b）ESS反面

图 8-68　ESS 结构图

对管结构有两种不同接法，下面通过算例对比两种接法的异同，图 8-70 所示为一字对管结构的周期单元。

ESS 单元周期为 10mm，一字金属贴片长 4mm，宽 2mm，介质基板厚度为 0.5mm。以下是入射波幅值为 10000V/m，中心频率为 2GHz 的正弦平面波垂直照射 ESS 结构的分析。

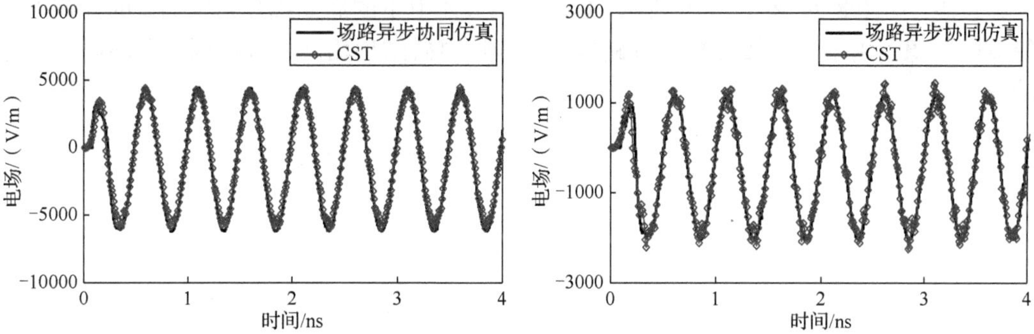

（a）观察点1电场　　（b）观察点2电场

图 8-69　两个观察点电场

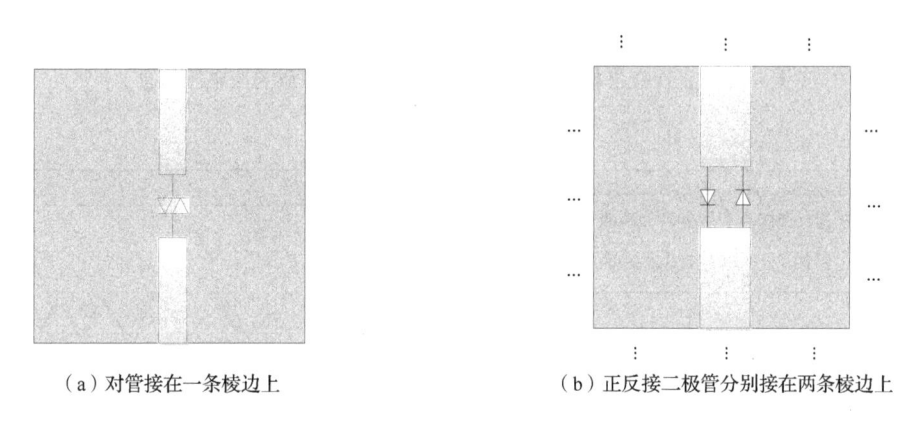

（a）对管接在一条棱边上　　（b）正反接二极管分别接在两条棱边上

图 8-70　一字对管 ESS 结构

第一步，提取对管接在一条棱边（8-70（a））和对管接在两条棱边（8-70（b））的端口电压，端口的冲激响应如图 8-71 和图 8-72 所示。由于两种情况加载冲激信号的位置不同，因此在加载冲激信号的棱边提取的冲激响应也有所差异，而正反接二极管分别加载在不同棱边的 ESS 对管结构由于要提取两条棱边信息，因此需要提取两次冲激响应，如图 8-73 所示。

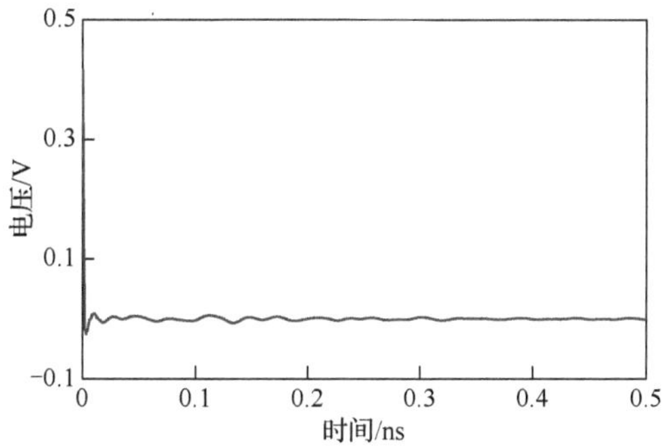

图 8-71　对管接在一条棱边上的冲激响应电压信息

第二步，如图 8-74 和图 8-75 所示，提取平面波照射下的周期线性结构端口的开路电压作为等效电压源。由于两种接法提取开路电压的线性电磁结构相同，故得到的开路电压也是相同的。

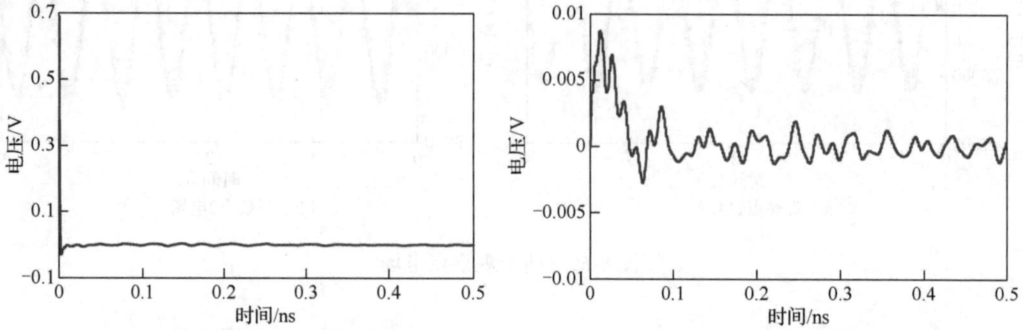

（a）加冲激信号棱边的冲激响应　　（b）另一条棱边的冲激响应

图 8-72　正反接二极管分别接在两条棱边上的冲激响应电压信息

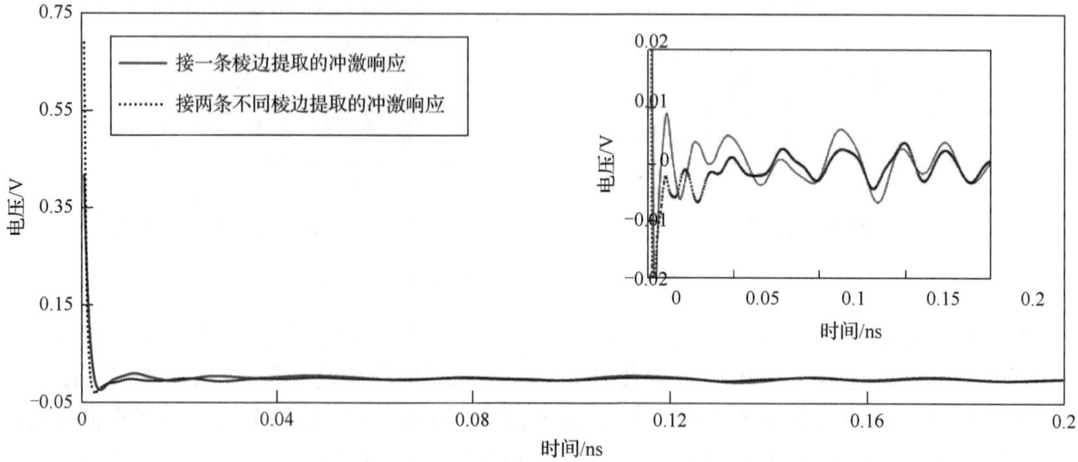

图 8-73　加冲激信号的棱边处提取冲激响应电压对比

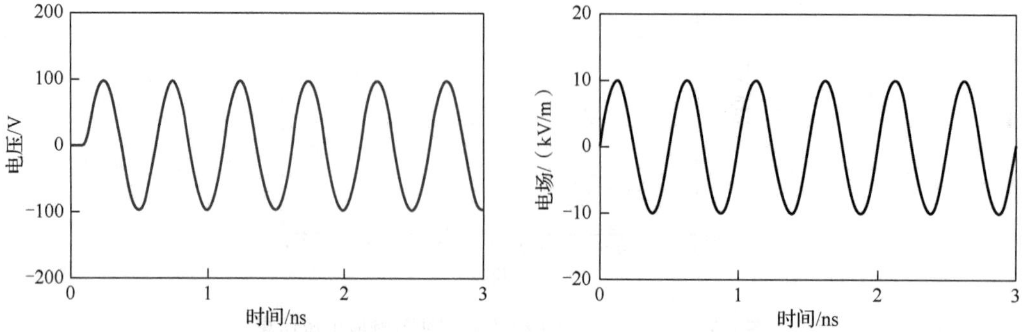

（a）对管接在一条棱边提取的端口开路电压　　（b）入射波

图 8-74　对管接在一条棱边上提取等效电压源信息

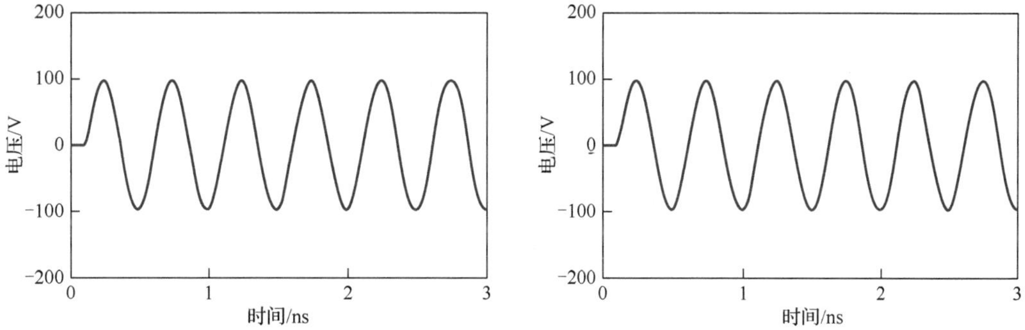

（a）正接二级管棱边提取的开路电压　　　　（b）另一条棱边提取的开路电压

图 8-75　正反接二极管分别接在两条棱边上提取等效电压源信息

第三步，将冲激响应和等效电压源代入耦合矩阵求解二极管的感应电压和感应电流，如图 8-76～图 8-78 所示。对管接在一条棱上的 ESS 结构得到的棱边电压是双向限幅的，正反接的二极管分别接在两个不同棱边的 ESS 结构中二极管电压是单向限幅的。限幅电平都约为 0.7V。对管接在一条棱上的 ESS 结构得到的棱边总电流等于正反接的二极管分别接在两个不同棱边的 ESS 结构两个棱边求得的电流之和。

第四步，如图 8-79 所示，通过求解的端口电流进而得到集总元件的电流密度贡献项，通过 FDTD 求解空间场分布。

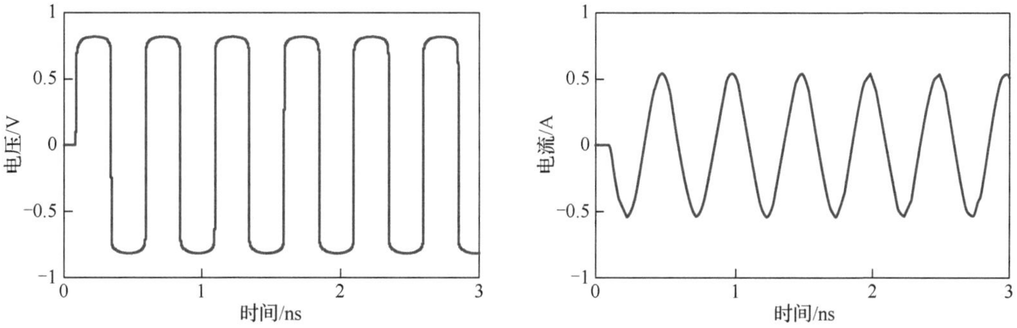

（a）对管两端电压　　　　（b）对管两端电流

图 8-76　对管接在一条棱边上的感应电压和感应电流

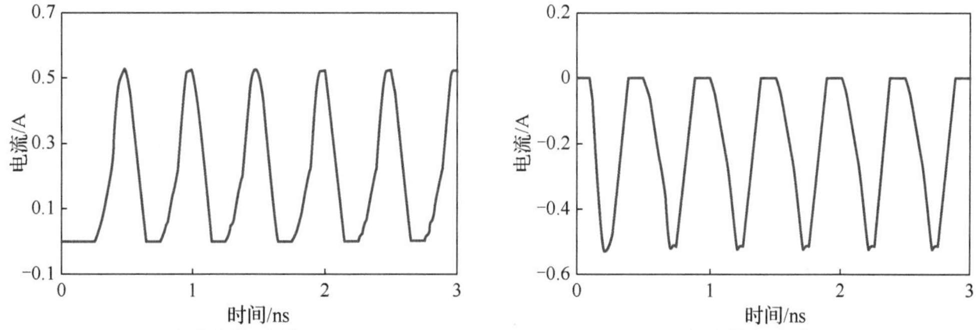

（a）棱边1电流　　　　（b）棱边2电流

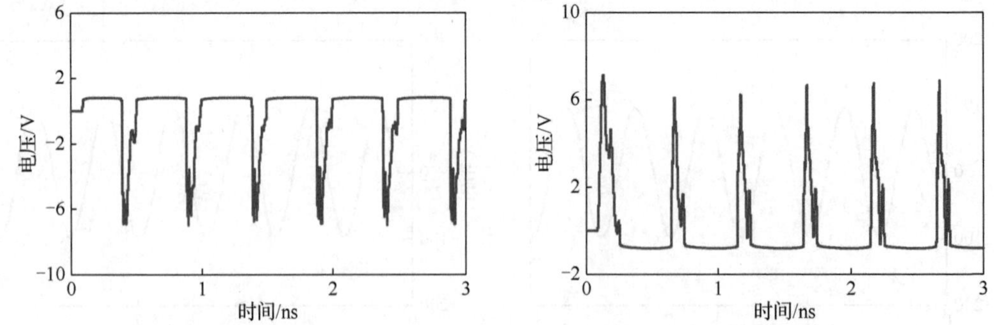

（c）棱边1电压　　（d）棱边2电压

图 8-77　正反接二极管接在不同棱边上的感应电压和感应电流

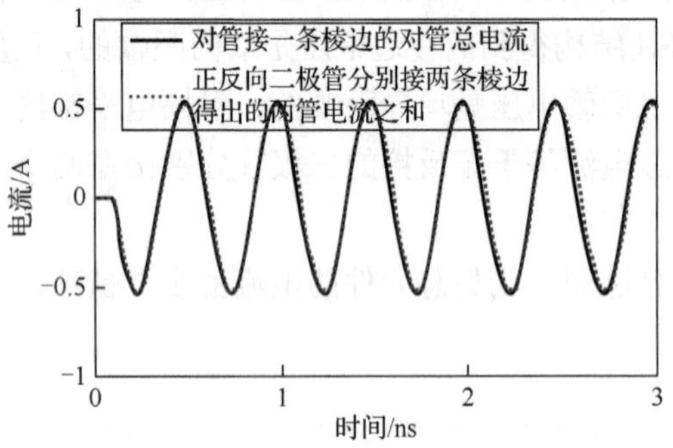

图 8-78　电流对比

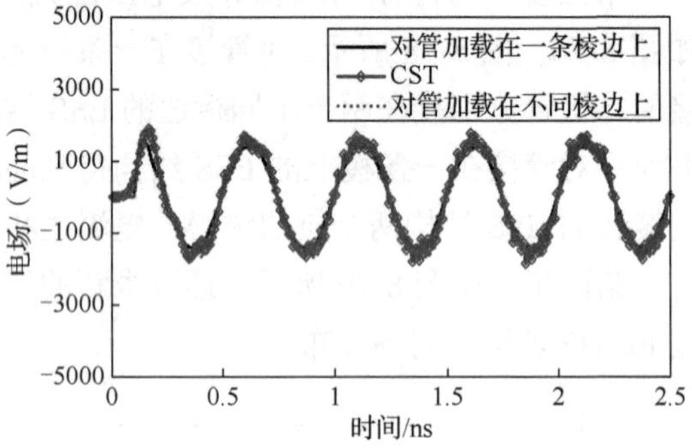

图 8-79　观察点电场（透射波）2

可以发现，两种接法得到的观察点电场与 CST 一致。但是接两条棱的这种情况在第一步计算时，提取冲激响应需要计算两次，占用更多内存，计算第三步的电压和电流时，求解的是 4 阶矩阵，而对管加载在一条棱的情况，计算电压和电流时只需要求解 2 阶矩阵，因此对管加载在一条棱边上的结构的计算效率更高。下面分析不同频率的正弦波入射时，两种二极管接法的 ESS 观察点处电场的异同，如图 8-80 所示，入射波分别为 1GHz、2GHz、3GHz、4GHz 的正弦波，幅值为 10000V/m。可以看出，无论入射波频率如何改变，两种不同方法加载二极管的 ESS 得出的观察点电场波形基本都是一致的，但是对管加载在一条棱边上的这种情况，计算效率会更高，表 8-4 列出了计算效率的对比。

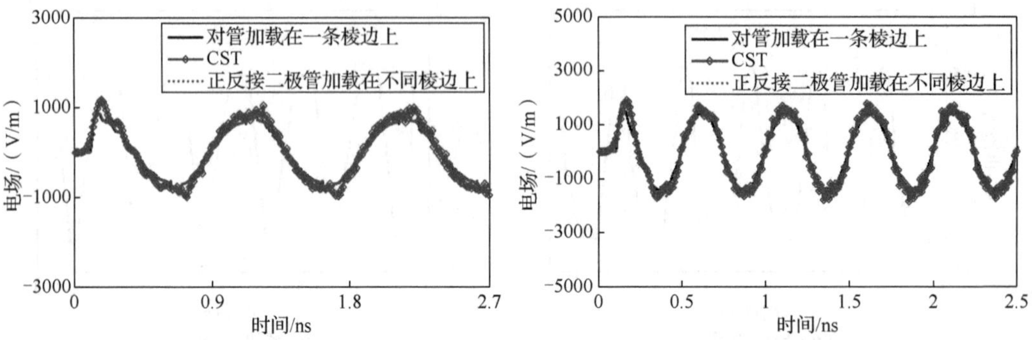

（a）1GHz正弦波照射观察点电场　　（b）2GHz正弦波照射观察点电场

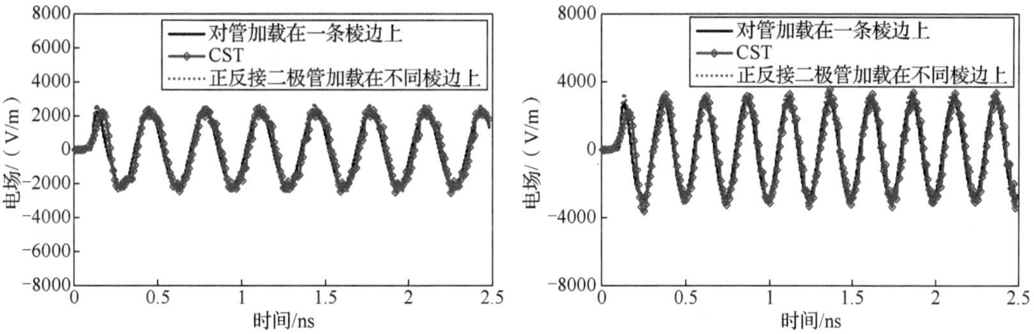

（c）3GHz正弦波照射观察点电场　　（d）4GHz正弦波照射观察点电场

图 8-80　不同频率正弦波照射观察点电场波形对比图

表8-4　二极管不同加载方式效率对比

方案	未知量数目/个	总的计算时间/s	内存/MB
对管接一条棱边	6150	27.9	10.7
正反向二极管分别接不同棱边	6150	40.1	21.5

在场路异步协同仿真时，若多次计算同一个问题（例如，给同一个限幅器注入不同幅值的正弦电压源计算其输出响应问题），冲激响应只需要提取一次，计算周期 ESS 时，同样可以利用这一特性。另外，在第二步提取平面波照射线性电磁结构的端口开路电压时，如果多次计算同一个问题（如不同幅值的正弦平面波垂直照射 ESS），因为是提取线性结构的端口开路电压，所以开路电压也只需要提取一次，开路电压的幅值与平面波幅值变化也是线性的。下面举例说明：如图 8-81～图 8-84 所示，同样分析该一字对管结构，分别用幅度为 100V/m、700V/m、1600V/m、2500V/m 的中心频率为 1.5GHz 的正弦平面波垂直照射 ESS 结构，提取线性结构的开路电压。

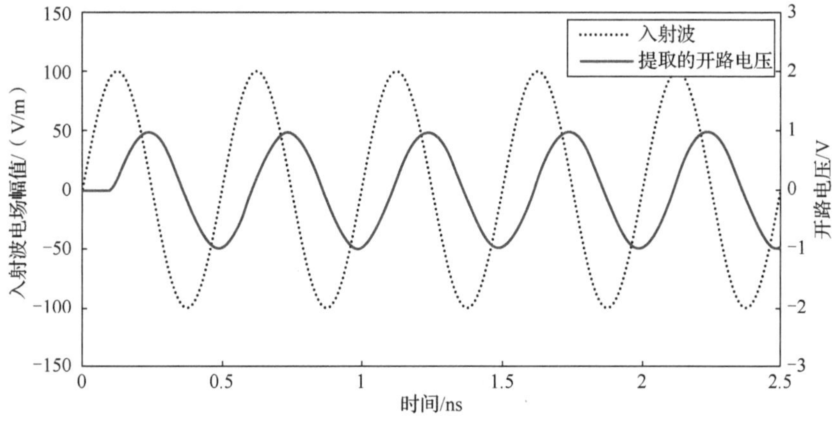

图 8-81　100V/m 正弦平面波照射时提取线性结构端口开路电压

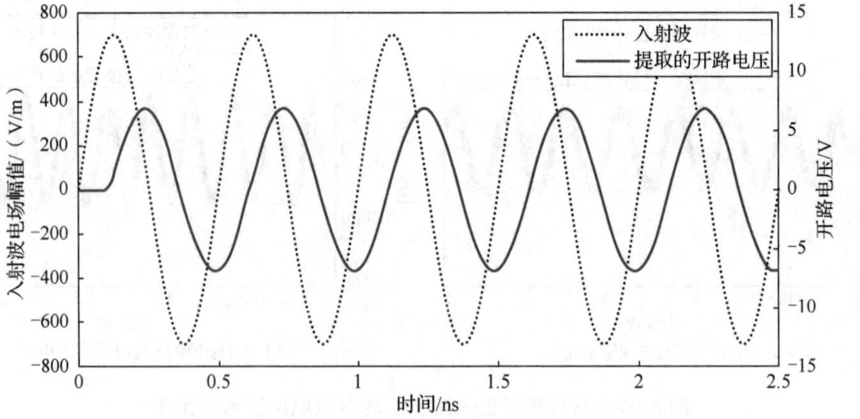

图 8-82　700V/m 正弦平面波照射时提取线性结构端口开路电压

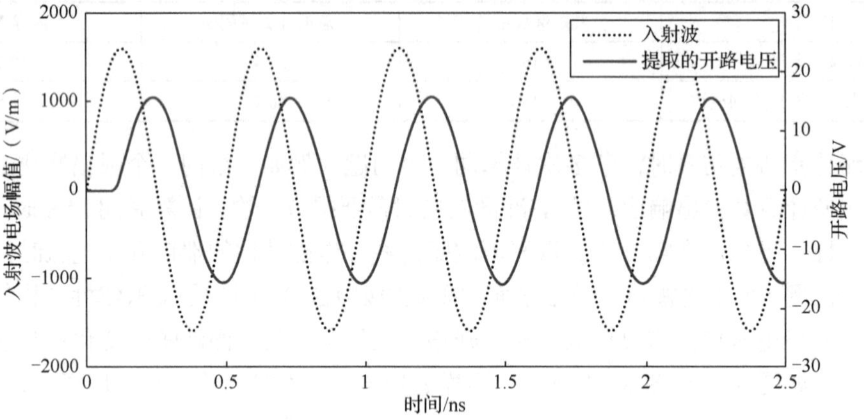

图 8-83　1600V/m 正弦平面波照射时提取线性结构端口开路电压

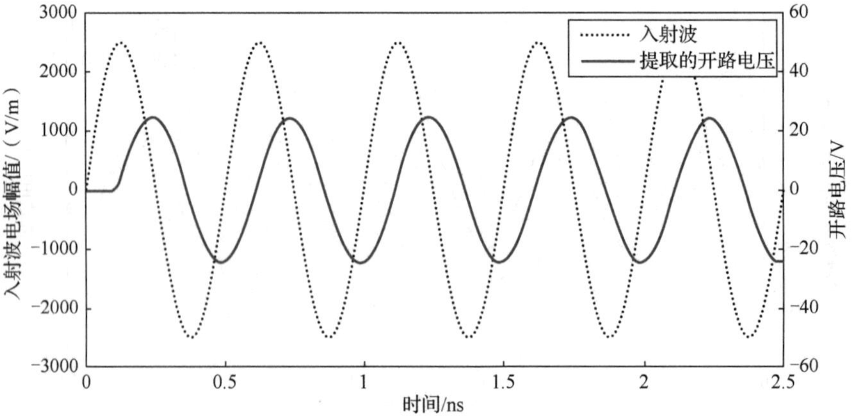

图 8-84　2500V/m 正弦平面波照射时提取线性结构端口开路电压

100V/m 正弦平面波照射时，线性结构端口开路电压为 1V；700V/m 正弦平面波照射时，线性结构端口开路电压为 7V；1600V/m 正弦平面波照射时，线性结构端口开路电压为 16V。可以看出，端口电压变化和平面波幅值呈线性变化规律，因此，在分析输入源为同一类的一系列问题时，只需要提取一次开路电压即可推算出任意幅值输入下的开路电压，进一步提升计算效率。

使用场路同步与场路异步协同仿真计算相同问题，周期一字对管 ESS 结构的单元周期为 10mm，一字金属贴片长 4mm，宽 2mm，介质基板厚度为 0.5mm。以下为入射波为幅值为 170kV/m、中心频率为 2GHz 的正弦平面波垂直照射 ESS 结构的分析。如图 8-85 所示，观察点处两种方法的场值都与 CST 吻合较好，表 8-5 给出了两种方法仿真效率的对比。由于提取冲激响应和提取端口开路电压可以同时进行，因此同步计算时间长，场路异步协同仿真计算时长包括提取线性部分参数、场路耦合求解、计算观察点场的时间，共计为 27.95s，场同步协同仿真计算时长约 37.23s。

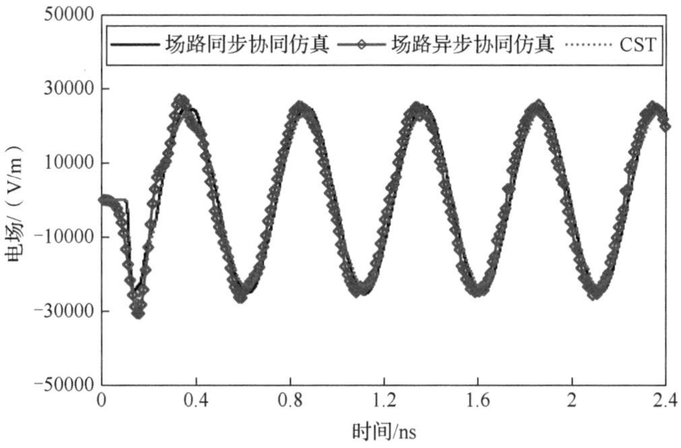

图 8-85　观察点电场（透射波）3

表8-5　场路异/同步协同仿真效率对比（入射波幅值为170kV/m）

方案	未知量数目/个	总的计算时间/s	内存/MB
场路同步协同仿真	6150	37.23	10.7
场路异步协同仿真	6150	27.95	10.5

如图 8-86 所示，分析入射波幅值为 190kV/m、中心频率为 2GHz 的正弦平面波垂直照射 ESS 结构的情况，由于上一个算例已经提取了冲激响应和线性部分端口开路电压，因此场路异步协同仿真不需要再次重复第一步和第二步。两种方法计算的观察点处的场值都与 CST 吻合较好。表 8-6 列出了两种方法的仿真效率对比，两种方法的效率相差不大，可以看出第二次计算节省了提取 ESS 线性部分的过程，如果 ESS 线性部分结构更加复杂、网格数更多，场路异步协同仿真无须多次全波仿真的优势会更加明显。

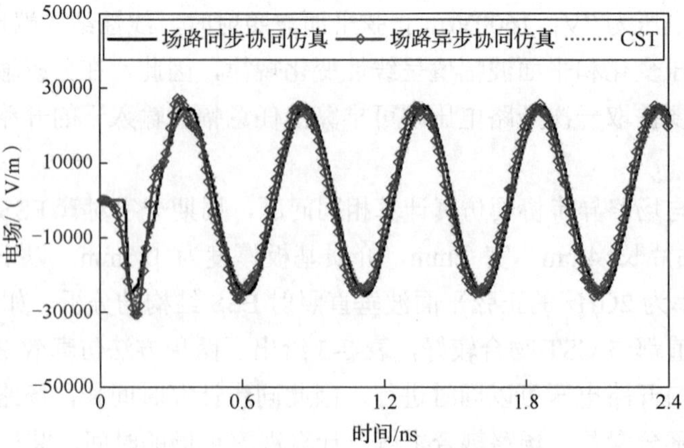

图 8-86　观察点电场（透射波）4

表8-6　场路异/同步协同仿真效率对比（入射波幅值为190kV/m）

方案	未知量数目/个	总的计算时间/s	内存/MB
场路同步协同仿真	6150	38.3	10.7
场路异步协同仿真	6150	22.3+3.24=25.54	10.5

除此之外，相比于 CST，FDTD 还可以计算加载物理模型 PIN 二极管的结构，而 CST 只能分析 ESS 加载等效电路二极管的情况。周期一字对管 ESS 结构的单元周期为 10mm，一字金属贴片长 4mm，宽 2mm，介质基板厚度为 0.5mm，分别分析如图 8-87～图 8-90 所示加载 PIN 单管和 PIN 对管两种情况，入射波电场幅度为 40000V/m 和 80000V/m，x 方向极化 0.5GHz 的正弦平面波垂直照射 ESS，PIN 二极管长 3.5μm，I 区厚 1μm，采用均匀掺杂，掺杂浓度为10^{15}cm^{-3}。P 区厚 2μm，P 区掺杂浓度为10^{20}cm^{-3}。N 区厚度为 0.5μm，N 区掺杂浓度为 $4\times10^{19}\text{cm}^{-3}$。两个扩散层的浓度均采用高斯掺杂。PIN 二极管传导区截面积为 $1.257\times10^{-5}\text{cm}^2$。可以看出，对管结构的 ESS 不论是限幅能力还是二极管温度变化情况都要优于单管结构 ESS。

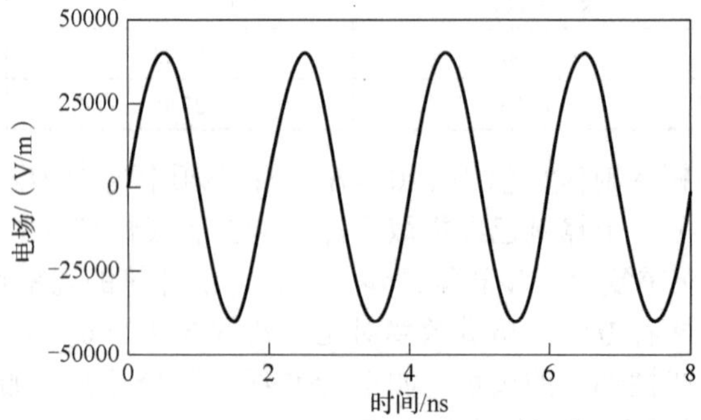

图 8-87　40000V/m 入射波波形

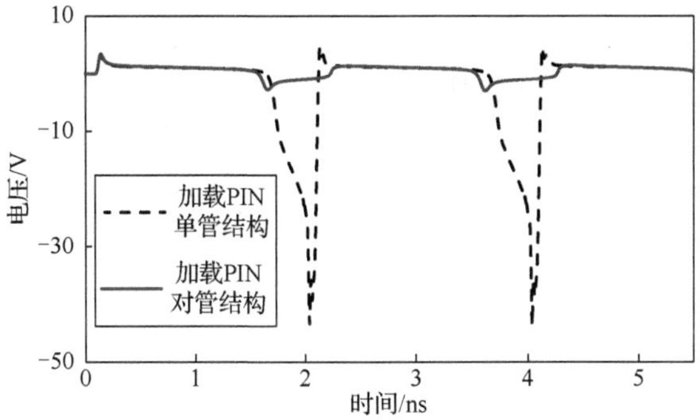

（a）PIN二极管电压（单、对管对比）

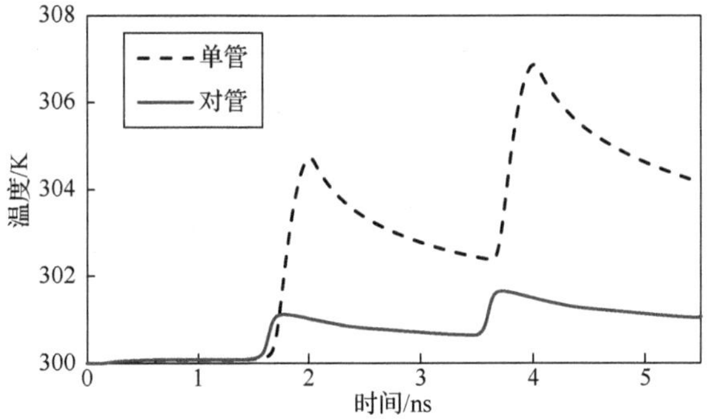

（b）温度变化（单、对管对比）

图 8-88　加载物理模型 PIN 二极管的 ESS 的瞬态响应（入射波幅值为 4000V/m）

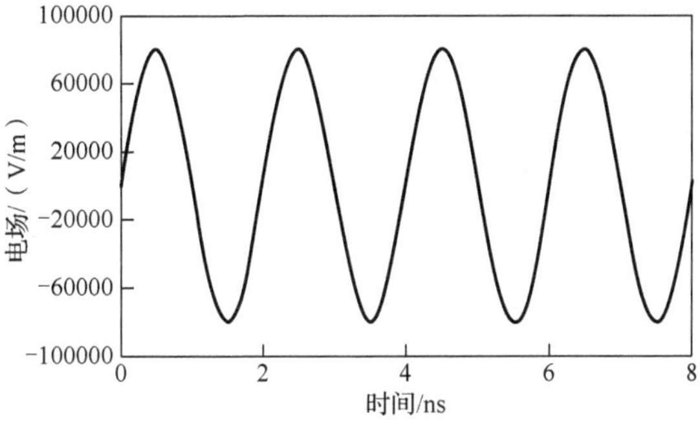

图 8-89　8000V/m 入射波波形

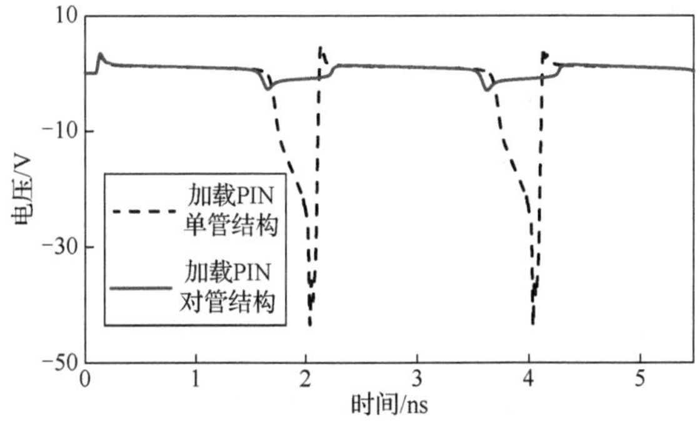

（a）PIN二极管电压（单、对管对比）

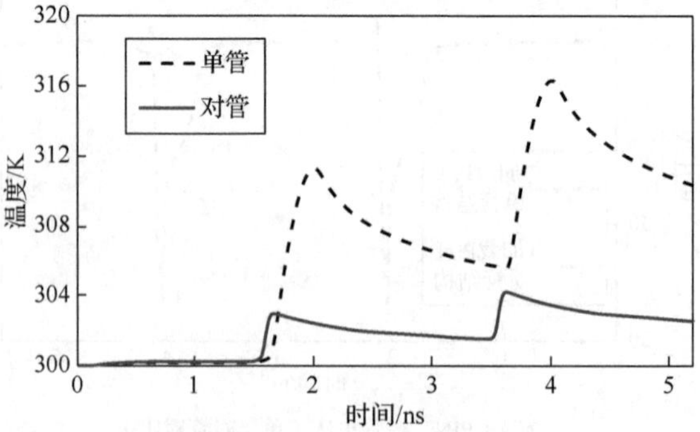

（b）温度变化（单、对管对比）

图 8-90　加载物理模型 PIN 二极管的 ESS 的瞬态响应（入射波幅值为 8000V/m）

由于单管结构只有单边限幅的能力，因此单管 ESS 结构的 PIN 二极管有较大的反向感应电压，在反向感应电压的半周期内，如图 8-91 所示，PIN 单管结构的温度上升幅度相比于对管结构的温度上升幅度要大很多，当高功率波持续时间较长时，单管 ESS 结构的二极管烧毁时间要明显早于对管 ESS 结构。因此，在设计 ESS 时，更多考虑使用对管结构。

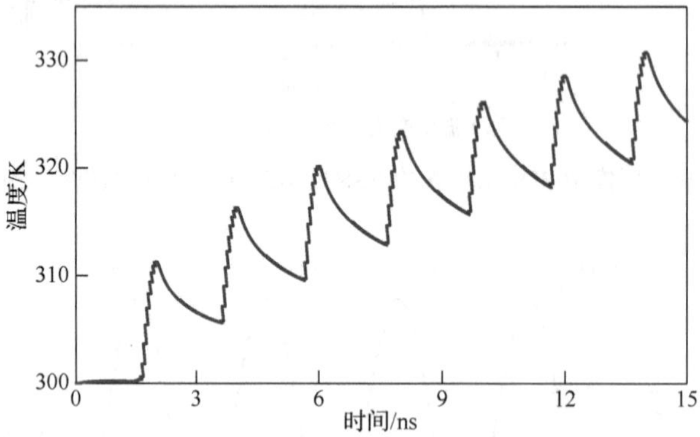

图 8-91　8000V/m 入射波照射下 PIN 单管 ESS 结构的温度变化

3. 有限大 ESS 瞬态响应

利用场路异步协同仿真的方法分析周期 ESS 的瞬态响应，继续使用该方法分析 n 端口能量选择表面问题。同样，可以将 n 端口的有限大能量选择表面分成 3 个部分：第一部分为有源区，包含电压源、电流源以及空间场激励；第二部分为 n 端口的线性无源电磁结构；第三部分为各个端口加载的集总元件。

有限大 ESS 场路异步协同仿真方法与周期结构分析过程类似，不同的地方在于，周期结构场路异步协同仿真方法在第一步与第二步提取的线性结构信息是单元的信息，而分析有限大 ESS 是提取整个线性区域的冲激响应以及整个线性结构的平面波端口等效电压源。下面通过一个简单的算例验证该方法的准确性。不失一般性，如图 8-92 所示，分析由两个一字结构的 ESS 单元拼成的二端口结构。幅值为 6000V/m、中心频率为 2GHz 的正弦连续波垂直照射 ESS 结构。该结构介质基板长 12mm，宽 7.5mm，左右金属贴片长 2mm，宽 3.5mm，中间金属贴片长 5mm，宽 3.5mm。首先，分析端口加载等效电路二极管的情况。图 8-93 为端口集总元件感应电流和感应电压。

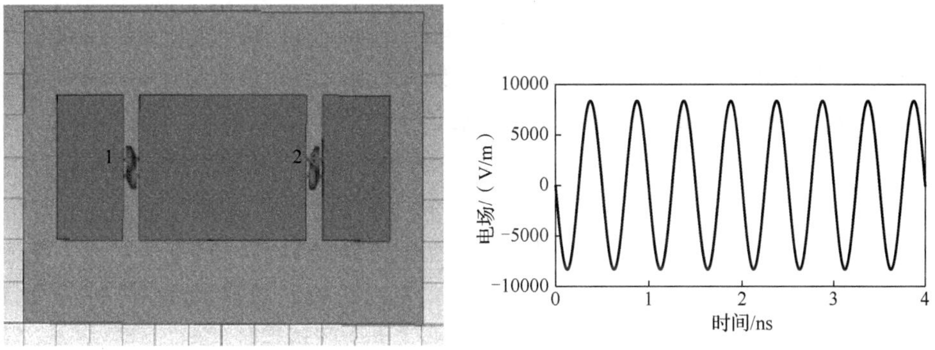

（a）二端口结构主视图　　（b）入射波波形

图 8-92　入射波波形（6000V/m）以及分析结构

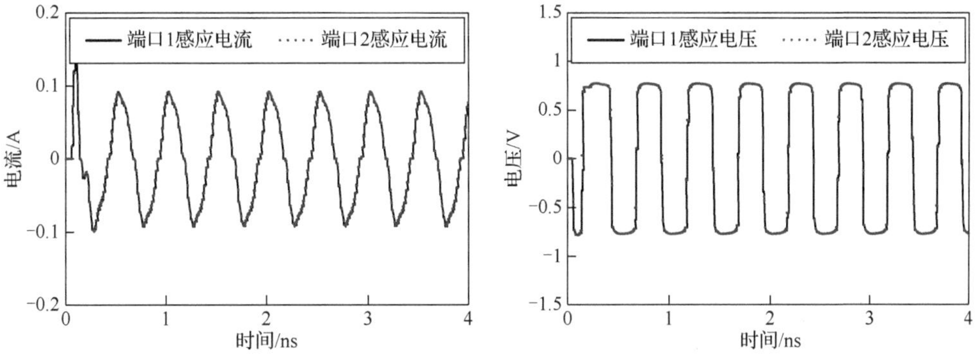

（a）端口感应电流　　（b）端口感应电压

图 8-93　端口集总元件感应电流和感应电压

由于单元数目少，因此限幅效果并不明显，如图 8-94 所示，场路异步协同仿真结果与 CST 吻合较好，验证了场路异步协同仿真方法的正确性。对于计算非周期结构问题，场路异步协同仿真相比于场路同步协同仿真依然具有优势。类似于周期结构的分析，计算不同幅值入射波照射电磁结构求解瞬态响应问题，场路异步协同仿真只需要提取一次冲激响应和开路电压，避免了场路同步协同仿真需要多次进行线性场结构全波仿真的情况，并且场结构与非线性电路结构可以取不同的时间间隔，进一步缩短场结构求解时间。

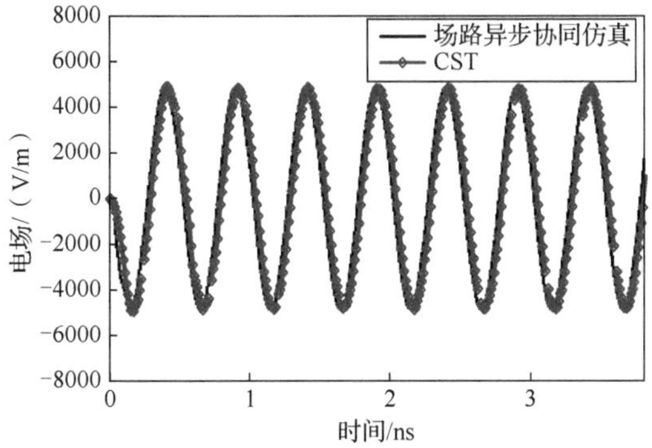

图 8-94　观察点电场（透射波）5

如图 8-95 所示，通过一个 2×2 的 ESS 结构对比场路同步与场路异步计算效率，介质基板长 24mm，宽 15mm，左右金属贴片长 2mm，宽 3.5mm，中间金属贴片长 5mm，宽 3.5mm，入射波为频率为 2GHz、幅值为 5000V/m 的正弦波。时间步长为 0.5ps，迭代 9000 步。

如图 8-96 所示，场路同/异步协同仿真与 CST 吻合较好，在第一次计算问题时，场路异步协同仿真计算时间相比于场路同步协同仿真计算时间长一些，如果场路异步协同仿真加入插值技术，可以进一步缩短计算时间。表 8-7 给出了两种方法仿真效率的对比，场路异步协同仿真提取冲激响应和提取开路电压同时进行，约耗时 524s，求解耦合矩阵时间约 117s，求解观察点的场约耗时 515s，总时间为 1156s，场路同步协同仿真计算时间约 935.4s。

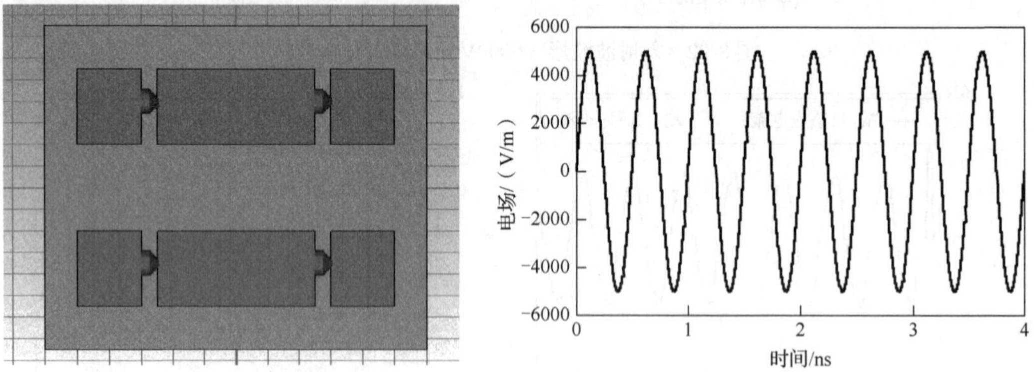

（a）结构主视图　　（b）入射波波形

图 8-95　入射波波形（5000V/m）以及分析结构

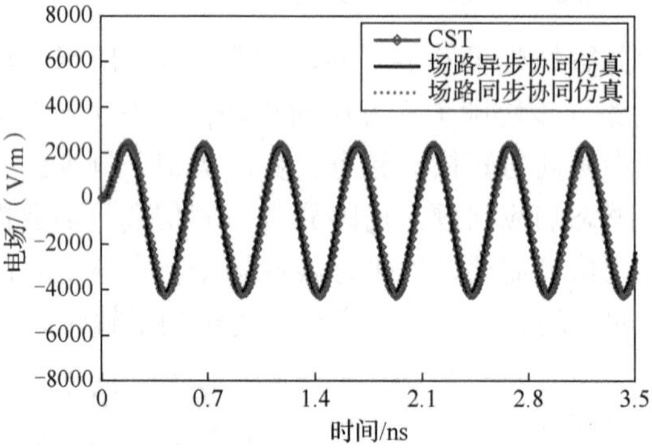

图 8-96　透射电场

表8-7　场路异/同步协同仿真效率对比（入射波幅值为5000V/m）

方案	未知量数目/个	总的计算时间/s	内存/MB
场路同步协同仿真	373464	935.4	10.7
场路异步协同仿真	373464	1156	10.5

如图 8-97 所示，入射波幅值为 6000V/m 的正弦波照射时，透射波有明显的能量选择特性。

如表 8-8 所示，为两种方法计算效率的对比。由于不需要再次提取冲激响应和端口开路电压，场路异步协同仿真计算时间相比于场路同步协同仿真计算时间短，为 638.6s，场路同步协同仿真时间为 895.4s。不论是计算有限大 ESS 还是周期 ESS，场路同/异步协同仿真都具有较高的准确性，与 CST 吻合较好，并且本节方法计算的观察点电场比 CST 更加稳定，CST 观察点的场波形抖动，而本节方法可以计算加载物理模型 PIN 二极管的 ESS 结构，准确地反映 ESS 在防护强电磁脉冲时加载的二极管瞬态电热响应。

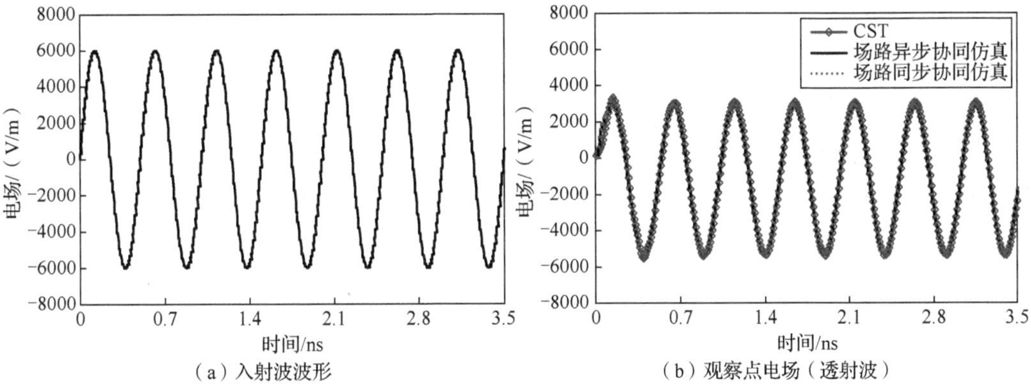

图 8-97　入射波与透射波瞬态变化

表8-8　场路异/同步协同仿真效率对比（入射波幅值为6000V/m）

方案	未知量数目/个	总的计算时间/s	内存/MB
场路同步协同仿真	373464	895.4	10.7
场路异步协同仿真	373464	638.6	10.5

习题与思考题

1. 信号接地与安全接地有哪些不同？
2. 屏蔽一般分为哪几种？
3. 屏蔽效能由哪几部分组成？
4. 列举两种低通滤波器的结构并给出其幅频特性。
5. 滤波器安装有哪些注意事项？
6. 场路耦合仿真时，异步仿真相比同步仿真有什么优势？
7. 计算厚度为 0.02mm 的铜屏蔽体对频率为 1MHz 的入射平面波的屏蔽效能。
8. 计算厚度为 1mm 并以 2mm 的空气隙隔开的双层铝屏蔽体，以及厚度为 2mm 的单层铝屏蔽体在 10MHz 时的总屏蔽效能。

参考文献

[1] 刘培国，等. 电磁兼容基础[M]. 北京：电子工业出版社，2015.

[2] WANG Z, CAO H, ZHANG C. Research on the influence of PIN diode on limiter performance in power limiter[C]. 2017 7th IEEE international symposium on microwave, antenna, propagation, and EMC technologies(MAPE). Xi'an, 2017: 220-223.

[3] TUTT M N, MCANDREW C C. Physical and numerically stable linvill-lump compact model of the PN-junction[J]. IEEE journal of the electron devices society, 2016, 4(2): 90-98.
[4] LAURITZEN P O, MA C L. A simple diode model with reverse recovery[J]. IEEE transactions on power electronics, 1991,6(2): 188-191.
[5] ANTOGNETTI P, MASSOBRIO G. Semiconductor device modeling with SPICE [M]. New York: McGraw-Hill, 1988.
[6] MA C L, LAURITZEN P O. A simple power diode model with forward and reverse recovery[J]. IEEE transactions on power electronics, 1993, 8(4): 342-346.
[7] 李艳茹. 周期结构电磁特性的时域有限差分算法研究[D]. 南京：南京理工大学, 2018.
[8] 喻虎. 射频半导体器件的电热特性分析[D]. 南京：南京理工大学, 2013.
[9] 陈川. 微波器件及其电热耦合的时域谱元法分析[D]. 南京：南京理工大学, 2012.
[10] LEE J H, LIU Q H. An efficient 3-D spectral-element method for Schrodinger equation in nanodevice simulation[J]. IEEE transactions on computer-aided design of integrated circuits and systems, 2005, 24(12): 1848-1858.
[11] 葛德彪. 电磁波时域有限差分方法[M]. 西安：西安电子科技大学出版社, 2011.
[12] DEISEROTH K, SINGER H. Transient analysis of nonlinearly loaded arrangements consisting of thin wires and metallic patches[C]. Proceedings of international symposium on electromagnetic compatibility. Atlanta, 1995: 636-641.
[13] YANG C, BRÜNS H, LIU P, et al. Impulse response optimization of band-limited frequency data for hybrid field-circuit simulation of large-scale energy-selective diode grids[J]. IEEE transactions on electromagnetic compatibility, 2016, 58(4): 1072-1080.